|新世纪全国高等教育影视动漫艺术丛书|

UI DESIGN AND PRODUCTION

UI设计与制作

◎国家科技部“科技支撑计划”项目成果
◎国家文化部“原动力”支持计划成果
◎国家教育部“教学成果一等奖”内容产品

张剑 李曼丹 / 编著

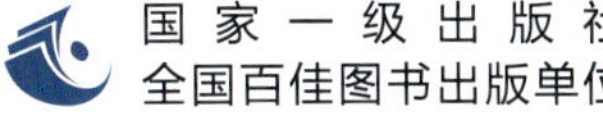

西南师范大学出版社
XINAN SHIFAN DAXUE CHUBANSHE

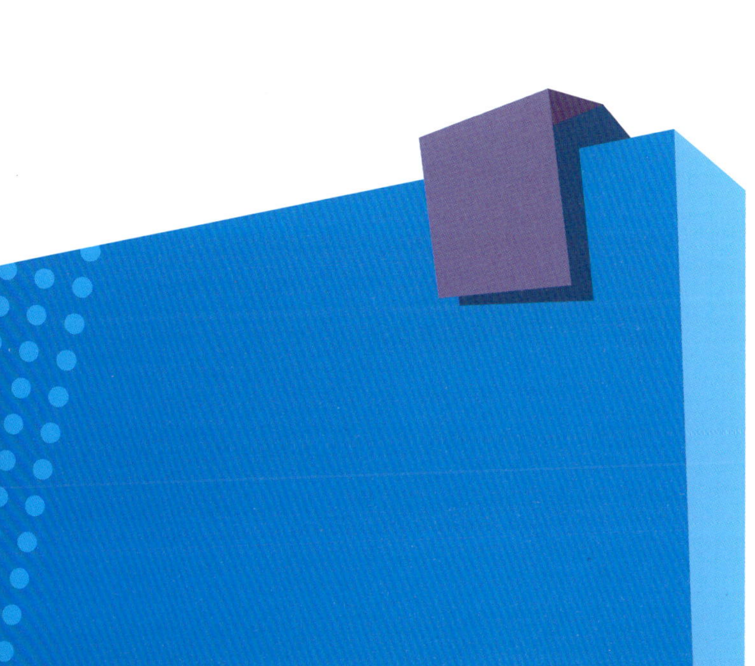

图书在版编目（CIP）数据

UI设计与制作 / 张剑，李曼丹编著. -- 重庆 ： 西南师范大学出版社，2015.8（2020.3重印）

ISBN 978-7-5621-7548-3

Ⅰ. ①U… Ⅱ. ①张… ②李… Ⅲ. ①人机界面－程序设计 Ⅳ. ①TP311.1

中国版本图书馆CIP数据核字(2015)第173979号

重庆市教委科学技术研究项目 项目编号：KJ1400801

新世纪全国高等教育影视动漫艺术丛书
主　编：周宗凯
UI设计与制作 张剑 李曼丹 编著
UI SHEJI YU ZHIZUO

责任编辑：鲁妍妍
整体设计：张　毅　王正端
排　　版：重庆大雅数码印刷有限公司 · 刘锐
出版发行：西南师范大学出版社
地　　址：重庆市北碚区天生路2号
邮　　编：400715
本社网址：http://www.xscbs.com
网上书店：http://xnsfdxcbs.tmall.com
电　　话：(023)68860895
传　　真：(023)68208984
经　　销：新华书店
印　　刷：重庆康豪彩印有限公司
开　　本：889mm×1194mm 1/16
印　　张：14.5
字　　数：445千字
版　　次：2015年9月 第1版
印　　次：2020年3月 第3次印刷
ISBN 978-7-5621-7548-3
定　　价：59.00元

本书如有印装质量问题，请与我社读者服务部联系更换。
读者服务部电话：(023)68252507
市场营销部电话：(023)68868624 68253705

西南师范大学出版社美术分社欢迎赐稿，出版教材及学术著作等。
正端美术工作室电话：(023)68254657（办）13709418041（手）QQ：1175621129

序 | PREFACE

从某种意义上讲，动画不仅仅是一门集艺术与技术于一体的学科，它还是当代文化艺术的集合点——文学、影视、美术、音乐、软件技术等尽汇其中。动画也是一个产业——已成为世界创意产业中非常重要的组成部分，这必然涉及产品和产业的系统策划、衍生产品开发、市场营销等。由此，动画必然成为一个内容庞杂、体系庞大的学科。

动画创作从编剧到技术制作，再到配音，要跨越几个专业，因此，没有团队的协作很难完成。这使动画教学自然还要涉及团队合作精神和工程规划、流程管理等方面。

怎么去实施这些复杂的内容教学呢?

首先，一套优秀的教材对于学校教学和学生学习都是十分重要的，不敢说它就是动画教学机构和动画学子的“锦囊妙计”，但通过教材规划出知识结构的框架和逻辑，使教学有规范，使学生的思考有路径，是十分必要的。但什么是优秀教材？在我看来，“系统性”是十分重要的。按课程名称撰写教材并不是一件难事，将各种动画知识堆砌成一堆所谓的“教材”也不是难事，但要真正使其形成一套系统性的教材是十分困难的。因此，我们专门从全国高校物色那些不仅在相关课程教学中极富经验，而且主持过教学管理、项目管理的领军人物组成编写班子，并经多次研讨、论证、磨合，才完成了本丛书的规划。

其次，动画艺术是一门技术性、实作性很强的艺术。因此，动画教材的编写，不仅要求编写者要有丰富的动画艺术理论知识和教学经验，还要有动画项目的实战经验。使教材超越“常识”层面，才能对学生实践有引领作用，才能以此为垂范去引导学生。本丛书在作者选择上就首先选择了这类专家，同时还吸纳了部分业界精英、创作一线的骨干共同完成这套教材的编写。

本丛书自2008年出版以来，期间进行了多次的修订，将实践经验注入其中，使之不断完善。

特别值得一提的是本丛书的编撰得到了国家相关部门的支持。首先，教材中的部分内容源于我所主持的国家科技部“科技支撑计划”项目成果，这个项目为本丛书的部分技术论证提供了平台。此外，国家文化部“‘原动力’中国原创动漫出版扶持计划”项目为本丛书的多项技术实验提供了支持。重庆市科学技术委员会的 “重庆影视高清技术支持平台”和 “动画产业人才培训基地”成为本丛书试用平台和技术论证平台。没有这些项目和研究平台的支持，本丛书的实践内容将大大削弱，在此对有关部门表示深深的谢意。

当然更应该感谢西南师范大学出版社将这套教材推介给全国广大的读者和同行。在整个编撰过程中，他们的许多建议和努力促进了本丛书的完善，同时他们还为本丛书的出版做了大量烦琐的事务性工作，在此深表感谢。

周宗凯

前言 | FOREWORD

随着移动互联网的高速发展，人与人之间、人与物之间、物与物之间的联系变得更加紧密。互联网已渗透到人们生活的方方面面。人们在任何时间、任何地点都可以接入网络，保持接入状态已经成为身处信息时代人们的基本需求。信息技术的民用化被投资家热捧，通过各种在线平台所承载的无以计数的网站、APP、游戏，满足了人们娱乐、工作、交流、生活等需求，将不同时间和空间的人们聚合到一起，并最终实现互联世界、物联万物的理想。

现在，界面已经变得像空气一样自然，它时时刻刻都在和我们发生着联系。通过界面，将人机交互中晦涩的数据和功能变得更加亲切自然，更容易被人们所认知并接受，它是承载互联世界的桥梁。人们将界面设计作为一种职业的兴趣并逐渐增长，一些具有创造性思维的优秀设计师开始转向产品及其界面的开发和设计，并将其作为一种新的表达形式和颠覆传统行业的手段。面对市场的导向和教学的需求，很多高校都开设了相关的专业课程，并携手互联网企业进行学生培养和项目开发，形成产学研一体化的教学模式，这种对行业标准的引入值得借鉴。

本书基于实践和练习，强调视觉表现的设计而非强调编程技术，这更符合艺术专业学生的认知规律和学习特点。本书注重培养学生的综合素质，着重培养学生基本的造型能力和手绘功底。

在编本书的过程中，笔者针对艺术专业，对界面设计基本理论和标准流程进行了深入浅出的讲解，参阅了相关文献资料，从界面设计行业的一线设计师手中获取相关素材，并结合笔者近年来的教学和实践经验，尝试在理论与实践结合的基础上编撰此书。希望本书能为UI设计爱好者或UI设计方向的同学和朋友提供参考和帮助。

张剑 于四川美术学院

目录 | CONTENTS

UI 设计与制作

UI DESIGN AND PRODUCTION

绪论

一、时代背景

任何一个行业和学科的发展与定位，都离不开其所处的时代背景。设计也是如此。

20世纪80年代以来，随着计算机与互联网技术的飞速发展和广泛应用，以此为代表的科技革命使我们的生活发生了本质的变化。在信息化浪潮之下，人类社会正经历着从工业社会向信息和智能社会转变，从物质文明向非物质文明转变。未来的关键科技将是人与电脑之间的互动能力。

经历了计算机时代、网络时代，我们正迎来大数据时代的伟大变革。科学技术的发展使艺术与设计一次次突破了原有的界限，从简单的交互到覆盖全球的社会化网络，从图形化界面到智能化空间，大数据时代信息无所不在，与信息相关的设计也会无所不在。

“大数据的典型特征是：见其所不可见，即可视化设计，将数据呈现在感官面前。在大数据时代，设计将走向更前端，因为设计的重要性越来越凸显，设计将更具有话语权，有更多的可能性。我们正处在一个新的临界点，在信息社会，交互设计已经从软件扩展到全部的领域。设计生态正在发生变化，设计需求、设计内容、设计方式、设计业态都在发生变化。大数据时代的创新，直觉、想象力会更为重要，因为逻辑的、常识性的设计通过计算机大数据已经可以完成，数据的洞察力和价值要从技术层面的思考转向人文层面的思考，尤其是艺术层面的思考，寻求理性与情感、精确与模糊的临界点。”——鲁晓波：《大数据时代设计的再思考》2013年ICID会议演讲。

2012年，中国工业设计协会信息与交互设计专业委员会成立，该机构将承担起信息时代的设计发展和推进的责任，并提出三大问题：信息时代的设计是什么？工业和信息化融合时代的设计应该怎样去做？以交互和体验为主的时代设计应该怎么来做？这也正是在新的时代每一个设计师都需要面对和思考的问题。

什么是设计？不同的时代有着不同的含义。随着社会政治、经济、文化的发展，设计也在不断地建构其内涵和外延，从而产生了不同的设计观。今天，设计的面貌已经发生了以下变化。

第一，大量以非物质、信息化为基础的数码产品和新兴产业的不断增长，为设计师提供了新的设计对象。

第二，科技的进步大大降低了设计所需的资金、设备成本，从而使设计更注重能指引设计生产的专业知识和人的创意。

第三，设计对象的发展变化使设计需要分化出更为专业的门类，同时又与其他设计和学科拥有更多的交集。

第四，设计师的工作方式将随着更为智能的设备和软件的开发而发生改变。

第五，模式化的设计和标准化的物质生产成为过去，代替它的是柔性化的生产。

第六，设计的生产和传播趋于分散化，但是人们通过网络而建立的艺术联系将大大加强。

当代设计随着大数据时代的来临，进入了一个前所未有的新阶段：首先，它不再局限于对象的物理设计，而越来越强调对“非物质”,诸如系统、组织结构、智能化、交互活动、界面、信息及体验的设计；其次，无时无处不在的交互应用使交互对象的多样性以及复杂性远远超出了学科本身所能涵盖的范围，需要在交叉学科的领域中寻找突破，实现下一个质的飞跃。在此背景下，作为设计新领域的UI设计也面临诸多改变、机遇与挑战。（表1）

其实，界面早已在日常生活中普遍存在，如家用电器、移动互联网设备、ATM、交通工具、公共展示和咨询系统、计算机系统、软件、网页等。对数字化产品而言，由于功能的执行不再是传统的可感知方式，而是程序的无形运作，造成了产品外观形式无法解释和其内部功能及使用状态无法表达。于是需要通过视觉呈现的方式在使用者与产品之间构筑人机交互的平台，以实现人机之间的交流和沟通。对于用户而言，界面就是产品所呈现的全部，因此，它不但要关联产品的结构和功能，又要符合设计的审美原则，更要遵循用户的认知心理和行为方式。通过视觉设计，将功能合理地呈现给用户，并将信息准确无误地传达给用户，同时界面也不再是机械、冷漠的，而是使用户愉悦和感动的，从而有助于实现人机之间无障碍的信息和情感交互，使用户拥有良好的交互体验。（图2）

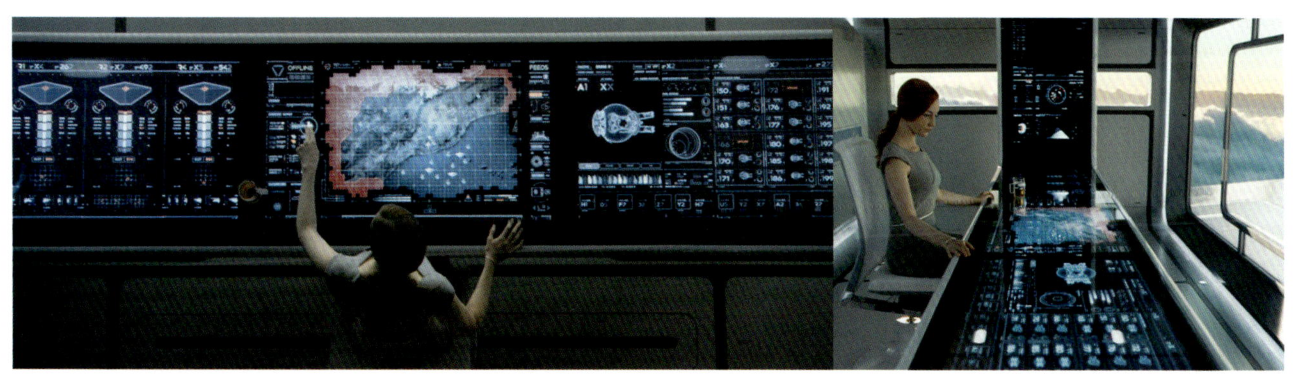

图1 影片《遗落战境》中的人机交互界面

表1 设计形态的时代分布

时代	设计对象	设计方式	物质形态
手工业时代	物质设计	手工造物方式	手工产品形态
机器时代	物质设计	机器生产方式	机器产品形态
信息时代	物质设计与非物质设计共存	机器生产方式与数字化生产方式共存	工业产品与信息产品共存

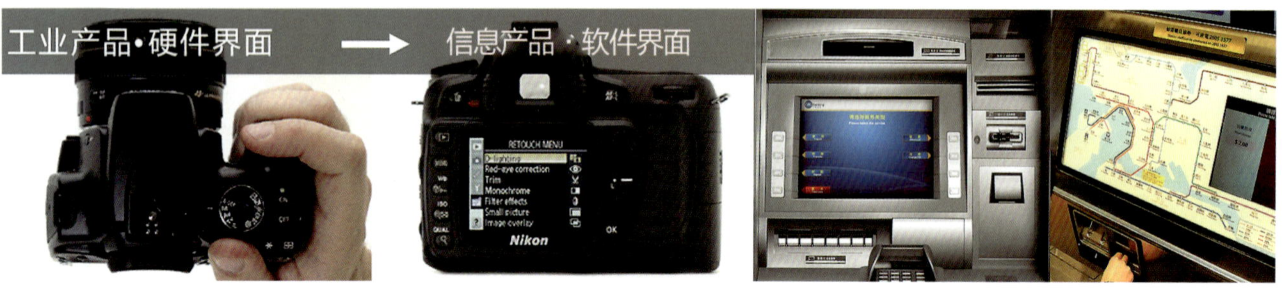

图2

随着互联网和信息技术的高速发展，信息产品必将更加深入地影响人们生活的各个层面。本书着重于数字产品界面视觉设计的相关知识的讲解，以界面的概念切入，从其整体构架、特征和基本构成元素开始分析和讲解，并配合实例及解析，以期从基础教学的角度对界面设计提供具有参照价值的设计思路与方法。

二、艺术专业 UI 设计课程现状及问题分析

（注：下文及后续章节中，“UI”即指“界面”，只是根据语境和表述的习惯选择其一）

从物质到非物质的设计对象的变化，不仅对艺术设计的理念与方法提出了挑战，也向艺术设计教育提出了人才培养的新要求。UI设计是科学与艺术的融合，如果缺少了艺术人才，将很难开发出优秀的产品。

早期，UI设计师主要是从平面设计和工业设计转型而来，普遍对界面设计没有系统的理论认识，全凭个人的摸索和积累，导致界面设计一度被等同为美术设计和界面装饰。由于行业对界面中视觉设计的不够重视和错误定位，数字产品在界面的视觉设计上普遍存在粗糙、缺乏美感、功能表达不清晰等现象，进而又会对产品的易用性和推广造成负面的影响。

此后，UI设计逐渐引起了业界和各大院校的重视，涌现出一批优秀的UI设计师，从微软到苹果的产品界面都有中国年轻设计师的身影。随着移动互联网的崛起，以腾讯为代表的互联网企业正改变着国内互联网产品的面貌，国产智能手机的快速更新换代也催生了一批基于安卓平台且拥有良好视觉设计和体验的原创系统界面。

现在UI视觉设计人才需求旺盛，相关研究和课程的建设有助于培养更具专业素质的界面设计人才，提高数字产品的品质，增强产品竞争力，为用户提供更好的服务与体验，也为艺术与设计专业的学生拓宽专业知识领域和就业面。很多院校已经陆续开设了相关课程，但UI设计与制作作为一门新兴学科与课程，在全国范围内的高校课程建设与设置中，尚处于起步阶段，缺乏足够的经验。UI设计课程教学状况，主要存在以下五方面的问题。

第一，缺乏对UI设计整体构架与视觉设计关系的系统讲解。缺乏对其艺术规律及基本视觉元素的应用特点的分解研究和引导性、系统性的分析应用。

第二，教学资料缺乏整合性。作为新兴学科，UI设计教材还没有形成科学、系统的体系。现有教学资料基本分为软件技术和交互理论两类，缺乏循序渐进指导学生进行UI设计与制作的系统性教学资料。

第三，缺乏专业的针对性。缺乏针对艺术类专业自身特点、符合其知识背景和学习方式的教学设计。

第四，艺术专业的UI设计课程，在强调视觉设计能力的同时，要重视前期策划、原型设计等，交互性和用户体验概念的导入也有待加强。

第五，课程内容与实践和应用脱节，缺乏行业标准的引入，教学成果难以转化为产品。

三、艺术专业 UI 设计课程及设计人才培养目标分析

对于界面视觉表现的艺术设计人才培养不但需要培养他们的专业技术能力，还需培养他们的人文艺术素养、创造性思维能力，以及强化心理学等综合知识和能力的积累。界面艺术设计人才需具备的综合能力体现在对界面设计行业的认知以及实践与岗位就业能力。

1.UI 设计师的工作职能

（1）视觉设计。包括信息产品界面的静态和动态图形设计、信息可视化设计等。

（2）交互设计。包括产品的信息构架、交互原型、操作规范等。

（3）用户体验设计。包括用户研究、用户测试和交互的合理性、易用性，以及图形设计的审美体验等。

2.UI 设计师的职业能力

UI设计师的职业能力大致包括：扎实的美术功底和良好的视觉表现力；能熟练使用相关软件，如Photoshop、Flash、Dreamweaver、Illustrator、After Effects、3dsMax等；初步了解后台和程序开发之间的逻辑关系；对用户体验有深入理解，具有社会学、心理学等人文学科的知识储备；有丰富的想象力和创造力。

3. 课程目标和人才培养目标

基于艺术设计相关学科背景专业定位及培养方案的具体情况，根据教学主体的特点，寻求差别化的课程计划和有针对性的教学内容，扬长避短、因材施教，着重发挥其自身在视觉审美、艺术素养和动手实践等方面的专业优势，着重开发学生的创造性思维能力以及设计策划、艺术表现与交互设计方面的潜力。

UI设计课程目标可定为：培养具有创新理念和实际动手能力的设计人才，通过基础知识及技能的模块化教学、专业能力的项目实践教学，使学生掌握界面设计的核心理论、基本准则规范、设计流程和方法，并能够熟练运用相关软件完成几种类型的小型界面的系统化设计方案。课程的核心任务是培养学生UI视觉表现的设计能力，并使其具备更符合行业需求的专业素养。

四、UI 艺术设计人才培养模式的设计

确定人才培养目标后，需要为实现目标设计具体途径和方法。UI艺术设计人才培养模式的设计分为四个层次：综合素质培养、专业技能培养、课程体系优化与完善。通过对教学内容的优化重组，培养学生的综合素质、专业技能，提高其创意与创新能力。

1. 综合素质培养

（1）造型能力。主要是对艺术表现能力的培养，与素描、速写、色彩、立体造型等专业课程结合，进行有专业针对性的训练。

（2）审美修养。培养对现有界面设计作品的美学特性的分析和判断能力。可以通过对不同类型的界面进行赏析、比较，并广泛吸取其他的艺术、设计领域优秀作品的表现形式，积累视觉经验。

（3）想象力和创造力。想象力是艺术设计和创新的源泉。可以在图标专题设计中进行图形创意及联想专项训练；在团队设计中进行头脑风暴和视觉风暴的训练，激发学生的想象力和创造力。

（4）沟通和表达能力。界面设计过程中时时需要沟通表达能力，用户研究需要沟通、团队成员间需要沟通，设计师需要向客户和团队成员清晰地表达设计思路和创意。可以在课程中设置项目团队分组，并以小组讨论、方案阐述、作品互评等方式培养学生的沟通表达能力。

（5）观察感悟能力。培养学生对事物特征和细节的敏感性，以及情感的感悟力。引导学生在设计实践中模仿、体验、领悟、掌握，强调悟性、直观体验，而非单纯注重知识和理论分析。

（6）自主学习能力。UI设计师面临设计工具、设计对象和表现形式的不断变化，需要具备持续自主学习的能力。可以让学生从模仿设计开始，依托互联网的大量学习资源进行自主学习。

2. 专业技能培养

（1）文档撰写能力。UI设计师需要具备很好的沟通和理解能力，并撰写出产品市场和用户研究报告，以及设计指导性原则和规范，为后续视觉设计、程序设计、测试等内容的展开提供依据。教师可在教学中让学生进行UI设计文档的写作，以提高学生的文字表达能力。

（2）技术能力。UI设计师要了解主流的表现层开发技术，对主流的设计模式、技术路线以及开源框架有足够的了解。课程中需要有简单的脚本代码的编写和面对对象编程方式的入门教学。即使不会编写代码，也要知道它能够实现什么。完全不懂技术的UI设计师，既做不出合理的设计，也不可能和开发人员做到有效的沟通。

（3）草图绘制和原型开发。GUI设计师的主要工作就是视觉定位以及创作，因此UI设计师必须具备图形设计能力，这是每一名UI设计师最基础的能力，也是最能够衡量一名UI设计师能力的部分。课程中，不论是草图还是原型的设计，均要求绘制完整精细的手稿并呈现清晰的步骤和设计思路。课程中要进行设计风格和细节表现的分析、鉴赏和专项训练。

（4）平面、三维、动态图形设计能力。这涉及软件应用能力，它是UI设计师的必备技能，UI设计师需要熟练运用软件进行界面视觉元素的设计制作。

（5）人因学理论和认知心理学。这是UI设计师在事业稳固后毕生都要努力去探索的领域。可以说，设计的根本就是“人”，做人本的界面自然需要了解人，了解人的行为。在课程中，将UI设计与设计心理学相结合，强调并引导学生关注用户研究、用户体验的设计。

3. 课程体系优化与完善

建立专业技能模块化教学（专业基础知识和技能的培养）与引入任务驱动教学模式（职业能力和素养的训练）相结合的教学模式。

（1）建立专业技能模块化教学

①专业基础。在造型基础课程和设计基础课程中，有意识地针对UI设计展开教学，比如在素描基础教学中，可以更注重对空间构成和光影、材质纹理的训练。在三大构成训练中，可以加入时间元素，训练学生的动态构成的思维能力。可以将“信息图形设计”“交互动画设计”“动态图形设计”等设置为UI设计的前驱专业课程。

②专业理论。课程包括UI的含义、分类，UI设计的特征，GUI的发展历程；认知与设计的关系以及UI设计中的人因工程；UI设计准则背后的心理及生理依据，深入理解用户体验；UI整体设计中的分析与实施，如用户与任务分析、市场与目标分析，信息架构、UI原型设计；UI视觉设计中隐喻、视觉原理与视觉流程、UI设计的艺术语言，UI视觉元素的设计；等等。

③软件技能。技能演练模块主要通过典型的案例教学，使学生掌握与UI设计相关的图形设计软件的使用，这一

模块贯穿于课程教学及实践教学环节。总体思路是以设计理念及创意思维方式为主，教授软件技法为辅。学生对设计软件的精通、操作技巧的提升更多的要依靠课后的自主学习，而非依赖有限的课堂教学时间。

④UI专题设计模块。专题设计模块包括图标设计、Web UI设计、软件UI设计、游戏UI设计和移动设备UI设计等。

⑤UI系统化设计。以学生团队模式进行小型UI系统化设计方案的演练。

（2）引入任务驱动教学模式

强调学生学习的自主性并更有效地发挥教师的指导作用。在这种实践性为主的教学模式下形成以设计实践为主线，以教师为主导、学生为主体的基本特征。其优点是：

①符合艺术专业学生的认知规律

现有教材没有针对艺术学科专业特点，从理论到实践都缺乏系统性和完整性，无法顾及艺术设计专业学生学习的特点和思维过程。教师应以实践为主线，从学生学习的实际情况出发，将所学的知识精心设计成一个或几个任务模块，通过任务的完成，让学生实现对所学知识的意义建构，同时也掌握相应的技能。

②符合艺术专业学生的特点

在创作过程中，学生更有效地从原有知识中获得启发；在团队协作中，相互学习和影响；通过提出问题、解决问题获得新的知识和技能，在一定范围内有组织地进行自主性学习。

③符合艺术专业学科特点

艺术专业课程具有明显的实验性特点，强调“实践创新为主，面向应用”。任务驱动教学一方面突出了创作的方法步骤，为以后的创作实践做充分准备；另一方面在实践创作的环节可以避免“纸上谈兵”带来的副作用。

4. 任务驱动教学模式的教学流程

（1）呈现任务：结合动画及艺术设计专业学生专业特点，精心设计方案。

（2）明确目标：使学生明确自己的学习和创作目标，引导学生分析方案、提出问题和合理化建议，并反复讨论修改设计方案。

（3）针对性讲授：对提出的问题及创作中遇到的问题进行及时补充，讲授新知识。

（4）创作小结和总结：在创作方案实施的各个阶段进行小结，分析具体问题、提出新问题和思路、改良设计方案，方案完成后总结设计方法、流程，以及教、学、创作的经验，并将其转化为文字性资料。

五、艺术专业UI设计课程的教学方法探讨

1. 因材施教

针对不同专业的学生，以及不同学生的特长及爱好，建立多层次、有侧重、有个性的UI设计教学方案。例如：在数字媒体专业的教学中，注重UI设计在游戏领域和移动APP领域的应用；在视觉传达设计专业的教学中，注重UI设计在商业设计领域和网站设计中的应用；在工业设计专业的教学中，偏向于UI设计在车载数字产品和互联网产品领域的应用；在影视动画专业教学中，侧重于UI中动态元素的表现和影视相关产品的UI设计；对于美术教育专业学生，倾向于UI设计在文化传播和教育软件领域的应用。此外针对不同设计专业学生进行作业的设置，结合学生的个人兴趣，发挥每个学生的优势。

2. 分组协作

UI设计是信息产品开发的重要一环，本来就是团队智慧的结晶，需要团队协作来设计并进行反复的测试与迭代。一个完整的产品不是几个单独的界面，学生除了完成专项的练习之外，可以根据某一类型的应用，设置一项规模完整的UI设计课题，这就需要几个同学共同努力来完成。在课题的推进中，设置小组负责人，负责计划和控制课题的进程和总体表述，确定了主题和内容之后，小组成员可以展开头脑风暴进行UI视觉、交互设计的创意；创作展开后，小组成员根据自己的特点分别负责某一部分的设计。实践证明，分组课题能够激发同学们的创作激情，培养团队精神及相互协作的能力，同时也保证了设计作品的质量与效率。

3. 关注行业动态

在教学内容上，关注行业发展趋势和动态。非物质的设计对象形式和内容始终处于变化发展中，应基于行业的需求和动态，不断改进专业课程体系和课程教学的内容、方法，并借鉴行业经典案例进行分析和模仿，进而进行自主的创造性的设计。

4. 项目实战

当课程进入较深入的阶段，学生掌握了较完整的相关知识，并具备了一定的设计能力后，可以引入与行业接轨的实践项目。这样能够让学生进一步了解产品开发环节UI设计的特点和限制，如特定的用户人群、明确有限的设计时间、质量的把控、与客户的沟通协调等。

六、本书中UI设计的内容和范围界定

UI设计课题的衍生范围较广，UI即存在于人和物信息交流的界面。甚至可以说，存在人和物信息交流的一切领域都属于界面，它的内涵要素是极为广泛的，而计算机系统中的UI设计同样是一个复杂的、有不同学科参与的系统工程，计算机科学、人机工程学、认知心理学、社会学与人类学、设计美学、符号学、传播学等在此都扮演着重要的角色。UI设计在工作流程上又可分为结构设计、交互设计、视觉设计三个部分。本书以数字图形用户界面中的视觉设计作为主要对象，从其对功能呈现、信息传达、审美、情感等方面的影响及用户认知心理、用户体验的角度进行分析和讲解，融合其他学科的专业知识，通过对相关交叉学科的探讨，帮助学生循序渐进地学习UI设计的理论、原理、方法和流程，并掌握相关的实践应用技能。

UI 设计相关概念

UI 设计

UI 的发展

重点：

1. 厘清 UI 设计的相关概念，了解 UI 设计对于产品和整体设计的价值。
2. 清楚 UI 设计师的职业特征和所需要具备的专业素养。
3. 了解 UI 设计的发展脉络及趋势。

难点：

能明晰 UI 设计相关的概念，并理解其意义和相互间的关系。

1.1 UI 设计相关概念

许多刚刚接触UI设计的同学，分不清很多英文缩写的意思，也不理解各个概念代表着什么含义，这里先对这些英文做一些简单的介绍。

UI（User Interface）：用户界面。

GUI（Graphical User Interface）：图形用户界面。

HCI（Human-Computer Interaction）：人机交互。

IxD（Interaction Design）：交互设计。

IA（Information Architecture）：信息架构。

UE或UX（User Experience）：用户体验，国内通常称为UE，国外或者外企称为UX。

UED（User-Experience Design）：用户体验设计。

UCD（User-Centered Design）：以用户为中心的设计。

1.1.1 UI

UI其实是一个广义的概念，《现代汉语词典》将“界面”定义为：物体与物体之间的接触面，泛指人和物（人造物、工具、机器）互动过程中的界面（接口）。以车为例，方向盘、仪表盘、中控都属于用户界面。从字面上看由用户与界面两个部分组成，但实际上还包括用户与界面之间的交互关系，所以可分为三个方向：用户研究、交互设计、界面设计。

通常意义上，UI是User Interface的缩写。其中，“Interface”前缀“Inter”的意思是“在一起、交互”，而翻译成中文“界面”之后，“交互”的概念没能得到体现。

我们通过以下三个层面来理解UI的概念。

首先，UI是指人与信息交互的媒介，它是信息产品的功能载体和典型特征。UI作为系统的可用形式而存在，比如以视觉为主体的界面，强调的是视觉元素的组织和呈现。这是物理表现层的设计，每一款产品或者交互形式都以这种形态出现，包括图形、图标（Icon）、色彩、文字设计等，用户通过它们使用系统。在这一层面，UI可以理解为User Interface，即用户界面，这是UI作为人机交互的基础层面。

其次，UI是指信息的采集与反馈、输入与输出，这是基于界面而产生的人与产品之间的交互行为。在这一层面，UI可以理解为User Interaction，即用户交互，这是界面产生和存在的意义所在。人与非物质产品的交互更多依赖于程序的无形运作来实现，这种与界面匹配的内部运行机制，需要通过界面对功能的隐喻和引导来完成。因此，UI不仅要有精美的视觉表现，也要有方便快捷的操作，以符合用户的认知和行为习惯。

最后，UI的高级形态可以理解为User Invisible。对用户而言，在这一层面UI是“不可见的”，这并非是指视觉上的不可见，而是让用户在界面之下与系统自然地交互，沉浸在他们喜欢的内容和操作中，忘记了界面的存在（糟糕的设计则迫使用户注意界面，而非内容）。这需要更多地研究用户心理和用户行为，从用户的角度来进行界面结构、行为、视觉等层面的设计。大数据的背景下，在信息空间中，交互会变得更加自由、自然并无处不在，科学技术、设计理念及多通道界面的发展，直至普适计算界面的出现，用户体验到的交互是下意识甚至是无意识的。

1.1.2 GUI

GUI的全称是人机交互图形化用户界面，是一种可视化的用户界面，其显著特点是以图形信息为主体。GUI的概念最早是施乐公司在20世纪70年代针对计算机操作系统的研发而提出的。此后，随着新技术、新产品的不断涌现，图形用户界面设计向更多应用领域发展。当前在计算机系统及软件UI中，GUI占据了绝对的主流。GUI的概念是相对于其他非图形UI的，如早期的DOS系统是字符界面，也有基于语音识别的语音界面，以及现在比较前沿的脑波界面，等等。

由于UI设计跨学科的特性，其概念比较难以被一般人理解，所以一般现在所说的UI设计师都是指GUI设计师，也就是图形界面设计师，主要负责产品或者网站的视觉设计。

GUI的应用类型包括了各种面向新用户、间歇用户以及频繁用户的应用，如计算机操作平台，包括网站的页面设计、网络交互服务、网络应用程序等。GUI的具体产品包括：软件产品、手持移动互联网设备的系统产品、数码产品、车载系统产品、智能家电产品、游戏产品……

1.1.3 HCI

HCI首先可以理解为Human-Computer Interaction的缩写，译为“人机界面”，与User Interface概念近似，专指人与计算机之间传递、交换信息的媒介和对话接口，是计算机系统的重要组成部分。

在实际应用中，HCI多指Human-Computer Interaction，即“人机交互”，类似于前面对User Interaction的描述，是研究系统与用户之间的交互方式的学问。系统可以是各种机器硬件，也可以是计算机化的系统和软件。人机交互通过用户可见的部分即界面来实现。用户通过界面与系统交流，并进行操作。

人机界面与人机交互是两个有着紧密联系而又不尽相同的概念，人机交互涉及的范围更广，我们不能把图形用户界面设计看成是人机交互设计的全部。

人机交互是一门跨学科的研究，它的研究内容很广，包括心理学领域的认知科学、心理学；软件工程领域的系统架构技术；信息处理领域的语音处理技术和图像处理技术；人工智能领域的智能控制技术等。

总的来说，人机交互本质上是一个认知过程。人机交互理论以认知科学为理论基础；同时，人机交互是以信息技术作为用户界面的技术基础，通过信息系统的建模、形式化描述、整合算法、评估方法以及软件框架等信息技术最终实现和应用。

1.1.4 IxD

IxD（交互设计）这个英文缩写让人费解，原来英文ac和x的发音类似，语境里Ix本身就是Interaction的意思。很多参考资料将交互设计的英文缩写为ID，其实不准确，互联网技术领域里ID通常指信息设计（Information Design）。而在最传统的工业技术领域，ID指工业设计（Industry Design）。另外，交互设计也叫互动设计，但很多公司把“互动设计”概念进行了包装，其实就是曾经的“多媒体设计”，多指Flash Design。交互设计的主要对象是人机界面（UI），但不仅限于图形界面（GUI）。

交互设计是定义、设计人造系统行为的设计领域。人造物，即人工制成物品，例如软件、移动设备、人造环境、服务、可佩戴装置以及系统的组织结构。交互设计在于定义人造物的行为方式，即人工制品在特定情境下的相关界面。它专注于需求、任务和目标三者的有效实现，让用户与产品在特定任务情景下的交互操作更有效、有用、有趣。这可能会涉及对启发式理论、控制论、人机工程学、规划理论等的具体应用，甚至在更多不同领域中将音频、视觉或空间等多媒体综合运用在一起，比如声音识别交互、手势交互、触摸交互等。在欧洲的一些学校已经把IxD从工业设计中脱离了出来，成为一个独立的专业。

1.1.5 IA

IA（信息架构）即信息的组织结构。它的主体对象是信息，通过设计结构、决定组织方式以及归类在信息与用户认知之间建立一个通道，使用户能够获取到想要的信息。一个有效的信息架构方式，会根据用户在完成任务时的实际需求来指引用户一步一步地获得他们需要的信息。通俗地讲，信息架构就是合理的组织信息的展现形式，例如一个网站，注册的时候需要体现单个页面、一个版块、整个网站的内容以及它们之间是怎样的关系。

在UI设计中，采用怎样的信息架构方式是由用户完成某个任务或行为时的实际需求决定的。比如我们在饭店点菜、商场购物，要完成这类日常生活中最常见的任务，用户最希望的就是过程简短、不用过多地去思考。所以根据用户的实际需求，这类任务要采取比较顺畅的架构方式。相反，一个大型的网络游戏，为了满足用户在游戏过程中的情感体验，需要把游戏设计得颇有难度，这时就要采取带有障碍的架构方式，否则，游戏就变得毫无挑战性，也就失去了它的乐趣。

1.1.6 UE、UED

UE（用户体验）是指用户在使用产品过程中建立起来的纯主观个人感受。它包括了用户使用前、使用过程中、使用后的整体感受。虽然是个人的主观感受，但对于一个界定明确的用户群体来讲，其共性的体验是可以通过良好的设计提升的。

UED（用户体验）设计旨在提高用户使用产品的体验。

信息架构与用户体验两者之间有很多交集，维基百科对信息架构有这样的描述：“组织与管理信息的艺术与科学……为了支撑产品的可用性”；对用户体验的解释是：“用户在使用产品、系统与服务时的个人感受，其中包括用户在实际使用中的实用性、易用性与系统的效率方面的个人认知”。可以看到，信息架构更关注结构，用户体验更关注情感。依据两者之间的定义，用户体验便是在信息架构基础上的进一步的升华。

互联网企业中，一般将界面视觉设计、交互设计、信息架构都归为用户体验设计。但实际上用户体验设计必然贯穿于整个产品设计流程，只是企业重视与否。

1.1.7 UCD

UCD是一种设计模式、思维。它强调在产品设计的过程中，从用户角度出发来进行设计，用户优先。

产品设计有个BTU（Business、Technique、User）三圈图，即一个好的产品，应该兼顾商业盈利、技术实现和用户需求。UCD则更为强调用户优先。现在国内互联网公司中用户体验部门都以UCD（用户为中心）这个设计思想来作为基本理论指导，具体的工作包括用户研究、交互设计、视觉设计，有的还包含前端开发。

1.2 UI设计

1.2.1 UI设计的设计流程

UID（User Interface Design）：用户界面设计。

UI设计是指对软件的人机交互、操作逻辑、界面美观的整体设计。

好的UI设计不仅要让软件变得有个性、有品位，还要让软件的操作变得舒适、简单、自由，充分体现软件的定位和特点。

UI设计是一个跨学科快速发展的研究课题，计算机技术的不断发展使交互界面更趋友好，人和计算机之间的交互已显得日益重要。人们对UI设计稳定增长的兴趣，跨越了不同的群体。对于个人来说，友好的用户界面改变了许多人的生活：医生能进行更精确的诊断；学生能提高学习效率；设计人员能尝试更有创造性的设计方案；飞行员能更安全地驾驶飞机。在商务环境中，用户界面可以更好地进行信息检索、呈现、比较，以帮助商务人士快速地进行判断和决策。而在生活环境中，个人信息平台、社交通信和资源共享的用户界面可以增进人际关系。网站上存在着大量的教育和文化遗产资源、电子政务服务资源，而PDA产品、车载系统产品、智能家电产品、软件产品，产品的在线推广等如潮水般涌来，UI设计无处不在，我们正生活在一个令UI设计师无比激动的时代。

目前，UI设计流程大致包括结构设计（Structure Design）、交互设计（Interactive Design）、视觉设计（Visual Design）三部分。

1. 结构设计

结构设计也称概念设计，是界面设计的骨架，通过对用户的研究和任务进行分析，制订出产品的整体构架。在结构设计中，目录体系的逻辑分类和词语定义是用户易于理解和操作的重要前提。

2. 交互设计

交互设计是定义、设计人造系统的行为方式。人造物，即人工制成物品，例如软件、移动设备、人造环境、服务、可佩戴装置以及系统的组织结构。

现在形式追随功能的设计思维已不能完全适应当前的环境，“形式”的非物质化和“功能”的超级化使设计重心转移到一系列抽象的关系中，其中最基本的关系是人与机器的互动关系，任何软件产品功能的实现都是通过人和机器的交互完成的。因此，人的因素作为设计核心体现出来，交互设计的目的是让用户能简单操作软件产品。

3. 视觉设计

视觉设计是在前两个设计的基础上参照使用人群的心理和审美观完成的，主要包括色彩、字体、页面等。视觉设计的目的是使用户在使用过程中愉悦、减少视觉疲劳。视觉设计是信息产品设计中最直观的一个层面，是直接面向用户的最前端，通过视觉设计建立的可视化的图形界面，提供了一种用户与程序之间的交互载体，并以此实现产品的信息架构和交互设计。通过视觉设计，将无形的程序、抽象的代码变成屏幕上显示的构成GUI的窗口、菜单、按钮、图标等，用户可以进行直接的操作，从而使信息产品变得直观易用。

简单地说，UI设计就是屏幕产品的视觉体验和互动操作部分，是用户与应用软件之间相互作用和相互影响的区域。在此区域中，两者之间发生各种信息交流和控制活动。UI设计是计算机科学和认知心理学以及设计学相结合的产物，同时也涉及语言学、人工智能和社会学等多种学科。界面设计不是单纯的美术绘画，它需要定位使用者、使用环境、使用方式并且为最终用户而设计，是纯粹的、科学性的艺术设计。

检验一个界面的标准既不是某个项目开发组领导的意见，也不是项目成员投票的结果，而是最终用户的感受。所以界面设计要和用户研究紧密结合，是一个不断为最终用户设计满意视觉效果的过程。

1.2.2 UI设计师

2000年国内的UI设计刚开始萌芽，UI设计几乎等同于平面设计，基本也体现在网页设计上。后来随着Flash的流行，一部分美术设计师开始去思考网页的互动性。而后，一些企业开始意识到UI设计的重要性，纷纷把 UI部门从软件编码团队里独立出来，从而开始有了专门针对软件产品的图形设计师和交互设计师。现在随着智能手机、移动互联网的发展，交互设计和UI的联系越来越紧密，UI设计也开始被提升到一个新的高度。

今天，我们对UI设计师这一职业已经不再陌生，对UI设计师的需求越来越多，设立UI部门的企业越来越普遍，网络上使用搜索引擎搜索“UI设计师”能得到约600万条相关结果，UI设计的组织和网站更是层出不穷。按照之前描述的UI设计流程，UI设计从工作内容上分为三个方向：研究用户、研究用户与界面的关系、研究界面表现。UI设计师需要全程参与产品开发，而不是只参与某一个部分。

1. 研究用户

用户体验工程师（User Experience Engineer）——结构设计。

用户研究包含两个方面：一是可用性研究，研究如何提高产品的可用性，使得网站界面的设计更容易被人所接受、使用和记忆；二是通过可用性的研究，发掘用户的潜在需求，在界面设计的前期能够把用户对于产品功能的期望、对设计和外观方面的要求融入产品开发与设计中去。用户研究是站在人文学科的角度来研究产品，研究用户的需要，同时，站在用户的角度，介入产品的开发和设计中。对于设计师来说就是研究如何使自己的界面更受用户欢迎。此外，UI设计的好坏不能只凭借设计师的经验或者领导的审美来评判，任何一个产品为了保证质量都需要测试，UI设计也是如此。测试方法一般都是采用焦点小组，用目标用户问卷的形式来衡量UI设计的合理性。

用户体验工程师一般具有心理学、社会学等人文学科背景。

2. 研究人与界面的关系

交互设计师（Interaction Designer）——交互设计。

在图形界面产生之前，UI设计师就是指交互设计师。交互设计师的工作内容就是设计软件的操作流程、树状结构、软件的结构与操作规范（Spec）等。一个软件产品在编码之前需要做的就是交互设计，并且确立交互模型、交互规范。

交互设计师需要具备凭空想象复杂行为的能力，交互设计应当在所有代码编写之前进行。交互设计师必须能够在代码被写出来之前，想象它的用途。交互设计师一般具有软件工程师背景。

3. 研究界面表现

图形设计师（Graphic UI Designer）——视觉设计。

视觉设计是将思想和概念转变为视觉符号形式的过程，即概念视觉化的过程；对软件的使用者来说，则是相反的过程，即视觉概念化的过程，贯穿和联结两个过程的是界面中所蕴含的视觉信息。软件界面作为人机之间信息交互的媒介，直接关系到系统的性能能否充分发挥，能否使用户准确、高效、轻松、愉快地工作。因此，在界面设计中合理地体现视觉文化对软件界面的视觉感知具有重要的作用。软件界面设计不仅要遵循视觉文化的一般规律，还应力求正确参照视觉文化对学习者认知心理等方面的影响，从最终需求目标出发，参照目标群体的心理模型和任务达成进行合理的视觉设计的目标，达到用户愉悦使用的目的，进而实现最优化的目标任务。

软件产品外形设计师大多是毕业于美术类院校，其中大部分具有美术设计教育背景，例如工业设计、视觉传达设计、数字媒体设计等。

概括地说，UI设计师的工作内容主要包括：

（1）根据各种相关产品的用户群，提出构思新颖、有高度吸引力的创意。

（2）负责产品界面的视觉设计和制作。

（3）收集和分析用户对于GUI的需求。

（4）对界面交互进行优化，使用户操作更趋于人性化。

从上面的描述可以看出，UI设计师这一职业的真正含义：UI设计师绝不仅仅是做表面美化的“美工”，或者编写代码的程序员，UI设计师应该同时具备以下四个维度的能力。

一是沟通和文档撰写能力：如果说UI是人与机器交互的桥梁和纽带，那么UI设计师就是软件设计开发人员和最终用户之间交互的桥梁和纽带。如果UI设计师不能具备很好的沟通和理解能力，不能撰写出优秀的指导性原则和规范，那么他将无法体现出自己对于开发人员和客户的双重价值，也无法完成他的本职工作。

二是技术能力：不用编写代码，但要知道它能够实现什么。完全不懂技术的UI设计师，既做不出合理的设计，也不可能做到和开发人员进行有效的沟通。简言之，UI设计师起码要了解主流的表现层开发技术（如Web表现层，需要了解HTML、CSS、JavaScript、XML技术），对于市面主流的设计模式、技术路线以及开源框架要有足够的了解。

三是图形设计和原型开发能力：UI设计师一生中从事的最多的工作应该就是图形和原型设计，那么，首先说说什么是原型设计。原型法是迭代式开发设计阶段常用的手段，原型设计应该贯穿需求、概要设计和详细设计这三个阶段。开发原型的目的是，把设计转为用户可以看懂的“界面语言”，同时也对开发人员起到一定的指导作用（甚至可以作为开发的一部分）。用户界面原型更明显的价值体现就是它可以帮助软件设计人员提早发现设计各个阶段的缺陷，在开发前解决这些潜在的问题，大幅度降低软件开发的风险和成本。人们通常理解的UI设计师，其实是GUI设计师，GUI设计师的主要工作就是视觉定位以及创作。因此，UI设计师必须具备图形设计能力，这是每一名UI设计师应具备的最基础的能力，也是最能够衡量一名UI设计师能力水平的部分。

四是人因学理论和认知心理学：这两个概念虽然有些广，却是每一名UI设计师在事业稳固后毕生都要努力去探索的领域。可以说，设计的根本就是“人”，做人本的界面，自然需要了解人，了解人的行为。

此外，UI设计师在各大互联网公司的职位体系中是比较高的技术职位，相当于高级软件工程师，一般需要有3年以上从业经验方能胜任，而资深UI设计师与软件设计师是平级的，他们共同的上层职位是架构师。这跟某些公司所招聘的“美工”是有很大区别的。

1.3 UI 的发展

1.3.1 UI 发展概述

界面的发展路径是从人适应计算机到计算机不断地适应人。从界面的发展史及界面被图形化的原因来看，是因为用图形和视觉的语言来表现交互更容易被使用和理解。但交互设计的真正的目的在于为使用者提供可以人机交流的方式，而不仅仅是为了界面的交互。

1. 字符界面

这一阶段的特点是：计算机的主要使用者——程序员可采用批量处理作业语言或交互命令语言的方式和计算机进行交互，使用的是机器的语言，这要求程序员要记忆大量的命令和练习，所以对一般用户而言就无法通过界面进行良好的交互，计算机很难真正进入家庭，为普通用户所掌握。界面视觉化呈现的仅仅是一些代码。（图1-1）

```
CentOS release 6.2 (Final)
Kernel 2.6.32-220.el6.i686 on an i686

localhost login: root
Password:
[root@localhost ~]# df -h
Filesystem            Size  Used Avail Use% Mounted on
/dev/mapper/VolGroup-lv_root
```

图1-1 字符界面

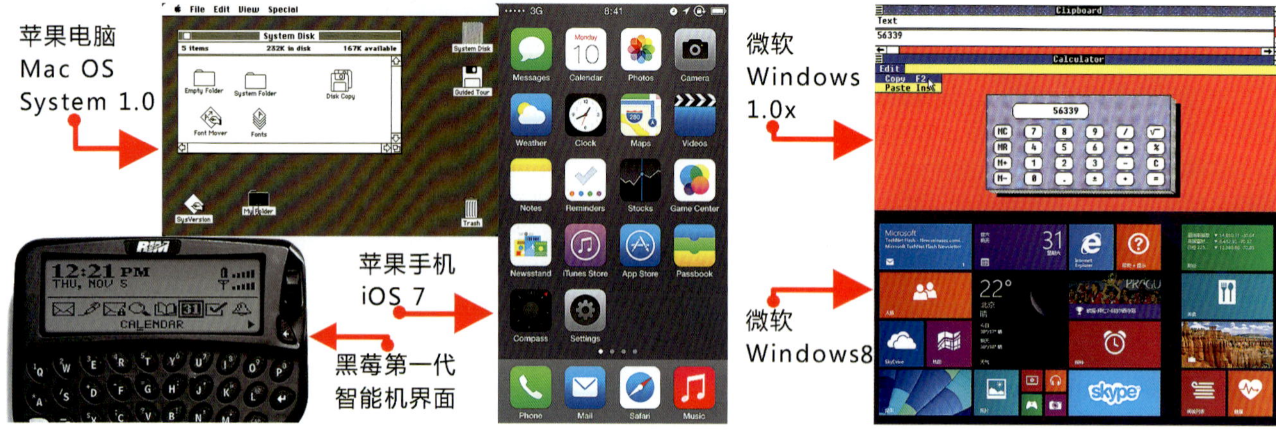

图1-2 图形界面

2. 图形界面

随着硬件技术的发展以及计算机图形学、软件工程、窗口系统等软件技术的进步，视觉设计正式介入了UI设计，通过图形实现用户与系统之间的界面交互。其主要特点是桌面隐喻、WIMP系统（窗口——Window、图标——Icons、菜单——Menus、指针——Pointing Device四位一体）、直接操纵和所见即所得（What You See Is, What You Get）。视觉设计和计算机技术结合，图形用户界面画面生动、操作简单，省去了命令语言的记忆负担，使不懂计算机的普通用户也可以很快学习并熟练地使用，拓宽了用户人群并使其得到广泛的应用，成为人机界面的主流。在20世纪90年代中期，图形界面开始真正取代字符界面成为计算机操作系统的标准，这其中又以微软的Windows 95为典型代表，而图形界面也不满足于简陋的设计，朝向更注重视觉体验的方向发展。此后微软推出了Vista系统，以全新的架构和出色的视觉美化效果让用户有了更好的体验，达到了更好的交互效果，如图1-2。其中，Windows Flip 3D以3D轮换的效果，开始让用户体验3D界面的特性。当时，DGP实验室推出的Bump Top：Physical Desktop Interface（物理桌面交互界面），在全3D视觉效果的界面方面做出了尝试。

随着网络的出现和发展，特别是移动互联网的崛起，图形界面的视觉设计走向更为人性化和个性化时代，终端用户都可以参与其中，定制个人专属的界面，视觉设计成为用户体验中的重要部分。由于视觉设计本身的美学特征，通过图形图案与色彩等视觉元素的构造，界面本身也就具有一定的文化和语言独立性，具有相应的审美价值与人文价值，这对于字符界面而言是不可想象的。

此外，随着硬件和媒体技术的发展，在原来只有静态媒体的用户界面中引入了动画、音频、视频等动态视觉元素，以及音频媒体。声音的加入不仅没有削弱视觉呈现，反而更加丰富、优化了界面的视觉呈现。同时，多媒体技术的引入，使得界面的视觉设计也由静态转向了动态的设计，提高了人们对信息表现形式的选择和控制能力，增强了信息表现与人的逻辑、创造能力的结合，扩展了人的信息处理能力。借助多媒体，用户能提高接受信息的效率，多媒体信息比单一媒体信息具有更大的吸引力，它更有利于人对信息的主动探索。此外，交互的方式也从单一的鼠标、键盘的交互发展到多点触控、手势、语音、体感、眼动、脑波等更为直接自然的交互方式。

具体的操作系统界面的演进过程可以搜索并参考《80年代以来的操作系统GUI设计进化史》。

1.3.2 UI的发展趋势概述

未来的用户界面的发展趋势离不开用户的需求和技术的进步这两个原动力，它们在很大程度上决定了界面发展的趋势。以此为基本的思路，可以探讨用户界面的未来发展趋势。

1. 多通道将是未来用户界面的技术特征

多通道用户界面（Multimodal User Interface）的研究是为了消除当前图形用户界面、多媒体用户界面的输入输出不平衡的弊病而兴起的，这方面的研究更多的是人机交互中输入能力的增强。在多通道用户界面中，综合采用视线、语音、手势、体感、脑波等新的交互通道、设备和技术，使用户利用多个通道以自然、并行、协作的方式进行人机交互。今天所研究的多通道人机界面所要达到的目标可归纳为：使用户尽可能多地利用已有的日常技能与计算机交互；使人机通信信息吞吐量更大、形式更丰富，发挥人机彼此不同的认知潜力；汲取已有人机交互技术的成果，与传统的用户界面特别是广泛流行的图形用户兼容，使老用户、专家用户的知识和技能得以沿用。

现在已经涌现出越来越多的智能穿戴设备，而未来计算机更会向微型和随身的趋势发展，这使得界面不一定要和屏幕联系起来，从而传统交互手段的统治地位会逐步被其他即将兴起的交互方式所取代。如移动平台中语音、手势取代了传统的鼠标。

2. 灵活、高效将是未来用户界面的感知特征

用户界面在计算机软硬件技术、网络技术进步的推动下，将使更多不同技术背景的用户更加方便、灵活地实现人机交互。

3. 个性化定制将是未来用户界面的功能特征之一

未来用户界面将逐步做到“计算机适应人”，从追求“容易实现”到“容易学习和容易使用”，将明显突出用户本身的兴趣和爱好，也能更好地通过基于大数据系统了解用户的使用习惯和爱好，从而推送定制的服务。

4. 表现形式的多样化将是未来用户界面的应用特征

由于硬件设备和互联网技术的发展，人类已经进入大数据时代的新纪元，用户范围更加广泛，使用要求也更加多样化，用户界面的发展正体现出了上述特征。

5. 自然的交互是终极目标

人们希望更自然地进入环境空间中去，形成人机“直接对话”，获得身临其境的体验，为此，出现了虚拟现实人机界面。虚拟现实（Virtual Reality）目的是为用户提供身临其境的体验。该理论认为，人与电脑间的互动关系不应是人与人之间的对话关系，应该由人去探索另一个世界，而设计师的工作便是去创造一个可供探索、游历的世界。因此，未来的人机交互模式，会突破屏幕的限制，让使用者直接进入电脑的虚拟空间，直接与3D物体互动，这就是虚拟现实人机界面理论发展的起点。

与虚拟现实不同的是，增强现实是在现实中引入虚拟的界面，比如在头盔护目镜上投射出一些文字和图表，以达到对实景信息的增强。目前，相关的理论和实现技术都在不断地发展，并已初步应用到实际产品的开发中。

语音识别和手势控制的结合仍是当前移动界面的主要形式。此外，更加自然和便捷的体感和脑波的界面这两项技术已经日趋成熟，并将会被更广泛地应用到界面交互中。

6. 小结

在未来的人机界面中，视觉感知都是不能忽视的、最为重要的方面。因此，无论是在多通道界面中，还是增强现实界面中，视觉设计都有着更大的发挥的空间。而且可以肯定的是，在未来的用户界面中，图形用户界面会得到增强和

教学导引

小结：

本章主要介绍了 UI 设计相关概念及其相互关系，UI 设计的研究内容、整体构架、主要流程，成为 UI 设计师的基本素养，以及 UI 设计的发展脉络和方向。

课后练习：

1. 结合本专业分析与讨论其在 UI 设计领域职业拓展的可能性，以及未来的发展前景。
2. 分析与讨论 UI 设计的发展前景与趋势。

第二章
UI 设计理论

目标导向设计

UI 设计流程

苹果公司有关界面设计的原则与方法

重点：

1. 理解目标导向设计的概念、要素和流程。
2. 理解 UCD 的设计思想和用户体验设计。
3. 掌握用户研究的方法和途径。
4. 掌握纸上原型的设计和测试方法。
5. 了解苹果公司有关界面设计的原则与方法。

难点：

能够掌握用户研究的方法和途径，在创建用户模型时能充分考虑其使用场景；能快速地进行纸上原型的设计和测试。

2.1 目标导向设计

在早期的数字产品UI开发模式中，交互设计由程序员或者是视觉设计师完成。通常，逻辑、流程由程序员设计，但程序员的思维往往与用户思维差别较大；界面布局、界面元素的可视化由视觉设计师完成，视觉设计往往侧重于界面是否美观，而不注重界面是否符合用户操作习惯。这样仅仅针对设计对象本身而进行的设计，割裂了设计对象和使用者之间的联系，设计只是设计师头脑中的想法和意图，最终强加给用户。现在，这样的UI是难以被用户接受的，且不具备竞争力。

目标导向的设计方法关注用户的目标，理解用户的期望、需要、动机和环境因素。目标导向设计的三要素就是用户目标、人物角色和常用场景。

目标是期望系统能够完成一件什么样的事情，为了完成这件事情需要考虑不同的人物角色在不同的场景下的实际操作任务和路线。目标不等于任务，目标是需求的终点，任务只是有助于达到目标的中间步骤。目标激发人们去执行任务，分清任务和目标非常重要，受动机驱使，随着时间的推移可能不变化，或者缓慢变化；任务是暂时的，基于当前可用的技术，非常容易变化。例如，用户需要了解某个历史事件，这是目标，而任务随着技术和环境的改变会发生变化：请教学者，到图书馆查阅资料，在相关的数据库中通过互联网进行检索获取资料。

人物角色不是真实的人物，但是在设计过程中代表着真实的人物。在研究产品的实际用户和潜在用户的基础上，定义出具体的原型用户（用户建模），使用人物角色作为脚本提纲的主要人物，把人物角色作为定义产品功能、行为和形式的主要工具，在设计过程中遵循行为设计的原理。

目标导向的设计方法，将设计重心从UI的表面设计转移到背后对人的更多考虑与关怀，如对最表象的审美关系的关注。更多地关注人的情感、人的使用体验，对人的生命、人的理想及人的生存与发展的意义在物上的投射的关注，是“以人为本”的思想的直接体现。

目标导向的设计方法为设计师提供了一个独特的过程和框架，借助它可以设计产品和产品的行为，而这些行为真正地解决了用户最核心的需求和意愿。换句话说，UI设计不同于传统的设计，行为和形式都是设计的关键因素，形式必须支持行为。

2.1.1 用户体验、UCD 与可用性

1.UCD 的设计思想

UI设计师无论是在交互设计还是视觉设计过程中，都会不自觉或下意识地考虑与用户相关的问题。但是最终的设计仍然存在着用户接受度的问题，直接导致了产品在竞争中的失败，比如：产品类型市场需求低或没有需求；功能与用户需求不符合；外观同质化严重、缺乏吸引力；难以学习和使用；可靠性、安全性存在设计问题；等等。

事实上，设计师常常忽视用户研究的重要性，忽略了在设计的不同阶段需要与用户进行有效沟通，没有将设计建立在深入、细致、准确了解用户情况和需求的基础上。最常见的错误观点是：将自己假想为用户，以自己的期望代替用户的目标；假定自己能够使用的产品其他人也能够使用，自己喜欢的功能他人也喜欢。

然而，用户才是产品成功与否的最终评判者，以用户为中心的设计（User-Centered Design，UCD），其思想的核心是基于用户体验而设计，这种思想要贯穿在设计的每一个环节。（图2-1）

2. 用户体验的三个层次

用户体验的概念最早兴起于 20 世纪 40 年代的人机交互设计领域，以“可用性”和“以用户为中心的设计”为基础。在 ISO 9241-11 可用性指南中，“可用性”被定义

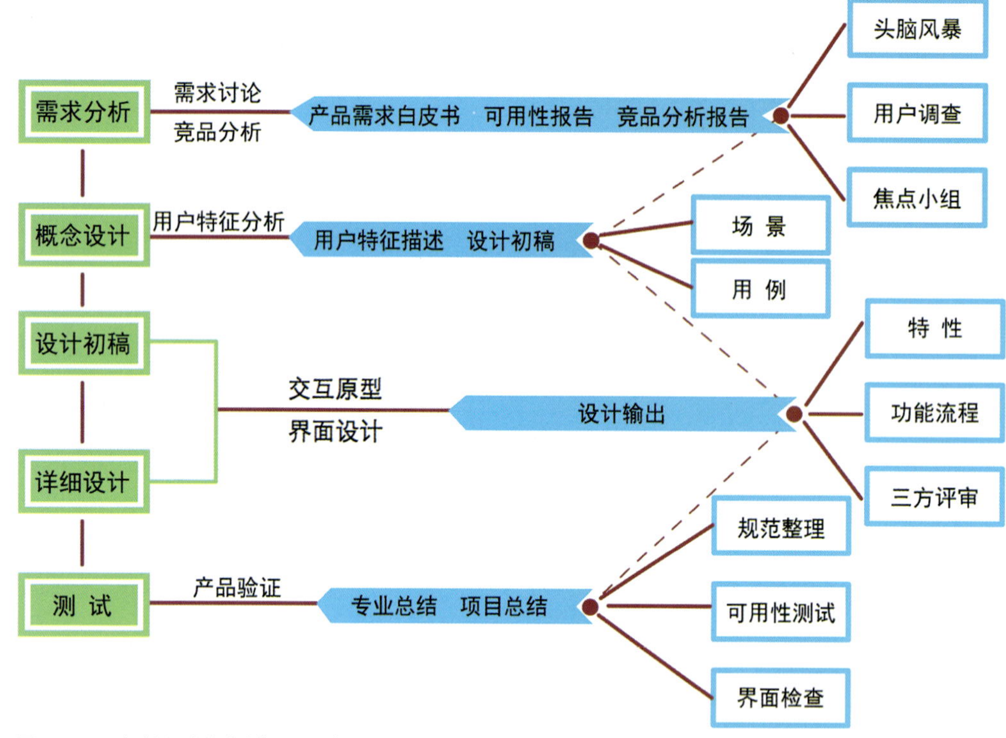

图2-1 UCD（“以用户为中心”的设计）简要流程

为：“产品在特定使用情境下，被特定用户用于特定用途时所具有的有效性、效率和用户主观满意度”。但是可用性概念本身的模糊性和情境依存性依然存在，为了产品的可用性目标，UCD 是目前业界常采用的方法。UCD 方法的主要特征是用户的积极参与，在设计中可以邀请用户对即将发布或已经发布的产品以及设计原型进行评估，并通过对评估数据的分析进行迭代式设计直至达到可用性目标。

用户体验反映了用户在操作或使用一件产品或一项服务时所做、所想、所感，涉及通过产品和服务提供给用户的理性价值和感性体验。结合数字产品UI的特点，可将用户体验分为三个层次：

（1）感官体验——本能层面

好看，系统或产品能给用户带来视觉享受的属性；

好听，系统或产品能给用户带来听觉享受的属性；

感官体验是诉诸视觉、听觉、触觉、味觉和嗅觉的体验，如UI的时尚感、炫酷、清新、怀旧、视觉冲击力等。

（2）行为体验——行为层面

可用，系统或产品可供用户获取和使用的属性；

高效，系统或产品能使用户快速完成任务的属性；

易用，系统或产品对用户来说操作简单的属性；

行为体验是影响身体体验、生活方式并与消费者产生互动的体验，用户通过UI达到目标的易用、快捷，获取信息的直观、准确等目标。

（3）情感体验——反思层面

好感，系统或产品能满足用户心理需求的属性；

情感体验是用户内心的感觉和情感创造，如产品对品位和身份的象征、个性化的需求，理想的成就和自我价值的实现，等等。

3. 用户体验的要素

J.J.Garrett将用户体验设计分为五层要素，即由下而上的五个层面：战略层、范围层、结构层、框架层、表现层。在如何改善用户体验方面提供了比较清晰的思路，使技术的可能性转变成用户体验的提升成为可能。这一观点已经得到了广泛认可，也成为当前讲述用户体验的各种书籍中或明或暗的一条主线。（图2-2）

（1）战略层

战略层包括用户需求和产品目标，分别通过用户需求分析和市场分析得出结论。一般由产品经理、公司高层与市场部共同负责，产出物为用户需求文档。可能用到的文档：项目分析文档、用户研究报告、可用性测试计划及报告、竞争对手分析报告等。

（2）范围层

范围层包括产品概念和产品功能，分别通过内容需求分析和功能需求分析得出结论。可能用到的文档：概念模型、内容详表等。

（3）结构层

结构层包括交互设计和信息架构，分别通过业务流程分析和数据流向分析得出结论。一般由产品经理、项目经理、交互设计师负责，产出物为低仿真产品原型，设计如何将内容合理地传递给目标用户，规划制作信息分区、功能分区、信息架构、交互流程等。可能用到的文档：架构图、流程图等。

（4）架构层

架构层包括信息设计、界面设计和导航设计，将抽象的架构图转化为详细的线框图，确定界面外观、导航信息及信

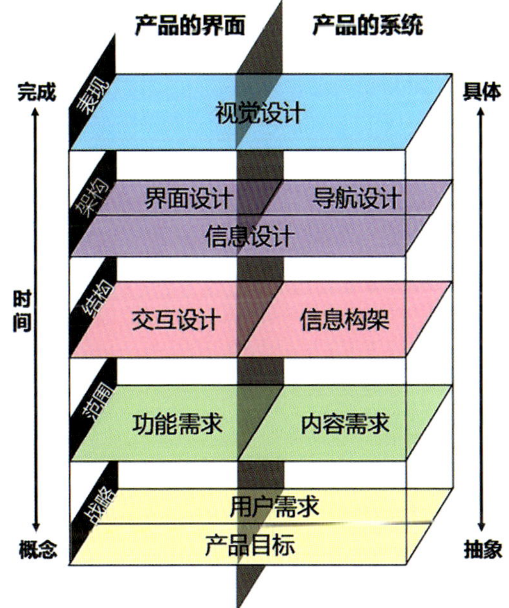

图2-2 用户体验设计

息要素的布局，一般由产品经理、交互设计师负责，产出物为高仿真产品原型。可能用到的文档：线框图。

（5）表现层

表现层是指UI的视觉设计，是内容、功能、美学的集中体现，是用户体验要素中最外延、最细节的一个部分，由视觉设计师负责，产出物为最终产品界面。可能用到的文档：产品设计图、界面效果图等。

用户体验即是在这五个层次上进行思考与提高的。

4. 可用性

通俗地讲，可用性是指产品可使用的程度，或者说是产品满足用户需求的程度。可用性良好的产品一定是用户可以轻松使用的产品，最大限度地满足用户使用需求的产品。可用性是产品的一个基本属性，体现在产品和用户的相互关系中，是UI设计的基本而且重要的指标，是对产品可用程度的总体评价。它是从用户的角度去感受产品是否易学、高效、容错、易记和令人舒适满意。例如：具有同样功能的产品并不等于好用，差别就在于它们的可用性质量。所以，可用性是决定产品竞争力的关键因素。对于可用性的定义的理解有以下五个方面。

（1）易学：易于学习，用户可以快速地开始应用某些操作而无须借助于系统帮助。

（2）高效：用户使用产品是高效的。

（3）易记：产品的设计应该符合用户的思维和操作习惯，用户再次使用该产品的时候不需要重新学习。

（4）容错：产品应该能够阻止用户的错误或者允许用户改正错误，并且避免毁灭性错误的发生。

（5）满意：用户在使用产品的时候得到轻松、愉悦的体验。

对UI视觉设计而言：首先，保证有用性和有效性，即通过视觉设计界面能否有效支持产品功能；其次，通过良好的视觉设计保证交互效率，即用户通过界面完成具体任务的效率，包括交互过程的安全性、易学性和易记性、出错频率和容错能力等因素；最后，通过视觉设计提升用户对产品整体使用的满意度。

5. 用户体验、可用性和以用户为中心之间的关系

用户体验、可用性和以用户为中心之间的关系简单来说就是：用户体验是目标，可用性是手段（指标），以用户为中心是思路（思想）。

用户体验，作为更为感性的一面，是基于可用性的基本属性与以用户为中心的指导思想基础上，能够在情感体验上更进一层的产品，它不仅仅包括产品本身，还包括品牌、营销、服务等与其相关的各个方面；而可用性则是维护以用户为中心所需要的基本要求，通过可用性测试及可用性五个基本属性来衡量是否达到可用性的标准，进而检测产品是否符合以人为中心这条准则；以用户为中心更多层面上是一种思想，它的使命和责任是在进行产品的整个开发流程中将用户始终放在中心的一种态度。（图2-3）

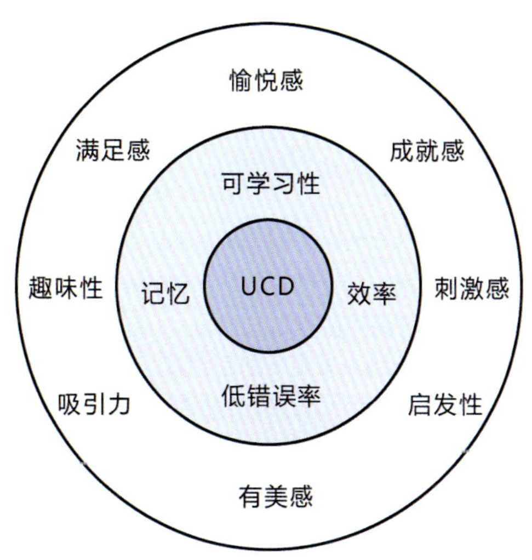

图2-3 用户体验、可用性、UCD之间的关系

2.1.2 用户研究

1. 为什么 UI 设计师要直接参与用户研究

目标导向设计的方法需要改变UI设计师在开发过程中所扮演的角色。用新的方式思考设计，UI设计师要承担远比传统设计方法中所设定的更为广泛的角色，特别是设计的对象是具有交互性的复杂系统的界面。

但是当前开发过程中最重要的一个问题是角色过于细分：用户研究人员进行调研，然后UI设计师进行设计。用户研究结果与最终呈现的设计方案之间的偏离，正是由于在设计的过程中没有将用户与最终产品相联系而导致的。解决这个问题的方法就是让UI设计师学习并参与用户研究。让UI设计师参与用户研究过程的目的是让设计师融入用户的世界，了解用户的想法，并在准备设计方案前思考用户的需求。在产品开发中要避免设计者和用户隔离，因为这将限制设计师代入用户的感受。（图2-4）

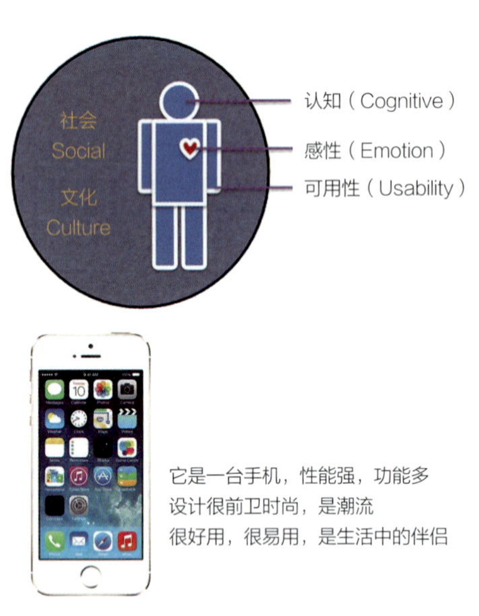

图2-4

2. 用户的定义

用户，即使用产品或服务的人。这一概念包含两层含义。

（1）用户作为人的共性特征。用户在使用任何产品时都会在不同的方面反映出这些特征。人的行为不仅受到视觉和听觉等感知能力、分析能力、解决问题能力、记忆力和对刺激的反应能力等的影响，同时也受到心理和性格取向、物理和文化环境、教育程度及阅历等因素的制约。

（2）作为产品的使用者的特征。用户可能是产品当前的使用者，也可能是未来潜在的使用者。他们在使用产品的过程中的行为也会与产品有关的特征紧密相关。例如，对产品的认识、需求、使用产品所需的基本技能，将要使用产品的时间、频率，等等。（表2-1）

3. 用户研究的定义

用户研究是用户中心设计流程中的第一步。它是一种理解用户，将用户的目标、需求与设计目标相匹配的理想方法。用户研究的首要目的是帮助定义产品的目标用户群，明确、细化产品概念，并通过对用户任务操作特性、知觉特征、认知心理特征的研究，使用户的实际需求成为产品设计的目标导向，使产品更符合用户的习惯、经验和期待。

4. 用户研究的价值

产品是交由用户选择的，市场是由用户数量决定的，用户的需求将直接决定产品的生命周期。用户研究不仅对设计产品有帮助，而且让产品的使用者受益，是对两者互利的。对公司设计开发来说，用户研究可以节约开发的时间、成本和资源，创造更好、更成功的产品；对用户来说，用户研究使得产品更加贴近他们的真实需求。通过对用户的理解，我们可以将用户需要的功能设计得有用、易用并且强大，能解决实际问题。

5. 用户研究在 UCD 项目中的开展时间和作用

（1）在新概念产品的项目开发中：用户研究可以帮助完善产品概念；定义产品功能架构。

（2）在功能框架已被定义完整的项目开发过程中：用户研究可以帮助定义目标用户群，确定用户策略；帮助细化功能，使功能与用户需求相符合；提供 UI （ GUI ）设计的依据；帮助开发者进行可用性测试：选择被试，具有针对性地制订测试计划，支持数据分析。

6. 确定研究的目的和对象

在研究之前，必须要明确研究要达到的目标（即需求点、调查的内容），调查的目标人群和渠道。

（1）确定研究要达到的目标

背景：用户的背景信息，如年龄、职业、喜好、地区等。

动机：什么因素驱使用户来使用产品。

需求：用户内心较普遍和稳定的需求（需求是更深层的心理驱动力）。

特性：用户关心产品的哪些特性。

场景：用户与目标产品发生接触的典型情形（用户在什么环境、情况下操作和使用产品）。

行为：用户如何与产品发生交互，操作轨迹，使用习惯等。

目标：用户最终的目的，最终想获得什么。

习惯：用户通常的操作习惯，如左手或右手操作、文字、大小、布局等。

期望：对产品有哪些期望，用户的期望包含了比较多的臆想成分，不能过多以此为依据来进行功能设计，而更应从对用户现有行为的分析中挖掘机会点。

（2）明确对象

产品不同，用户群体就不同。在用户调查之前，还必须明白我们研究的目标群体，针对实际的研究，要明确用户群的分类与定义，最好能用客观的指标来区分。

①新用户、流失用户、连续用户。

②不同类型产品的用户。

③不同活跃程度的用户。

表2-1 产品使用者的特征

类别	个体	需求
内部用户	产品开发管理人员、市场、客服等	用于向他人介绍、推销
目标用户	潜在用户、注册用户、付费用户、专家用户	满足用户使用的需求
第三方用户	访客、其他关联方（投资人）	满足了解的需求

2.1.3 用户细分

用户群体中，既有受过高等教育的学者，也有文化层次较低的人；既有专业用户，也有一般用户。只有充分掌握用户的特征，才能有针对性地为用户提供满意的服务。对设计师而言，不仅需要掌握用户的性别、年龄、教育背景、职业、职位等公共特征，还要了解他们不同于其他人的个性化特征，比如是否带有某种残疾、是否色盲等。在设计前，首先应该通过市场调查收集用户的背景资料，并依据公共特征对用户进行细分，以确定目标用户群，并将大量的用户需求划分成几个可以管理的部分。但仅仅做到这一点还不够，这只是满足了用户的一般需求，基于用户体验的设计还应该将用户的个性化特征反映到系统之中，以满足他们的特殊需求。

1. 在开发产品时，我们要明白：用户是谁？我们为谁设计？他们需要什么？

用户行为是复杂的，受背景、动机、特性、情境、行为、目标、习惯、期望等因素的影响，用户和用户是不一样的，或者说，每个用户都不一样。一款成功的产品往往并不能满足所有用户的需求，而是准确定位了某一类用户并且很好地满足了那类用户的需求，该类用户就是该产品的主要用户群。到底定位哪一类用户为主要用户群是我们需要考虑的，所以就需要进行用户分类。按照不同的体系标准，不同研究者对用户有不同的分类方法。例如：学生用户和社会用户；大城市用户和小城市用户；活跃用户和沉默用户；时尚用户与保守用户；会员用户与非会员用户；专业用户和非专业用户；正常用户和残障用户；儿童用户、青少年用户和中老年用户；初级用户、普通用户、高级用户等，从一个或者两个维度对用户进行划分是这些用户分类的共同特征。外向型和内向型：外向型用户注重外部刺激、喜欢变化和行动；内向型用户喜欢采取熟悉的工作方式工作。感知型和直觉型：感知型用户善于做精细的工作，喜欢使用熟悉的技巧；直觉型用户则思维奔放，喜欢解决新问题。理解型和理智型：理解型用户喜欢了解新的形式，但对于做出决策可能有困难；理智型用户喜欢制订周密的计划。

“交互设计之父”阿兰·库珀的《交互设计精髓》一书中提到用户分类的两个指标：计算机技能水平和业务领域水平，又进一步把用户划分为三种：初级用户、普通用户和高级用户。简单地说，这种用户分类模式就是基于对产品的操作频率。根据使用计算机系统的频率和熟练程度，可以将用户分为偶然型用户、生疏型用户、熟练型用户和专家型用户，目前这一种分类方法比较流行。但是，由于用户具有知识、视听能力、可学习性、动机、受训练程度、易遗忘和易出错等特性，这使得对用户的分类、分析以及考虑以上人文因素后的系统设计变得更加复杂化。为设计友好的用户体验，也必须考虑不同类型用户的人文因素。

用户研究（尤其是定性研究）中甄选用户的一般原则应是：寻找那些（在目标产品、相同领域产品或共通领域产品）有丰富体验的用户（高级用户）。不过有三种情况比较特殊：

（1）如果目标产品还没有面市，不可能存在有使用经验的用户，那么就应该找有同类产品使用经验的用户。

（2）如果我们研究的目的是为什么用户不用某个（类）产品，那么我们应该找那些不使用该产品的用户。

（3）如果是可用性测试、眼动研究之类的情况，选取新手用户往往更有价值。

2. 用户分类标准和方法

从准确性和精确性角度判断某一款产品的用户分类效果，前者指的是用户分类的类别是否能准确对应该用户，后者指的是用户分类的类别和实际用户的全部属性是否完全吻合。这两个分类效果在实际情况下不能达到完美，一般情况下，准确性和精确性不能兼而得之，当要求准确性的时候，精确性很可能下降；当要求精确性的时候，准确性很可能下降。所以，找到两者中的一个平衡点即可。

上面所说的三种用户划分法：初级用户、普通用户和高级用户，就是准确度高，但精度不够的分法。这种分法太笼统，实际情况中，用户是很庞杂、广泛的，用户的特征也有很多种，比如年龄、经验、技能、职业、环境，等等，因此这三种划分方法不能代表大部分用户的分类标准。个体特征的差异，比如年龄、性别、学识、计算机水平、经验、职业等，这些都会产生不同的体验需求。所以在分类上要从多个维度来思考用户的划分，尽量做到既准确又精确。具体分法如下：

首先进行一个笼统的分类，即考虑该产品的大类从哪几个方面来分。一般可以这样考虑：用户的性别与心理年龄段；用户的职业、受教育程度；信息技术使用水平；用户现在使用的产品与生活的地域、环境及用户对现在使用的产品的个人情感；用户对新产品的敏感度与学习能力；用户的时间利用方式（或称时间观念）；用户在生活中普遍存在，并且意识到却难以改变的习惯……

然后细化，把大类产品中的某一种产品分出来，单独进行研究，把对于该产品的用户属性列举出来；然后进行用户访谈，得到用户的相同点与差异，再进行总结分析，做出调查问卷，进一步进行抽样调查，得出数据；最后对这些数据进行聚类分析。

用户分类要细化到何种程度？要依据不同情况进行不同

的分析，没有一个共通的方法。当涉及实际产品的用户分类时，首先了解产品特征，分出主要用户群。一般来说，如果可以从用户分类中判定主要产品用户群和产品定位，就说明这种分类方法是合适的。

2.1.4 用户模型

1. 什么是用户模型

用户模型（也可称作人物角色）是在用户细分的基础上研究目标受众后得到的结果，取决于用户调研。它是针对产品目标群体真实特征勾勒的真实用户的综合原型，简单地说，就是虚构出来的一个用户用来代表一个用户群。用户模型是所有后续目标导向设计的基础，在基于场景的设计方法中起着重要的作用，能精确地表达用户的需求和期望。在框架定义阶段它可以迭代产生设计概念，同时也能在后续的优化中不断提供反馈，以保证设计上的正确性和一致性。

用户模型不是真实的人物，但是在设计过程中代表真实人物。用户模型不等同于用户细分，用户模型更加关注的是用户如何看待和使用产品，如何与产品互动，是什么决定了用户之间的差别（目标和行为模式）。用户模型是为了能够更好地解读用户需求，以及不同用户群体之间的差异。

通过建立用户模型，辅助决策和设计。将用户研究结果（用户的目标、行为、观点）形成人物角色文档，以一种简单、直观但又非常有效的方式使设计团队成员（决策人员、产品经理、交互设计师、视觉设计师等）对大家所面临的客户群形成一致的了解，成员之间也容易达成对设计目标的共识，并有利于设计师在后续的设计工作中更好地理解用户需求。

在建模阶段，设计者要使用多种方法对人物角色进行综合、区分和排序，探索不同类型的目标。从人物角色列表中选择明确的设计目标，确定不同类别人物角色在最终设计的外观和行为中影响的程度。

2. 创建用户模型（用户建模）

通过在用户研究资料中提取数据资料进行分析并创建用户模型的步骤。

（1）发现用户

目标：谁是用户？有多少？怎样使用产品？用户之间的差异都有什么？

文档：分析报告，大致描绘出目标人群。

（2）人物角色的优先级别

目标：是否有更多的用户群？重要的特征是什么？是否同等重要？首要的人物角色是什么？

文档：分类描述，关注首要人物角色的特点。

使用人物角色进行设计时，如果在某个功能或者内容要求上有冲突的情况下，我们需要确定他们的优先级别，对他们进行排序。一般有以下四种人物角色：

首要人物角色：代表界面设计的主要目标，是最有价值的人物角色，他的需求凌驾于其他角色之上。

次要人物角色：产品的目标就是竭力满足他们的需要，与首要角色需求不冲突。

补充人物角色：值得考虑但对于决策的制定而言并不重要。

排斥人物角色：创建这些人物角色的目的是说明哪些人不是设计的对象，不用过多关注。

（3）人物角色验证

目标：关于人物角色（喜欢、不喜欢，内在需求，价值）。

文档：分析报告。

关于场景（工作地环境、工作条件）。

关于任务和目标（工作任务和目标、信息任务和目标）。

（4）构造虚拟角色

目标：基本信息（姓名、性别、照片）。

文档：典型人物角色属性描述。（图2-5）

心理（外向、内向）。

背景（职业）。

对待技术的情绪与态度。

审美取向。

其他需要了解的方面。

个人特质等。

（5）定义场景

目标：这种人物角色的需求适应哪种场景？

场景是人物角色与产品进行交互的理想化情景。它描述的是某个人物角色如何与产品进行交互。每个人物角色都将对应一个场景，甚至更多的场景，以求覆盖用户使用产品的

图2-5 人物角色

各种情形，譬如主要人物角色，我们会对其撰写一个最主要的场景，并配合后续设计加入一些必要的场景。

文档：需求和场景的分类。

（6）场景和行为

目标：在设定的场景中，既定的目标下，当人物角色使用产品时会发生什么？

针对每个人物角色，设计合理的场景后，然后集合相关的工作人员（不仅仅是交互设计师和视觉设计师）一起展开头脑风暴，在此阶段每个人要有深度的同理心，并在每个关节点将所能想到的可能性完全说出来并进行记录，头脑风暴的过程中不加约束且不加评判，对每个人物角色经过一个或多个场景的挖掘后，对其所涉及的功能进行罗列，并根据每个人物角色的重要性定义每个功能的权重，最终形成文档。

文档：场景、用户行为描述、产品需求功能列表。

3. 使用用户模型

建立用户模型文档，以用户模型（人物角色）清晰揭示用户目标，帮助我们把握关键需求、关键任务、关键流程，看到产品必须做的事，也知道产品不该做什么。但人物角色不是精确的度量标准，它更重要的作用是作为一种决策、设计、沟通的可视化的交流工具。持续使用和更新用户模型，将核心用户的形象融入每个成员开发、设计思维中，才是人物角色的使命。设计过程中需要不断地完善、展示、解释和使用它。

2.1.5 用户研究的途径

1. 态度和行为

这个方面的区别可以被归纳为人们说什么和人们做什么（经常是不同的）。

态度研究的目的通常是理解或者获知用户使用产品的目标和观点。用户使用产品的目标揭示了用户使用产品的原因，以及用户想通过产品实现的价值；用户使用产品的观点透露了用户使用产品后的感受。常用的用户态度研究方法有深度访谈、焦点小组、卡片分类、参与式设计、问卷调查等。

行为研究的目的通常是通过跟踪、收集用户的产品使用数据来了解用户实际使用行为，并发现问题。与用户的态度相比，用户的实际行为能显示出更多与用户有关的信息，是用户真实使用情况的表现，同时也显示用户在使用产品时的普遍倾向。常用的用户行为研究方法包括现场观察研究方法、实验室可用性测试方法、数据挖掘方法（例如兴趣偏好挖掘、行为轨迹挖掘、行为趋势预测等）。

2. 定量和定性

定量研究是用大量样本来测试和证明观点的方法，通过分析大量数据，找出具有统计学意义的趋势，从而映射出全部用户的真实情况。定量研究可帮助验证通过定性研究发现的假设。常见的定量研究方法则主要是前面提到的问卷调查方法和数据挖掘方法。定量研究因为其有样本量大、用理性数字说话等方面的特点，容易被人们所接受，特别是互联网企业的定量数据通常具有很好的说服力，基于大数据定量研究将更为准确、高效。

定性研究是从小规模的样本量中发现新事物的方法，通过与少数用户（10～20个）的互动来得到新想法或揭示以前未知的问题。主要目的是确定“选项”和挖掘深度，比如要了解用户使用某产品的场景，定性阶段解决的问题是：用户都在哪些场景使用该产品，用户为什么在这些场景下使用该产品，在每个场景中用户的需求是什么。定性研究帮助设计者把握用户目标、归纳用户需求，识别用户的行为模式，解释用户行为的原因，发掘用户的新见解。常见的定性研究方法包括深度访谈、焦点小组、卡片分类、参与式设计、现场观察研究方法和实验室可用性测试方法等。

就用户研究而言，定性与定量研究应该是相辅相成的。这两者基本的差别在于：在定量研究中，数据是被间接收集的，而在定性研究中数据经常被直接收集；定量研究更适合回答有多少数量和有多少种问题，而定性研究方法更适合回答关于为什么或是如何解决一个问题。普遍的做法是：通过定量研究发现某个现象，采用定性研究去探寻该现象背后隐藏的原因。用户研究在于全面了解用户的行为、目标和动机，其中行为可以通过定量研究去获得，目标和动机更多需要通过定性研究来获得。现象容易观察，目标和动机则需要对研究进行合理的设计来进行。当然，定量研究也可以获得一些关于用户目标和动机的信息。从一个开发周期来看，定性研究一般出现在探索阶段和快速迭代阶段，定量研究一般出现在产品发布以后。

定性研究能够为用户研究阶段提出的问题寻找答案，如用户使用产品的基本目标是什么？用户基本目标的实现需要完成哪些基本任务？经历哪些基本流程？在哪些生活场景中用户能够很好地使用产品？用户在使用目前方法实现预期功能时遇到哪些问题？产品与用户经验的关系是什么？等等。（图2-6）

3. 用户研究的显意识和潜意识

前面提到的用户研究大多属于显意识的研究。而现在已经开始有学者研究潜意识的用户研究，其基本观点是用户的行为只有5%是由显意识决定的，剩下的95%是由潜意识决定的（可能有些夸张）。潜意识研究方法包括隐喻引诱技术、图片投射技术、内隐测量方法等。比如将苹果同

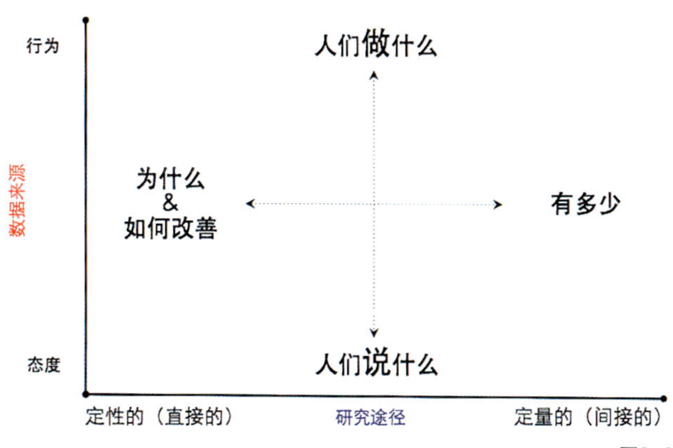

图2-6

“酷”“革新”“惊喜”等词进行关联，测试消费者大脑皮层的活跃程度，就可以获取消费者的品牌感受，在此基础上，能更好地引导用户对产品品牌的认知。目前，潜意识的研究方法更多见于学术论文，在产品设计开发中的应用案例还比较少。

2.1.6 用户研究的方法

用户研究的方法类型丰富、相互补充，在不同的场景、环境下都能使用。（表2-2）

1. 文献研究

通过在已完成的不同项目的调研结果或者公开出版、发布的资料中获得数据、样本进行研究，抽取所需要的资料，一般用于项目前期研究的假设和后期结果的解释。

其优点是：成本低、效率高、涉及领域广；缺点是：针对性和可信度较差。

文献研究步骤：分析现成资料——收集二手资料——资料筛选与信息挖掘——撰写报告。

2. 人物角色分析

人物角色分析是目前国际最流行的分析方法，它是整合定性、定量研究的结果，导出目标人群的不同的人物角色。人物角色的构成元素有：用户概况、产品的需求、购买动机、决策、使用状况、遇到的问题以及期望等。人物角色可以清晰地对用户群体进行全方位的描述。

3. 访谈

和被访对象采取一对一的方式，依据事先准备好的访谈提纲进行交谈，以检验行为和态度之间的关系，探讨原因、评价和反馈意见。

通常访谈结构设计为：从最简单的问题开始，从高开放性问题慢慢收敛，控制问题的数量，准备问题模块。

提问方式的设计：基于用户现有的经验提问（避免对未知事物臆想）；在问题的明确性和开放性（避免引导用户、心理暗示）之间找到平衡；避免排比式提问，通过变换提问的方式，使受访者感觉采访不是那么枯燥和单调；对用户的初步回答反复追问“为什么”，引导用户从表面的行为开始思索，清理出行为背后的动机、需求乃至价值和文化观念。

4. 问卷调查

以书面形式向采访者提出问题，并要求受访者以书面或口头形式回答，来进行资料搜集的一种方法。它具有简明、通俗、客观、真实、反馈快、保密性好等特点，可以在较大范围内同时使用于众多受访者，因此能在较短时间内搜集到大量的数据。与传统问卷调查方式相比，网络问卷调查在组织实施、信息采集、信息处理、调查效果等方面具有明显的优势。

5. 场景观察

在真实的环境里，对用户使用产品完成真正的任务进行观察，了解用户的产品使用习惯，发现问题。在观察过程中，最重要的是获取用户行为更多的重要细节：文字记录、草图、拍摄关键操作的照片或视频、音频记录等。场景观察法通常和访谈法一起使用。（图2-7）

6. 卡片分类

卡片分类是用来对信息模块进行分类的一种方法，从而可以创建一种结构，以最大限度地满足用户查找信息的可能性。它常用于定义网站的结构。

卡片分类是将众多的功能任务写在卡片上，随机排列，由专业人员和用户按照语词定义，以及逻辑学的内涵和外延的原则，对这些卡片进行分类，从而构筑用户界面的结构设计。既可以事先提供固定的分类，也可以由用户自己创建分类。通过卡片分类，可以了解用户所想，然后更好地完成界面、导航、内容的组织和信息架构的设计。

卡片分类的使用场景：

信息架构设计：根据用户搜索行为，对网站进行信息分组和梳理导航结构。

导航设计：用于网站导航的重构，测试用户心理模型和设计之间的差异。

验证命名：验证命名是否符合用户的心理预期和认知习惯，避免误解。

需求探索：将需求类素材进行比较和分类，利于从整体上理解用户需求。（图2-8）

在以下情况下也可以使用卡片分类：当有很多咨询和信息需要分类整理及展示的时候；信息架构需要被修改的时

表 2-2 用户研究的方法

阶段	方法	目的
前期用户调查	文献研究，访谈（专家访谈、深度访谈），背景资料问卷。	目标用户定义；用户特征及设计客体特征的背景知识积累。
情景实验	验前问卷、焦点小组、现场观察（典型任务操作）、影子观察（一般在不方便与用户交流或不希望打扰用户的情形下观察，如手术、驾驶、ATM操作等）、视觉卡片、纸上原型、音像记录、验后回顾。	用户细分；用户特征描述（需求、观点、使用习惯和行为）；了解用户的审美观、价值观；定性研究；问卷设计基础。
问卷调查	单层问卷、多层问卷；纸质问卷、网页问卷；验前问卷、验后问卷；开放型、封闭型问卷。	获得量化数据，支持定性和定量数据分析。
数据分析	描述性统计、聚类分析、相关分析等；另：主观经验（常见于可用性测试的分析）；眼动绩效分析仪。	用户模型建立依据；提出设计建议和解决方法的依据。
建立用户模型	任务模型；思维模型（知觉、认知特性）；竞品分析。	分析结果整合，指导可用性测试和界面方案设计。

图2-7 场景观察

候；需要了解用户对分类的想法的时候。

7. 焦点小组

焦点小组是一种定性的研究方法。8~12个用户，在主持人的引导下对某个主题或者概念进行深入的讨论，说出他们与主题相关的感受、态度以及意见。焦点小组通常用于产品功能的讨论、工作流程的模拟、用户需求的发现、用户界面的结构设计和交互设计、产品的原型的接受度测试、用户模型的建立等。焦点小组的组织是一项比较细致的工作，需要组织者考虑诸多可能影响数据结果的因素，如用户的选取、过程设计及主持技巧等。（图2-9）

特点：相对于单个访问同等数量的被访者，焦点小组讨论更加节约费用和时间，对目标市场的情况更加了解，知道他们在想什么，他们想要什么；只能收集到用户对概念和创意的想法，并不知道他们是否使用得好。

小组间的交流是一把双刃剑。一方面，想法会在小组里交流碰撞并深入发展，从而激发新的想法；另一方面，这些想法和意见并不十分可信，小组里较为强势的人会影响其他人发表他们的意见。

焦点小组应该在下列情况下使用：项目着手较早，对目标市场几乎一无所知，想深化新创意却不确定反响会如何。

8. 纸上原型

原型是指一个仿制品或者工作模型，通常是指不存在的系统。它能够体现产品功能和交互的某些特点，并能够实现部分或全部功能的设计实体。原型制作的分类可以分为：低保真、中保真和高保真三种。

纸上原型是设计低保真原型经常使用的方法。原型设计贯穿于产品设计的全部过程。由用户参与的产品原型设计制作，可以降低开发费用，高效评价各种设计概念。

9. 接受性测试

用户产品原型接受性测试，是指在产品设计前期对功能、界面结构、交互模式等进行快捷评估，了解用户对设计的反馈并进行修正。

10. 可用性测试

可用性测试是一种产品原型的评估方法，是测试产品原型、了解产品易用程度和用户可接受度方面最常用的检测手段。试验的参与者是产品的真正使用者，他们在模拟场景中根据指令进行操作，他们的反馈代表了这一类消费群体对产品的意见和看法。其目的是发现用户在使用产品时的需求、偏好、路径、习惯等，可以在产品开发的早期阶段及时地发现产品问题并加以修正，为进一步设计提供思路，节约开发成本。

在特定的实验环境中，用户或潜在用户被邀请到实验室，按照脚本设计操作产品的每一个功能。指导者要和被试一起完成核心任务，并了解他们操作得怎样，在整个体验过程中感受如何。这一方法关注人和网站或系统间的交互过程（了解人们能否很好地完成任务以及设计可以怎样改进、在哪些地方改进）。

特点：可用性测试比起焦点小组，成本更高，因而被试的数量就会相对较少。对于每一个被试以及他们的想法或意见，得到的反馈会更详细，结果更可信（他们不会受其他人的干扰）。所以能从中得知确切的信息，比如他们是如何使用网站或系统的，他们会在哪里出错，为什么会出错。

11. 工作流程分析

工作流程分析是针对任务的操作进行细分的研究方法。通过对任务过程进行描述和梳理，找出便捷的途径，提高使用效率。为用户界面的交互设计提供方案。

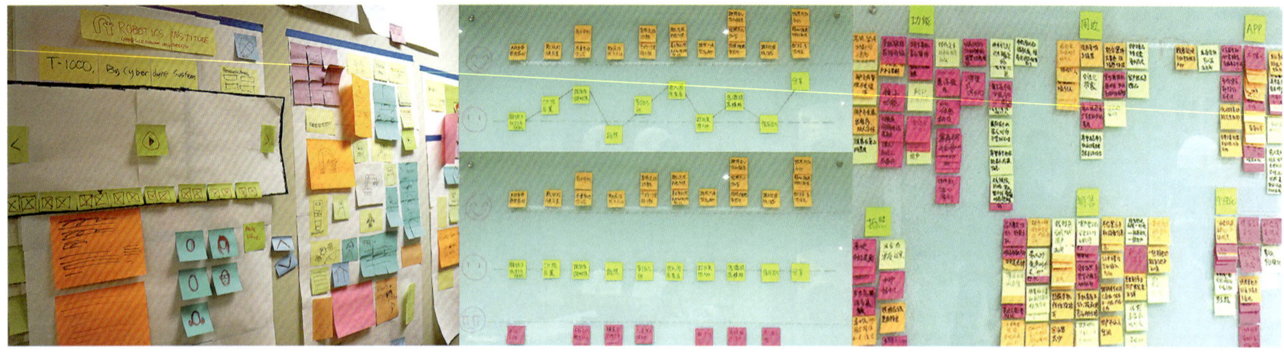
图2-8 卡片分类

图2-9 焦点小组

12. 眼动分析

眼动追踪是产品原型测试中最先进的方法，基于眼动理论和精密视线追踪装置，可以将使用者观察产品时的眼动轨迹记录下来。通过数据分析，可以了解用户对设计的关注点，分析其偏好，从而对产品原型提出改进建议。

眼动仪基于角膜反射追踪原理，通过图像传感技术，测量使用者的注视点。眼动实际上包括注视与眼跳两种最基本的运动，虽然人们自我感觉视线是连续的，但从眼动记录当中可以明显看到，视线的活动是跳跃式的。某些时候，短暂的停顿被称为“注视”；某些时候快速地移动被称为“眼跳”。因此，眼动测量指标有注视时间、注视次数、视觉扫描路径长度和时间、眼跳数目和眼跳幅度、回溯性眼跳比和瞳孔尺寸的变化等。注视次数少、注视时间短、扫描路径和时间短则表明原型设计合理，用户容易使用且很少出错。其余指标有助于对界面进行深入分析，如回溯性眼跳比等。另外，瞳孔的尺寸与使用者的兴趣值有重要关系，当对观察的产品部位感兴趣时，瞳孔会变大。眼动测试结果是通过圆圈与线段来表示的眼动轨迹图实现的，轨迹图反映用户的注视点和视觉流程，热区图则再现注视点的关注次数和时间长度，如图2-10。

眼动分析是用户研究的常用方法，但是数据比较单一，需要结合其他数据进行解释。

除了眼动之外，现在也开始使用脑波分析来对用户进行研究，通过脑电波记录仪记录大脑的活动，将其中隐含的心理信息以不同的波形反映出来，并通过数据分析来解读用户的“真实想法”。

2.2 UI设计流程

目标导向设计流程将用户研究与产品设计无缝结合起来，进而定义用户模型，确认设计需求，并把这些内容转换为一个高层次的交互框架。

其主要流程为：研究、建模、需求定义、交互原型、界面设计以及设计验证。这些阶段同交互设计中的五个活动是一致的，即理解、抽象、组织、表示、细化。（表2-3）

2.2.1 产品定位

产品是为谁而设计的？他们在什么时候、什么环境下使用产品？产品的功能是什么？设计这个产品的依据是什么？要达到什么目的、形成什么样的影响？

产品UI设计采用的形式语言及最终风格的形成，也取决于该产品的定位。根据产品的功能、目标用户和商业价值等产品定位的内容，有不同的风格需求。以目标人群为例：面向儿童的风格多是活泼清新、可爱、绚丽多彩的；面向年轻人的大多是时尚、炫酷、节奏明快或具有强烈的科技感；面

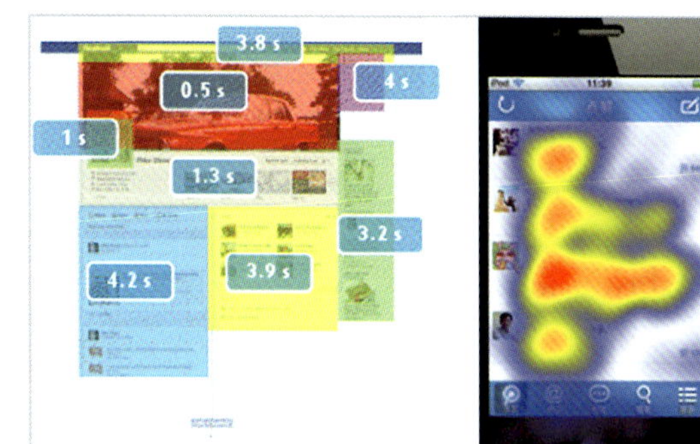

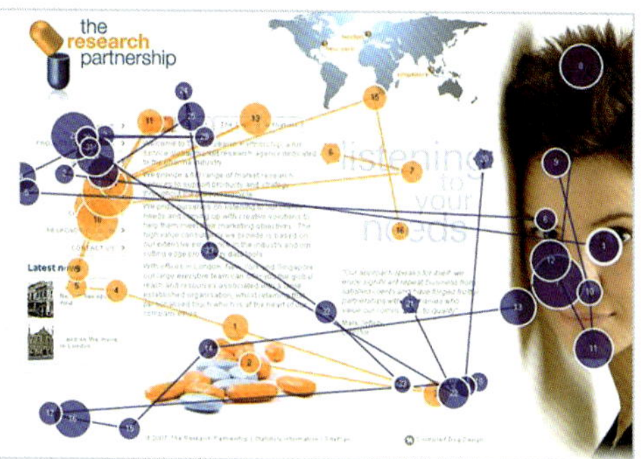

图2-10 UI眼动追踪的可视化

表2-3 目标导向设计流程

阶段		工作内容	关注问题
前期	研究	需求分析 产品定位 产品分析	需求、为谁设计、要做什么、品牌策略、市场研究、产品规划、竞争产品、相关科技和设计理念发展
		用户研究 （具体内容见2.1.5）	目标用户、潜在用户 目标、行为、态度、能力、动机、环境、工具、困难、环境
	建模	人物角色 （具体内容见2.1.4）	目标、行为、态度、能力、动机、环境、工具、困难、环境
	需求定义	情境场景剧本 （讲述关于理想的用户体验故事）	产品在人物角色生活或工作环境中，并帮助他们实现目标
		需求 （描述产品必须具备的功能）	功能需求、数据需求、用户心理模型、设计需求、产品前景、商业需求、技术需求
设计环节	交互原型	元素 （定义信息和功能如何表现）	信息、功能、动作、交互对象、交互事件
		框架、流程 （设计用户体验的整体构架）	结构、布局、对象关系、概念分组、导航序列、原则和模式、界面交互流程、草图
		原型和验证 （描述任务角色和产品的交互）	产品如何适应用户理想的行为序列 功能与交互的关系、交互与事件的关系、用户与产品的关系
	界面设计	细化设计 （将设计细化并具体化）	界面、行为、语言、风格、细节、视觉设计稿
	设计验证	设计验证与可用性测试	效率、合理性、可用性

向商务人士则多是简洁、沉稳、厚重、大气的。以产品的功能为例：娱乐类型的应用多为华丽、具有视觉冲击力的拟物化的风格，如游戏；工具类型的应用则多为简洁实用、明快的扁平化风格，如办公类的软件。

产品定位为界面设计提供依据。可以使用定位指南图来呈现产品的定位，明确的定位更容易把握产品风格。借用《iOS人机界面指南》中的四象限定位指南图，可以直观清晰地界定产品目标与用户需求，在设计中更好地把握设计方向，避免因定位不明确而造成风格不符的问题。当然在实际的设计案例中，设计师不一定局限于图例中定位的参考指标，还可以根据实际情况来灵活规划和更改参考指标。（图2-11）

2.2.2 设计需求核心功能确认

产品的核心功能通过用户研究与分析而得出。用户研究是非常重要的（具体内容见2.1），UI设计师应该找到合适的方法来完成此环节，可以自己收集相关资料来分析目标用户的使用特征、情感、习惯、心理、需求等，提出用户研究报告和可用性设计建议，更多时候需要团队配合完成，正如前面讲到的，在时间与项目需求允许的情况下，通过多种方法来进行真实场景的用户研究和用户分析。

2.2.3 架构设计

这里涉及比较多的界面交互与流程的设计，根据可用性分析结果制订交互方式、操作与跳转流程、结构、布局、信息和其他元素，生成架构设计文档（如有需要可以参考类似产品架构）。（图2-12）

1. 界面流程图（UI FLOW）绘制

界面流程图描述的是界面的信息架构和交互流程，它着重于设计组织分类和导航的结构。（图2-13）

2. 线框图绘制

线框图描述的是界面功能布局及具体的交互对象之间的关系。

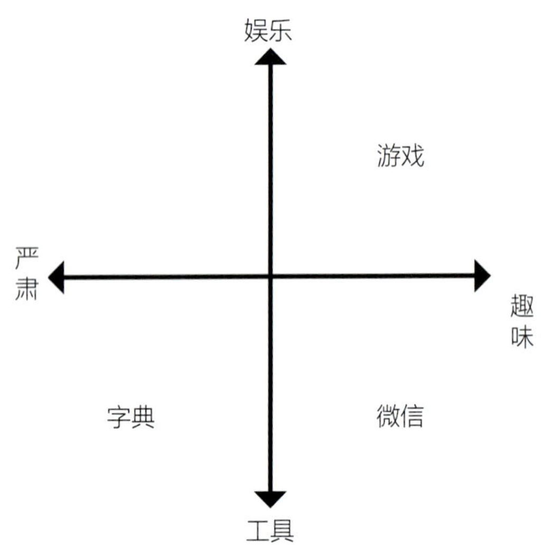

图2-11 产品定位指南图

（1）线框图（Wireframe）绘制

①内容大纲（有什么：信息、功能模块、交互对象）。

②信息结构（在哪：布局、对象关系、概念分组、导航序列）。

③用户的交互行为描述（怎么操作：动作、交互事件结构、界面交互流程）。

线框图可以生成低保真原型。线框图一眼看去像是无意义的线和框的集合，但线框图实际上是设计图的骨干与核心，它承载着最终产品所有重要的部分。它清晰明了地表达设计创意，在团队成员中传达设计思想。

线框图可以帮助提高平衡保真度与速度。绘图时不用在意细枝末节，但必须表达出设计思想，不能漏掉任何重要的部分。它为项目以及一起协作的团队成员（开发工程师、视觉设计师、文案和产品经理）开辟了一条辅助理解设计的通道。简单地说，它就像绘制地图的草图，能展现出每一条街道，只不过做了简化，能看出城市的框架，但无法看到城市的细节和质感。

线框图的画图软件有很多种，可以用Word画，也可以用Photoshop画，也有专门的线框绘制工具。当然线框图也可以在纸上手绘，只要有笔和纸就能做到，纸上手绘也能更好地抓住设计灵感，第一时间还原设计师的设计思路，而且更为快捷和低成本。工具只是为设计思想服务的，能清楚地表达想法就可以了。产品是迭代的，在这个阶段，功能的优先级会摆在重要的位置。

绘制线框图，重点是快。大多数时候需要和团队成员进行沟通，多思考。审美上的视觉效果则应当尽可能简化，绘制黑白效果就可以了，也可以用彩色进行交互事件的标示，如用蓝色来代表超链接。没有必要在线框图的绘制上消耗大

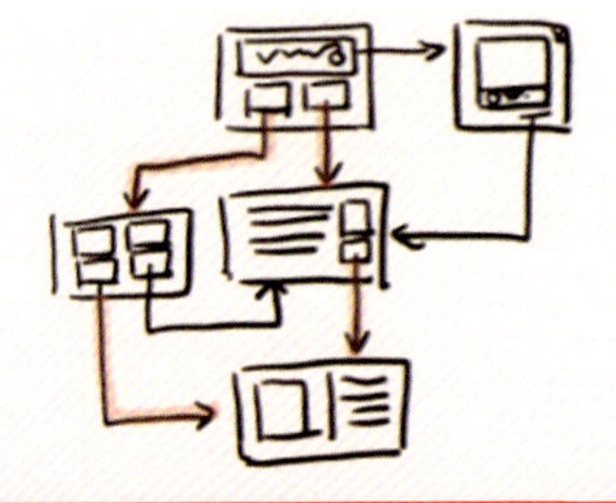

流程图——行为路径

角色、任务、次序、交互路径

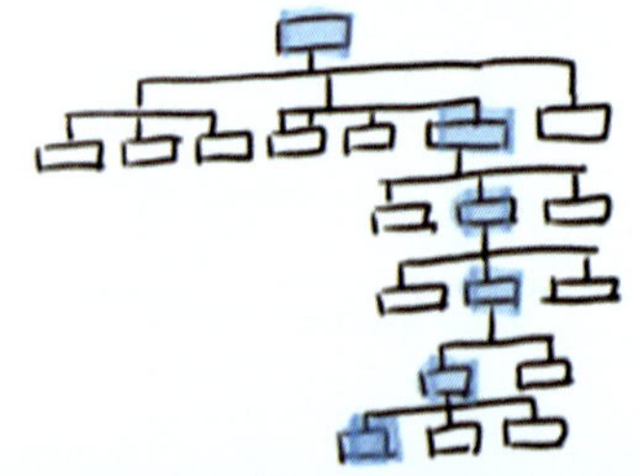

导航——信息构架

内容、结构、层次、导航

线框原型——交互方式

布局、内容、权重、交互细节

图2-12 架构设计

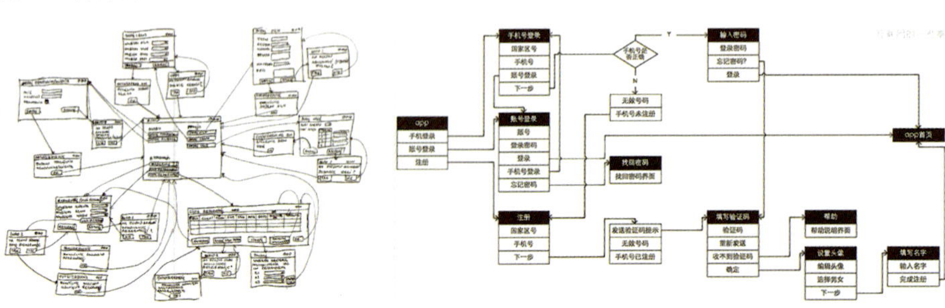

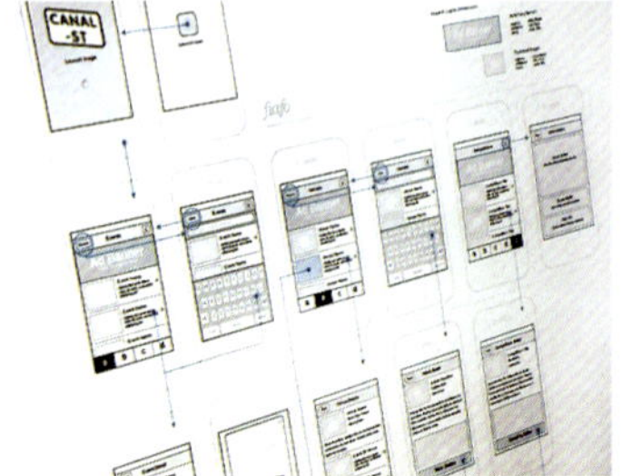

图2-13 界面流程图

量的时间，图框中的内容和交互元素也可以尽量简化（如使用占位符：一个画×的图框，再加上合适的描述文字，来代替图片和图标等元素）。（图2-14）

（2）使用线框图

线框图常常用来做项目说明，也是后续设计的基础。由于线框图是静态设计，一次只能通过一张界面演示交互，因此，需要附上说明（简短描述或附在复杂的技术文档里都可以）。线框图因为绘制起来快速、简单，它也经常用于非正式场合，比如团队内部交流。线框图在整个设计过程中发挥着重要的作用，在项目的初始阶段必不可少。

如果将打印或者绘制在纸上的线框图分解成各个交互模块，可以在纸上进行原型测试，这样能收集一些用户意见。纸上原型具有快速构建、轻松修改、容易操作、关注流程的特点。如果纸上原型设计得当，与用户测试相结合，原型是物超所值的。

2.2.4 原型设计

1. 什么是原型

原型（Prototypes）是把系统的主要功能和界面通过快速开发制作为“模型”，以可视化的形式展现给用户，用以征求意见、确定需求。同时也应用于开发团队内部，作为讨论的对象和分析、设计的基础。原型的根本目的不是为了交付，而是为了沟通、测试、修改，解决不确定因素。

依据项目大小、时间周期等，往往会按需求进行低保真、中等保真、高保真等不同质量的原型设计。具体来讲可以将原型划分为三类。（表2-4）

低保真原型，基于纸上手绘或电脑绘制的黑白线框图而生成的纸上原型，由人模拟交互，便于修改和绘制，简单、直观。

中等保真原型，通常是基于现有的界面或系统，通过电脑进行一定的加工后的设计稿，示意更加明确，能够包含设计的交互和反馈，美观性、效果等欠佳。

高保真原型，视觉设计稿完成后生成的原型。视觉效果与实际产品一致，体验上也与真实产品接近。

2. 纸上原型

（1）纸上原型概念

纸上原型（低保真原型）不等同于手绘或电脑绘制的线框图。前者是指原型的精度，线框图或手绘草图只是一种设计表现形式，两者在定义的维度上有所区别。纸上原型可以采用手绘草图作为一种表现形式，但手绘的草图并不一定都是纸上原型。比如界面已经绘制了线框甚至已基本成型了，就可以将图整理打印，然后制作纸上原型进行测试。（表2-5）

纸上原型的优点：更早、更容易发现问题；构建快速，节约时间和成本；可塑性强，容易更改和重建；忽略与主题无关的细节，更关注交互流程；推翻或更改设计方案的成本低。

纸上原型的缺点：纸本不便保存（可以拍照或用影像记录）；必须由人来模拟交互，复用成本较大；由于精度低，无法体现产品的品质和一些交互细节；不能代替设计阶段各环节衔接的交付物（精度不够）。因此，受测对象的理解和想象会与真实界面发生偏离。如果界面里有动态元素（动画、视频）和声音，用纸本就很难展现了。

因此，当需要快速解决不确定问题的时候，可以使用纸上原型。例如，需要快速确定一个基本流程或者一个框架方案时。（图2-15）

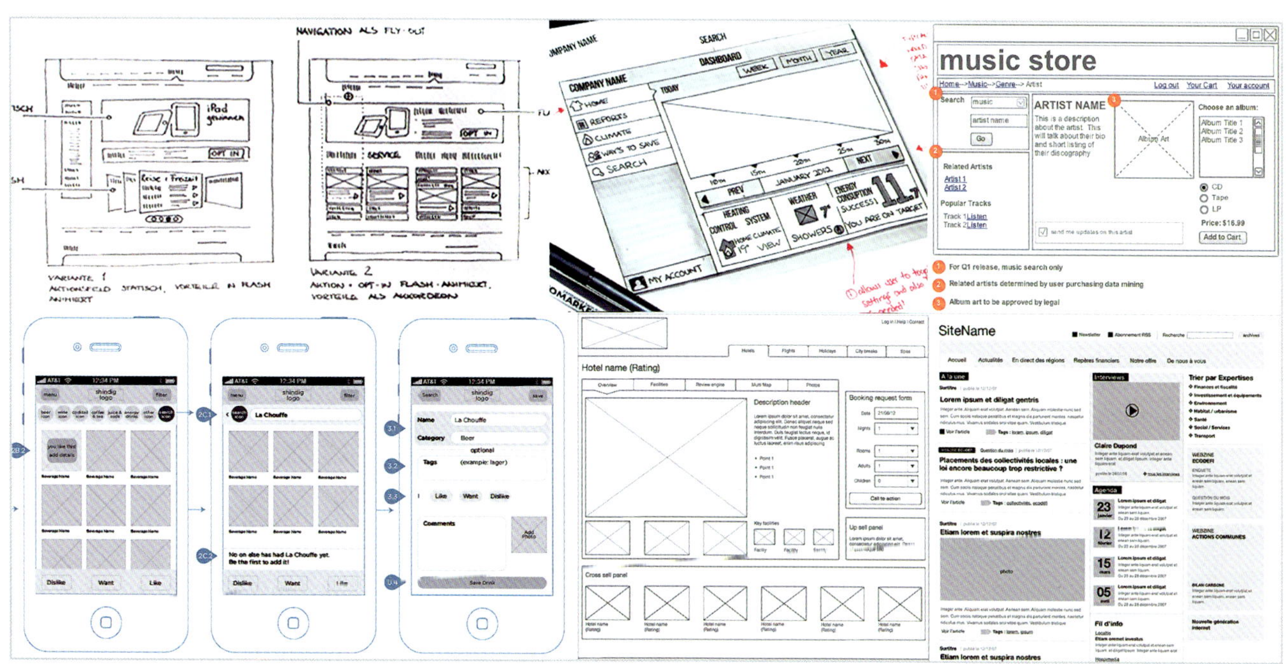

图2-14 线框图

（2）纸上原型测试

材料：纸、彩色打印机（如果是手绘原型，那么需要的是笔）、透明塑料膜、透明胶带、彩色标签贴纸。

工具：剪刀/刀片、尺、笔。

纸上原型交互测试的基本原理，就是将交互时界面发生的变化，手动用纸演示出来。通常在多张纸和卡片上手绘或打印并裁剪成模块，用以显示不同的交互对象，然后将按钮、对话框和窗体等元素组合拼凑，粘贴到背景板上，构建成模拟真实产品界面的原型。使用时，纸上原型的设计者代替电脑对用户（受测试者）的点击和按键操作给出反应，重组纸片，书写定制的反馈，当某些效果（如动画）很难在纸上显示的时候可以进行口头描述，以达到仿真产品交互的目的，比如弹出对话框、某区域有相应变化等。因此，首先是把界面的各个区域、元素的各个状态都打印剪裁好，基本上一张初始界面加各种变化元素就可以了。测试时，哪个界面变化，就把相应的那片纸拿来盖上，展现大致的效果。

这种简易的操作模式使纸上原型相对于其他计算机图形化的界面原型方法而言，应用更广、构建更快、修改更方便。但由于其精度较低（低保真），它更适用于流程、框架和基本功能的设计决策。（图2-16）

3. 原型

（1）中等保真原型

原型，通常都指中等保真原型，可以模拟交互设计，能够代表产品界面。

原型让用户从界面视觉感受、体验内容与交互向最终产品接近。测试主要交互原型应该尽可能模拟最终产品，交互则应该精心模块化，尽量在体验上和最终产品保持一致。

原型背后的逻辑不要依赖交互形式。减少制作原型的成本，加快开发速度。

原型常用于做潜在用户测试。在正式介入开发阶段前，以最接近最终产品的形式考量产品的可用性。作为界面，原型的直观和易懂使它成为最高效的设计文档。相对其他交流媒介，原型成本高、费时。

（2）高保真原型

确定了产品的整体思路后，制作高保真原型就势在必行。高保真原型的用途有以下几个方面。

表2-4 原型的类型

低保真原型	简单、快速	直观	不方便保存
中等保真原型	耗费一定的时间	清晰、完整	可与计算机简单交互
高保真原型	需要较多投入	完整表达设计理念和体验	需要融入视觉设计稿

表2-5 低保真原型

原型设计的方法	设计表现形式	原型精度
纸上原型、其他原型设计方法	文档描述、手绘、电脑绘制	低保真、中等保真、高保真

图2-15 纸上原型

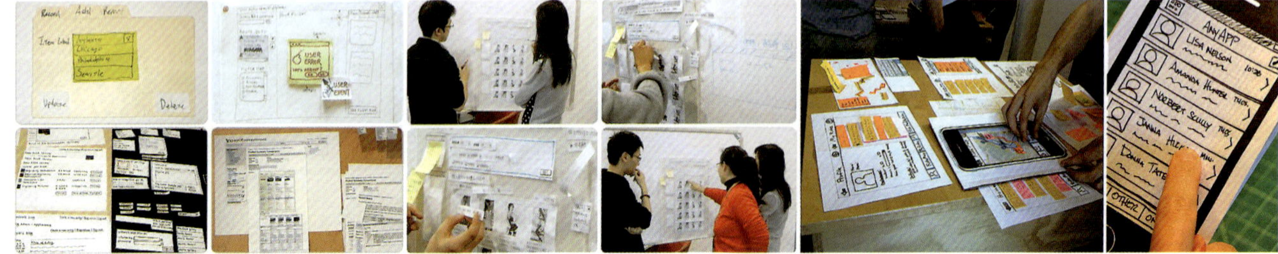

图2-16 纸上原型测试（左：阿里巴巴中国站UED应用纸上原型进行讨论）

①开发人员需要参与到高保真原型的设计当中，能大概对产品的交付期做出判断，产品经理再据此对产品的周期进行监控。

②高保真原型图还能够让管理层和客户知道真实的产品的样子。

③用于产品原型测试，将产品创意、界面真正呈现在用户眼前。

在制作产品高保真原型的时候，需要密切与产品交互设计师进行合作，以将产品设计得尽量简单和易用。

在完成高保真原型的制作后，需要做的就是可用性测试，也就是确定设计方案能满足用户一看就懂的基本需求。原型的测试方式很多，如果某些产品已经拥有自己的用户群，可以直接在该用户群中进行测试；如果新的产品没有用户群，可以在同事、朋友当中找出目标用户，将他们作为测试用户。产品开发前的用户测试会让后续设计思路更加清晰。

（3）原型做到什么精度

原型精度是一个多维概念，它包括信息量、广度、深度、交互、表现、感觉、仿真度等多个指标。原型设计过度或者不够，对设计都是不利的。原型应该做到什么程度?

简单地说，要根据设计的不同阶段，使用不同程度的原型。不同的团队、不同的环境、不同的针对性，使用不同程度的原型。

2.2.5 视觉设计的实施

需要再次说明的是，UI设计师不仅仅是做界面美化的工作，也不仅仅是对原型进行描边画皮，而是需要全程参与产品的整个设计开发流程，包括用户体验、交互设计部分。在大公司，开发流程里面的每一个环节都有专职的细分，大家共同参与；而在多数小公司，除了产品定位外，如用户体验、交互设计都由UI设计师（或者就是UI视觉设计师）、产品经理和程序员共同来完成。UI设计师有了前期的参与，才能在视觉设计时精确地把握设计理念和表现方式。

在原型设计的基础上，参照目标群体的心理模型和任务进行视觉设计，多数产品要求遵循一个整体的VI设计标准（参见平面设计中VIS设计），需要按照一个确定的整体风格来进行UI视觉设计，以求与产品或公司的形象一致，达到用户愉悦使用的目的。

在这个阶段，UI设计师已经了解了软件产品的功能需求并得到了产品设计的说明文档，应该更多地考虑界面的整体风格和视觉元素的组织和表现，可以进行多种风格的尝试并绘制草图。如果是系列的产品界面，就要遵循一个整体的VI设计标准，按照一个整体的已定的风格去设计界面，要与产品的品牌形象相吻合。

当UI设计师确定了最适合的界面风格，具体设计出一个界面中的元素和布局、文字字体等信息后，在UI视觉设计深入阶段，UI设计师就可以发挥其艺术专长，用艺术手段来塑造界面了，包括色彩的设计和视觉元素的细节表现等。这部分要将界面的视觉表现力淋漓尽致地展现出来，相关的内容会在后面的章节进行深入的探讨。

2.2.6 测试与迭代设计

这一阶段不同于纸上原型的验证与测试，而是真实的产品界面和真实用户在真实场景中的使用。UI设计是一个迭代的过程，直至与用户模型和系统交互目标一致为止，通过测试能够梳理出当前产品UI设计的交互行为和视觉表现的问题（在原型设计阶段也可以使用迭代的方式），并不断地完善细化，通过多次的迭代设计，不断地完善和升级产品UI。（图2-17）

2.3 苹果公司有关界面设计的原则与方法

苹果公司的《人机界面指南》提出了界面设计的原则和方法，其核心是“以用户为中心”，对界面设计具有指导性的意义。

2.3.1 善用隐喻

从用户的角度出发，使用用户的语言，而不是机器的语言；从认知的观点来看，人们在进行认知的时候会从已有的经验背景中寻求、了解新事物的线索进而产生联想。因此，做设计时掌握这样的认知流程，善用隐喻来传达界面设计所

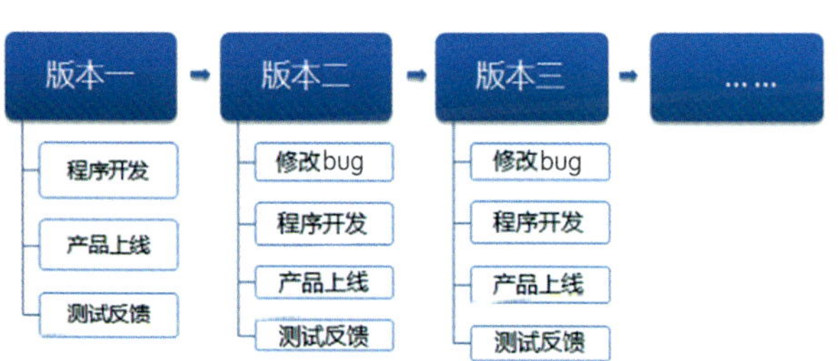

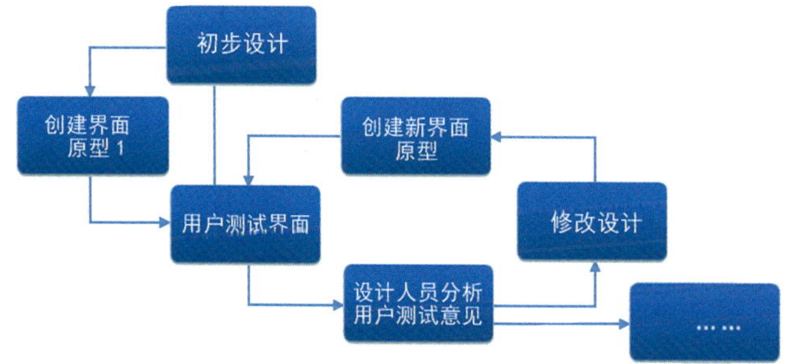

图2-17 左图：产品UI测试与迭代设计 右图：UI原型测试与迭代设计

需表达的要领及事物，如拟物化的设计，用垃圾桶来表示回收文件的功能。

2.3.2 直接操控

直接操控让使用者产生“操作”的感觉。为了满足这个原则，当使用者操作某个对象时，必须让使用者能始终在屏幕上看见该对象，执行动作对该对象产生的影响必须能实时呈现。此外，操作过程中要尽量减少达到目标的步骤。

2.3.3 能见能点

在软件的使用者界面中，使用者通过使用鼠标等设备，点取屏幕上所见的对象与界面产生互动。使用者点选一个对象，然后选择要对该对象执行的动作，所有该对象可以执行的动作皆显示在菜单中，使用者无须记忆动作指令，只需在菜单中点选即可，可以理解为“对象搭配动作”。

2.3.4 一致性

这是设计中通用的重要原则之一，界面的目的是让用户专注于完成他们的任务，而不是思考如何使用界面。保持界面视觉的一致性，可以使用户将对界面的认知与操作技能转移到其他界面上，这大大降低了用户的学习成本和长期记忆、使用的负担。

利用系统标准组件建构界面除了能让产品界面产生一致性之外，还能获得不同产品间界面一致性的好处，如Adobe公司旗下的系列图形软件，从界面布局、图标、快捷键等都具有高度相似性和延续性。所以，界面一致性越高，用户形成使用习惯的速度就越快。

一致性塑造了界面产品的风格，它包括了：交互方式的一致性、界面布局及表现形式的一致性、名词术语的一致性等。探讨界面一致性时需要面对的问题有：

第一，产品内部界面是否达成一致?

第二，新产品与旧版产品之间界面是否保持一致?

第三，与标准操作系统界面规范是否达成一致?

第四，产品在隐喻的使用上是否达成一致?

第五，与使用者的预期是否一致?

2.3.5 所见即所得

比如打印预览，使用者在屏幕上所看见的应与打印结果尽可能相同，使用者在文件上所做的变更亦应实时呈现。而不应在使用者打印出来或在心中揣测后才知道结果如何。

使用者应可以在界面中找到想要找的东西，无须通过难以理解的指令来找寻。

2.3.6 用户控制

允许使用者起始及掌控动作的执行，而非由计算机全盘掌控。在“让使用者保有操作的弹性空间”与“避免使用者造成无法挽回的错误”之间取得平衡。比方说，在使用者可能不小心删除数据前先提出警告，但依然允许使用者在了解状况后执行想要执行的动作。

2.3.7 反馈与沟通

适时呈现界面当前的状态，当后台运行长进程时，保持前台的交互性（如命令执行中，或无法执行的原因）。当使用者在使用界面时，随时让使用者知道界面现在所处的状态。当使用者执行了一个动作后，应提供指示让使用者知道他的动作已经被接收到，并正在执行中。提供的回馈必须是直接、简单且能让使用者了解的。以错误信息为例，要直接标示错误产生的原因（链接失效，无法下载），并且建议使用者排除错误的方法（请尝试其他地址打开）是基本要求。

2.3.8 容错性

可以将许多执行动作赋予可回复功能、通过允许犯错的机制，鼓励使用者勇于尝试。使用者必须知道可以通过尝试来了解界面而不会造成无法挽回的后果，如此才能在舒适的情境下学习和使用产品。当用户在执行无法恢复且会造成损毁的动作前应发出警告讯息。

2.3.9 界面感受的恒常性

苹果公司在界面设计上为用户提供一个可了解、熟悉并且可预测的操作环境，包括视觉感受、概念认知的恒常性。

在视觉感受恒常性的思考上，针对许多界面的图形元素做一致性的规范，诸如功能列表、窗口控制等。使用者可以在熟悉的环境中了解每个图形元素的功能是什么，以及如何操作。

在概念认知恒常性的思考上，界面提供一系列清楚且有限的对象，以及可以运用于这些对象上的动作。例如当按钮无法执行命令时，以灰色低对比度显示。

2.3.10 视觉艺术完美性

完美性指的是界面应坚守视觉设计原则，妥善组织界面信息。这意味着画面元素要有较好的屏幕展示效果，显示技术具有较高的质量。因为用户在工作中要长时间看着屏幕，所以要使产品外观设计能缓解用户的疲劳感，这个工作必须由图形设计师来完成。

保持图形的单纯性，除非图形的运用有助于提升界面使用性，否则应避免滥用。作为界面基本组成的图标、窗口、对话框等都要严守在此后面。不要在屏幕中堆砌太多的窗口、添加过于复杂的图标或在对话框中放置太多的按钮，不要使用随意的图像指代某一概念。

教学导引

小结：

本章主要介绍了目标导向设计的概念、要素和主要流程；阐述了用户研究的方法和途径，架构设计、原型设计、测试和迭代设计的方法；简要介绍了苹果公司界面设计的原则和方法。

课后练习：

1. 以一个现有 APP 为例，分析讨论其某一功能的用户需求目标、人物及使用场景，尝试挖掘出新的用户需求或改进其功能界面。
2. 以同一个 APP 为例，选择其某一功能界面绘制纸上原型，并进行模拟测试。

第三章 UI 视觉设计原理

UI 视觉设计的设计艺术学原理

UI 的可用性与视觉设计

UI 视觉设计与情感

UI 视觉设计的风格

重点：

1. 认识 UI 设计跨学科的特征，了解与 UI 设计相关的视觉设计原理，并将其应用到设计中。
2. 明确视觉设计与可用性的关系以及提高可用性的视觉设计方法。
3. 理解界面人性化设计中的情感因素以及为界面注入情感的方法。
4. 理解扁平化和拟物化设计的特征、区别与联系，对界面交互的影响，及其应用范围和场景。

难点：

能够理解并掌握格式塔视觉原理，并能将其灵活应用到界面设计中。

UI视觉设计是用视觉语言去解决逻辑问题。

3.1 UI 视觉设计的设计艺术学原理

正如前文所讲，UI设计是跨学科的产物，涉及计算机科学、人机工程学、认知心理学、社会学与人类学、设计美学、符号学、传播学等。因此，在界面设计的过程中，应该多角度去考虑跟设计相关的因素。这里简单介绍与UI视觉设计相关的设计艺术学原理，如设计美学原理、设计色彩学原理、产品语义学、符号学和格式塔视知觉原理，设计师可以通过对这些原理进行深入研究和在设计实践中灵活运用，让UI从可用变得易用，同时有更好的审美和情感体验。

3.1.1 设计美学原理

界面的视觉设计需要运用美学原理探索其所在领域的审美规律和美学问题。

设计美学的研究对象包括艺术设计的全部范围，一般来说，它大致可以分为以下三个方面：设计产品的美学性质，其中包括设计美的性质、构成、类型、风格，设计的文化意蕴、形式美及创造性，等等；设计过程的美学问题，其中包括设计师在产品开发生产中的地位，设计师的修养、审美理想、艺术个性、设计思维，设计与社会审美趣味、科学技术、市场信息、生产制作及形式法则，等等；产品的美学问题，其中包括用户的个人心理、文化背景、时代风尚、民族心理及信息反馈，等等。

在UI视觉设计中设计美学的中心问题主要有以下三个方面。

1. 人与界面的关系

美学非常重视人的主体地位，在界面设计中要强调人性化的设计，将“以用户为中心”作为设计的基本原则。美学虽然重视人的主体地位，但美学不把这种主体性绝对化，美学所追求的最高境界是人与自然的和谐，在界面设计中体现为人机交互的自然和谐。

2. 界面功能与形式的关系

功能是人机界面的本质特性，界面必须是以功能性为前提，而不是只供欣赏的艺术品。功能是重要的，但界面形式也不能忽视，忽视了形式就等于忽视了人们对产品的精神上的需求，其实质是对人的片面否定。

3.UI 视觉设计的主观创造性与客观约束性的关系

UI视觉设计不同于艺术创作，这就使得设计师的工作受更多客观因素的制约。设计师在工作中需要运用美学原理，在设计目标、用户、技术条件、艺术个性之间求得平衡与取舍。

3.1.2 产品语义学、符号学原理

产品语义学（Product Semantics）研究形态的感情色彩；研究形态、图形、色彩、文字等在产品上的含义，及其不同组合所表达的不同含义；研究不同的地域、不同的民族对特定的形态、图像、色彩等的固定理解和使用习惯，以及他们对形态、色彩的使用禁忌；研究各种形态语义的设计规律、组合规律和搭配方法；研究在设计中如何使用形态语义创造出人们喜爱的、简明易懂的产品。

产品语义学是产品进入电子化时代后提出的一个新的概念，其基本理论源于符号学中的语义理论。

一方面，由于电子产品的“黑箱化”使产品失去了机械时代的外形结构对操作的指示性。因此，以视觉符号系统

构筑了可视化的人机交互界面，但是界面中不适当的符号和象征会使人对其所代表的功能产生误解，导致错误操作，降低交互效率，甚至引发严重的后果。界面视觉设计不应仅从产品的功能出发，而应更多地从使用者的需要出发，了解人们的认知过程和实际操作行为特性，了解使用者的实际知识和经验水平，并由此来决定界面的视觉设计，简化学习过程，减少操作错误。

另一方面，随着社会的发展与进步、物质的极大丰富和消费层次进一步细化，人们对产品精神功能的需求不断提高，这些都给界面视觉设计提出了新的要求。产品语义学提出了新的设计思想，它已经超越了人们对产品的物理性需求的设计，上升到满足使用者的心理需求。

产品语义学的研究对象是符号，主要是视觉图形图像与形态。界面本身也就是一系列视觉符号的表达，它综合了图形、色彩、材质、肌理等视觉要素，用象征的手法来表达界面的功能、说明界面的特征，并通过隐喻、借喻、联想等多种方式向用户传达理念。通过对产品语义学和符号学的研究，以解决界面视觉设计中图形符号的构建、信息识别和理念传达。

UI视觉设计的过程是一个将概念视觉化、符号化的过程，根据设计意象对视觉元素进行挑选、变换、组合，将视觉元素进行有机的关联、编码，使之形成特定的符号系统。同时也通过对这些要素进行有机地组合，使其按照一定的法则形成界面的节奏与韵律，产生美感、传递情感。

视觉符号是一个抽象的概念，它往往是通过视觉刺激而产生的视觉经验和视觉联想，或通过其他的感知方式来传达形态所包含的内容。界面中的符号是信息的载体，是用形象表示概念的，如界面中图形图像、文字、色彩、动画等一切具有形象并用其表示概念的元素都可以归为视觉符号，它也是信息或情感的形式构成成分。

界面中视觉符号复杂众多，可以将其分为相似性和图像性、指示性和图形性、象征性和隐喻性三类（图3-1）。

1. 图像符号

图像符号是通过模拟对象的相似性来传递某种信息的视觉符号。如肖像就是某人的图像符号，人们对它具有直觉的感知，通过形象的相似性就可以辨认出来。如Windows界面中用“电脑”的形象表示“我的电脑”（即整个计算机系统）。

2. 指示符号

指示符号与指涉的对象之间具有因果或是时空上的关联。如现实中门是建筑物出口的指示符号，在图形界面中向左的箭头表示程序操作步骤的退后，向右则表示前进。

3. 象征符号

象征符号与所指涉的对象间无必然或是内在的联系，它是约定俗成的结果，它所指涉的对象以及有关意义的获得，是由长时间多个人的感受所产生的联想集合而来。比如红色代表革命，桃子在中国人的眼中是长寿的象征。“放大镜”图标就是界面中“搜索”的象征符号。

图3-1

界面视觉设计是设计者将功能、结构转变为视觉符号的过程，即概念视觉化的过程；对用户来说，则是相反的过程，即视觉概念化的过程。所以在设计者与接受者之间符号必须存在共同的符号认知性。在界面视觉设计中很好地运用符号学、语义学原理，以及这三类视觉符号，使界面不但具有广泛的认知性，还具有深刻的象征意义。

3.1.3 设计色彩学原理

在界面视觉设计中，色彩较之形态往往有先声夺人的作用，同一种界面由于色彩的差异可以给人截然不同的感受和印象。如何才能最大限度地发挥色彩的美学功能和视觉效益，创造良好的界面效果，通过研究设计色彩学原理，使界面色彩设计一方面达到色彩的指示功能，另一方面可以使用户感到愉悦。

1. 色彩心理效应

色彩的直接心理效应来自色彩的物理光刺激对人生理产生的直接影响。色彩能影响脑电波，脑电波对红色的反应是警觉，对蓝色的反应是放松。如处于红色的环境中，人的脉搏会加快，血压会有所升高，情绪会兴奋冲动。而处在蓝色环境中，人的脉搏会减缓，情绪也较沉静。不少色彩理论都对此做过专门的介绍，这些经验向我们肯定了色彩对人心理的影响。色彩的色相、明度与纯度会引起人对色彩物理印象产生错觉，如冷暖、重量、湿度、远近、硬度等。

2. 色彩情感

色彩本身是没有灵魂的，它只是一种物理现象，但人们却能感受到色彩的情感，这是因为人们长期生活在一个色彩的世界中，积累着许多视觉经验。一旦知觉经验与外来色彩刺激发生一定的呼应，就会使人的心理产生出某种情绪。每一种色彩，都有自己的表情特征。

典型性的颜色对人引起的情绪变化，颜色特性及观看者存在着某种共同的心理状态，使其具有一般性的倾向。由于色彩联想被社会固定化，所以色彩就具备了象征性。（表3-1）

在界面视觉设计中，色彩的表情在更多的情况下是通过对比来表达的。在色相对比上，有时色彩的对比五彩斑斓、耀眼夺目，显得华丽；在纯度对比上，有时色彩的对比含蓄；在明度上，有时色彩对比稳重又显得朴实无华。创造什么样的色彩才能表达所需要的感情，则更多依赖于设计师的感觉、经验以及想象力，没有什么固定的格式。色彩是UI视觉设计中重要的情感要素和工具。

3. 色彩的功能性

利用色彩的心理和情感效应，在视觉设计中色彩具有一些特殊的功能。

（1）识别性：同时使用多种色彩时，利用色彩象征等赋予各色不同的含义，通过色彩对比区别不同的东西。

表3-1 色彩的功能性

色彩	表示意义	运用效果
红	自由、血、火、胜利	刺激、兴奋、强烈煽动效果
橙	阳光、美食	活泼、愉快、有朝气
黄	阳光、黄金、收获	华丽、富丽堂皇
绿	和平、春天、青年	友善、舒适
蓝	天空、海洋、信念	冷静、智慧、开阔
紫	忏悔、女性	神秘感、女性化
白	贞洁、光明	纯洁、清爽
灰	质朴、阴天	普通、平易
黑	夜、高雅、死亡	气魄、高贵、男性化

（2）指示性：利用色彩的心理效应和象征，使颜色具有明确的指示含义。如红色具有危险、警示等指示意义；灰色具有禁止等指示意义；绿色有正常、通行等指示意义。

（3）注目性：包含了情感的因素，如明度纯度高的、稀有的、大众喜好的色彩都能引起人的注意力。

（4）记忆性：色彩是可以记忆的符号，单纯的色彩比丰富的色彩更容易记忆。

界面视觉设计中充分合理地利用色彩的功能，能够更好地实现界面的可用性。关于色彩在UI设计中的应用及其相关的原理，在4.2中有详细讲解。

3.1.4 认知心理学原理——UI 视觉设计的三个层面

界面视觉设计涉及心理过程的全部范围——从感觉到认知，模式识别，注意、学习、记忆、概念的形成，思维、表象、回忆、语言；情绪和发展过程，它贯穿于交互行为的各个领域。

认知心理学的发展，为界面设计提供了科学的理论依据，也为计算机界面的发展提供前进的方向，从最初的机器语言、字符界面到高级语言、图形用户界面，交互方式逐步向人的思维、处理习惯迈进。在界面视觉设计中，心理学层面的内容正逐步走上主流，审美情感越发成为视觉设计的诉求重点。今后的界面视觉设计将与心理学的深层次研究紧密地结合起来。通过研究认知心理学，使界面的视觉设计产生审美愉悦性，运用心理学的研究成果，进一步发展艺术美学底蕴，使科学技术能更人性化地为人类服务。

根据认知心理学的原理，视觉感知对人的情感作用分为本能（Visceral）、行为（Behavioral）和反思（Reflective）三个层面，这三种水平的UI视觉设计有着不同的方式方法和风格。这部分可以对应到第二章所讲到的用户体验的三个层次，这里讨论的就是UI视觉设计如何来满足这三个层次的体验。

1. 本能（感官）层面

UI视觉设计中，本能（感官）层面是界面外观，即界面的样式与风格。它涉及的是感受直觉的作用，在本能水平上，视觉处于支配地位，所以形态、色彩和质感都是非常重要的。本能层面的设计给人带来感官上的刺激，这也是视觉设计的美学因素如此重要的原因。

2. 行为（效能）层面

行为（效能）层面是指功能，讲究的是效用，注重的是性能。界面不但要能使用，还要让人觉得它在自己的掌控中，不好的界面视觉设计总是难以使用，而好的界面视觉设计更具有易用性，能完全实现用户的意图。

3. 反思（情感）层面

反思（情感）层面与个人的感受和想法有关，是人们对自我行为的思考以及对他人看法的关注。反思水平的界面视觉设计注重的是信息、文化以及功能背后的意义，如“美丽”来自反思水平，来自有意识的反思和经历，受知识、教育和文化的影响。对用户来说，反思层的设计与交互引起的个人回忆有关。同时，界面形态还代表了使用者的自我标识，象征着使用者的品位和形象，解释、理解和推理都来自反思水平。这就能解释为什么斯沃琪表（Swatch——瑞士手表的商标名）的设计虽然常常产生一些时间读取上的困难，却依然受到人们的喜爱。因为人们因此而标榜自己的品位和个性，如图3-2中的手表和蜻蜓形状的播放器界面。

总的来说，视觉设计对三种层面的情感都有影响，在人的三种不同的情感水平上的三种不同的视觉设计都有各自不同的特点。通过结合认知心理学的研究，使界面视觉设计能够从这三个层面激发用户的兴趣，满足用户的需要。

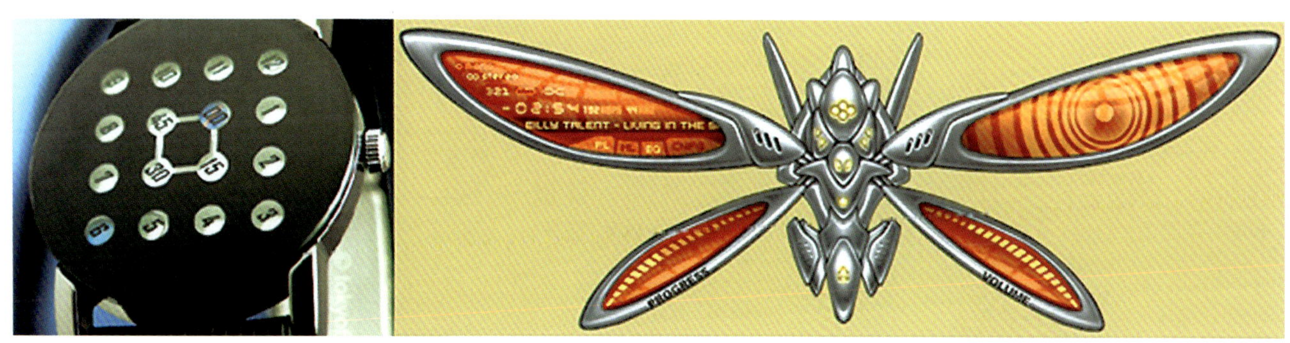

图3-2

3.1.5 格式塔视知觉原理

1. 什么是格式塔

格式塔是德文Gestalt的译音，意思是“模式、形状、形式”。格式塔是一个著名的心理学派，基于这个学派的格式塔视觉原理又被称为“完形心理学”。诸多视觉设计相关课程中都有关于格式塔视觉原理的阐述。如果深入研究格式塔原理，可能需要相当长的时间，作为UI设计师，主要理解格式塔的几个原理的含义和使用方法，就可以对自己的设计做出指导和支撑。

格式塔视知觉原理可以这样理解：人在视觉感知对象时是眼脑共同作用，并不是在一开始就区分一个形象的各个单一的组成部分，而是将各个部分组合起来，使之成为一个更易于理解的统一体。当一个格式塔（即一个单一视场或单一的参照系）中包含了太多互不相干的单位，眼脑就会试图将其简化，把各个单位加以组合，使之成为知觉上易于理解的整体。感知的效果取决于这些整体单位的不同与相似，以及它们之间的相关位置。

简单地说，可以这样理解：人们总是先看到整体，然后再去关注局部；人们对事物的整体感受不等于局部感受的加法；视觉系统总是在不断地试图将感官上的图形闭合。

2. 格式塔中的视觉关系

在一个格式塔中，通常存在以下视觉关系。

和谐（Harmony），组成整体的每个局部，它们的形状、大小、颜色趋于一致，并且排列有序，这时产生的整体视觉感官就是“和谐”。

变化（Changes），在“和谐”的基础上，局部产生了形状、大小、颜色的变化，但这种变化没有改变所有局部的同一性质，这就是“变化”。

冲突（Conflict），在“和谐”的基础上，局部不仅仅产生了形状、大小、颜色的变化，而且产生了性质上的改变，与整体中的其他局部冲突。

混乱（Confusion），整体当中包含太多性质不相关的局部，视觉系统很难判断出整体到底是什么，这个时候就产生了混乱。

格式塔视觉流程：眼脑作用是一个不断组织、简化、统一的过程，正是通过这一过程，才产生易于理解、协调的整体。

3. 格式塔视知觉原理的应用

可以运用对格式塔视知觉原理的理解，来指导UI视觉设计。

（1）接近性。强调位置，画面内有同质分散的形体时，距离相近的元素被感知为有内聚力的整体。

如图3-3，视觉更倾向于把它看成左右两个整体来感知。在UI设计中，接近性原理与软件布局相关，设计者经常使用分组框或分隔线将屏幕上的控件和数据显示分开，如图3-4。

利用接近性原理，我们可以不用分组框或分隔线拉近或拉远某些对象之间的距离，使它们在视觉上成为一组。这样可以减少视觉上的凌乱感和代码的数量。通过接近原则对同类内容进行分组，同时留下间距，给用户带来良好的秩序感。（图3-5）

如图3-6是一个车载收音机的UI，将右图的底部图标与左图的排列方式进行比较，通过改变收藏（第二）和排名（第四）图标的位置关系，使开关和设置图标功能与中间的功能组分离，使其功能分布更为清晰。

（2）相似性。强调内容，彼此相似的元素易被感知为整体。相似性可再细分为形的相似和色彩、明度或色相的相似。

图3-7左图，论形状我们可将其看成是圆形和方形的集合；论大小，我们又可将方形分成上下两组；通过颜色，我们可以将圆形看成红色和绿色两组，我们很容易通过形状、大小、色彩来为对象进行分组。在具体的设计中使用近似的文本、颜色、图像和留白等，可以更好地区分各个模块。

图3-7右图，网页中的各级导航按钮，通过相似原则我们可以很容易将其区分开来。又比如邮箱的收件箱中，将未读邮件文字加粗，与已读邮件进行区分，也是充分利用了相似原则。

图3-8左图，利用色彩来区分不同功能的图标组（上面一行彩色，下面一行同一色），右图两行图标则是通过相似的形态来进行区分。

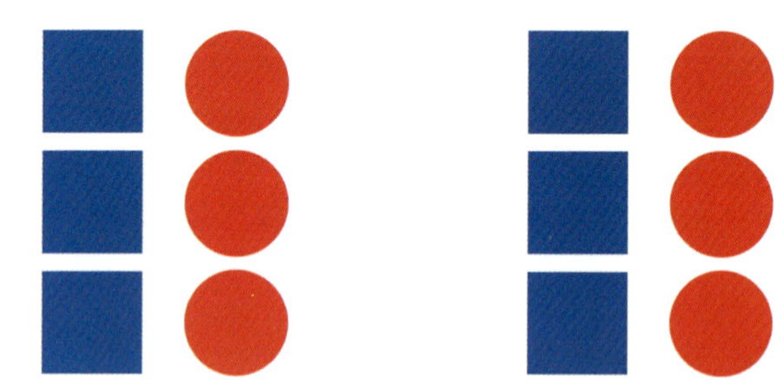
图3-3

图3-4

图3-5

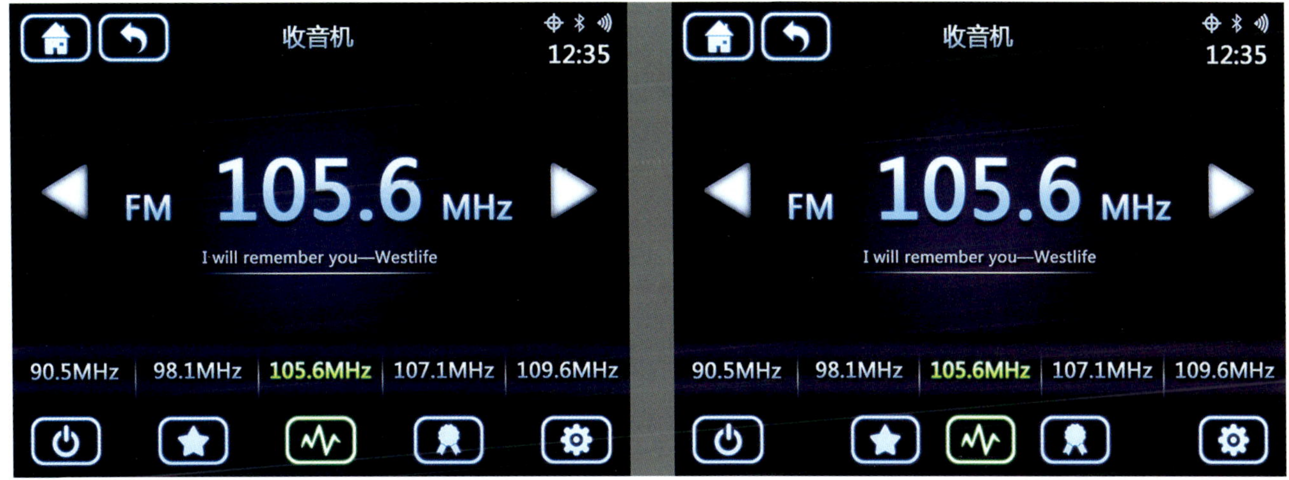

图3-6

（3）封闭性。人们倾向于识别出完整的图形，对于不完整或尚未闭合的图形，我们的知觉会自动将其看成完整封闭的图形。或者说浏览者倾向于从视觉上封闭那些开放或未完成的轮廓。如图3-9中，没有三角形和圆，但是可以在我们的心理模型中填充缺失的信息，创建我们熟知的形状和图形。UI设计中利用不完整的图形的心理闭合，可以使界面更具有构成美感并吸引用户关注，如图3-10。

如图3-11，UI设计中常用形状叠加的形式表示对象的集合，例如相册、文档或者消息。仅仅显示一个完整的对象和其"背后"对象的一角就足以让用户感知到由一叠对象构成的整体。

（4）连续性。和闭合原则有些类似。人们倾向于感知连续的形式而不是离散的碎片，按一定规律排列的同种元素易被感知为整体，使它们看起来是相继的、连续的图形。

如图3-12左图，通常被视觉认知为是绿色和蓝色相交的两条线，而不是四条线段和一个红点。UI设计中的滑块就正是利用了这种视觉感知的连续性。

有时候UI设计中会去掉表格的分隔线，以简化UI，导致"连续感"弱化，"接近感"增强。如图3-13，在视觉感知上"列"的感觉强于"行"的感觉，这时候通常会建立一个横向的具有"连续感"的背景色来进行引导，以增强所选项横向信息的连续性。

（5）主体与背景（图底关系）。人们倾向于将视觉区域分为主体和背景。主体是指一个场景中吸引主要注意力的所有元素，其余的则是背景。

主体与背景的关系也说明场景的特点会影响视觉系统对场景中的主体和背景的解析。例如当一个小物体或者色块与更大的物体或者色块重叠时，我们倾向于认为小的物体是主体而大的物体是背景。

在用户界面设计和网页设计中，背景可以传递信息，暗示一个主题、品牌，或者营造氛围、表达情绪。如图3-14，导航图标和Logo等视觉元素作为UI的主体部分，网页的页面背景用类似水印的图片来暗示这个网站的主题。

在游戏或软件UI中，基于当前界面打开新的对话框后，后面被遮挡的部分界面模糊显示，或降低明度和饱和度，但依然可见，这样能够帮助用户理解他们在交互中所处的环境，如图3-15。

（6）简洁性。在UI设计中做到简洁，可以通过做减法、重构、隐藏来实现。如图3-16，一个充满数据的表格，逐步将其简化。

依据格式塔心理学，能够了解视觉认知的偏好及习惯：

①偏向于整体并且和谐的视觉感受。

②对形象的认知遵循先整体后局部的规律。

③习惯将观察到的事物进行组织和简化。

将格式塔视知觉原理引入UI视觉设计，目的是希望UI视觉设计向理性化的方向发展。通过以上例子可以发现，这些原理和法则并不是孤立应用的，在UI设计实践中要灵活应用，而不应禁锢于某一种理论。

图3-7

图3-8

图3-9

图3-10

Photo title 6
Lorem ipsum dolor sit amet.

VIA AIR MAIL
E-MAIL

图3-11

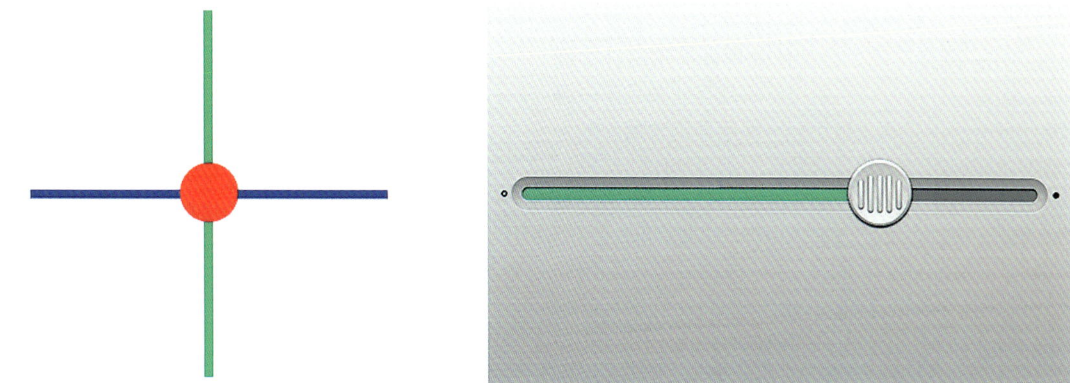

图3-12

垃圾箱				
功能推荐				
迅雷看看	×	[emuch.net]数据可视化之美中文版.pdf	30.54 MB	2014-03-06 13:01:22
休闲游戏	‖	[构成艺术.平面.色彩.立体.光].吴筱荣.彩图版.rar	45.06 MB	2013-10-18 14:10:43
幸福树	‖	[UI群英汇——用户体验·交互·视觉设计方法论].徐海波.彩图版.rar	34.71 MB	2013-10-17 22:31:27
	‖	[设计私语录].原研哉.扫描版.rar	7.75 MB	2013-10-25 12:05:29

图3-13

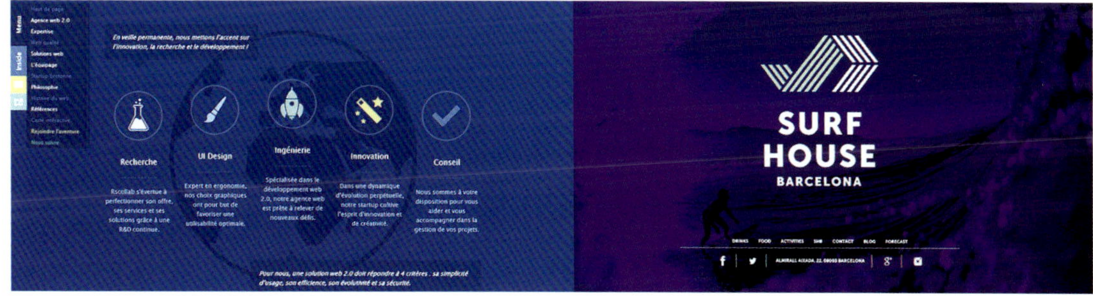

图3-14

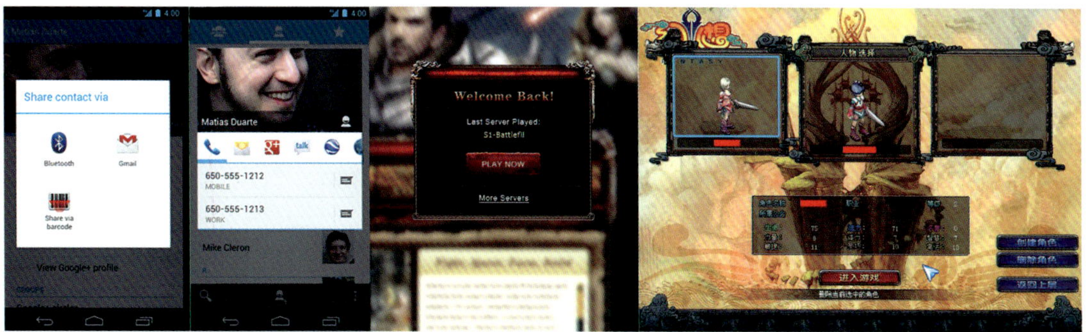

图3-15

General Statistics	
Current Caseload:	10
Number of Admissions Today:	5
Number of Admissions This Month:	30
Number of Admissions Last Month:	30
Number of Discharges Today:	3
Number of Discharges This Month:	22
Number of Discharges Last Month:	34

General Statistics	
Current Caseload:	10
Number of Admissions Today:	3
Number of Admissions This Month:	35
Number of Admissions Last Month:	30
Number of Discharges Today:	3
Number of Discharges This Month:	22
Number of Discharges Last Month:	34

General Statistics	
Current Caseload:	10
Number of Admissions Today:	5
Number of Admissions This Month:	35
Number of Admissions Last Month:	30
Number of Discharges Today:	3
Number of Discharges This Month:	22
Number of Discharges Last Month:	34

Statistics	
Current Caseload: 10	
New Admissions:	5 today 35 this month 30 last month
Discharges:	3 today 22 this month 34 last month

图3-16 简洁性

3.2 UI 的可用性与视觉设计

对于数字化、网络产品，必须依靠界面视觉设计实现其功能呈现，视觉设计的好坏也直接影响交互效率和用户满意度。界面视觉设计首先要满足功能，然后才是表现，因为它直接关系到功能能否实现和充分发挥，能否使用户准确、高效、轻松、愉快地工作。良好的界面视觉设计能带来良好的人机交互效果，这不仅要遵循视觉设计的一般规律，还应参照用户心理认知等方面的因素。从目标需求出发，参照目标群体的心理模型和任务进行合理的视觉设计，以达到使用户愉悦使用的目的，进而实现可用性目标。

界面视觉设计的可用性目标包含三方面内容：首先，有用性和有效性，即通过视觉设计界面能否有效支持产品功能；其次，交互效率，即用户通过界面完成具体任务的效率，包括交互过程的安全性、出错频率、易学性和易记性等因素；最后，用户对交互的满意度。

3.2.1 提高可用性的 UI 视觉设计原则

不同用途和类型的界面有不同的视觉表现风格。设计良好的界面并没有一个固定的公式可以套用，能够实现相同功能的界面的视觉表现形式不是唯一的，不同形式的视觉设计方案，都能够实现可用性目标。但是它们都需要遵循一定的设计原则。

1. 研究目标用户

用户满意是界面可用性的最高目标，因此，界面视觉设计必须围绕用户的需要和特点来展开，而不仅仅是实现使用功能。所以，首先要确定用户目标人群的类型。划分类型可以从不同的角度，视实际情况而定。确定类型后要针对其特点预测他们对不同界面视觉效果的反应，需要从多方面分析。如目标用户的技能和知识如何？他们喜欢的工作方式是什么？

如图3-17，左图是针对老年用户开发的智能手机，UI 设计主要力求对功能进行简洁明确的表达，一屏中显示内容较少，字体和图标都相对较大，特别是图标都有明确的文字说明，这有利于老年用户对其功能进行理解，操作简单，减轻记忆负担，降低出错频率；右图是针对儿童开发的手机，符合儿童心理的可爱造型，功能更为简单化。

对目标用户除了可以通过年龄层次进行划分，还可以通过工作性质、产品用途等来划分，只有对目标用户定位准确，才能进一步研究和分析用户的特征（具体内容参看第二章用户研究部分的内容）。

保证界面处在用户的掌控之中，让用户自己决定系统状态，对用户稍加引导。

2. 界面视觉设计的一致性

界面视觉设计的一致性主要是指视觉元素应该呈现相应的稳定性和整体性，所使用的一系列的视觉符号从属于相应的符号系统，并保持其内在的同步性。界面视觉上的高度一致可以让各个部分的信息安排得井然有序，既是视觉构成整体性的要求，又有利于提高界面可用性。

（1）同一级、同一类视觉元素，或者产生相同交互效果的视觉元素，采用相似、一致风格的外观，使人们容易认知和记忆。如图3-18中不同类型的两组图标既有明显区别，各自风格又保持了高度的一致性。

（2）有利于使用户建立起精确的心理模型。用户在熟悉一个界面后，切换到另一个界面时能够很轻松地推测出视觉符号的功能指向，不需要花时间思考，提高了交互效率。

（3）给用户以清晰感和整体感，降低视觉、审美疲劳，增加对功能的支持度。

因此，除特殊情况外，图形用户界面的视觉风格都应保持高度的一致性，一致性是界面视觉设计能否成功的重要因素之一。保证一致性的一个有效方法是撰写正式的《设计风格标准》文件。《设计风格标准》文件规定的设计准则应当非常具体，其中包括所使用的图标、尺寸、字体等内容和格式的例子。它可以有效地用于界面视觉设计的管理和调整，是设计大型、系列、复杂图形用户界面或多人多部门共同协作的设计工作必不可少的，如表3-2是一个系列网络课程某批次机械类课程的色彩标准文档，图3-19是色彩标准在界面中的应用示例。

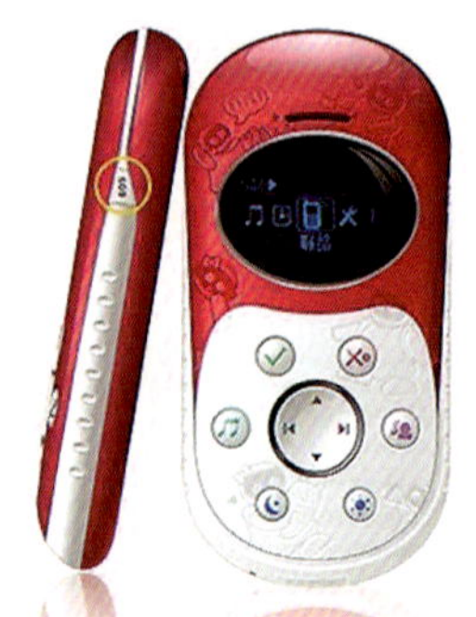

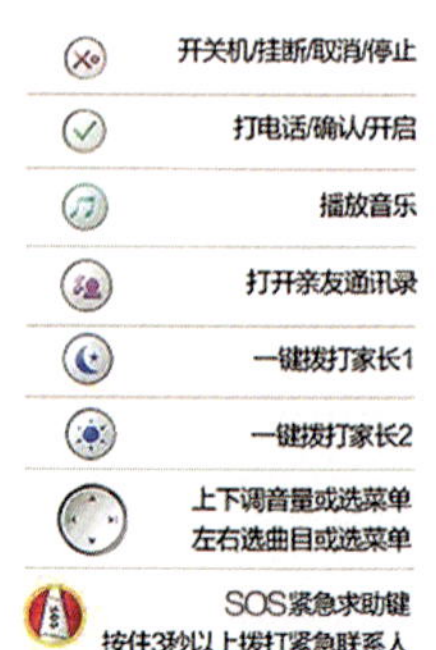

图3-17

3. 习惯遵从

界面视觉设计应当体现用户操作时的一般顺序和被使用到频率。图形界面的布局应当符合人们的习惯，这非常有助于提高界面的交互效率。

例如，人们通常的阅读顺序是从左至右、由上而下，而有些国家和民族的主流阅读习惯有所不同，如阿拉伯文、希伯来文是从右至左、由上而下的阅读顺序，因此图形界面的布局会随着地域文化的差异进行相应的修改。用户经常使用的图形界面元素应当放在突出的位置，让用户可以轻松地注意到它们。相反，一些不常用的元素可以放在不显眼的位置，甚至可以将它们隐藏起来，以便扩大屏幕的可用区域，如图3-19中左边的课程结构导航面板。对于那些需要具备一定条件才可以使用的元素，应当把它们显示成灰色状态，当具备了使用条件时才改变成正常状态。特定的元素应放置在它所要控制数据的邻近位置，以帮助用户确立元素和数据之间的关系。对界面视觉元素进行分组，关系紧密的元素应有组织地放置在同一个区域，如图3-19中各组图标和导航按钮。

4. 善用隐喻

借助语义学原理，界面视觉隐喻可以用来建立界面功能和用户理解的显示参照系统之间的对应关系，通过唤起用户的感知经验或生活体验来达到图形语言的预期，可以让使用者知道界面上的视觉符号的功能指向，这有助于提高界面的有效性。

例如不同形状的门把手分别暗示着“推”“拉”或“旋转”。界面中的视觉元素（如按钮、图标、滚动条、窗口和链接等）同样可以暗示它们所代表的功能或启发用户如何使用它们。图标是图形用户界面中最重要的元素之一，其功用在于建立起计算机世界与真实世界的一种隐喻或者映射关系。如图3-20，左图是具有明显指代含义的图标，“房子”在网络界面中一般代表主页面。用户通过这种隐喻，自动地理解图标背后的意义，跨越了语言的界限，使其代表的功能不言而喻。如今，随着显示设备和计算机系统的升级，越来越多的图标采用写实的设计风格，不再局限于简单的几何型图形元素或像素化的表现，这不仅仅让用户界面更具有视觉艺术性，更重要的是它可以帮助用户理解界面。

图3 18

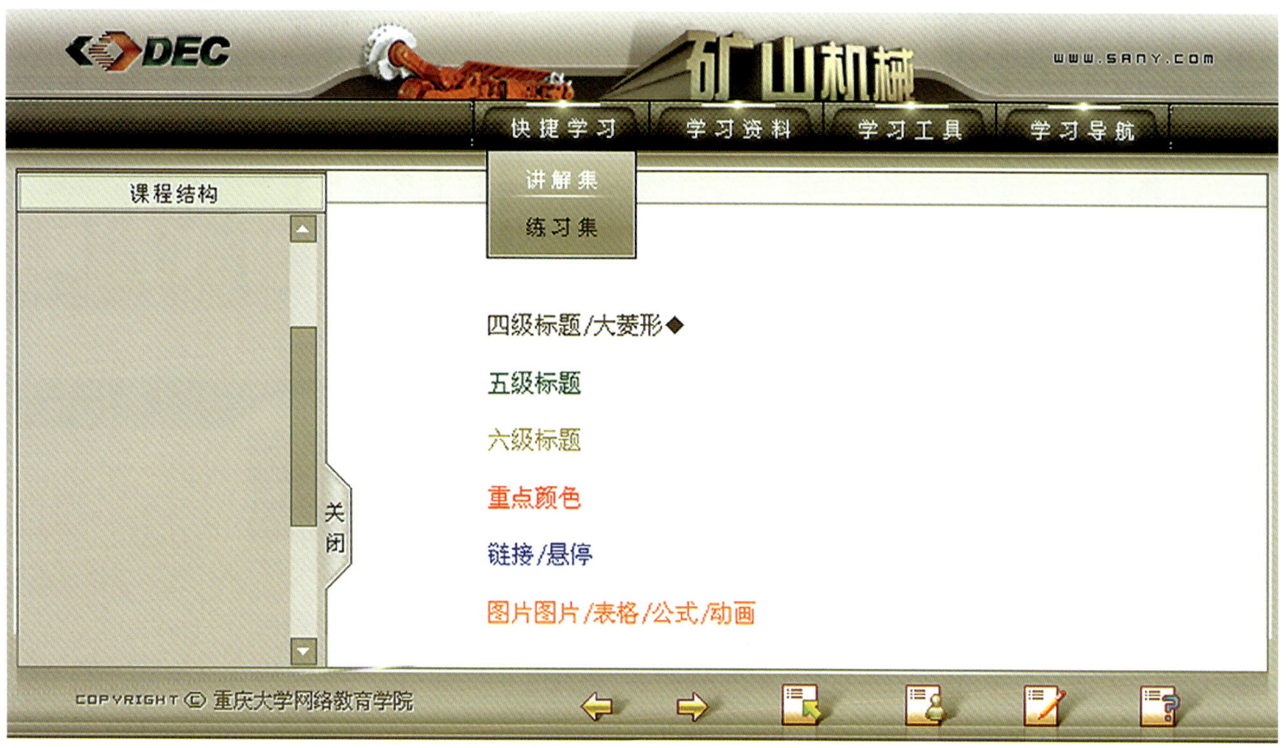

图3-19 机械类课程界面（张剑）

但是，由于时间、地域、文化等因素可能影响隐喻的效果，所以隐喻也具有不确定性。同时人们对隐喻特征的视觉符号的感受和把握是不相同的，对它的理解不具有唯一性。因此，隐喻在国际化领域会带来一些潜在问题，不是任何隐喻都适应所有文化。如图3-20右图，当苏格兰最初使用国际通行的代表男、女卫生间的符号时，当地人却无法理解这些图标：穿着裙子的女士和穿着西裤的男士。因此在界面视觉设计中要合理地运用隐喻。

表3-2 色彩标准文档

类 型	色 值
四级标题颜色	# 5A4A06
五级标题颜色	# 0E5A06
六级标题颜色	# AB931D
“◆”颜色	#134D71
重点颜色	# FF3C00
链接/悬停颜色	# 0336B7
图片/表格/公式/动画颜色	# FF7800
滚动条颜色	三角形箭头：# FFFFFF 背景：# DDDBCD 滚动条实体：# 7A7D3C 滚动条边线：# B2AE8B

5. 视觉反馈

视觉反馈是界面通过视觉元素的变化返回与用户操作相关的信息（如能够实现什么样的操作，正在或已经执行了什么动作，完成了什么操作等），以便用户能够根据反馈的信息进行操作，这直接关系到界面的有用性和有效性。

用户的每个操作行为都应该有相应的视觉反馈，比如有没有选中，操作有没有成功，按钮是否可用，程序执行的进度等，准确的反馈可以使用户流畅操作，如图3-21。

6. 自然的过渡

界面的交互必须是层次清晰并相互关联的。设计时，要深思熟虑地考虑将要进行的下一步交互，并且通过设计将其实现。对界面内容而言，就好比人们之间的日常谈话，要为深入交谈提供自然转换的话题。当用户已经完成某操作后，要给他们继续操作的提示，以达成目标。而对于界面视觉的呈现而言，则要考虑到界面之间相互转换和过渡的交互方式与视觉表现，是通过点击还是使用手势？是动态的转换还是渐隐渐出？然而不论是哪种方式都要使界面的转换自然并具有连续性。

3.2.2 界面美感对可用性的提升

好看的界面更好用。视觉化的图形界面，需要运用形式美的法则对其视觉要素进行合理的设计，以使视觉美感促进功能更好地实现。

20世纪90年代初期，日本研究者通过严格的心理学实验论证了具有美感的产品更易于使用。以色列科学家Noam

图3-20 界面中的隐喻

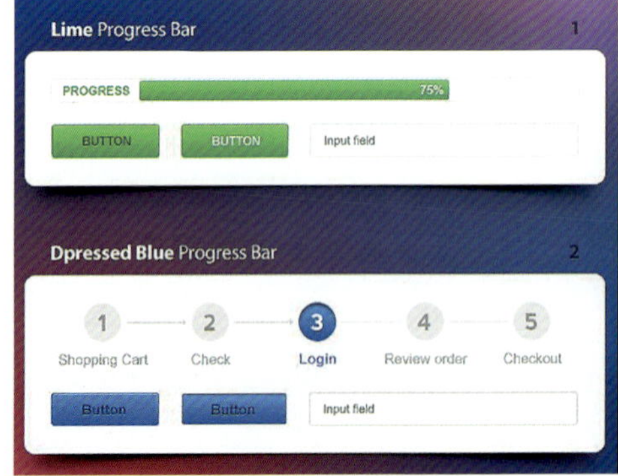

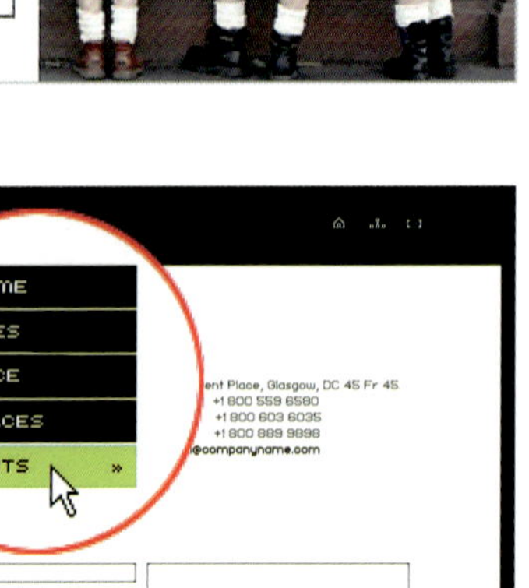

图3-21 UI中的视觉反馈

Tractinsky对ATM界面的实验结果显示：可用性评价与界面视觉美感评价相关。美国心理学家唐纳德·A·诺曼对以上的事例进行了解释，他认为这些都与人的正面情绪和负面情绪有关，并且两类情绪同样重要——正面情感对于理解力、好奇心和创造性思维具有重要作用；当人处于焦虑中，他们注意力相对会更加集中，思维会变得狭隘，会仅关注与问题直接相关的方面，这样能有效地帮助人们逃离危险，但是不利于提出解决问题的新方法。

心理学中关于情绪功能的另一重要理论——耶克斯·多德森定律，这一定律从神经唤醒的角度验证正面情绪对于某些类型的工作的正面作用。唤醒程度是指人们的神经系统的兴奋程度，它决定了人对信息加工处理工作的准备程度，强烈的正面、负面情绪都具有比较高的唤醒度，而放松的状态下具有比较低的唤醒度。从这个理论出发，那些设计协调统一、富有韵律的迷人物品类似于优美的抒情音乐，使人愉悦并降低唤醒程度，从而提高使用者进行复杂工作的能力。因此，具有美感的、能使人情绪放松的界面视觉设计可以帮助人更好地进行交互，相应地能提高界面的可用性。

可见，美感对于界面可用性的贡献在于：富有美感的界面使人放松，使人产生正面情绪，可以提高人的创造能力、想象力和思维能力，更易于让人们找到解决问题的方法。负面情绪导致人们更执着于某些交互细节，不断重复尝试同一错误的使用方式，反复几次后用户会更加焦虑、紧张，更加关注问题的细节。并且紧张、焦虑的人更易于抱怨困难，而放松、快乐的人则可能忘记困难。而处于正面情绪的人，当遇到同样的问题时，他们会较为放松，积极考虑搜索其他备选方案。总之，那些富有美感、能激发人们正面情绪的界面视觉设计使人放松，能更有效地实现人机交互，并且对于小困难有更强的容忍度。“好看的界面更好用”具有生物学、神经学和心理学方面的科学依据。

界面的首要价值在于可用性，遵循一定的界面视觉设计原则有利于提高界面的可用性，在界面视觉设计中重视美感的表现，可以增加用户对界面的认同感，激发正面情绪，更好地实现可用性。

3.3 UI 视觉设计与情感

人性化设计是人类生存意义上一种最高设计追求， 它体现了“以人为本”的设计核心，是人与产品、人与自然完美和谐的设计，人性化设计真正体现出对人的尊重和关心，同时也是最前沿的潮流与趋势，是一种人文精神的体现，是人与产品和谐完美的结合。

人性化设计的核心要素就是“情感”，界面视觉设计不仅要满足使用者对产品功能和形式上的要求，更要给界面注入情感，给用户更多的精神上的安慰和愉悦，满足用户通过产品建立起自我形象和社会地位的需求。通过视觉设计，界面的情感作用应在三个不同的层面上对用户产生影响：本能（感官）、行为（效能）、反思（情感），并最终达到三个层次上的融合。在人性化的界面中，三个层次上的融合使界面视觉设计更加关注用户的需求、快乐、审美，将设计建立在用户的情感之上，体现着设计对人的关爱。

唐纳德·A·诺曼提出了“情感化设计”的理念，他认为：“产品具有好的功能是重要的；产品让人易学易会是重要的；但更重要的是，这个产品要能使人感到愉悦。”非物质社会对美的追求已经上升到了情感与精神的层面，仅具有美丽外表或仅在功能上突出的界面已经不能满足用户的审美要求。设计要满足本能、行为、反思三个层次的需要，才能称为成功的设计。首先，用户出于本能反应喜欢界面的视觉效果；其次，能很好地使用界面；最后，界面能够给用户留下美好的回忆，甚至深层次的启发。因此，界面视觉设计不仅要考虑功能及技术因素，还要考虑其本身给使用者带来的情感价值。

3.3.1 界面的美感

界面的使用者是人，人使用界面的行为必将和人的心理状态相联系。因此，在使用界面的同时，通过对界面的认知，用户会产生心理上的波动，而这一结果的产生，表明了一个情感信息的表达过程。

情绪会改变人脑解决问题的方式，情感系统会改变认知系统的运行过程，而美恰恰可以左右人的情绪。美好的事物使人感觉良好，这种感觉反过来会使他们进行更具创造性的思考。换句话说，愉快的情绪使人善于发现解决问题的方法。就像前面说到的“好看的界面更好用”，因为当用户遇到问题时本身的情绪是紧张的，而视觉设计可以制造美好的界面，给用户带来轻松愉快的心情。

“美”具有极其丰富的含义。在不同时期、不同领域有不同的定义。对于界面来说，什么是美呢？很多研究者认为交互式产品的“美”主要反映在愉快的用户体验上，用户对产品美观性的判断可能更强调刺激的感觉（如视觉、听觉、触觉，主要是视觉）性质，也就是说“美”主要表现在产品物理外观的吸引力上。

大量研究发现，界面的美观程度对用户总体满意度有重要的作用。与容易使用但不太美观的产品相比，人们对美观但不太好用的产品更为满意。美观性以主观可用性、易用性和愉快感为变量影响用户对界面产品的忠诚度。因此，在整体把握产品的用户体验时，应当把界面美观性纳入考虑范围。运用美观性弥补产品的不足，提升产品整体的用户体验水平。

界面的美需要长时间的交互和体验。形式之美、功能之美、操作之美等所带来的是许多心理感受的交融，包含了我们过去使用同类用品的复杂体验。

在本能层面上，界面的形态是结构的承担者，也是功能的传达者。不同的形态、质感、色彩都会给人不同的审美体验。视觉美感的产生是一个生理到心理的过程。外界视觉刺激（形、光、色）对人的视觉器官进行刺激，在知觉产生的同时，会产生某种积极的、消极的或中性的情感体验。假如是积极的，也就是对知觉的对象产生某种喜悦、情感，对它的形式条件构成的整个形象觉得悦目，产生审美知觉，并进一步提高已被引起的情感体验使之成为“美的情感”体验，即产生美感。

在行为层面上，美的界面表现为功能上合乎人的目的性及实用性，新技术的应用，视觉设计使界面功能的和谐及完美的表现都给人以美的感受。

在反思层面上，美具有更深层的含义，如定制的界面（个人网站和QQ空间的个性设置、个性化的操作系统界面、博客的风格化等）在网络中代表着用户的自我形象，反映了他们的品位和地位。此时，美是发自内心的，这种美是持久的、深入的。

用户对美的知觉是基于对产品的整体视觉印象形成的。与可用性不同，产品的美学特征是外显的，更容易被观察到，用户在极短的时间内即可形成对产品美观度的评价。

3.3.2 界面的趣味化

对“情感交流”的追求使人们越来越强调对界面的感觉与知觉。在这种情况下，有的界面视觉设计已超出了功能以及行为方式设计的范畴，更为注重视觉体验和情感表达，甚至不带适用功能。

如图3-22中的手表，从单纯作为“看时间的工具”的层面（第二层面）来看，它很难称得上是优秀的设计，因为它并不能明确、有效地显示时间。它们的存在价值正反映于第三个层面上，它以独特、有趣、艺术化的方式展示了时间。这种设计能给人们提供操作的乐趣——这既是物提供给人多种可能性的乐趣，同时也是人通过对外部世界（包括物品以及物的使用）新的认知、新的体验而产生的乐趣。

图3-22 手表

界面本来就是为了人机交互而设计出来的，能最直接、简便地完成这一任务是评价界面可用性的重要指标——前面论述过的可用性指标。但是人在情感上却不总是如此，有时他们希望能在交互的过程中体会到探索和自我实现的乐趣，即需要层次理论中的最高层次需求的满足。特别是某些网站界面，如电影、服装、设计公司等主题性的网站，它们的信息量并不大，体现其价值的远不仅是为了很好地完成那些基本的实用功能，提供多样性的视觉体验和趣味才是这些网站更重要的设计内容。如图3-23以插画的形式虚拟不同年代的场景来介绍城市变迁的主题网站。

增强界面视觉设计的趣味性，能够活跃人机交互过程。可爱而具有亲和力的界面视觉设计能促进人机之间的沟通，带给人一种愉悦感，使界面营造出轻松、活泼、休闲的气氛。

3.3.3 界面的拟人化

人们喜欢给自己的宠物或玩具穿上衣服，把它们装扮成人的模样。同样，人们也愿意接受被赋予了人类特征的卡通人物、机器人、玩具和其他无生命物体。于是出现了针对儿童的界面视觉设计，界面中的无生命的视觉元素被赋予了人类的特性，如它们能走路、说话，有个性、有感情，这样的界面更受儿童的喜爱。

拟人化的界面视觉元素用于表达情感状态和引起用户的情感反应，如轻松、舒适、开心。这些表达感情的视觉元素非常具有创造性，有时用户也乐于参与创造，比较有代表性的就是为数较多的“表情符号”（如QQ表情），从最初的以各种字符组合的方式来模拟面部表情（如笑脸、皱眉等）到如今各种精彩的图形化表情符号，极大地丰富了界面中情感和情绪的表达。对大多数界面交互而言，用户在使用具备人类特性的界面时，会感到更愉快、更有趣，与冷淡、严肃的界面相比，拟人化的界面视觉设计更能激发人们交互的兴趣，与界面的虚拟人物进行交互要比与死板的界面交互愉快得多，因此用户会表现得更积极，更乐于参与交互。

如图3-24，Ask Jeeves搜索引擎（Jeeves是一部著名小说中的男管家）允许用户以口语化的方式提问，这样的交互方式更为自然和简单，同时，拟人化的视觉设计还增加了界面的趣味性。

3.3.4 界面的个性化

人本主义极为强调人的个性，这种强调非常适合现代社会，在界面视觉设计中，应重视个性。这里不仅指的是设计者本人的个性，还指在设计前要仔细考察用户的个性，一群人或一类人的个性，力求在产品中张扬个性，体现一定的风格。如图3-25NIKE鞋的颜色搭配，用户可以根据自己的名字来定制个性化的运动鞋。

个性的强烈突显必然产生风格，风格是视觉设计的灵魂，是不可替代的。从某种角度来说，张扬个性即爱护人、体贴人，使人的本质在生命空间自由畅快地流动，这样的个性界面设计是成功的。当然，要使一个设计能满足每一个人的爱好是很困难的，因为人的地域、文化背景、职业、爱好、年龄、性别结构、生活习惯都不尽相同，每个人的需求都有一定的差异，我们只能是尽可能地设计多种风格样式，以满足人们的各种需求。这样，界面视觉风格的多样性反映了用户的多样性，换句话说，就是在同一个产品中设计融合设计者和用户个性的多个界面，以便不同的设计者选用和定制。例如，智能手机允许个性化的主题定制，很多软件和个人空间都允许更换外观的风格样式，提供了“外观选择”选项，用户可以在多种风格的视觉界面中进行选择。更有一些系统和网络运营商给用户提供更大的自定义权限，使用户完全可以自己进行界面视觉设计，如图3-26。

界面视觉设计的情感表达主要是能够引起用户的积极反应，让用户感到轻松、舒适，提高交互效率，用户通过情感的交互获得好的体验，从而提升满意度。

图3-23 网站UI的趣味化设计

图3-24 网站UI的拟人化设计

图3-25 NIKE的个性定制

图3-26 搜狗输入法的个性化UI

3.4 UI 视觉设计的风格

从细节来看，UI视觉设计风格就像绘画艺术一样表现形式众多。但从宏观的角度来看，当今的UI设计师偏向于将UI设计风格分为扁平化设计（Flat Design）与拟物化设计（Skeuomorphism Design）这两大类型，这是UI视觉设计中两种截然不同的表现形式。

以苹果为例，它的UI是伴随着拟物化设计而诞生的，在过去的很长一段时间内，其UI风格都在拟物的框架内循序渐进地改变，也引领着UI视觉设计的主流，特别是移动端的UI设计。但随着2013年6月苹果操作系统iOS7的发布，“扁平化”设计风格再次成为焦点。这也是自iPhone问世以来iOS界面最大的变化，它抛弃了主界面图标复杂的光影效果和体积感，这种设计理念使整个系统看上去更加简洁，扁平化设计风格正好是苹果一度推崇的拟物化设计的反面极致。从图3-27 iOS6和iOS7界面对比来看，无论是程序图标还是计算器或者指南针，两个系统界面其实都模仿了实物照相机、计算器或者指南针的布局与形象特征，尽管iOS6更写实，严格地说它们都属于形象化的拟物设计。当然，拟物设计和写实设计这两者总是联系得更为紧密。拟物设计倾向于写实设计，因为它要看起来和已有的实物相似，iOS7的扁平化只是去除了纹理和材质。

在iOS7之前，微软以Metro UI最大化地呈现了“扁平化”设计理念，这是真正意义上抛弃了拟物化的设计。Metro UI是微软的一种设计方案（2012年10月微软改称Windows UI），其灵感来自地铁的指示牌，设计风格源自瑞士国际主义平面设计风格，这种风格具有强烈的整洁、严谨、理性化的特征，一丝不苟，传达准确，因而它很快受到世界范围内的普遍认可，成为二战后影响最大、国际最流行的设计风格。Windows UI的扁平化设计是对UI设计中过度装饰的一种颠覆，就像极少主义是对华而不实的装饰风格的一种颠覆一样。（图3-28）

当前，扁平化设计这个早在多年前就已非常流行的设计风格随着移动互联网的崛起又再一次卷土重来，这种设计趋势正逐步蔓延并形成一种潮流。无论系统、网站还是软件的设计者，都不约而同地卷入其中，设计师们似乎急于抛弃拟物化，去迎接扁平化时代的到来。

3.4.1 拟物化设计

1. 拟物化设计对交互和体验的影响

拟物即是在界面设计中对实物的模仿，使数字对象看起来更接近真实，如图3-29。界面和行为看起来越接近现实生活中的事物，用户就越容易理解它们的运行方式，使用起来也就越简单。苹果官方的《人机界面指南》中做了这样的阐述，它认为界面的拟物设计有利于改善应用程序的用户体验。基于交互方式层面的拟物设计，具有功能的预见性，通过在视觉上模拟实体世界来暗示用户系统是如何运作的，某种程度上降低了用户对产品使用的学习成本，界面中可以点击的图形按钮和滚动滑块就是很好的例子。

因此，界面中的拟物化设计实际包括模拟现实世界的物理、空间规律，或物体的形态（如质感、纹理、声音），以及它和人之间的交互方式（也可称作是行为的隐喻，这点常常被忽略）。例如：iOS的记事本程序不仅有纸的质感，还有翻页的效果。模拟真实书页翻动方式的电子杂志10年前就在PC上出现，并被争相模仿。但是逼真的页面翻动由鼠标拖曳页脚的方式来实现，这大大增加了操作的难度，随后还是用按钮点击来取代拖曳的方式翻页。直到多点触控在iPhone上的应用，通过手直接的触控，将翻书这一交互方式真正对应到了实物的操作状态，使功能实现的同时也具有视觉感染力。说明技术限制总会影响媒体的视觉形式，无论是对于PC、移动终端，还是对传统绘画来说都一样。此外，在视觉表现扁平的苹果iOS7界面中，视觉交互层面同样也包含了许多基于物理和空间规律的拟物化设计。典型的例子是以半透明磨砂玻璃的效果模拟摄像机焦点的近实远虚，或者在主界面程序图标和背景之间创建空间深度，当视点变化时，会产生前景遮挡远景的效果。这些界面设计中的

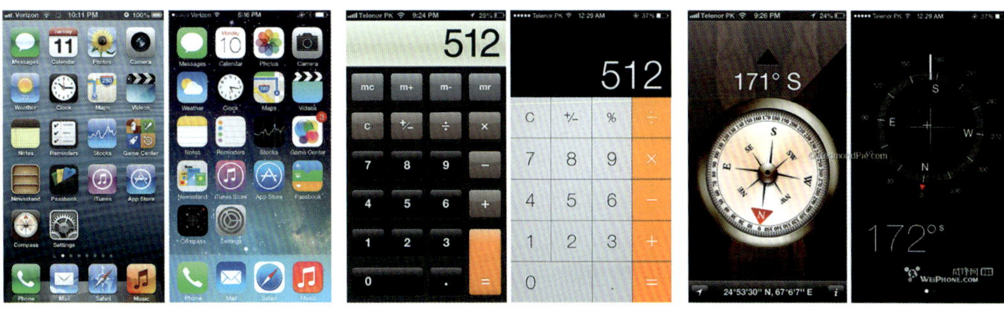

图3-27 iOS6和iOS7界面对比

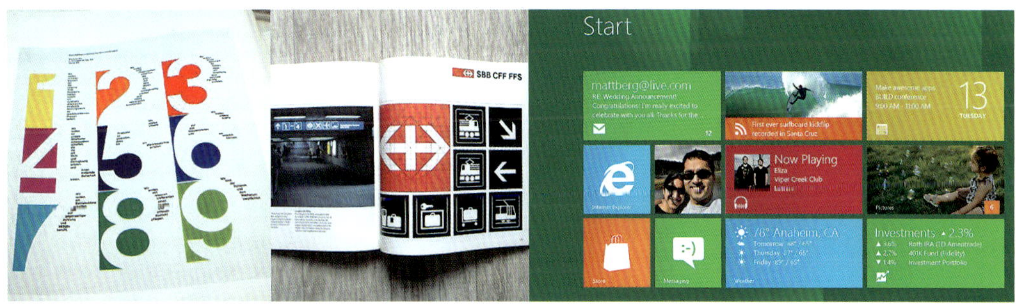

图3-28 瑞士国际主义平面设计风格和Windows UI

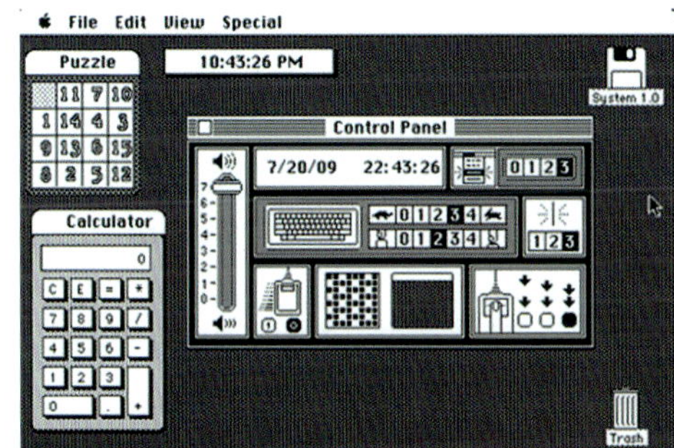

图3-29 1983年System1.0的拟物设计和iOS应用程序界面的拟物设计

图3-30 游戏《山海乱》界面

细节为用户营造了虚拟世界的心理真实，使用户感到惊喜并体验到细节之处的体贴与关怀。从本质上说，这样的设计并非以视觉风格为出发点，而是以建立用户与程序之间的良好交互为源点，随后自然地产生了这样的设计。

科学研究指出人类视觉的十分之一属于物理层面，另外的十分之九则属于精神层面。模拟形态的拟物化设计，能更直观地指示事物的概念，增加界面的美感，善于营造华丽的视觉效果，细腻的材质表现更能使人突破视觉的局限产生触觉、味觉、嗅觉的通感，更容易满足用户的精神需求和情感需求。用户界面上形态的拟物写实设计最广泛地应用在游戏界面，设计师很早就开始精心修饰他们的用户界面，以提升游戏的艺术效果，使玩家愉悦地沉浸在游戏中。如图3-30游戏界面框体中大量运用与游戏场景中年代、风格一致的羊皮纸、岩石、金属的纹理及质感，甚至以建筑、雕塑或者纹样来进行装饰，光标的状态也设计成质感强烈的兵刃或者宝石，这种对真实世界感知的还原有助于艺术效果的提升，有助于沉浸感的实现，并使用户感到愉悦。

2.UI 拟物化设计的局限性

拟物在游戏界面上的成功并不意味着这样的设计运用在办公或严肃的界面上同样能获得好的效果，试想一下在股票交易软件界面中加入拟物设计是什么样的效果。诚然，在模拟交互方式时，拟物界面对真实世界的映射能降低用户理解和学习的成本，界面更友好，但是粗糙的拟物设计也常对用户体验造成各种各样的负面影响。在模拟还原真实事物的时候，即使那些没有必要存在的局限性也一并进入了设计中，比如日历受限于物理纸张的局限，通常是一页的纸张显示一个月的内容，尽管在数字媒体上没有这样的限制，但许多电子日历仍然坚持在一个屏幕上显示单个月份的内容，如图3-31。

另外，需要面对的是虚拟界面与实物界面的差异，及难度的不同。尽管屏幕上可以显示三维内容，但是在操作层面上它们是位于二维平面上的图像。而物品则是三维空间中的实体，在普适计算实现之前，这种以屏幕为载体无法逾越的维度差异导致了大量在实物上常见的控制方式无法还原到界面设计当中。如图3-32 QuickTime 4曾经模仿真实播放设备的滚轮式音量调节旋钮设计，用户并没能建立界面图形与现实生活中的真实旋钮之间的对应关系，而是感到用鼠标来控制旋钮的操作极为不便。当一个程序的界面几乎完全模仿现实生活中对应物的界面时，用户会期望二者之间能有对应的行为方式，但某些情况下这样设计只是为了满足视觉感官上的需要，而对功能的期待并不都能得到满足，这就导致了用户界面设计的“形似而神非”。此外，同一套拟物设计面对不同操作习惯和经验的用户，以及用户群体的地域性及文化差异，不能完全使用用户将已有经验映射到程序界面上。因此，UI的拟物化设计，需要适当将实物界面转化为屏幕界面的语言，在视觉上尊重用户既有的习惯与心理模式，在操作上转化为与之相符的手势。

图3-31 日历界面对比

图3-32 QuickTime 4界面

通常，拟物界面在影响用户情感体验的本能层面具有较大的优势，它能够在视觉上吸引用户，但对交互的功能并不一定有质的提升。20世纪80年代初期，图形界面出现最初引入“桌面”概念的隐喻就是一个典型的例子，但随着个人电脑的普及，人们越来越少用这些视觉线索来理解一个图标或者按钮的功能。

3.4.2 扁平化设计

1. 少即是多

扁平化设计最好理解的是“极简”，即强调运用最轻量、简单的设计来传递核心信息，强调通过对视觉焦点的引导来让用户快速地完成操作。少即是多（Less is more）这句悖论式的箴言无疑是对UI扁平化设计最有力的描述，它是现代主义设计大师密斯·凡德罗的经典设计名言，他主张形式简单、高度功能化与理性化的设计理念，反对装饰化的设计风格。

在审美层面，极少主义设计大师约翰·帕森给了出这样的解释：“当一件作品的内容被减少至最低限度时它所散发出来的完美感觉，当物体的所有组成部分、所有细节以及所有的连接都被减少或压缩至精华时，它就会拥有这种特性。这就是去掉非本质元素的结果。”苹果公司的首席设计师乔纳森·艾维阐述出了极简设计的哲学理念：“简洁之美将影响深远，包容、高效。真正的极简不仅仅是抛去了多余的修饰，它给复杂带来了秩序。”

2. 信息为主体的设计理念

放弃任何附加效果，突出重要的信息，简化交互的流程。UI扁平化设计可以理解为：不包含三维属性，诸如纹理、投影、斜面、羽化边缘、浮雕等特效都不在设计中使用。UI扁平化设计的核心是强调信息本身，而不是冗余的界面元素。比如Metro UI的设计灵感来自交通系统，它需要帮助人们在短时间内快速找到自己所需的信息。扁平化界面设计的目的不是为了创造视觉刺激，而是解决干扰，内容优于形式，在屏幕上仅留下用户当前最关注的信息，让用户沉浸在他们喜欢的内容中，通过对齐来呈现简洁、易读的内容，把精力集中到最核心的内容上。减少概念与界面层级的视觉装饰，更多地使用用户已经掌握的交互行为。

3. UI 扁平化设计的局限性

有人认为“扁平的时代是平庸设计师的好时代”这无疑是没有理解扁平的本质，它就会像其他设计趋势那样被某些随波逐流的人不加思考地滥用。此外，UI的扁平化设计正如瑞士国际主义风格那样，具有冷漠、理性和功能主义的特征。扁平化设计无疑是一把双刃剑，过分的理性化与公式化导致了个性的丧失，忽略了普罗大众对于情感化的需求，无法关照个人的审美和传统对于人的影响，缺乏感性和人文思想，具有较大的局限性。它以“为大众服务”为宗旨，使其易于理解和记忆，于是必须具有形式简单、反装饰性、强调功能、高度理性化和系统化的特点，如界面设计上对质感最大限度的抽象化，对于表现空间深度、维度、光影这样的基本元素全都舍弃，割裂了用户对虚拟界面认知时对真实世界的联想，增加了某些用户群体的认知成本，尤其是儿童和缺乏互联网经验的用户。

4. 移动互联网发展对 UI 设计风格的影响

移动互联网是移动通信和互联网两者融合的产物，继承了移动通信的随时、随地、随身和互联网的分享、开放、互动的优势。据2013年百度《移动互联网发展趋势报告》显示，PC互联网正加速向移动端迁移，移动互联网的人均上网时长超过PC互联网后延续快速增长态势，截至2013年3月，两者的差距已经扩大到了29%，手机正替代PC成为大众最常用的终端，其中以iOS、Android、Windows为平台的手持终端最具代表性。

移动终端体验的特点有以下五个方面。

（1）时间碎片化。移动设备的便携性，也带来了浏览时间的碎片化。用户通常利用一个短暂的时间，完成一项任务或者是进行一个娱乐事件，如在地铁上、候机厅、旅行中或者利用睡前、午后闲暇、会议间隙等时间看时间、查天气、找路、拍照、分享、写便签、玩游戏、购物等。在短短5~30分钟的时间里，思路常常被打断，各种程序界面处于随时可能切换、关闭、激活的状态，高效和轻量化的交互，就成了移动UI设计的特点。

（2）环境的不稳定性。用户在使用移动设备的时候，常常在环境不稳定，并且碎片化时间里快速地完成，而不像在家可以沉浸专注地面对电脑。需要面对运动的状态、光线的变化或者嘈杂的环境，因此，在PC上能够轻松完成的任务，在移动终端一般都需要花费一定的时间和精力，如敲击键盘输入文字更容易出错，所以也需要操作层级的扁平化设计，或者通过语音以及其他方式辅助完成。

（3）手势控制。移动界面多点触控配合各种手势的应用，早已取代了早期的实体键盘。手势相对于键盘和鼠标的控制更为敏捷，并且更符合用户的行为模式，用户能直观地与设备进行人机交流。但触控无法达到光标的精准度，因此需要为移动界面设计更大的有效点击区域，此外没有了光标的指示也就无须设计悬停等多种按钮的显示状态。

（4）屏幕的限制。虽然移动终端视网膜屏的像素尺幅已经超越了传统的PC显示器，但仍受限于其物理尺幅的大小，移动的UI设计更需要视觉的简洁、交互的轻量化、层级的扁平化。

（5）流量与费用的考虑。移动用户经常会在没有WIFI覆盖的情况使用3G付费上网，所以设计移动应用的时候应该同时考虑到节约流量与电量的问题，尤其是合理的图片展示对流量的影响。UI视觉层面的扁平化相对于逼真写实的拟物化，更能适应低亮度的显示，能适当降低电量的消耗。如新浪微博客户端，将所要加载的图像细分为大中小三个层级，满足了各种用户浏览图片的需要，通过需求细分来达到节约流量的目的。

5. 简洁、高效的界面交互需求

在执行某些任务时，体验的行为层面对简洁、高效的界面交互需求高于对本能层面的美感需求。拟物风格软件界面中如果仅仅模仿实物的形态，而并不指向其原本的功能，就会对用户造成误导。比如日历软件框体边缘模仿纸的撕边效果和电话簿边缘的金属扣环，这样的设计容易使用户对其功能产生误解或受到不必要的干扰，即使同样概念准确传达效果也会有所不同。如图3-33中两个图标的对比，从用户体验的角度根据图3-34所显示对隐喻的解读过程来分析两者信息传递的效果。两个图标可共同解读的信息包括联络人（其直观表现为头像，iOS7视觉信号更为强烈）、排序和分组信息（直观表现为字母和标签页的形式，这部分iOS6在小图标的状态下几乎无法识别），iOS6相较之下多了装订环、金属质感、阴影、亚光牛皮纸、镂空等直观信息，以及怀旧、光滑等隐含的情感信息，因此仅仅在这个图标上，就增加了用户对信息解读的负担。

扁平化设计在小屏幕上得到了更好的表现，尤其是在手机移动端上。真正的极简不仅仅是抛弃了多余的修饰，而是给复杂的界面带来了秩序。随着移动互联网的崛起，信息传播的速度和规模达到空前的水平，实现了随时随地全球的信息共享与交互，但是汹涌而来的信息常使人无所适从。作为移动终端的系统平台和应用软件的界面，它的复杂程度已经不亚于PC，给显示空间压缩带来了移动终端小巧轻便、通讯便捷等特点，决定了移动互联网与PC互联网的不同之处，但也为界面设计带来了更多的挑战，其信息的有效组织和精确传达也变得尤为重要。移动终端所提供的信息和服务的极速增长，以程序图标引导的界面形式已经无法承载如此多的信息需求。如图3-35，在iOS6主界面上无法获知邮件的大概内容，仅仅能提示未读邮件的数量，需要由程序

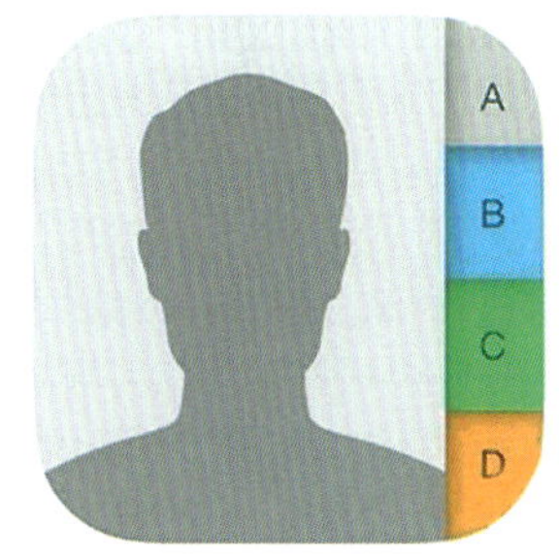

图3-33 iOS6 与iOS7电话本图标对比

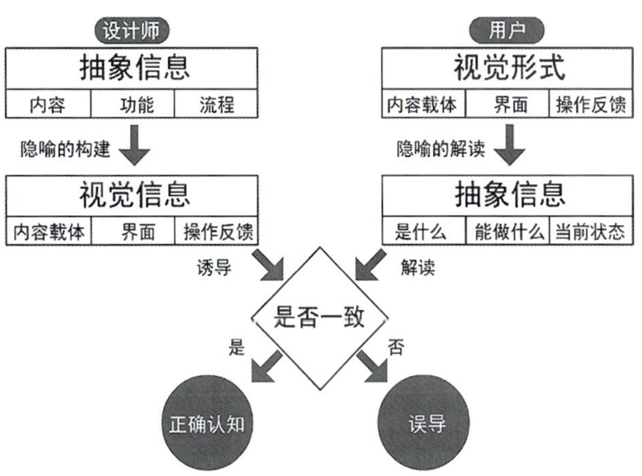

图3-34 界面设计编码解码流程

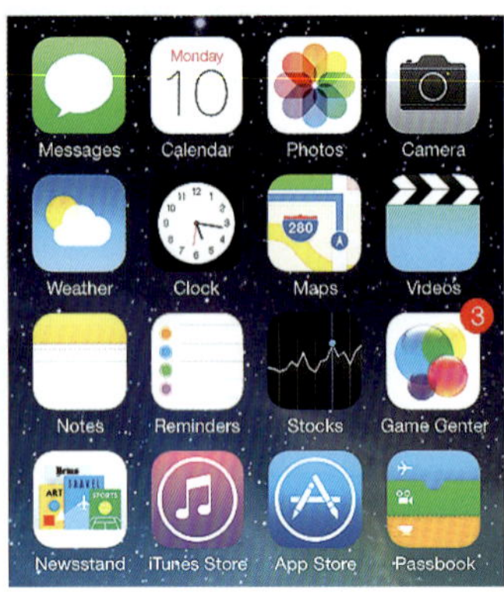

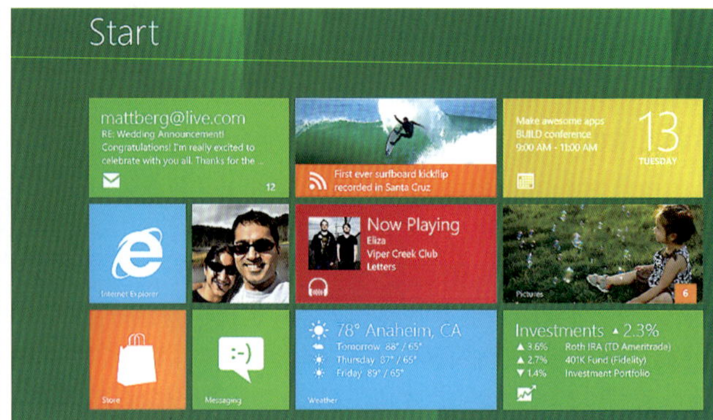

图3-35 iOS6与Windows UI对比

图标进入邮箱才能得到预览；而在Windows UI中，邮件的主要信息会直接呈现在邮件区域，并可以以动画滚动的形式在此层级获得更多的信息，如显示天气等其他应用都是如此。因此，界面设计需要直接呈现信息，内容即是界面。当信息内容以原来面目成为界面主体，过去纯粹装饰性设计开始成为内容化界面的重负，需要为大量的信息内容让渡意识焦点，因此必然会受到逐步减弱和剥离，前面图3-31中两个操作系统中日历界面的对比，后者去掉了冗余的色彩、体积、质感的元素，使主体信息更为突出，也能显示更多层级的信息量。

6. 响应式界面的需要

随着移动互联网的兴起，相应地也带来了一个问题，就是如何搭建一个适合所有用户访问的网站，通俗地说就是跨平台或多屏适配。以前通常需要为移动用户专门搭建一个移动网站，而现在解决的方案是响应式设计。相比之下，扁平化界面则更容易实现响应式设计，因为拟物化的静态图像无法适应响应式的要求，这也是为什么许多设计者开始放弃质感的设计而向极简化的设计靠拢。如图3-36，响应式设计是一个网站搭建时针对不同浏览器和设备的动态布局而设计的，它会根据不同的浏览器和设备尺寸的变化动态改变网页的布局和内容。2013年6月，优酷视频网站的改版采用了扁平化设计风格，实现PC、手机和平板屏间风格、内容及交互的一致性体验，栅格化的设计和响应式的多屏适配，使用户在各种屏幕上的体验保持了一致，这也源自移动互联网对用户观看视频的行为模式的改变，更多人已习惯通过移动终端观看视频来填补碎片时间。

7. 从新技术普及的层面看 UI 扁平化设计

现在，移动互联网带给我们最大的变化是将虚拟世界跟现实世界进行融合。增强现实技术在移动互联网上的应用是未来的一大趋势，其应用形式主要体现在实景上的信息增强，即将现有互联网信息附加显示在现实信息中。无论是“第六感”设备和OmniTouch的投影式界面呈现，还是Google眼镜式的增强现实显示屏，都是在实体环境中显示移动终端的界面，这就需要界面能够适应不同色彩、光线、纹理，而扁平化的界面风格相对于拟物风格更容易做到这一点，也更能减少冗余信息的干扰，呈现主要的信息，同时也更需要将交互过程进一步简化，即操作层面的扁平化，如图

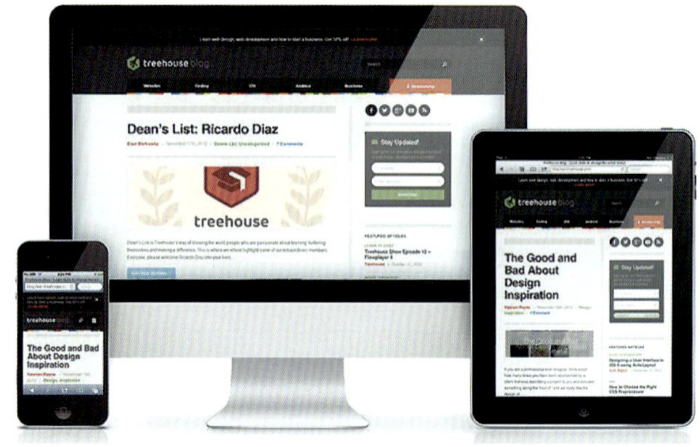

图3-36 响应式设计的网站

3-37。因此，正如以上设备所呈现的界面风格，在目前或者短时间内，扁平化设计将成为移动设备界面显示的主流，微软展示的愿景系列视频也预示着这一现状。在此层面上，未来对界面设计思想的理解，将回归到如何理解功能、内容和应用本身，真正意义上包括界面设计的交互和信息层级的扁平化，而不单单是视觉效果的扁和平。如信息的模块化，并且压缩信息展示层级，很多较深层级的信息可以在首界面上直观呈现。

3.4.3 小结

1. 两种设计风格的选择取决于用户的需求、产品的定位和使用的情景

用户的审美、视觉经验、交互经验各有不同（在界面设计时应面向不同的用户，如用户分级：专家用户、普通用户等），需要通过研究用户来确定设计的需求。选择哪一种设计风格，关键在于能不能适应用户当前的需求。两种设计风格的选择，都是为了让用户更有效率、更舒适地与设备进行交互。扁平化的设计不刻意模仿现实物体的外观，但也不排斥用户的操作经验，视觉上的扁平并不一定要在交互上也放弃拟物或者对现实的隐喻，如图3-27和图3-29中三个应用程序都模仿了实物计算器的布局；拟物化设计以实物经验为基础，但不直接照搬，而是去除掉不必要的干扰因素进行设计。如图3-33，iOS7的电话本图标是在iOS6的基础上进行简化，从这一层面来说扁平并非视觉上的绝对抽象。因

此，不仅要从功能和技术的角度出发去理性地思考，同时也需要关照情感的层面，赋予产品更多的美学特征和人性化设计，这两种设计思维在设计过程中反复交替出现，需要设计师从中找到平衡点，也是两种设计风格的交汇点。

此外，不局限于系统UI，就应用程序而言，移动平台的UI设计风格更应该是多样化的。因为移动平台不同于PC，不会同时出现两个应用程序在手机屏幕上显示，通常是单个程序满屏运行。因此，即使两个应用程序有着截然不同的两种视觉设计样式，如果没有同时同屏显示的对比，也不会让人感觉不一致。扁平和拟物的界面在不同的使用情景之下能满足不同的用户需求，无论是操作的便捷还是情感的共鸣。

交互技术的飞速发展，赋予人类能力极大的延伸，但界面与信息都是服务于人，人才是主体。UI设计师们总在探索和挑战新的设计风格，也热衷于看到不断变化的新趋势和进步。但是否“扁平”并不应当成为界面的评价标准，扁平与拟物的取与舍，不能一概而论，需要以用户为中心、以目标为导向，不同的用户群体、不同的硬件类型、不同的功能诉求和情感诉求都决定界面的结构与形式。扁平与拟物孰优孰劣本不是非白即黑、泾渭分明的问题，脱离了产品功能与目标用户群类型之间的关联，好与不好根本无从谈起。因此，无论采用扁平化还是拟物化设计风格，界面时刻关注用户的需求，以用户为出发点进行设计，才能构建一个舒适、方便、易用、高效的界面。如果兼顾用户需求的同时，也能符合用户的审美追求，更有助于产品与用户建立一个稳定、和谐的关系，真正使科学服务于人。

2. 超越风格和类型

跳出扁平和拟物的框架，单纯地从视觉表现形式来说，设计师理应研究来自不同文化的多种艺术风格，研究各种典型性、个性化的界面表现形式，而不是让自己固定在某个特定的风格和形式中，因为那样会限制实验的范围和设计的潜力。设计师如果不能在各种风格之间灵活转换，那说明其对这方面知识的积累还不够。随着移动平台的崛起，无论游戏、网站、软件还是其他交互设计行业，视觉风格的多样化必定是未来界面的趋势，如果要让作品能够从众多的同类型产品中脱颖而出，需要更具个性特点和更多的原创性。

具体的可借鉴的视觉风格和类型，将在后续章节的UI视觉设计具体应用中进行讲解。

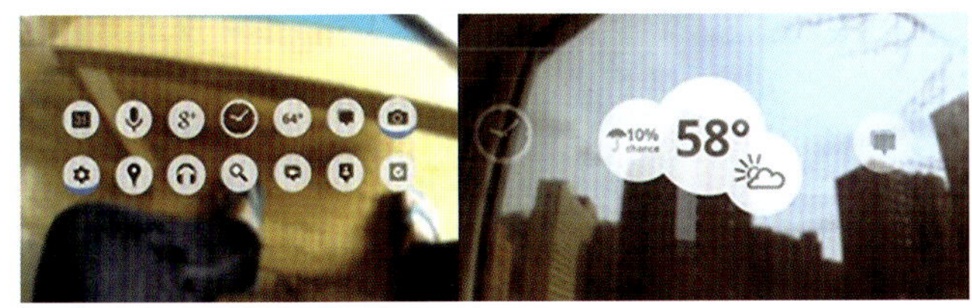

图3-37 OmniTouch的界面和Google眼镜

教学导引

小结：

本章主要介绍了 UI 视觉设计的设计美学原理、语义学符号学原理、色彩学原理、认知心理学原理、格式塔视知觉原理。阐述了界面视觉设计与可用性、情感化的关系及原则和方法。分析了扁平化与拟物化设计的特点和联系。

课后练习：

1. 以一个现有网站为例，绘制其某一功能界面的线框原型，从格式塔视知觉原理的角度分析其界面设计。

2. 选择一个扁平化设计的软件界面和一个拟物化设计的软件界面，分析与讨论其功能特点与设计表现的关系。

第四章 UI 视觉设计的艺术规律

UI 设计中的平面构成

UI 设计中的色彩构成

UI 设计中的视觉要素

重点：

1. 理解界面设计中形式美的规律，了解基本造型元素在界面设计中的形态特征，掌握其视觉构成原则和运用方法。

2. 掌握界面设计中色彩的基本理论，理解色彩的感知特性、色彩心理和界面色彩的情感表现，灵活运用界面色彩设计的原则和方法。

3. 了解界面视觉要素的特征，掌握界面中视觉流程设计的方法。

难点：

掌握界面基本造型元素的构成原则和设计方法，能够在界面设计中灵活运用形式美的规律，理解色彩的情感表现，掌握界面视觉引导的设计方法。

各种平台、内容以及风格的图形化界面中包含了众多的视觉要素，根据它们在界面中的形态特征，可以将共有的视觉元素进行简要的归纳，并将通用的艺术规律与UI视觉设计的特点相结合来指导设计的实施。

4.1 UI 设计中的平面构成

4.1.1 UI 中的基本造型元素

网站、游戏、应用软件以及其他交互式数字产品，其界面及内容的视觉构成，无论形式如何复杂多变，其最基本的造型都是由点线面构成的。一个按钮或一个文字是一个点；几个按钮或者几个文字的排列形成线；界面框体或者段落文字等可以理解为面。点线面相互依存、相互作用，可以组合成各种各样的视觉形象、千变万化的界面视觉空间。点线面是表现视觉形象的基本语言，也是构成界面视觉空间的基本元素，在UI设计中视觉要素之间点线面的布局、组合和构成关系，是决定UI视觉表现力的重要因素，如图4-1、图4-2。

1.UI 中“点”的视觉构成

“点本质上是最简洁的形。”——康定斯基。在图形设计中，点是最小、最简洁，也是最基本的形态。线和面都

图4-1 网站UI中点线面构成

图4-2 游戏UI中点线面构成

是在点的基础上发展出来的。

点在几何学中是表示位置的元素，没有体积、大小、形态和重量，属于零维度空间范畴，表示线段的开端和终结或两线相交的具体位置。而在视觉形态中，点是具有空间位置属性的视觉元素，它还有形态、体积、方向、质量、材质等属性和视觉感受。

在画面中，点的构成除了有大小和形状等差异外，还具有组合的多变性，并可以通过设计进行视觉引导。一个点在画面中具有向心感，能够集中视线（在图4-3左图的车载多媒体平台启动界面中，“START”按钮居于界面中心点位置，在简洁背景的衬托下成为界面的视觉焦点，具有清晰的功能指向）；画面中有两个等量的点时，视线会在这两点之间游移，造成两点之间的引力，形成虚线的感觉，如果是一大一小两点，则小点有被大点吸引的趋势；当有多个点的时候，人的视线会自动将这些点联系起来，产生虚拟的意象，就像人在观察星座时，心理上会用线将临近的星体连接起来，构成熟悉的具象形态；当点大小不同时，人们的视线会首先注意大点，然后逐渐向小点移动，引导视觉的流程，在视觉流动的过程中还能感受到远近感和纵深感、运动感和方向感、顺序感和韵律感等，如图4-3右组图。

可见，一定数量的点聚集或扩散，能产生丰富的变化，能够产生某种特定的感觉，也能给画面带来情趣。在图4-3左图下方的网站界面中，与光标的交互使点呈现出动态的游移，为单纯的界面空间增添了活力，不同大小的点相对视觉中心点位置的聚散，有效地从视觉层次上划分了信息的主次。

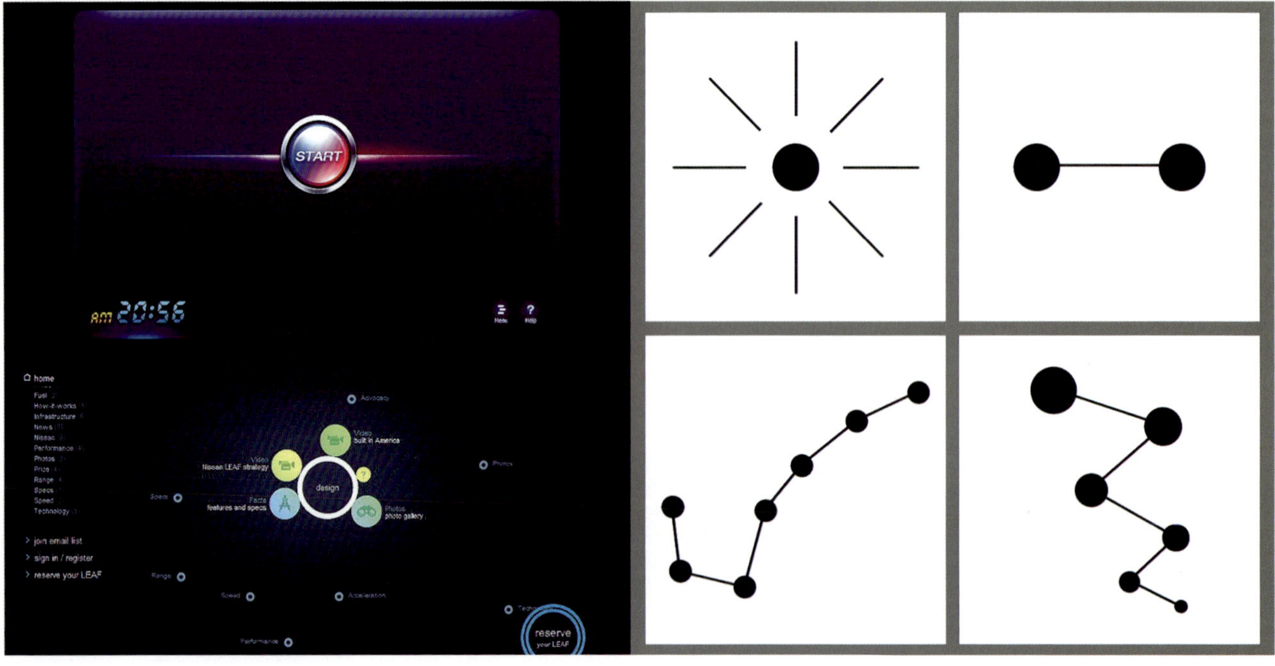

图4-3 点的视觉构成规律及其在UI中的应用

视觉上点的概念是相对的，是与环境中的视觉元素相比较而言的，在界面图形的动态变化中，点和面的关系会进行转化。在形状各异的点中，面积越小，点的感觉越强；在面积相等的情况下，规整的圆点最实在也最没有锋芒，最具点的特征。除了圆点，任何在视觉上相对微小的几何形态或自由形，都有点的效果，如界面中的一个按钮或者一个图标，等等。又比如一个汉字是由很多笔画组成的，但是在整个界面中，它呈现出点的视觉特征。

界面往往需要由数量不等、形态各异的点来构成。点的位置、重心、大小、形状、方向、聚集、发散、重量、虚实、动静、前后、重复、渐变等的关系，能够给人带来不同的心理感受。在形态上，圆形的点饱满、浑厚有力；方形的点平稳且庄重大方、踏实、可依靠；三角形或菱形的点棱角分明，有指向性、目的性；菱形的点在平衡中寻求个性；自由不规则图形的点富有个性。在位置上，居中的点具有稳定、集中感，如图4-4中图B；居上的点具有不稳定感，如图A中发光的点；居下的点有沉淀、安静的感觉，如图C中的车灯和Logo；在界面最佳视域及黄金分割线上的点更容易吸引人注意，往往成为视觉的焦点，如图F中的汽车和图H中的“27%”。

点的运用能起到活跃画面气氛的作用，图4-4奔驰汽车网站的各个页面中，正是利用点的位置、形状、大小、聚散、虚实、动静等不同形式的构成，创造出了丰富的视觉形式。文字、数字、Logo以及图像元素都构成了画面中的点的形象，在营造的点光源低照度环境中形成清晰的视觉顺序和中心，并组成各种丰富的构图。主页面图A中，正是借用了星空中星座的概念，将二级页面的导航图标用星体进行表现，并用动态的闪光来吸引人们的注意力，放射状的不稳定构图中游移的导航图标更增添了画面的动感、空间层次和活力。

点的连续，可以表现时间流动的节奏感，并产生线的感觉。界面中的点具有指示的作用，如图4-5，不同内容、相同大小、同一形式点的形态组成了直线或曲线结构，清晰地表达了导航的概念，由点形成的“线”有效地划分了界面的功能分区，不同形态的点从意义上划分了各自的类别，形态接近的点暗示着功能的系统性，而大小和色彩的强弱则区分了信息的主次。

点的阵列或网状组织，还可以表现出丰富复杂的画面形象。过于密集的点更容易让人忘掉点本身的表现形态，让面的感受更加强烈，如图4-6。

2.UI 中“线”的视觉构成

线在几何学中是指点的运动轨迹，也是面与面之间的界限，它只有长度，没有宽度，属一维空间的范畴。但在视觉上，线是指非常狭长的图形，它有方向性和延伸感，还具有位置、长度、宽度、形状和性格。如果过于短粗显然会丧失线的特征，趋于面的感觉，通常长宽比低于3:1的图形就会失去线的感觉。在图形设计中，线可以独立成形，可以围合成空心的面，可以对面进行分割。在UI设计中运用不同性

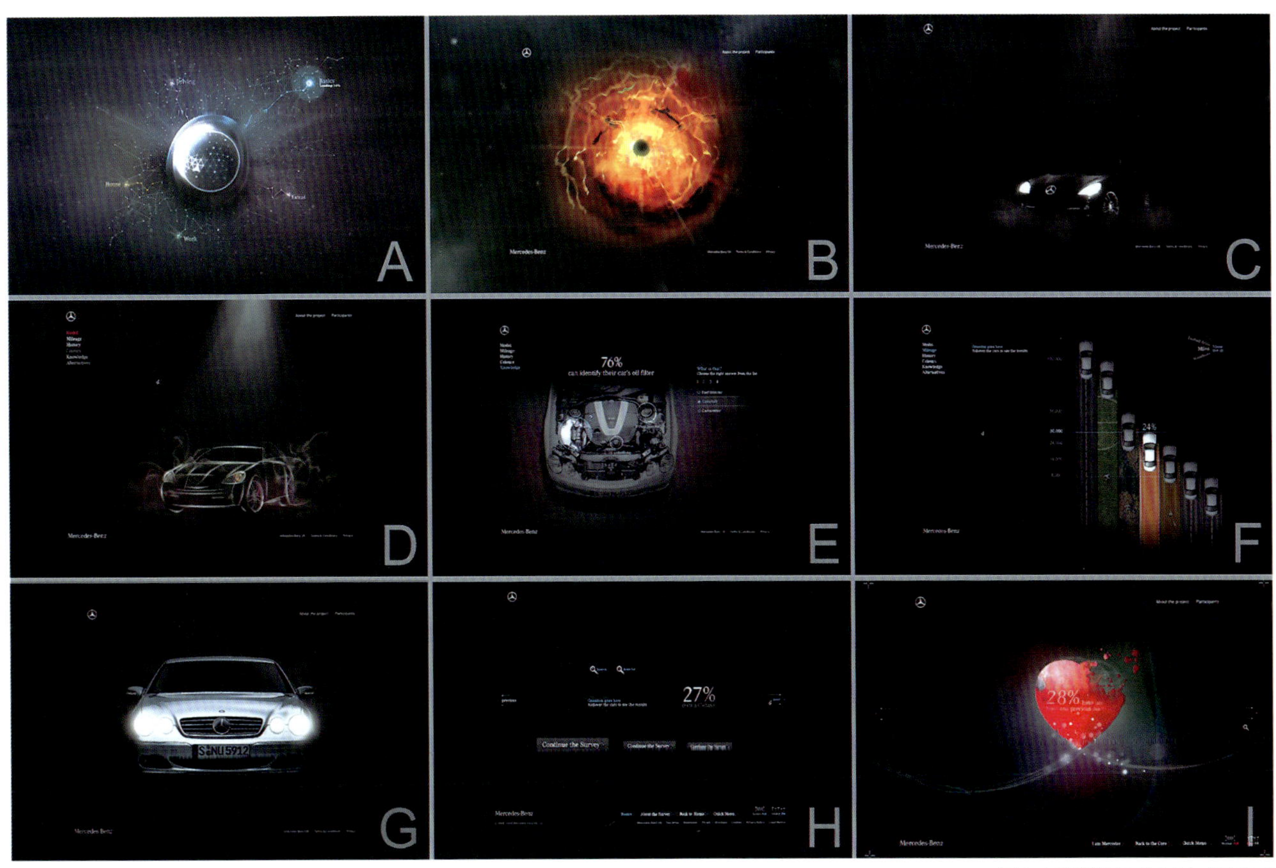

图4-4 奔驰汽车网站UI中点的构成

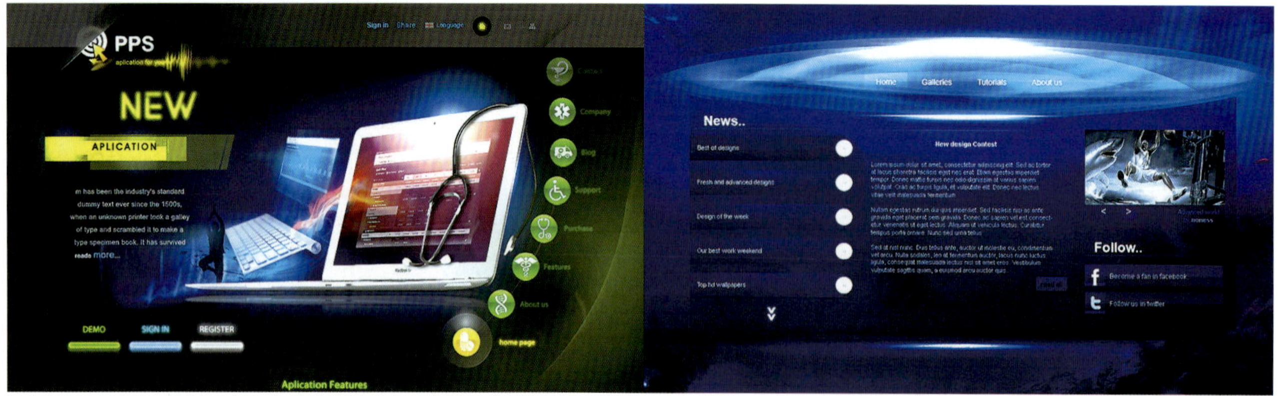

图4-5 网站UI中点的线化构成

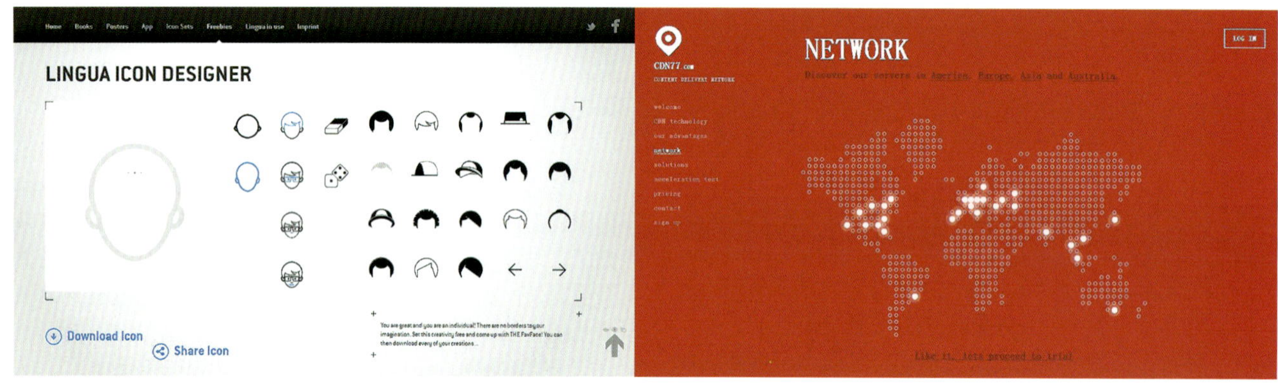

图4-6 网站UI中点的面化构成

格的线型和不同的线型组合，能丰富界面的视觉效果、平衡界面节奏；利用粗细、虚实、渐变和放射，能够产生深度空间和广度空间，并有效地划分功能区域，还可以阻挡或引导用户的视觉流程，如图4-7。

“线条能产生一种视觉上的联系。并且是视觉艺术中各因素之间最为重要的沟通方式。”——理查德·迈耶。线的造型能够有效地表达情绪，是最具情感性的造型元素。不论是自由的手绘线条还是严谨端正的几何直线和曲线，不同形态的线倾向用不同的艺术风格和特质，并产生不同形式的审美感受。

直线和曲线是线的两种基本形态，直线在画面中的形态有水平线、垂直线、斜线，曲线又可分为几何曲线和自由曲线。

直线，给人以单纯、明确、庄严的感觉，具有男性特征。曲线给人以轻柔、婉转、舒缓、善变、优美的感觉，并富于节奏和韵律，具有女性特征。长线具有时间性、延续性、速度感，短线断续、跳跃。粗线厚重、强力、牢固，在界面中带来视觉秩序感和方向感；细直线鲜明、敏锐、柔弱、单薄，给界面带来精致感，很多时候我们都会使用只有一个像素宽度（1px）的细线来进行界面空间的分割，或进行界面框体及其他元素的造型，两条并列的明度不同的1px细线则会形成具有体积的线条。

（1）水平线：稳定、平和、舒展，分割上下、连接左右，具有开阔、平静、安定、均衡的感觉，容易使人联想到远处平静的海面和地平线，能象征永恒。如图4-8，左图三条水平线没有贯穿整个界面而具有延伸感，水平稳定的构图通过线位置的错落凸显了变化；右图中网站横贯界面的黑线上站立的企鹅更强化了界面空间的纵深感，让人联想到地平线。

（2）垂直线：明确、有力度、富有生命力，分割左右、连接上下，具有肃穆、威严、刚毅、坠落或升腾的感受，粗的垂直线是崇高、信心的表现，容易使人联想到参天大树、纪念碑等高大的建筑。如图4-9左图中等宽的呈现上升态势的垂直线，强调了力量感，左右两个网站界面中垂直线更主要的作用是分割页面的内容与功能，但是作为网站UI的分割线，通常垂直线的视觉强度在设计时要低于水平线，也就是说水平的空间分割多于并强于垂直的空间分割，因为人们的阅读习惯决定了文本信息横向展开的空间不能太窄。

（3）斜线：斜线丰富的倾角变化打破了水平或垂直的平衡，富有变化和活力，具有动势、冲击力、飞跃的方向感或给人动荡和不安定感。斜线容易使人联想到力量和速度，通常比水平线和垂直线更富动感和生气。如图4-10，网站的主题是篮球和足球这两个对抗性较强的体育竞技项目，界面整体构成用斜线强调了力量与动感，但是内在又有秩序的强调，左图倾角一致，右图是中心发散。

（4）几何曲线：明确、有序、紧张、受到限定的美，是动力和弹力的象征，既有直线的简明，又具有曲线本身特有的柔软、运动。图4-11左图中运用相交几何曲线来划

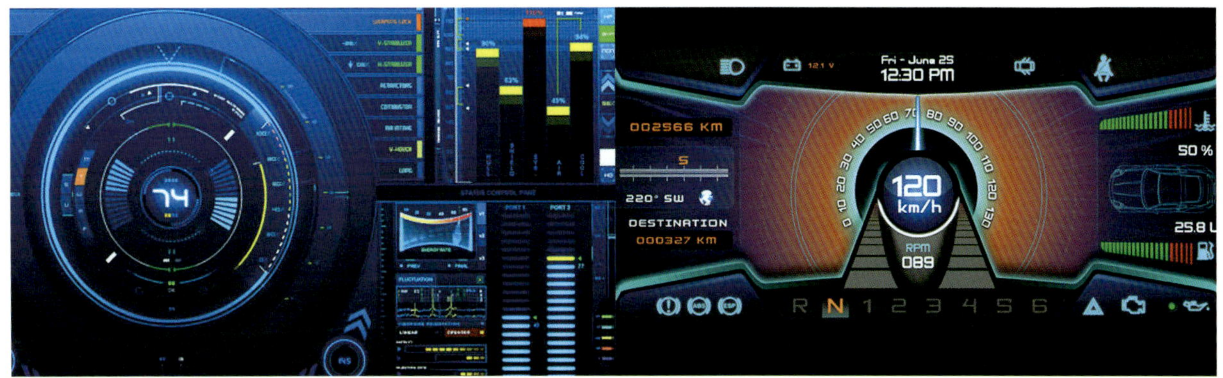

图4-7 音频软件和车载UI中线的构成

图4-8 网站UI中的水平线

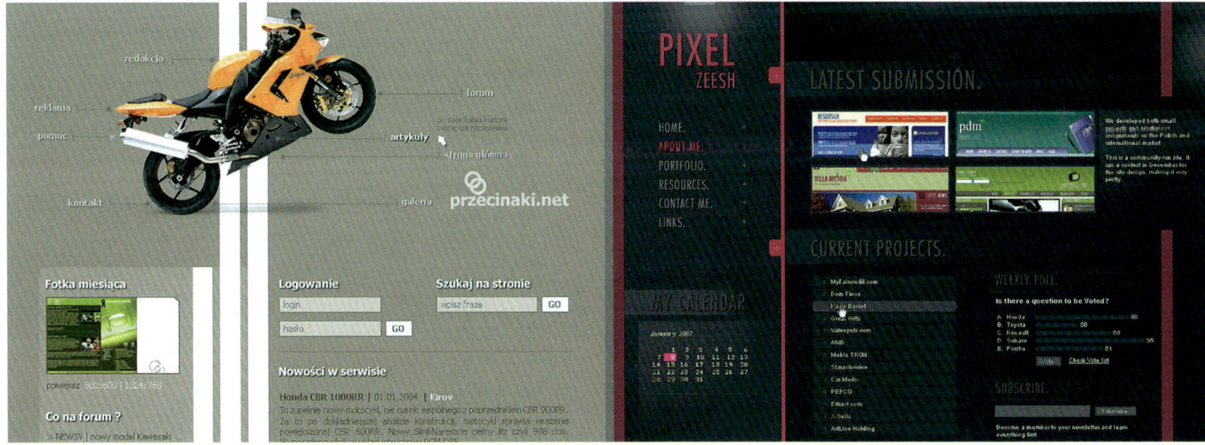

图4-9 网站UI中的垂直线

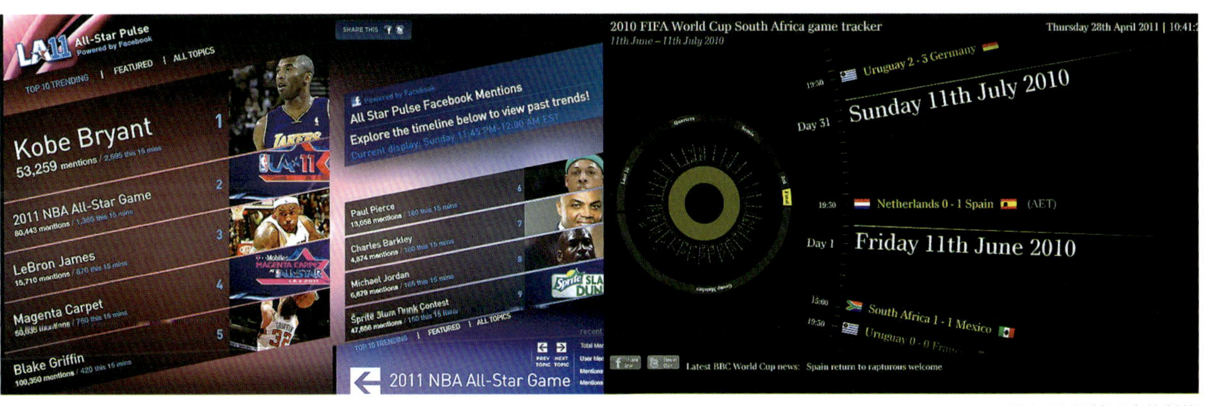

图4-10 网站UI中的斜线

分页面的区域，简洁流畅、明确严谨，并运用了虚实结合的方式使曲线变化丰富；右图页面中间的一组相交的几何曲线将页面划分为内外两个空间，与上下由导航等元素构成的水平线以及车体上方的自由曲线形成了形式和情感上的鲜明对比，将作为视觉中心的品牌Logo有力地衬托了出来。

图4-12中，三个应用软件都采用了精致、清晰且类似工业产品外轮廓的几何曲线，有助于塑造虚拟产品的品质感和真实感。

（5）自由曲线：自由、富有个性，其美感主要体现在自然的伸展、挥洒、随意、优美、富于节奏和变幻。图4-13左图中自由曲线较多地运用在插画风格的网站设计中，可以任意地划分内容的区域并富于变化；右图中由水面形成的自由曲线，自然地划分了界面空间，有强烈的动感和节奏，创意独特。

在游戏界面中，经常会运用自由曲线的造型对框体进行装饰，设计师会借鉴传统纹饰中的曲线形式，如借鉴洛可可风格优美繁复的曲线造型进行再创作。如图4-14中的两个游戏界面，自由曲线打破了矩形框体的刻板，界面在曲线纹饰富于细节变化的装饰下营造了其时代特征和华丽感。

3.UI 中“面”的视觉构成

面是无数点和线的组合。它既可以看作是点的密集，也可以看作是线的平行排列。相对点和线，面占据的空间位置更多，变化更加丰富，因此在视觉表现上更为强烈、实在，面的表现形式更容易影响画面的风格和气质。在视觉形态中，面除了有大小，还具有位置、形状、摆放角度等特征。

面是UI设计中不可或缺的元素，理解面的表现形式和规律，通过对面的运用能合理分配界面空间的信息和功能，使界面易用并具有形式美感。

不同形态的面具有各自鲜明的个性和情感特征。大体上，直线形的面具有直线所表现的心理特征，有安定、秩序感，具有男性特征；曲线形的面具有柔和、轻松、饱满的特点，具有女性特质；不规则的面自然生动，有人情味。

具体而言，面的形状可以大致分为：方、圆、三角、多边形等几何形的面。这些面在页面中经常出现，一段文字也可以看作是一个方形的面、不规则形的面和意外因素形成的随意形面。

图4-11 网站UI中的几何曲线

图4-12 应用软件UI中的几何曲线

图4-13 网站UI中的自由曲线

（1）矩形的面：由水平和垂直线构成的平直严正的非自然形态，具有秩序感、逻辑统治力量。正方形四条相等的直线、四个直角形成了双重对称，刚正理性、坚固稳定。图4-15左图是第一人称射击游戏的武器装备界面，在视觉中心的位置使用了较大面积矩形的面，充分表达了这个游戏的厚重和力量感。右图网站界面中，不同大小、色彩、背景图像的矩形面构成了一个完整的大矩形，配合文字排列而成的线条和色彩，变化丰富又具有秩序感。在中间区域之外的背景区域，当矩形形状不变、形体倾斜、稳定被打破的时候，则产生了一种紧张感和动势。

（2）圆形的面：由曲线构成的灵活变通的形态，具有扩张收缩的张力、旋转的离心力或向心的凝聚力，具有生命感和运动感，显得完美、柔和、充实，相对方形更具表现力。

图4-16左图游戏界面中的圆形及圆形倒角的面给人以充实、圆满、活泼的感觉。其高明度和高饱和度的色彩，比较适合表现儿童或者女性特征，同时在界面中加入了大量的动态元素，符合儿童好动的心理特征。右图的医疗主题网站，圆形的面和几何曲线构成的主界面，给人柔软、安静的感觉。

（3）三角形的面：与方和圆相比，其最大的特点是具有明确的方向性，并因方向性的变化而引起重力的改变，典型的例子是正三角的稳定和倒三角的摇摇欲坠所形成的鲜明对比。其他倾角丰富的三角面变化更为复杂。三角面具有速度感、透视感、方向感、跳跃感，可以使其紧张，也可以使其灵动。

在图4-17网站界面中，左边大小不同的两个倒三角面使构图具有了不稳定性，与其指向的水平阵列的文本内容形成了鲜明的对比，右上角动态模糊的碎小的三角面则大大增强了界面的纵深感、动感和视觉张力。在右图中，上半部分三角面的大小变化造成了强烈的空间透视和速度感，中间的Logo和手机图像被有力地衬托出来，并起到了平衡空间的作用，下半部分两个顶角相对的三角面加强了界面的紧张气氛，但通过圆形按钮的水平排列使之得以缓解。

（4）几何曲面和自由曲面：由弧形、自由曲线相交、相切、平行推移形成，具有韵律、张力和动感。几何曲线的面比直线的面柔软，有理性秩序感。自由曲线的面可以较充分地体现出作者的个性，是有趣的造型元素。几何曲线与直线组合创造出来的面形，则产生强烈对比的视觉效果，使双方个性更为明显。

在图4-18网站界面中，曲面的运用，破除了单纯采用矩形框体的单调感。左图几何曲线和弧形的倒角，Logo、按钮轮廓的曲线形态以及它们有序的排列，塑造了时尚和科技感，与网站主题吻合。右图流线形的曲面占据了页面的大部分空间，对称的界面造成强烈的视觉冲击，视觉中心因此而集中到画面中心——Logo上，并沿着曲面向两边延伸，充满动感和张力。

（5）自由形的面：没有思维定式的随意、自然的形态，与前面相对严谨的形态相比更具有感性特征，去掉背景的形象、书法都可以理解为自由形。其中有机面是对具体物象的简化和概括，因而更具有情感因素，易于激发人们的联想。偶然性的面，自由、活泼而富有韵律美感，如泼墨形成的图形或岩石自身形成的纹理等。

如图4-19奇幻游戏主题的网站界面，该界面不同于几何形面及轮廓界面的严谨和现代，在面的边缘处理上采用了植被、岩石和刀劈斧凿的形态，以自然形态的面和外轮廓为主体，很好地表现出了网站的主题和风格。

4.UI 设计中造型元素的综合运用

点线面在界面的视觉构成中往往是共同作用的。在界面这一视觉整体中，各种视觉形象都可以被抽象为相应的点线面的形态，界面中的点线面和空白区域所形成的对比和统一的画面关系，相互影响和作用而形成各种丰富的视觉效果，能满足用户的视觉审美感受和功能的需要。设计师灵活地运用点线面构成的规律和法则，根据界面中各种点线面形态各自不同的视觉属性，创造性地进行实践创作，产生各种生动、极具个性和差异性的形式关系，以实现对造型元素的综合运用。

图4-14 游戏UI中的自由曲线

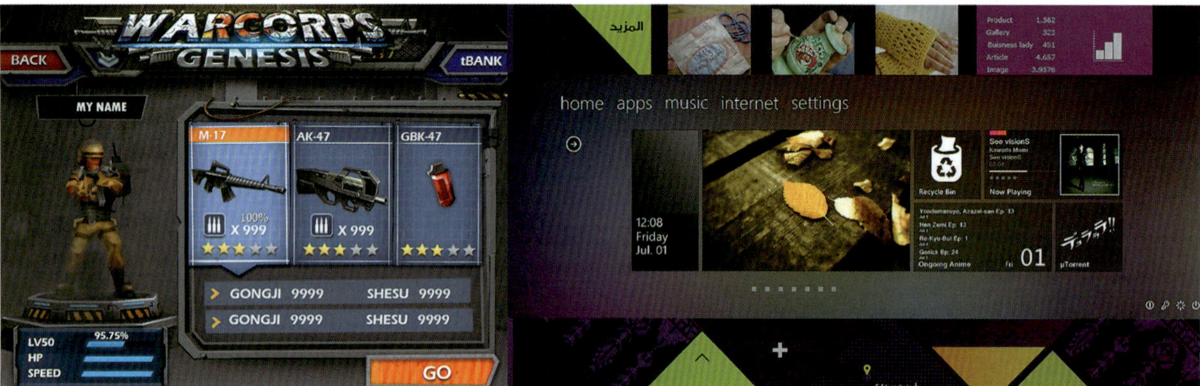

图4-15 游戏和网站UI中矩形的面

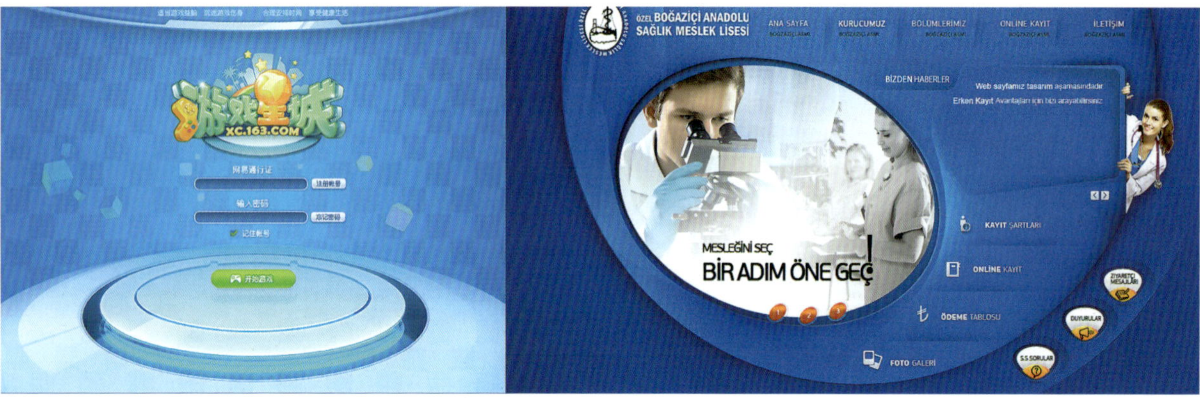

图4-16 游戏和网站UI中圆形的面

图4-17 网站UI中三角形的面

图4-18 网站UI中曲形的面

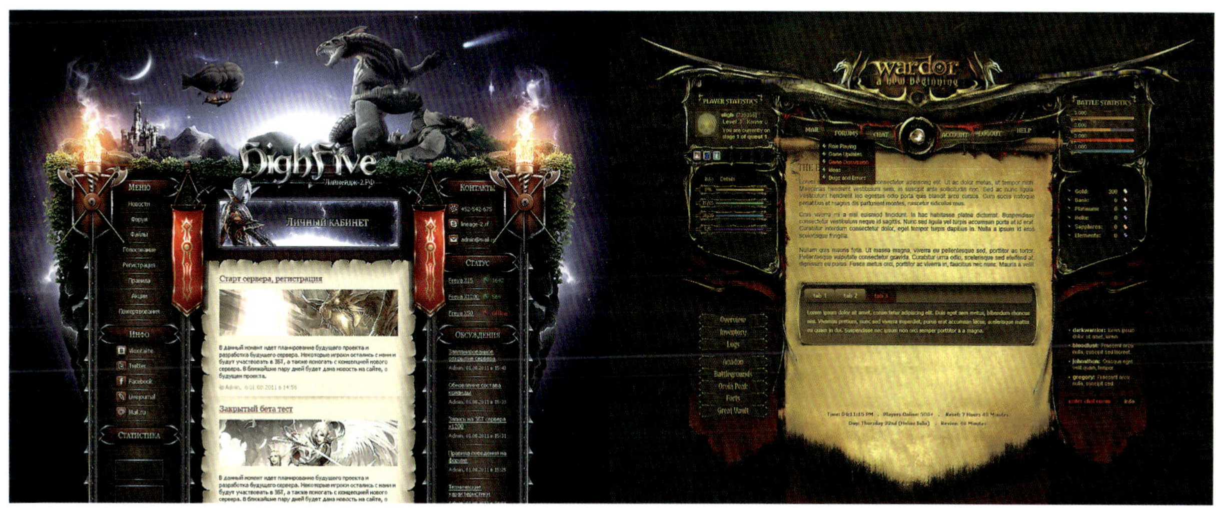

图4-19 网站UI中自由形的面

4.1.2 UI 中形式美的规律和共性

这部分实则是在界面这一视觉整体中，点线面、色彩及具体的视觉元素在界面中按照形式美规律进行具体的配置和运用。探讨形式美的规律和共性，是所有艺术设计学科共有的课题，UI设计与其他艺术设计一样，都是依赖视觉感受的艺术形式，视觉语言在UI设计中无处不在，从界面主题创意到界面元素的造型和布局、色彩的选择和配置、文字排版和构成、静态和动态图形图像的设计、图标和图表的设计、技术的运用等各种形态与形式的构成元素有规律地组合，以此给用户带来视觉冲击力和不同的审美体验。这里将简单归纳视觉语言在UI设计中的运用，通过对形式美规律的理解，能够在UI设计中自觉地运用形式美的法则进行设计表现，使界面达到内容和形式美感的高度统一。

1. 统一与变化

统一与变化是形式美的总法则。任何艺术上的感受都需具有统一性，这是公认的艺术原则，统一强调视觉要素的内在联系和共性，构成整体的各个部分之间具有呼应、关联、秩序和规律性，趋向一致，产生整体感和安定感，有利于UI的标准化、通用化和系列化，能加深界面的记忆度、信息的清晰度。变化则强调各部分之间所体现的差别与对比，如色彩的对比、形状的对比、材质肌理的对比、动态与静态的对比等。变化所体现的个性、差别，给人以生动、活泼的感受。

在UI设计中，统一与变化是一个矛盾对立的关系。视觉上过分的统一显得刻板单调，缺乏张力，统一不是让各种形态元素呈现单一化、简单化，而是使它们的多种变化有规律和有秩序，视觉上的统一让用户自然地感受到界面的整体，关注界面的信息。过度的变化将导致界面凌乱琐碎，造成强烈的不稳定感。在UI视觉元素的设计中要在变化中寻求统一，在统一中创造变化，变化的因素越多越富有动感，统一的因素越多越平静稳定。

统一：全局、整体；

变化：少量、局部。

在图4-20左图的网站界面中，水平秩序排列的四个圆形面通过边缘离散的红色圆点位置的变化打破了原有的刻板单调，而同时这种变化又是规律、有序的变化，并使圆形的面具有了指向性，而圆点之间的连线则形成隐藏的三角形，丰富了界面空间。右图中的界面导航、文本内容、飞机的图像以及矩形的面都呈现水平、平稳的状态，通过面和线条的大小、粗细、长短、疏密的变化丰富了空间层次，水平的统一状态中的最大变化是界面左边倾斜的线和转折面，在总体的平衡稳定中带来了大透视、速度感和视觉张力。

2. 对称与平衡

对称是自然界中随处可见的形式，视觉设计上的对称是同形等量，基于对称的中轴线，上下或左右呈现对称形态，视觉中心在对称轴上。基于轴线的对称也可以理解为镜像，此外还有中心对称（如旋转和螺旋的对称形式）。

花木的叶、动物的羽翼和五官、雪花、威严的建筑，整体都趋于对称。

在UI设计中的对称是相对的对称，是使形态趋于统一的一种法则。

对称给人以条理的秩序感，产生肃穆、稳重、均匀、完美的朴素美感，符合人们的视觉习惯，在表现庄重、严肃等界面主题时，更适合用对称的形式来表现，并能使对称中心的图形得以强调。但同时由于缺乏变化，会给人带来静态、拘谨、呆板、单调的感觉，因此可以在界面局部设计一些变化来避免绝对对称所造成的呆板和单调感。如图4-21的三个游戏界面，右图的游戏登录界面中，Logo在盾形的衬托下成为视觉中心，与远景中处于对称轴线上的城堡构造了深远的空间，城堡与山体的三角形构图显示了力量和稳定感，垂直高耸的尖塔加强了威严和上升的感觉；近景中空间的幽暗则暗示着潜伏的危机和战争来临前的紧迫感，盾形背后剑与斧的对称似乎表示两种势均力敌的力量抗衡，也许在游戏中这种平衡（对称）是暂时的，即将被打破（在进入游戏之后）。

所谓平衡，是指在界面空间中，形式诸要素之间保持视觉上力的均衡关系。简单地说，视觉上的均衡可以理解为等量不同形，好比天平两端放置的物体和砝码，其质量相等，形态不同，它是以等量不同形、不同色的形态组合达到心理上的平衡。平衡是使形态发生变化，体现静中有动的一种法则。通过视觉元素的聚集、分散，以及在空间布局上形与量关系的营造，达到心理上的平衡和画面相对稳定，给人以活泼、多变的感觉。

平衡是动态的特征，自然界中，鸟的飞翔、动物的奔跑、流水的激浪等都是平衡的形式，平衡给人以内在的、有秩序的动态美，比对称更富有情趣，其庄严感、稳定程度不如对称。

UI设计中的平衡，需要考虑到各种造型要素构成的量感，以及通过视觉支点所表现出的秩序和平衡。

在UI设计中，决定元素量感的视觉要素包括诸如形态、色彩、质感肌理、面积、体积等综合的感觉。设计中处理好这些要素的布局和组合关系是获得平衡的关键。

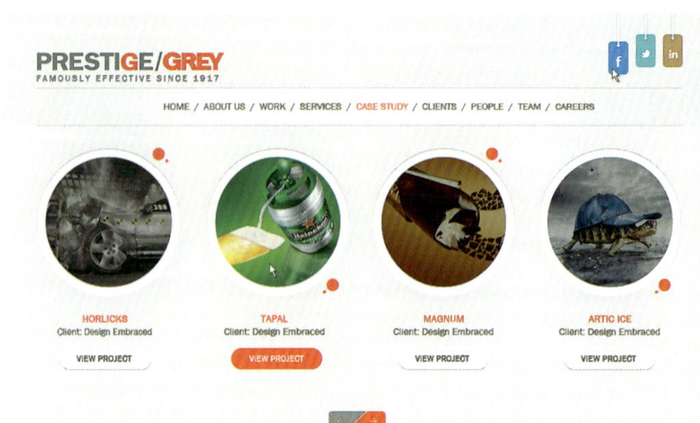

图4-20 网站UI中的统一与变化

图4-21 游戏UI中的对称

图4-22，左图中几个金色的块面，如运动员的头盔、导航按钮、Logo底部面板等，在界面中的布局相互呼应，是视觉感受平衡的重要因素。此外几个平行四边形面的相对关系也起到了支撑平衡的作用，底部平行四边形面的左上顶点正好位于黄金分割线的位置，是界面的视觉支点。右图中，折面底部顶点及其在地面的投影使其成了明确的支点，这样的支点使折面显得摇摇欲坠，界面中分布的红色部分块面和文本形成的面和线则起到了平衡的作用。

3. 对比与调和

对比与调和是变化与统一的具体化。对比是变化的一种方式，是在差异中趋于对立；调和是在差异中趋于一致。对比与调和是相辅相成的统一体，缺一不可。

对比强调差异性，利用多种因素的互相比较、衬托来达到量感、虚实感和方向感的表达力，如形态、大小、粗细、疏密、曲直、虚实、冷暖、光滑粗糙等都能形成强烈的对比。认知对象之间的区别，其根据是对比，对比突出了个性与特点，易形成视觉张力，给人清晰、明朗、强烈之感。界面没有对比，则缺乏生气，显得枯燥、沉闷；反之，对比过强，则趋于凌乱，显得不协调统一（如补色关系的对比调和）。

调和强调相似性、内在联系，通过综合对称、均衡、比例等形式美感的要素，在变化中寻求统一，巧妙地构成各要素之间的调和，以满足人们内心潜在的对秩序的追求，如图4-23。

4. 单纯与整齐

单纯是简化与明确，没有明显的差异和对立因素，比如纯净的天空与湖水，给人以明净纯洁的感受；整齐是重复与秩序，相等的距离、形态、倾角等。单纯并非简单，而是用简化的结构去强调界面的秩序感。同类形象成组整齐的构成，使界面元素鲜明有序，如图4-24。

5. 节奏与韵律

节奏与韵律是从时间艺术音乐中借用的术语，节奏是韵律形式的单纯化，韵律是节奏形式的丰富和发展；节奏偏向理性，而韵律则更富于感情色彩。节奏和韵律的运用能赋予界面秩序美感和流畅的动感。

在设计中，构成要素以一定的规律、秩序以及周期性的变化复现产生了节奏。条理性和反复性产生节奏感，最单纯的节奏形式是重复，如心跳、钟摆、灯闪烁等，这些都让人感受到机械、秩序的美感，使形态显得有序而整齐、单纯。但节奏也会给人单调、乏味的感受，如钟摆。如果大

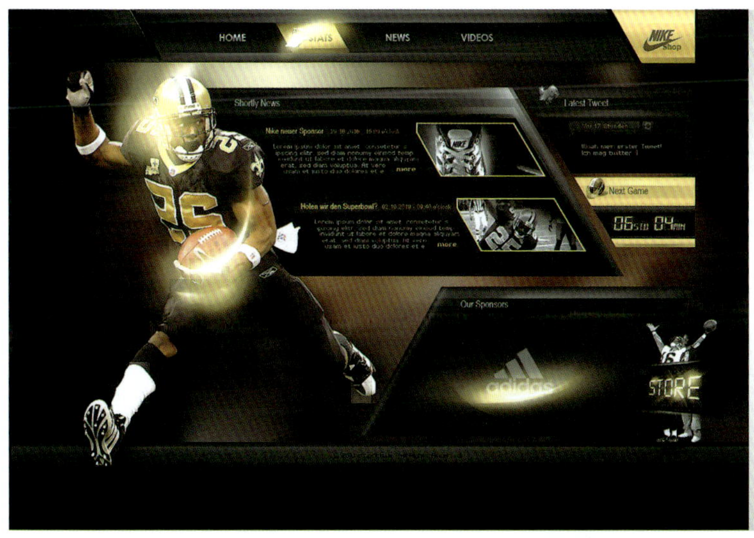

图4-22 网站UI中的平衡

图4-23 网站UI中的对比与调和

量、一味地运用节奏形式，没有变化，不加入其他的组合方式，会产生单调感，所以需要加入韵律的因素，才更具有形式美感。韵律表现为形式要素规律性的发展变化，需要考虑空间的因素，使人产生一个元素向另外一个元素运动的感觉。韵律也是通过图形的点线面关系和色彩对比来实现的。

在设计中要产生韵律的关键是理解重复和变化的不同。通过运用韵律的技巧可以使界面显得活泼、生动、运动、有生命。通过像乐曲一样的有高低起伏、转折缓急的韵律变化，抒发情感、创造意境，增强界面的表现力和感染力。（图4-25）

6. 比例与尺度

比例与尺度是指视觉元素之间、整体与局部、局部与局部之间的数与量的关系，适当的比例与尺度关系既能反映界面结构，又符合用户的视觉习惯以及心理与生理的需求，有隐喻功能，能产生美感，使界面形态的组合更具艺术表现力和易用性。比例与尺度更趋于科学与理性，在一定程度上体现了均衡、稳定、和谐的美学关系，给人严谨、规范、理性、秩序感。其不足体现在，过于强调数字化而显得拘泥、呆板、冷漠。

美的比例是界面中一切视觉单位的大小，以及各单位间编排组合的重要因素，了解比例与尺度对于设计不同平台和类型的UI产品具有重要的作用。（图4-26）

7. 视觉重心、焦点和主次

界面中，视觉感受的稳定与视觉要素各自的重心及其布局、组合有着紧密的联系，而各个组成部分有主次和重点的区别。界面整体的视觉焦点是用户的视线从接触界面到视觉流程完成后最终回到并相对稳定停留的地方。特别要说明的是，这里探讨的是界面中视觉要素本身的形态及其相互关系对视觉造成的吸引和诱导，它不仅仅是由于对信息内容的关注、解读所造成的。界面中各种视觉要素形态轮廓的变化、布局和聚散、色彩或明暗的关系等都会对视觉重心造成影响。典型的视觉重心产生的方法是对比，如色彩的对比、虚实的对比、大小的对比、动静的对比等。正是通过这些对比，在UI设计中有意识地突出和强调其中某个部分和要素，使其成为整个界面中最能产生视觉吸引力的兴趣中心。（图4-27）

界面信息有主次之分，如果将所有元素没有主次地堆砌在界面中，反而会造成视觉的混乱。让一个界面元素成为焦点有如下几种方法。

（1）动态呈现。

（2）与界面整体形成色相、明度、饱和度、不透明度、材质纹理、形状的高反差对比。

（3）方向、位置上的区别，如颠倒。

（4）其他界面元素指向它。

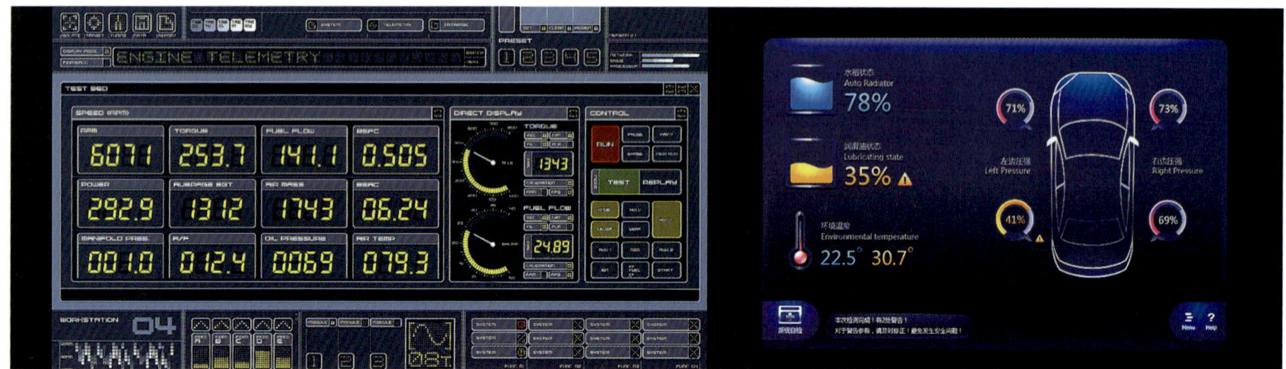

图4-24 软件UI中点的单纯与整齐

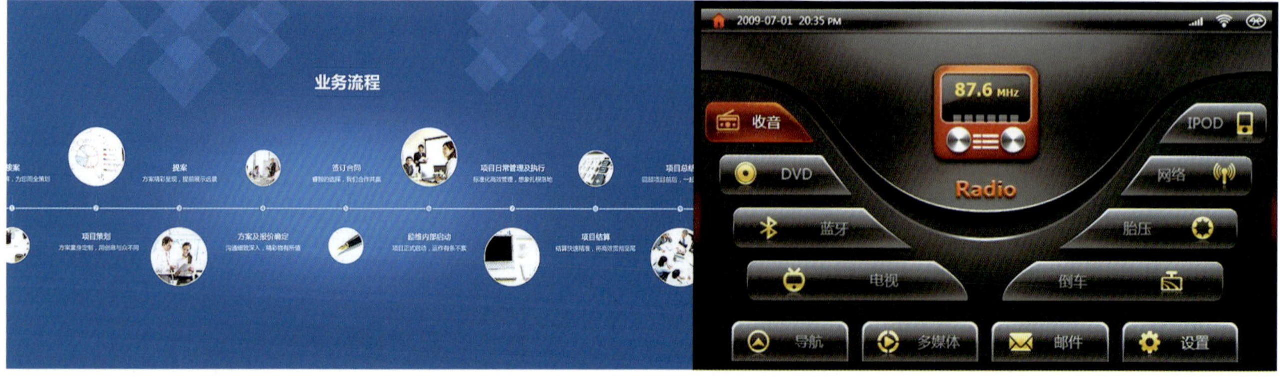

图4-25 网站和软件UI中的节奏与韵律

图4-26 软件UI中的比例与尺度

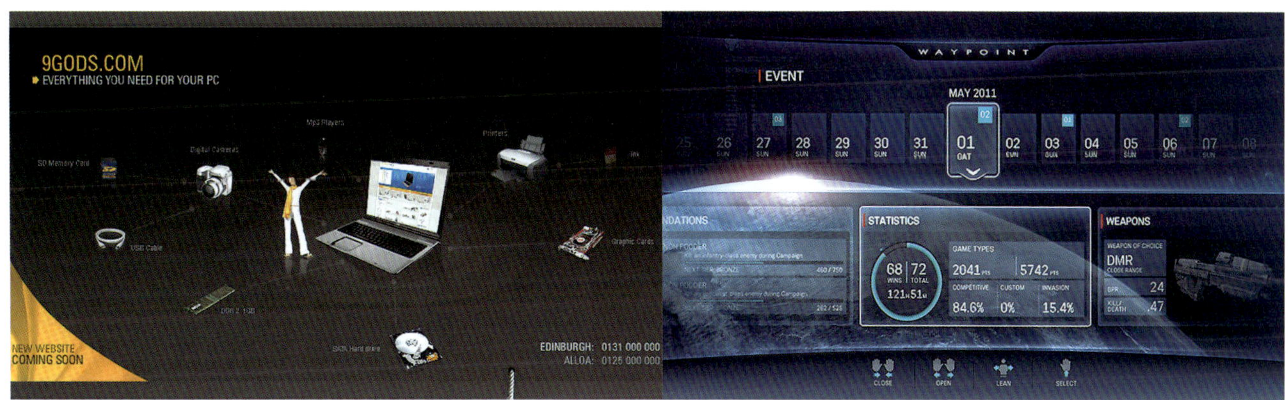

图4-27 网站和软件UI中的视觉重心、焦点与主次

（5）单独分组或隔离。

（6）模拟景深效果，将其放置在焦点上使之清晰，而其他元素模糊。

8. 形态语义

界面中的视觉形象都是为了传达一定的信息或承载某种功能，UI设计师正是通过设计，使形态本身准确地表达出它所隐含的意义，并将这样的信息传递给用户，同时让使用者心领神会。

界面形态的语义表达，从广义上来说，涉及界面是否符合人的生理、心理需要，既讲究科学和理性，又充满感性色彩；从狭义上来说，形态语义的表达要使用户面对界面中的控件及功能正常操作，而不会感到无所适从。

形态语义的功能指示性和情感象征性：

（1）界面形态的指示性，如按钮操控的三种基本方式：按下、拨动、旋转，在界面中不同的操作方式需要不同的形态与之相适应。图4-28中，界面元素用拟物的风格，直观地表现了不同操作方式的外部形态。

（2）界面形态的情感象征性，如前面所讲到形态都具有一定独特含义，如直线（面）的阳刚、曲线（面）的柔和和韵律感；直线（面）、曲线（面）并置的张力；圆形（面）饱满和完美；几何形（面）精致、坚硬；手绘（面）自然、柔和；三角（面）稳定、锐利；对称形态的（面）庄重……UI设计师要善于用形态的语义来营造界面的氛围，表现主题。

9. 联想与意境

联想是思维的延伸，通过视觉感染力，将思维由一种事物延伸到另外一种事物上，以达到某种意境。如色彩：红色使人感到温暖、热情、喜庆等；绿色则使人联想到大自然、生命、春天等。各种视觉形象及其要素都会让人产生不同的联想与意境，由此而产生的图形的象征意义作为一种视觉语义的表达方法被广泛地运用在界面设计中。图4-29，左图中沿圆周排列的图标和文字让人联想到刻度、时间、运动、变化等概念，与网站界面表达的意境和主题契合。

10. 在界面中灵活运用形式美的规律和法则

运用形式美的规律和法则来进行界面设计时，首先要理解不同形式美的法则的特定表现功能和审美意义，明确界面表现的形式及需要达到的效果，根据需要正确选择适用的形式法则。此外，形式美的法则虽已形成一些规律性的审美特性，但并不是固定不变的或僵死的法则，它是同时代相联系并不断发展变化的。它需要结合界面主题及创意的要求加以运用，而不能生搬硬套，束缚了美的创造。

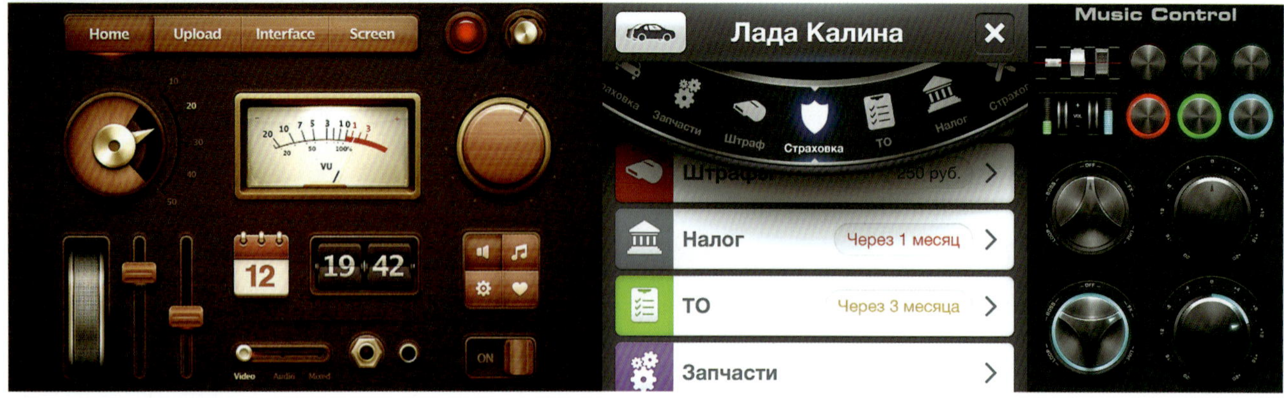

图4-28 软件UI中的形态语义

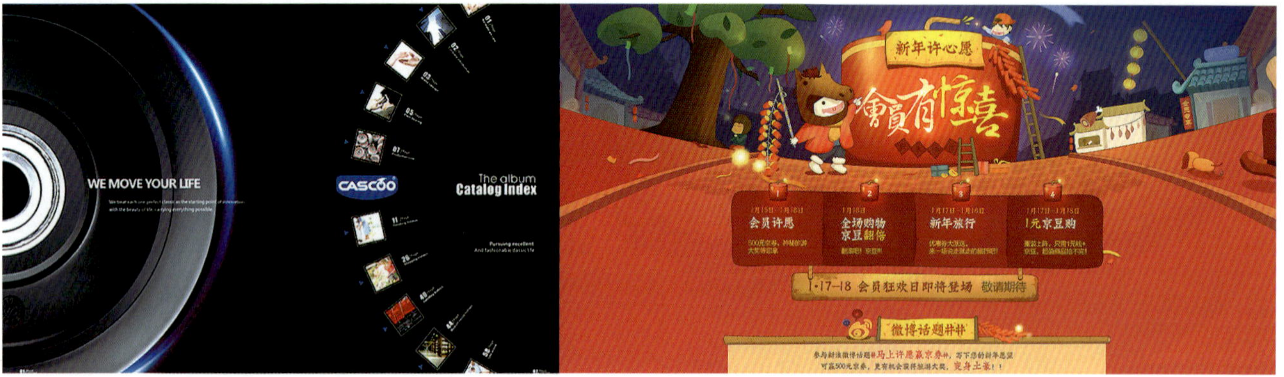

图4-29 网站UI中的联想与意境

4.2 UI 设计中的色彩构成

色彩作为第一视觉语言，不仅能传达情感，也饱含着丰富的象征意义，其视觉作用先于形象，虽然意义没有图像和文字那样清晰，但其优势在于直观、引发人们的注意、营造气氛。界面视觉设计要运用色彩学原理，合理地利用色彩的象征和联想功能，正确的色彩设计更有利于界面的操作和使用，从而营造舒适而高效的界面环境。如图4-30，右图魔幻题材电影的主题网站界面，低明度的冷色基调营造了神秘的氛围，居于界面中轴线上的中等明度暖色调的导航面板在背景色的衬托下显得格外醒目，其古旧的色彩配合羊皮纸卷的纹理，表现了年代的久远和怀旧的情绪。

划分界面视觉区域：色彩是创造有序的视觉流程的重要因素，在界面视觉设计中可以利用色彩的识别性通过不同色彩进行视觉区域划分。尤其在网络界面中各种视觉元素不仅数量多，而且种类繁杂，需要对其进行分布和排序。利用色彩分布，可以将不同类型的元素分布排列，并利用各种色彩给人带来不同的心理效果，很好地区分出主次顺序，从而有助于创造出有序的视觉流程。如图4-29，左图的网站UI正是在大面积无彩色页面中，利用高纯度的色彩的对比使导航按钮醒目。

优化交互元素功能：利用色彩的指示性，对具有交互元素的功能进行优化，如对不能点击的按钮除了可以在形态上予以区别外，还可以在色彩上使用灰色加以区分。

突出界面重点主题：在界面中，不同类型的信息用不同的色彩来表现，通过利用色彩的对比调和，产生视觉反差，来突出重点信息，从而提高交互的效率。

增强界面的美感与一致性：利用不同色彩自身的表现力、情感效应、审美心理等，使界面的功能与形式有机地结合起来，使用户产生高度的联想，以色彩的内在力量来美化界面，并营造整体界面的视觉美感和一致性。

4.2.1 UI 中色彩设计的基本理论

1. 色彩的产生和感知

（1）光与色的关系

光与色是视觉感知的前提条件。没有光就没有色彩，光是人们感知色彩存在的必要条件，色彩来源于光。物体反射的色光不同，因而呈现不同的色彩，并随着光的改变而变化。（图4-31）

（2）色彩感知

光源色：光线直接传入人眼，视觉感知的是光源色。

反射光：光源照射物体，物体表面吸收和反射部分色光，视觉感知的是物体表面反射的色光。日光下形成物体的固有色，有色光下，物体显现的色彩受色光颜色影响，因此物体色彩由其表面性质和光源色两方面因素决定。

透射光：光源穿过透明的物体后再进入视觉的光线，视觉感知的是穿透色。在UI设计中，对于增强现实UI等透明显示介质，需要考虑到透射光的影响。

2. 无彩色系、有彩色系、专色或特殊色

（1）无彩色系

黑色、白色和由黑白色调形成的各种深浅不同的灰色，由于没有色相和纯度，只有明度一种基本性质，属于无彩色。纯白色的物体是理想中的完全反射物体，纯黑色的物体是理想中的完全吸收物体。在现实中并不存在纯白色与纯黑色的物质。图4-32左图中的摄像机图标以无彩色塑造了在没有有色光源影响下的铝和铁的材质，唯一的一个红色按键因为对比而更为明显。

（2）有彩色系

红、橙、黄、绿、青、蓝、紫等色彩具有明确的色相和纯度，即视觉感知能感受到某种单色光特征的色彩都属于有彩色。光中所有色彩，包括具有某种色彩倾向的灰色都属于有彩色。如图4-32，右图中除了鲜明的色彩外，重色和亮色部分也具有一定的色彩倾向，只是纯度较低。

（3）专色或特殊色，如金色、银色、荧光色等。这些色由于本身性质特殊，既不能混合其他有彩色，也不能被其他有彩色混合，但它们之间的混合以及和有彩色与无彩色之间的混合可以产生别致的色彩。

3. 色彩属性的三要素

每一种色彩都同时具有三种基本属性，即明度、色相和纯度。（图4-33）

（1）明度

明度是指色彩的明暗或深浅程度，是表现色彩层次感的基础。在无彩色系中，白色明度最高，黑色明度最低。在明度推移中，黑白之间存在一系列灰色，越靠近白的部分明度越高，靠近黑的部分明度越低。

图4-30 UI中的色彩

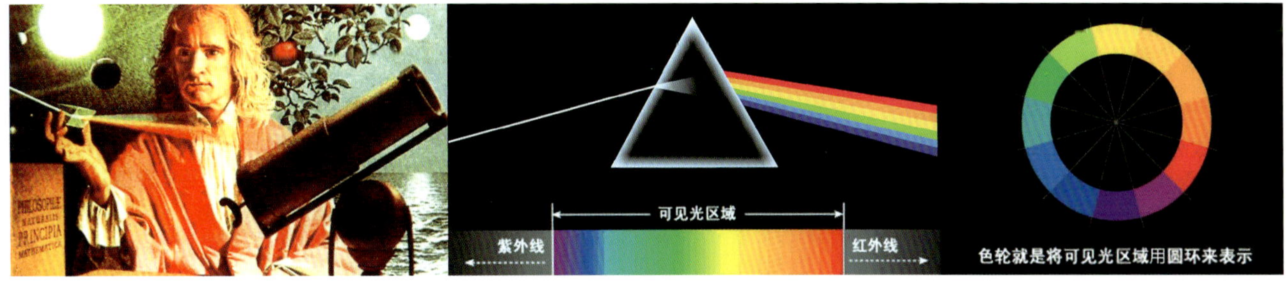

图4-31 牛顿的三棱镜色散实验

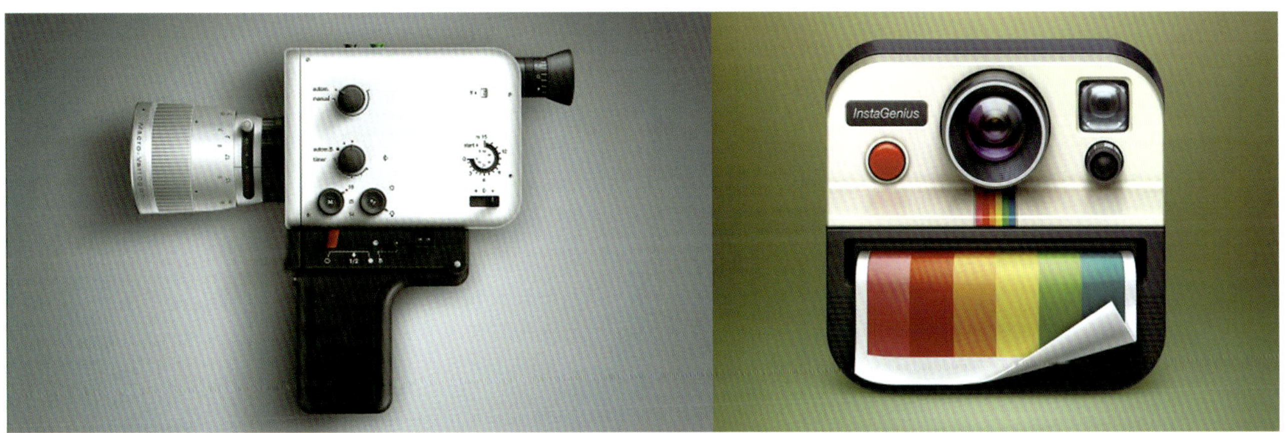

图4-32 UI中的无彩色和有彩色

图4-33 明度、色相、纯度

在有彩色系中，黄色明度最高，紫色明度最低。任何一个有彩色，当它掺入白色时，则明度提高，当它掺入黑色时，则明度降低。在同时加入白色和黑色时其纯度也相应降低。

（2）色相

色相是指色彩的相貌，指不同波长的光给人的不同色彩感受，是区分色彩的主要依据。色相也是色彩的首要特征，体现着色彩的外在性格。

（3）纯度

纯度是指色彩的饱和度、纯净度、鲜艳度。

色彩的色相、纯度和明度三要素是不可分割的，在UI设计中，利用设计软件中不同色彩模式的参数值，可进行色相、纯度和明度的量化改变，微调出各种所需要的色彩，能够更完美地实现设计师的色彩构想。

4. 色彩对比

色彩之间的对比是综合性的对比，包括了色相、明度、纯度、位置、面积等。

（1）明度对比

明度对比是表现界面色彩的层次、体量、空间、光感、质感的视觉要素，色彩的明度具有相对的独立性，不依赖于色相和纯度，而后两者则必须具有明度的属性。

根据孟塞尔色立体的明度色阶，色彩的明度色阶从黑到白分为9个色阶。（图4-34）

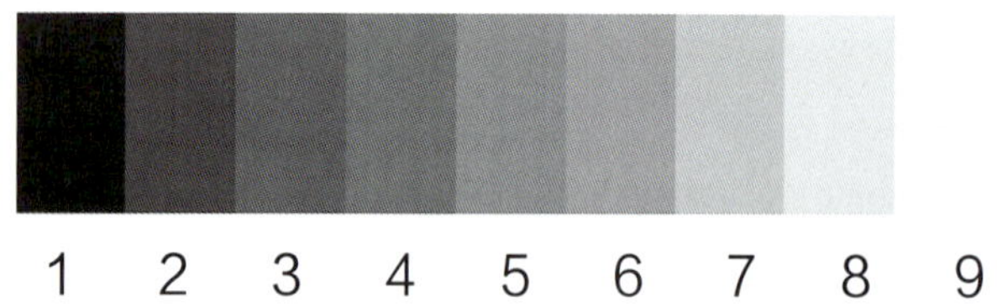

图4-34 明度色阶

①明度基调

低调（界面明度以1～3色阶为主）：厚重、沉着、古朴，具有神秘、阴暗和压抑感。

中调（界面明度以4～6色阶为主）：安静、朴素，具有稳定、中庸之感。

高调（界面明度以7～9色阶为主）：明亮、光感强烈，具有轻松、欢快的感觉。

②明度对比

短调（界面明度色阶跨度3级以内）：柔和、模糊、光感体感弱、节奏感弱，具有高雅、平静感。

中调（界面明度色阶跨度3～5级）：平稳，中庸。

长调（界面明度色阶跨度5级以上）：明朗、清晰、光感体感强烈，具有活力、力量感。

③明度对比与明度基调结合起来，即产生明度的九大调，当然这只是基本的划分，并不能涵盖所有的明度关系。

明度关系是UI设计中必须考虑的视觉要素，是形成UI中恰当的黑、白、灰关系的主要手段，要根据不同的界面主题，选择不同的调性进行表现，在考虑界面明度关系的同时也不排斥色相和纯度要素的介入。如图4-35，左图利用了无彩色系和单一色彩的明度变化，表现了界面的空间、光感和质感，高明度的基调使界面感觉清爽、明亮；右图通过前景界面框体和背景画面的明度对比来表现空间，通常低明度的前景和高明度的远景能塑造出深远的空间，低明度的基调表达了厚重的历史感和古朴神秘的气息。两张图都主要是以单一色相的明度对比为主，色彩数量不多，使界面显得较为单纯、统一。

（2）色相对比

色相之间差异形成的对比，其中也包含了明度和纯度的属性，色相的对比是带来视觉变化的主要因素。

按照色相环中的色相间距离的相互关系，色相对比包括以下几类。

①同类色对比

色相环跨度较小，在30°左右，色相非常接近，对比较弱，具有柔和、细致、含蓄、单纯、统一感。要避免因其产生的单调感，可以通过明度和纯度的丰富变化来实现。（图4-36）

②邻近色对比

色相环跨度在45°～90°，色相差别不大，使界面色彩较为丰富、调和。（图4-37）

图4-35 UI中的明度对比

图4-36 UI中的同类色对比

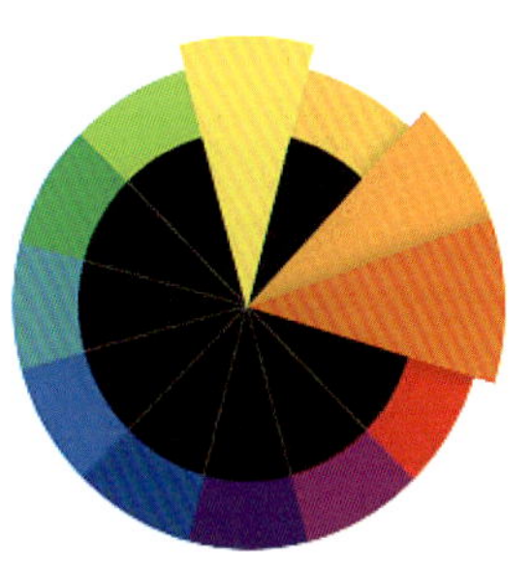

图4-37 UI中的邻近色对比

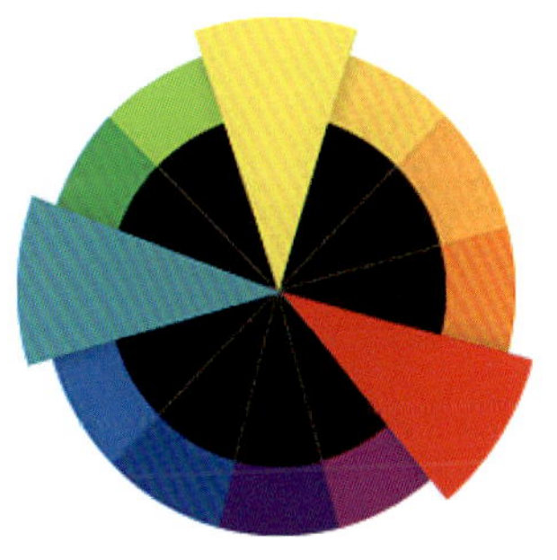

图4-38 UI中的对比色对比

③对比色对比

色相环跨度在120°左右，色彩差异强烈，使界面色彩丰富且对比鲜明。（图4-38）

④互补色对比

色相环跨度很大，在180°左右，色彩对比最为强烈，使界面具有强烈的视觉冲击力和刺激感。可以通过明度、饱和度、位置、面积、隔离等方式来进行调和，以避免因此带来的不协调。（图4-39）

当UI主色相确定后，必须考虑其他色相与主色相的关系，以及表现的主题和效果，以增强视觉表现力。

图4-40左图UI的背景以绿色的同类色对比为主，而框体的部分是黄色和绿色的邻近色对比，Logo用了少量红色文字，与整体的UI形成了补色对比，通过白色调和了这种强烈的补色关系。右图中红色的主界面和背景绿色草坪的补色关系，可以通过降低草坪的纯度来调和。

图4-41左图主要是橙色与蓝色之间的色相对比，可以看出橙色的纯度、亮度较高，并和蓝色形成色相之间的对比，能突出所要强调的信息。这套图标的色相对比，主要是前景与背景的对比、局部与整体的对比。右图以不同明度和纯度的蓝色同类色为主要色相，局部紫色作为蓝色的邻近色丰富了界面空间，少量的绿色和黄色按钮及界面元素加强了UI中色相的对比关系，使其节奏明快。

（3）纯度对比（图4-42）

高纯度为主：色相感强、色彩鲜艳、形象清晰，视觉冲击力强，具有热烈、刺激感。

中纯度为主：典雅、中庸、平和。

低纯度为主：色相感弱、简约、平静、含蓄、消极、无力。

（4）面积对比

色彩间面积的大小对比直接影响着画面的基调和对比的强度。

对比色中面积大小悬殊时，面积大的一方控制画面的色调。面积均等时，对比最强。适当的面积对比能取得视觉上的平衡，形成最好的视觉效果。

（5）位置对色彩对比的影响

两色距离越近对比越强，两色相接对比较强，相互切入对比更强，当一色被另一色包围时对比最强。

（6）材质纹理对色彩的影响

相同的色彩在不同材质纹理上显现的色彩效果各不相同。界面中的材质纹理是在平面中模拟出来的，但也会根据其特征表现出不同的属性，如曲面光滑的物体，反射率高，从而减弱其自身的色彩，如金属、玻璃、镜面等；平滑哑光物体的肌理则更容易显现色彩的本来面貌；粗糙的物体表面会降低其固有色彩的明度。

（7）对比色的隔离

当色彩对比过于强烈、突兀，或过于微弱、模糊时，在色彩间用另一色进行隔离，可以使冲突的色彩关系转为和谐、混沌的色彩关系趋于明朗。

隔离色通常使用黑、白、金、银等无彩色或无明显色彩倾向的灰色。

5. 数字色彩

UI设计中出现的色彩和图像都是以数字模式出现的，UI设计师需要理解数字色彩的原理。

（1）光的三原色：红、绿、蓝

其对应的色彩模式：RGB（红、绿、蓝），是加色光的色彩模式，主要是针对屏幕介质（发光源）的设计。UI设计主要是非物质界面的设计，其显示的介质为自发光的显示屏，因此设计时应使用RGB色彩模式。

原理：白色光经三棱镜折射分为可见的彩色光谱，其中红、绿、蓝三色为混合其他色光的原色，色光相加变为更亮的颜色。RGB色彩模式中，三色光相加为白色，即RGB数值均为255；色光被阻挡为更暗的暗色，RGB数值均为0时即呈现为黑色。（图4-43）

（2）颜料的三原色：红、黄、蓝

对应的色彩模式：CMYK（青色、洋红、黄色、黑色），是减色光的色彩模式，主要是针对印刷介质的设计。CMYK的原色为：C.青色、M.洋红、Y.黄色，K色值是由于输出设备在使用时无法产生完全的黑色，所以加入专门的黑色来适应图像中的黑色部分。

原理：颜料或油墨在光线照射下，吸收并反射部分色光，视觉感知的是其反射的色光。油墨的相加使色彩饱和度与明度降低，吸收更多的光线，色彩变得更加浑浊暗淡。因此，在CMYK色彩模式下色彩相加变为更暗的颜色，当CMYK数值均为100的时候呈现黑色，数值均为0时为白色。

在UI设计实践中，也可以使用HSB的系统来调色，

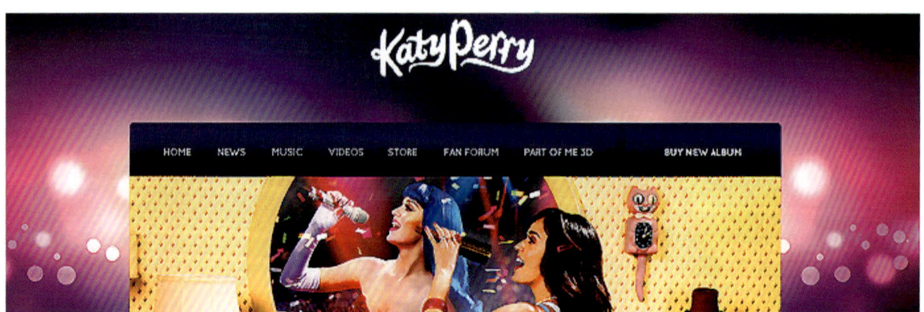

图4-39 UI中的互补色对比

图4-40 UI中的色相对比

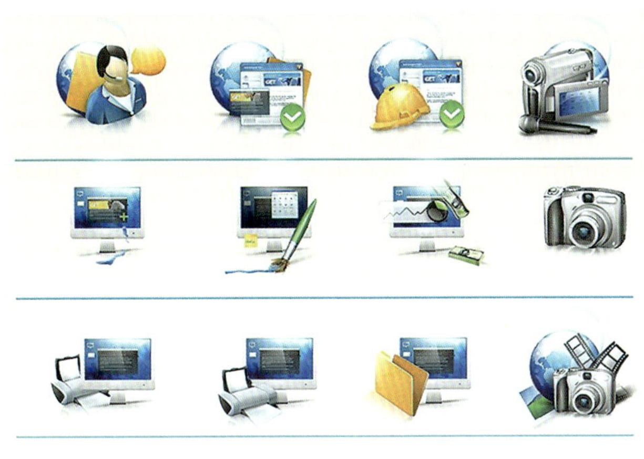

图4-41 UI中的色相对比

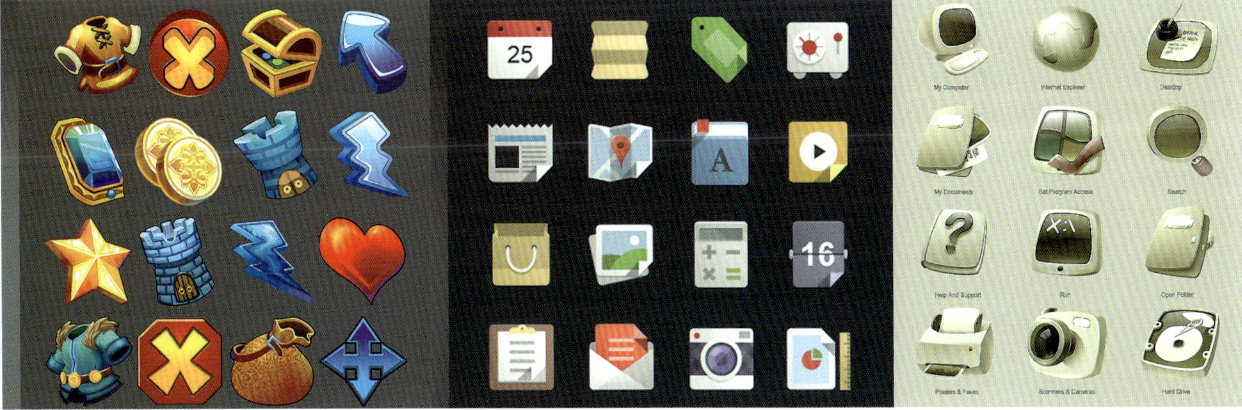

图4-42 UI中的纯度对比

图4-43 加色混合与减色混合

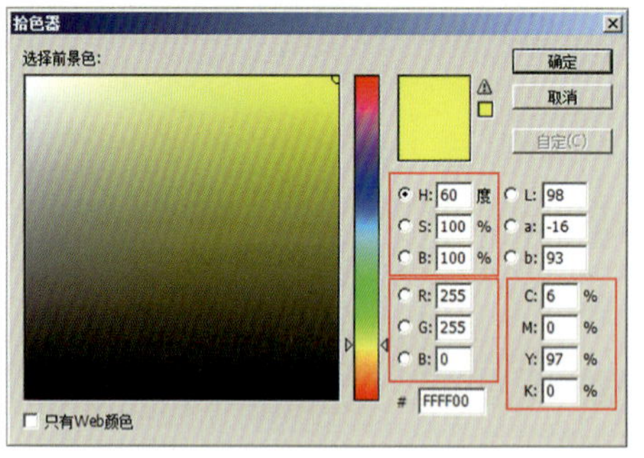

图4-44 色彩模式

色彩	温暖感	硬度	重量感	前进感
红色	强	强	强	强
橙色	很强	弱	弱	很强
黄色	强	很弱	很弱	强
绿色	弱	中等	中等	弱
蓝色	很弱	很强	很强	很弱
紫色	中等	很强	很强	中等

图4-45 色彩的感知特性

H：色调，S：饱和度，B：亮度，HSB是通过对应色彩的三个基本要素来定义色彩的，直观、易于理解与使用。（图4-44）

4.2.2 UI 设计中的色彩感知

色彩在我们的视觉感知中扮演着极其重要的角色，它影响着我们对周边事物和环境的反应。色彩本身除了其知觉特征，还透过人的社会意识、民族、地理、风俗、文化传统、生活习惯等因素，对色彩产生具体的联想和抽象的感情。在UI设计中，正是合理地利用色彩的感知及心理作用来影响目标受众的交互体验。

1. 色彩的感知特性

感知是指客观事物的个别特性在人脑中引发的一种反应，人们对色彩的感知存在共性，主要表现在以下六个方面。（图4-45）

（1）冷暖感

色彩的冷暖感与色相有直接的关系，不同的色彩会产生不同的温度感。这一感觉跟事物的物理背景有关，红、橙、黄色常常使人联想到阳光和火焰，因此有温暖的感觉，称为暖色系，以红、橙、黄为基调的称为暖色调；蓝、青、蓝紫色常常使人联想到山川、河流、清泉，因此有寒冷的感觉，称为冷色系，以青、蓝、蓝紫为基调的称为冷色调。绿与紫的冷暖倾向相比其他颜色偏中性，称为中性色。无彩色系的白色偏冷，黑色偏暖，灰色中性。

暖色使人兴奋并产生积极进取的情绪，但长时间面对暖色则容易使人感到疲劳和烦躁不安；冷色使人镇静，而长时间面对灰暗的冷色容易使人产生沉重忧郁的情绪。只有适当地处理好冷暖色系的搭配和应用才能给人以轻松明快的感觉。

色彩的冷暖是比较而言的，由于色彩的对比，其冷暖性质可能发生变化。此外，色彩的冷暖与明度和纯度有着密切的联系，高明度的色彩偏暖，低明度的色彩偏冷；高纯度的色彩具有温暖感，低纯度的色彩具有冷静感。（图4-46）

（2）轻重感

色彩的轻重感是塑造UI质感的要素之一，重量感源于人对密度的感知经验。色彩的轻重感主要取决于明度，高明度的色彩显得轻盈，低明度的色彩显得沉重。纯度和色相也能影响色彩的轻重感，纯度高的暖色偏重，纯度低的冷色偏轻。色彩的轻重感有一些普遍性的规律，明亮的色彩如黄色、淡蓝色给人以轻快的感觉，而黑色、深蓝色等明度低的色彩使人感到沉重。

图4-47的图标设计，左图是低长调黑色的明度对比，显得沉静、稳定、坚硬；右图则是浅灰色和淡蓝色为主的高短调，显得质感轻盈，给人以轻快感，也使人感到不安定。在整体的明度关系上，低明度的色彩上轻下重较为符合人的视觉习惯，轻色通常用于上部，重色通常用于下部。

（3）兴奋感、沉静感

色彩的兴奋、沉静感与色相、明度、纯度都有关，受

图4-46 UI中色彩的冷暖感

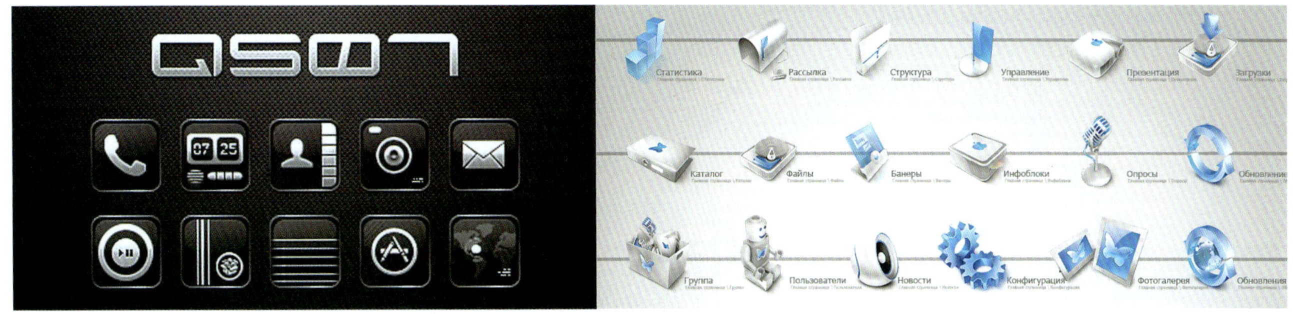

图4-47 UI中色彩的轻重感

纯度影响最大。在色相上，红、橙色具有兴奋感，蓝、青色具有沉静感；在纯度方面，高纯度具有兴奋感，低纯度具有沉静感；强对比的色调具有兴奋感，弱对比的色调具有沉静感。UI色相丰富显得活泼、热闹，色相少则产生消极、寂寞感。兴奋感强的色彩，能刺激感官，引起注意，多在Q版游戏或网站主题性UI中使用。如图4-48左图的游戏界面，具有沉静感的配色，感觉平和，使用户能够持久地注视，多使用在呈现内容的网站页面或工具类软件UI中；右图的车载界面上使用具有科技感的蓝色给人以冷静、理智的感受。

（4）华丽感、朴素感

色彩的华丽感、朴素感主要由纯度和明度来决定。通常，纯度高而明度适中，暖和浓郁的色彩让人感觉华丽，纯度低和明度过高或过低的色彩让人感觉质朴；色彩丰富、明亮鲜艳、强对比色调的界面具有华丽感；灰暗、纯度低、弱对比色调的界面具有朴素感。（图4-49）

（5）进退感

UI中不同的色彩会造成视觉上的空间远近感的不同。凡感觉距离显得比实际距离近的色彩称为前进色，感觉距离显得比实际距离远的色彩称为后退色，色彩的进退感是通过色彩塑造界面空间的手段之一。从色相上来说，以橙色为中心的暖色系往往不同程度地比实际距离显得更近，且越暖的色彩越近；相反，以蓝色为中心的冷色系不同程度地比实际距离显得远些，且越冷的色彩越远，互补色为色彩组合的进退感对比最强。除了与色相有关，进退感还与明度、纯度有关，如明度高的色彩具有前进感，明度低的色彩具有后退感。（图4-50）

（6）软硬感

色彩的软硬感主要取决于色彩的明度和纯度，高明度、纯度低的色彩感觉柔软，低明度、纯度高的色彩感觉坚硬。色彩的软硬感与色彩的轻重、强弱感觉有关，轻色软，重色硬；弱色软，强色硬；白色软，黑色硬。总之，凡显得硬的色彩称为硬色，显得软的色彩称为软色。（图4 51）

色彩心理效应所体现出的冷暖感、轻重感、进退感、软硬感等是由人们所产生的共性感知，UI设计师用这种心理效应来表达UI的品质、实现空间构图、平衡UI的色彩分布等，最终实现色彩功能美和艺术美的和谐统一。

2. 色彩的通感

色彩知觉能超越色彩所提供的视觉信息，不同的色彩能够对人的触觉、味觉、嗅觉、听觉产生不同的作用，将色彩的这一特点应用到不同类型和主题的UI设计中，可以理解为通感的色彩设计，即以视觉为基础的其他感官的色彩感知和关联。触觉的通感，不同的色彩会让人有软硬、光滑或者粗糙等一系列触觉感受。味觉的通感，当看到某种色彩时，能够触发味觉的关联，有些色彩能够增进食欲，有些则会使食欲减退，这可以应用到食品类相关的UI设计中。听觉的通感、色彩和音乐是相通的，绚丽灿烂的色彩形象能暗示旋律优美的听觉形象，古希腊人认为七种音调具有七种情绪色彩，并把七个音符与七种光谱色对应起来。（图4-52）

如图4-53，左图用高明度和高纯度的不同色彩组合，设计了具有不同“味道”的图标；右图用最能激发食欲的橙色为主调，让浏览网页的用户将UI的色彩与橘子的酸甜味关联了起来。

图4-48 UI中色彩的兴奋感和沉静感

图4-49 UI中色彩的华丽感和朴素感

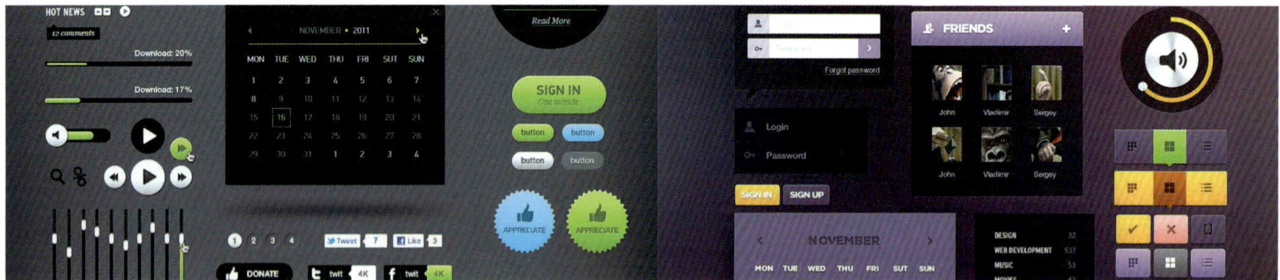

图4-50 UI中色彩的进退感

图4-51 UI中色彩的软硬感

色彩	听觉	味觉	嗅觉	触觉
红色	喧闹	热辣	浓香、酸鼻	烫、热
橙色	高音	酸甜	淡香	温热、暖和
黄色	轻快、响亮	甜蜜	甜香、醇香	光滑、光亮
绿色	温和、轻松	酸涩	清香、芳香	清凉、凉爽
蓝色	平静、开阔	清凉	烈香	流动、冰冷
紫色	幽深、幻想	苦涩	玫瑰香	丰润

图4-52 色彩的通感

图4-53 UI中色彩的通感设计

4.2.3 UI设计中的色彩心理

人们往往会对色彩产生具体的联想和抽象的感情，这种联想和抽象的感情是人类对色彩的共性感知。利用色彩的心理和情感效应，UI中的色彩具有以下作用。

1. 色彩联想

典型性的颜色可以引起人的情绪变化，根据颜色特性及观看者存在的某种共同的心理状态，而具有一般性的倾向，由于色彩联想被社会所固定化，因此具备了象征性。大部分人看到色彩往往会立刻联想到生活中的某种情景，比如看见绿色联想到森林、荷塘、草原，看见红色联想到血液、苹果、旗帜等，这种把色彩与生活中具体情景联系起来的想象属于具象联想。而看到绿色联想到生命、和平；看到红色联想到热情、温暖等，这种把色彩与知识中抽象的概念联系起来的想象属于抽象联想，前者具有直观性，后者具有观念性。通常，儿童容易联想到客观存在的具体事物，成年人则容易联想到社会性的抽象观念。

2. 色彩情感

色彩本身只是一种物理现象，但人们却能感受到色彩的情感，这是因为人能将外来色彩刺激与长期的感知经验联系起来，从而形成了对不同色彩的不同理解和产生感情上的共鸣。每一种色彩，都有与之关联的情感特征。不同的色彩会带给人或华丽、朴素、秀美、雅致、鲜明、热烈，或悲伤、痛苦、难过、抑郁等不同的心理感受。在UI设计中，将色彩所产生的情感作用于视觉形式的表现上，以此增加其视觉感染力和产生心理共鸣。色彩所激发的感情因人而异，还会因环境及心理状态的变化而发生变化。但由于人类在生理构造方面和生活方面存在着共性，因此对大多数人来说，无论是单一色，还是几个色的组合，在色彩的心理方面都存在着共同的感觉，都影响着视觉的传达和感受。

3. 色彩信息

通过色彩联想能够传达物质的特性，让人们对事物有一个更为全面的认知。比如树叶是绿色的，绿色常代表安全，在UI中表示运行、播放等信息；血液是红色的，具有危险的信号，UI中常表示停止；海是蓝色的，有平静、洁净的信息，UI中常象征理性和科技感；黄色最具注目性，警示符号的色彩组合多为黄色和黑色，这和蜂的身体颜色对应，来源于人对蜂蜇的恐惧感。

4. 不同色彩的象征和情感表现

UI设计师可以运用不同色彩的象征意义，唤起人们心理上的联想，表达不同的感情，影响用户的交互体验，从而达到设计目标。

（1）红色

红色最富刺激性，可以使心跳加速，能使人亢奋并产生冲动、愤怒、热情、活力、温暖的感觉，它常同吉祥、忠诚、旗帜、火焰和鲜血等联系在一起。红色的纯度高，注目性强，刺激作用大，热情而奔放，若在有大量信息的界面中大面积地使用红色，容易使人产生视觉疲劳，因此纯粹使用高纯度红色的界面相对较少，但若在信息量不大的界面中，用纯度高的红色作为辅助颜色，可以起到振奋人心和醒目的效果。此外，UI中红色也是表示危险和停止的信号，如交通信号灯和电器元件上的红色指示灯。（图5-54）

红色的具象联想、情感表现及象征的共性与差异如下。

●红色的具象联想：

火焰、鲜血、性、西红柿、西瓜瓤、太阳、红旗、嘴唇、玫瑰、宝石。

●红色的正面情感：

激情、爱情、勇敢、鲜血、能量、热心、激动、热量、力量、热情、活力。

●红色的负面情感：

侵略性、愤怒、战争、激进、革命、残忍、不道德、危险、幼稚、卑俗、色情。

●红色的地域文化差异：

南非——红色代表死亡，是丧服的颜色。

法国——红色代表雄性。

亚洲——红色代表婚姻、繁荣、快乐。

印度——红色是士兵的颜色，也视红色为吉祥。

中国——红色代表喜庆、吉祥、幸福欢乐。

（2）橙色

橙色是富有光泽，最活泼、最温暖的色彩，橙色能促进食欲、代表友善、给人愉悦感，象征青春、动感和活力，橙色给人以活跃、明媚、温暖、辉煌、富贵、快乐、香甜、

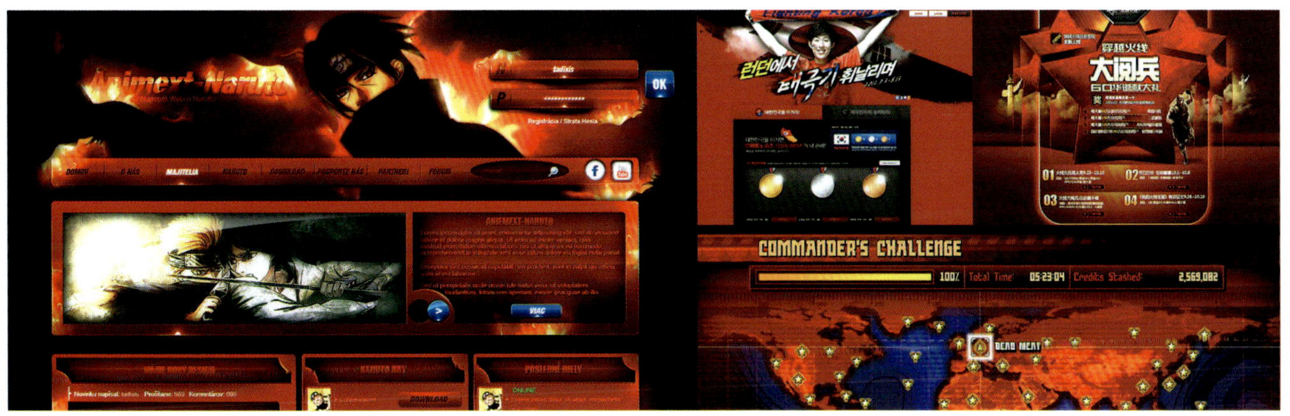

图4-54 红色调UI设计

幸福的心理印象，使人想到成熟和丰美，能引起兴奋或烦躁的情绪。橙色适合点缀式地用于各种不同类型的UI设计中，以此提高整个界面的色彩活力，丰富视觉效果，如图4-55。橙色也是十分醒目和具有视觉冲击力的颜色，比如海上救生服和登山服多采用橙色。

橙色的具象联想、情感表现及象征的共性与差异如下。

●橙色的具象联想：

秋天、橘子、胡萝卜、砖墙、灯光。

●橙色的正面情感：

温暖、欢喜、创造力、独特性、鼓舞、能量、活跃、活力、成熟、健康、明朗、时尚。

●橙色的负面情感：

粗鲁、喧嚣、嫉妒、焦躁。

●橙色的地域文化差异：

爱尔兰——橙色代表新教运动。

美洲土著——橙色代表学习和血缘。

荷兰——橙色是国家的颜色。

印度——橙色代表信赖、权力和责任，也是印度教的颜色。

巴西——橙色是负面情绪的色彩。

中世纪西方——橙色是邪恶之人的颜色，如在绘画中出卖耶稣的犹大是橙色的头发。

（3）黄色

黄色是所有色彩中明度最高的色彩，在高明度下能保持很高的纯度，极富注目性，它比纯白色的亮度刺激还要强烈，在大面积使用时，明亮的黄色是所有色彩中最容易使人感到视觉疲劳的色彩。黄色有光明、希望、智慧、轻快的感觉，可以表现金色的光芒，它常与黄金、秋天等有所联系。中黄色有崇高、尊贵、辉煌、扩张的心理感受，因此能够象征财富和权力，中国古代帝王常用这种颜色来装饰宫殿和衣物；深黄色给人高贵、温和、内敛、稳重的心理感受。通过黄色塑造的金色，以及专有颜色——金色，具有辉煌而光亮的特征，使人感觉光明、华丽、富贵，能象征价值和美好的事物。此外，UI中黄色也是表示警示和注意的信号，如交通信号灯和电器元件上的黄色指示灯。（图4-56）

黄色的具象联想、情感表现及象征的共性与差异如下。

●黄色的具象联想：

阳光、金属、沙滩、蛋黄、香蕉、向日葵、幼鸟、面包、菜花。

●黄色的正面情感：

聪明、才智、乐观、光辉、喜悦、明快、希望、光明、明媚、理想。

●黄色的负面情感：

色情、低俗、怯懦、欺骗、警告。

●黄色的地域文化差异：

佛教——佛像、袈裟和法器的颜色，尊贵、崇高、神圣。

埃及和缅甸——黄色是丧服的颜色。

日本——黄色象征勇武。

印度——黄色是商人、农民的颜色。

古代中国——黄色是帝王专属的颜色，高贵、权力的象征。

中世纪西方——黄色的含义是卑鄙、狡诈、背叛，出卖耶稣的犹大身穿黄袍。

（4）绿色

绿色介于冷暖两种色彩的中间，是大自然的色彩，常与春、夏联系在一起，是田野、森林的主色调，代表了生命与希望。使人联想到青春、活力、健康和永恒，也是公平、安详、宁静、智慧、环保与安全的象征。绿色是所有色彩中最能让眼睛放松的颜色，在视觉受到强烈刺激后注目绿色，会使眼睛得到休息，绿色非常清新、优雅、美丽，具有很高的宽容度，能够和多种色彩和谐搭配。在自然、健康、教育等主题的UI中绿色基调使用得较多。此外，UI中绿色也是表示安全和开始运行的信号，如交通信号灯和电器元件上的绿色指示灯。（图4-57）

绿色的具象联想、情感表现及象征的共性与差异如下。

●绿色的具象联想：

植物、大自然、环境、果蔬、树叶、山、草、宝石。

●绿色的正面情感：

和平、安全、生长、新鲜、生产、种植、康复、成功、自然、和谐、诚实、青春。

图4-55 橙色调UI设计

图4-56 黄色调UI设计

图4-57 绿色调UI设计

●绿色的负面情感：

贪婪、恶心、毒药、侵蚀、无经验。

●绿色的地域文化差异：

爱尔兰——绿色就是其国家的象征。

凯尔特人——绿色的巨人是丰收之神。

美洲土著——绿色象征人的愿望和意志。

世界范围——绿色是环保、和谐的概念。

（5）蓝色

蓝色具有强烈的冷静、安稳感，给人以平静、安全、清洁、平稳、清凉、幽远、辽阔之感。在中国，蓝色是典雅、朴素、善良、庄重、智慧的色彩。蓝色具有高贵、纯正的品质，也有憧憬、幻想的意味，既亲切又遥远。蓝色能够产生希望、理性、科技、永恒、专业、可信的心理感受，在表现科技、医疗、知识、政府部门、教育、环保、金融等主题的UI中多选择蓝色基调，如IBM网站就是以蓝色为主色调，表现其可靠和专业，交通银行的APP使用蓝色作为标准色以此增强用户的信任度。（图4-58）

蓝色的具象联想、情感表现及象征的共性与差异如下。

●蓝色的具象联想：

天空、湖泊、大海、宝石、瓷器。

●蓝色的正面情感：

和平、平静、沉思、忠诚、正义、智慧、理智、深邃、尊严、理想、真理、永恒、凉爽。

●蓝色的负面情感：

消沉、寒冷、分裂、冷漠、保守。

●蓝色的地域文化差异：

世界范围——蓝色代表男性、海洋和生命，是最容易被接受的色彩。

中国——蓝色也代表小女孩、瓷器、染织。

西方——蓝色代表爱情、海洋文明。

伊朗——蓝色是丧服的颜色。

（6）紫色

紫色和黄色相对立，神秘而优雅，在明度不同的情况下，紫色能让人产生不同的感受，时而富有威胁性，时而又富有鼓舞性。通常紫色代表一种娇柔、浪漫的品性。当紫色明度较低时，使人产生敬畏、忧郁、深沉、压迫、捉摸不定、恐怖、悲哀的感受；而提高明度后，反而能让人产生梦幻、美好、浪漫、妩媚、神秘、清秀、高贵的感觉，紫色能激发人的想象力。当紫色偏向红紫时表现出神圣和庄严，偏向蓝紫时表现出孤独和幽远。常常在表现奇幻和魔幻主题的UI中使用不同明度的紫色为主调。（图4-59）

紫色的具象联想、情感表现及象征的共性与差异如下。

●紫色的具象联想：

皇家、精神、茄子、薰衣草、葡萄、紫罗兰、礼服、水晶。

图4-58 蓝色调UI设计

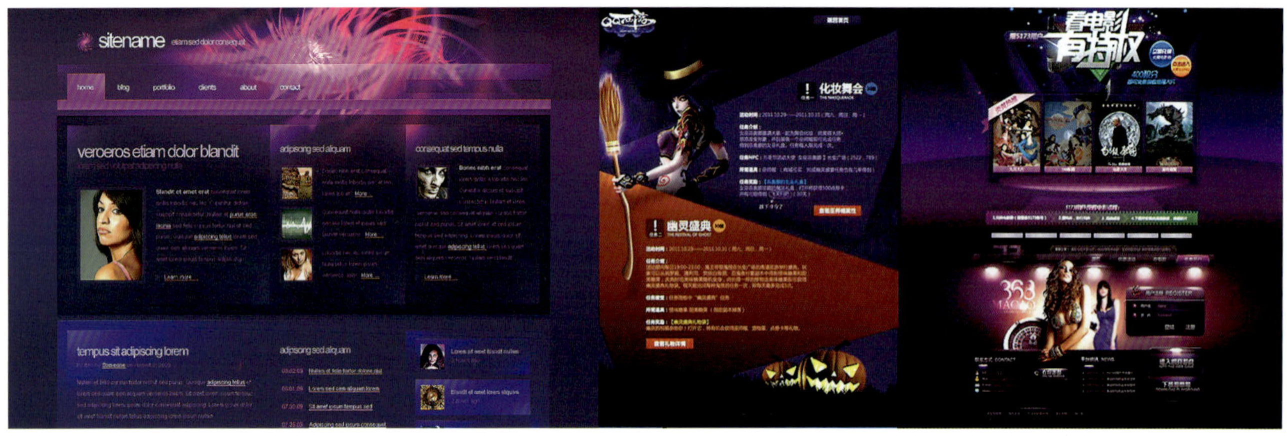

图4-59 紫色调UI设计

●紫色的正面情感：

优雅、高贵、华丽、奢侈、神秘、女性化、想象、等级、灵感、财富、高尚。

●紫色的负面情感：

诡辩、夸张、多余、忧郁、疯狂、残忍。

●紫色的地域文化差异：

日本——紫色也代表各种仪式、启发性的事物。

古代中国——紫色代表权力、高贵。

拉美——紫色象征死亡。

（7）黑色

黑色是暗色，是明度最低的无彩色，是一切色彩的终结，象征夜幕、黑暗、死亡、沉默、失望、邪恶等。它所具有的抽象表现力和神秘感要强于任何一种色彩的深度，在心理上黑色是一个很特殊的色彩，有时象征力量和庄严，有时又意味着罪恶和寂寞，能够和许多色彩构成良好的对比调和关系，运用范围很广。黑色作用于人的视线时有收缩的感觉，有时产生某种距离感。（图4-60）

黑色的具象联想、情感表现及象征的共性与差异如下。

●黑色的具象联想：

夜晚、死亡、毛发、礼服、墨、煤炭、铁。

●黑色的正面情感：

权力、威信、重量、高雅、仪式、严肃、高贵、神秘、时尚、坚实、生命。

●黑色的负面情感：

恐惧、消极、邪恶、阴沉、诡异、秘密、屈服、死亡、压迫、悔恨、悲哀、冷漠、孤独。

●黑色的地域文化差异：

世界范围——黑色人种。

欧美和日本——黑色是叛逆的颜色。

亚洲——黑色象征死亡、忏悔。

（8）白色

白色象征纯洁、光明、高尚、朴素、清白、神圣、和平、真理等，给人以高雅、单纯、洁净、明亮之感，也使人想到冷静、死亡、投降等。在视觉上有扩张作用。白色与其他色彩都能混合，混合后均能产生很好的效果。（图4-61）

白色的具象联想、情感表现及象征的共性与差异如下。

●白色的具象联想：

云、雪、盐、糖、白纸、白兔、光芒、面粉、婚礼、天使。

●白色的正面情感：

纯洁、纯真、清洁、神圣、洁白、神秘、完美、美德、柔软、庄严、简洁。

●白色的负面情感：

虚弱、孤立、恐怖、投降、邪恶、死亡、悲哀。

●白色的地域文化差异：

欧美——白色人种。

中国和日本——白色是葬礼的色彩。

世界范围——白色旗帜代表休战。

（9）灰色

灰色介于光明与黑暗之间，是黑白平衡的结果，体现了原始的寂静，似乎是最缺乏个性的色彩，通常不会引起强烈的情感变化。灰色给人以肃穆、柔和、平凡、中庸、消极、含蓄的印象，也使人联想到空虚、忧郁、绝望和沉默。灰色容易被周围的颜色所左右，同时灰色又具有稳定、独立的一面。黑、白、灰三色可与任何色彩搭配，能达到和谐的效果。（图4-62）

灰色的具象联想、情感表现及象征的共性与差异如下。

●灰色的具象联想：

乌云、灰烬、树皮、白银。

●灰色的正面情感：

平衡、安全、谦虚、成熟、优雅、智能、古典、平滑。

●灰色的负面情感：

阴天、衰老、厌倦、悲伤、失意、平凡、不确定、怯懦、优柔寡断。

●灰色的地域文化差异：

美国——灰色代表荣誉和友谊。

世界范围——灰色让人联想到白银和金钱。

正如上面所讲到的，色彩的象征与情感的产生和它所依存的背景有着直接的关系，并不是绝对的。在UI色彩设计中，要了解目标用户的不同背景，并善于运用人们共有的色彩联想来传达设计师所要表达的情感或意志等抽象概念，从而发挥UI中色彩的作用。

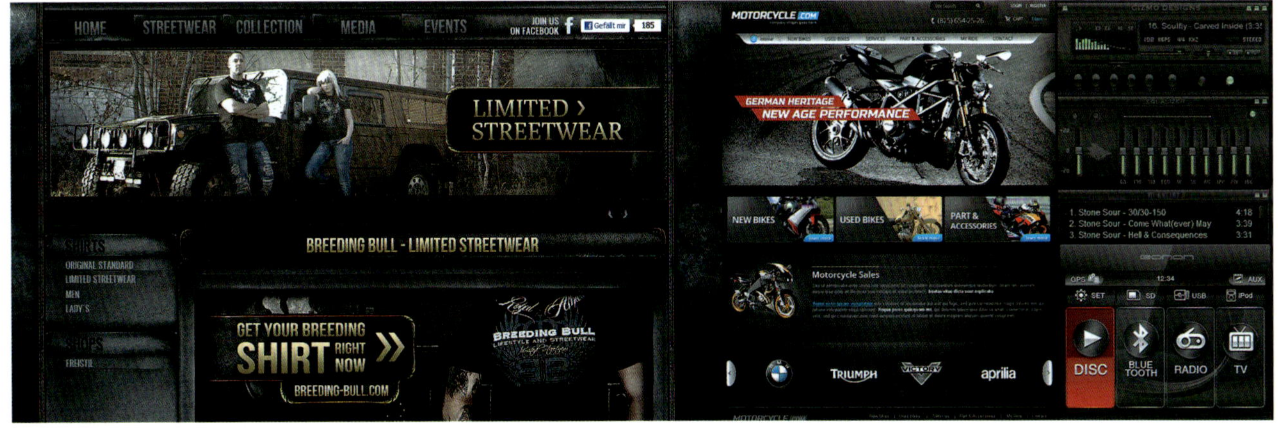

图4-60 黑色调UI设计

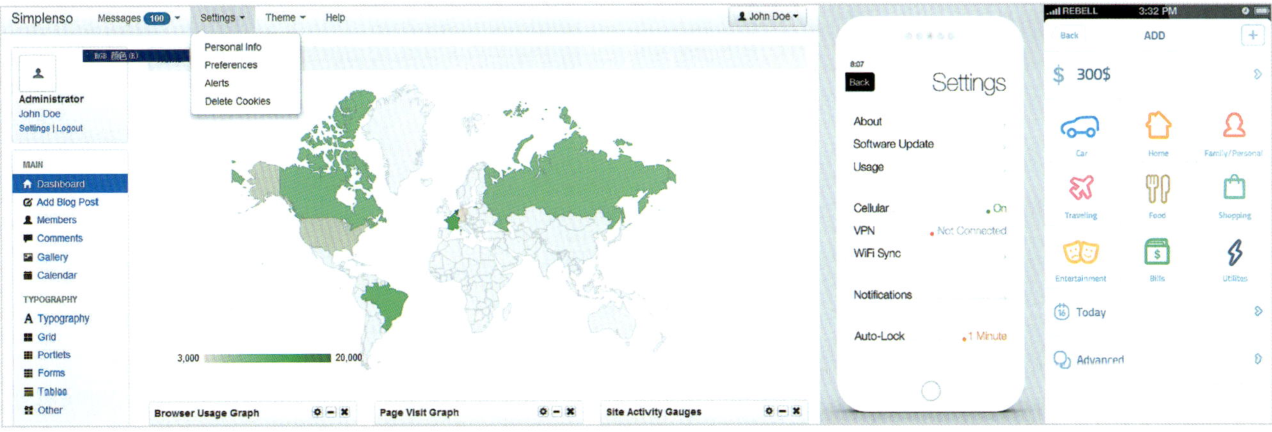

图4-61 白色调UI设计

图4-62 灰色调UI设计

4.2.4 UI 设计中色彩的采集和重构

通过采集具有美感的色彩搭配能够激发创作的灵感，重构则是将采集的色彩进行再利用和再创造。

1. 自然界的色彩启示

大自然中充满了各种形式、各种性格的色彩，如孔雀五彩绚丽的羽毛、天空变幻的云彩、海水的清澈和幽深都能带给我们美的感受和启示。（图4-63）

2. 经典艺术形式中色彩的继承和发展

民间的版画、刺绣、年画、皮影、彩塑等透露着淳朴、浓厚的乡土气息，利用这些色彩同样能创造别致的情趣和韵味。

此外，也可以从国画、油画、建筑艺术中吸收富有个性魅力的色彩，如图4-64。如文艺复兴时期达·芬奇、米开朗琪罗等，将色彩服务于对空间透视的再现；印象派用纯色表现阴影和暗部，以色彩的冷暖代替明暗，尝试一种视觉上的空间混合，是对客观自然最科学、最完善的色彩表现体系。分析这些经典艺术作品中的色彩表现，从明度、色相、纯度、面积、位置分析它们构成独特气质的根源，将其提炼出来并应用到UI的色彩设计中。

彩陶、漆器、石窟艺术等具有质朴和厚重的历史文化感，至今仍有非凡的艺术魅力。如唐三彩的赭、黄、蓝、绿蕴含着东方艺术的光辉，以及五行的色彩象征：金（白）、木（青）、水（黑）、火（红）、土（黄），如图4-65。

3. 从设计和数码艺术的色彩中汲取灵感

工业产品、摄影、CG插画、游戏、电影、动画以及已有的各种平台的UI设计作品，都是采集和借鉴的对象。（图4-66）

图4-63 自然界的色彩采集

图4-64 传统艺术的色彩采集

精白 #ffffff	樱草色 #eaff56	松花色 #bce672	朱砂 #ff461f	蔚蓝 #70f3ff
银白 #e9e7ef	鹅黄 #fff143	柳黄 #c9dd22	火红 #ff2d51	蓝 #44cef6
铅白 #f0f0f4	鸭黄 #faff72	嫩绿 #bddd22	朱膘 #f36838	碧蓝 #3eede7
霜色 #e9f1f6	杏黄 #ffa631	柳绿 #afdd22	妃色 #ed5736	石青 #1685a9
雪白 #f0fcff	橙黄 #ffa400	葱黄 #a3d900	洋红 #ff4777	靛青 #177cb0
莹白 #e3f9fd	橙色 #fa8c35	葱绿 #9ed900	品红 #f00056	靛蓝 #065279
月白 #d6ecf0	杏红 #ff8c31	豆绿 #9ed048	粉红 #ffb3a7	花青 #003472
象牙白 #fffbf0	橘黄 #ff8936	豆青 #96ce54	桃红 #f47983	宝蓝 #4b5cc4
缟 #f2ecde	橘红 #ff7500	油绿 #00bc12	海棠红 #db5a6b	蓝灰色 #a1afc9
鱼肚白 #fcefe8	藤黄 #ffb61e	葱倩 #0eb83a	樱桃色 #c93756	藏青 #2e4e7e
白粉 #fff2df	姜黄 #ffc773	葱青 #0eb83a	酡颜 #f9906f	藏蓝 #3b2e7e
荼白 #f3f9f1	雌黄 #ffc64b	青葱 #0aa344	银红 #f05654	黛 #4a4266
鸭卵青 #e0eee8	赤金 #f2be45	石绿 #16a951	大红 #ff2121	黛绿 #426666
素 #e0f0e9	缃色 #f0c239	松柏绿 #21a675	石榴红 #f20c00	黛蓝 #425066
青白 #c0ebd7	雄黄 #e9bb1d	松花绿 #057748	绛紫 #8c4356	黛紫 #574266
蟹壳青 #bbcdc5	秋香色 #d9b611	绿沈 #0c8918	绯红 #c83c23	紫色 #8d4bbb
花白 #c2ccd0	金色 #eacd76	绿色 #00e500	胭脂 #9d2933	紫酱 #815463
老银 #bacac6	牙色 #eedeb0	草绿 #40de5a	朱红 #ff4c00	酱紫 #815476
灰色 #808080	枯黄 #d3b17d	青翠 #00e079	丹 #ff4e20	紫檀 #4c221b
苍色 #75878a	黄栌 #e29c45	青色 #00e09e	彤 #f35336	绀青 #003371
水色 #88ada6	乌金 #a78e44	翡翠色 #3de1ad	酡红 #dc3023	紫棠 #56004f
黝 #6b6882	昏黄 #c89b40	碧绿 #2add9c	炎 #ff3300	青莲 #801dae
乌色 #725e82	棕黄 #ae7000	玉色 #2edfa3	茜色 #cb3a56	群青 #4c8dae
玄青 #3d3b4f	琥珀 #ca6924	缥 #7fecad	绾 #a98175	雪青 #b0a4e3
乌黑 #392f41	棕色 #b25d25	艾绿 #a4e2c6	檀 #b36d61	丁香色 #cca4e3
黎 #75664d	茶色 #b35c44	石青 #7bcfa6	嫣红 #ef7a82	藕色 #edd1d8
黧 #5d513c	棕红 #9b4400	碧色 #1bd1a5	洋红 #ff0097	藕荷色 #e4c6d0
黝黑 #665757	赭 #9c5333	青碧 #48c0a3	枣红 #c32136	
缁色 #493131	驼色 #a88462	铜绿 #549688	殷红 #be002f	
煤黑 #312520	秋色 #896c39	竹青 #789262	赫赤 #c91f37	
漆黑 #161823	棕绿 #827100	墨灰 #758a99	银朱 #bf242a	
黑色 #000000	褐色 #6e511e	墨色 #50616d	赤 #c3272b	
	棕黑 #7c4b00	鸦青 #424c50	胭脂 #9d2933	
	赭色 #955539	黯 #41555d	栗色 #60281e	

图4-65 中国传统色彩

图4-66 一些典型的UI配色

4.2.5 UI中色彩设计的配色原则

1. 色彩的识别性

色彩是具有共性特征的情感表达方式，是UI设计中决定视觉风格形式的视觉要素之一。UI设计中，利用色彩使视觉风格统一，有利于树立产品特有的形象，使其具有整体性和一致性。

UI设计时，首先要确定其色彩基调，可以参照VI设计中的“标准色彩”，即能体现产品形象和延伸内涵的色彩。如可口可乐的红色，IBM的深蓝色，淘宝的橙色都给人以贴切和谐的视觉感受，还有诸如360安全卫士的绿色，百度的红白蓝，这些大型网站都以其成功的标准色彩搭配令人印象深刻。

如图4-67，可口可乐的图标及不同平台的网站和应用都沿用了其标准的红色，具有很强的识别性与一致性。

图4-68，是GraphicHug的一项针对国际知名品牌的标志及标准色彩的统计信息分析图。透过这张信息图，可以了解不同行业的主要代表性品牌色彩的详细分布，比如食品类品牌及年轻时尚的品牌，多集中在橙色区域及红色和黄色范围内，科技和交通类的多集中在蓝色区域。这正好也印证了前面讲到的关于不同色彩的象征和情感功能。

2. 色彩的整体性

通常，一个网站UI的标准色彩不超过三种，色彩过多易造成搭配效果的杂乱无章。标准色彩主要用于网站的标志、标题、主菜单和主色块，给人以整体统一的感觉，而其他颜色只是作为点缀和衬托。在UI设计中，不同的色彩搭配会产生不同的效果，并可能影响到访问者的情绪。如运用多种颜色，应先确定主体色，其他的颜色面积不能过大，并要遵循主从关系，所谓“五彩彰施，必有主色，它（他）色附之”就是这个道理。

3. 色彩的平衡性

前面已经讲到了形式美中的平衡，它是作为视觉要素的形、色、质等在感觉上、心理上的一种平衡及安定感。UI色彩中平衡主要是指色彩性格、面积、位置等在配色时按照一定的空间力场做适当调整，在对比的强度上感觉是等量、平衡的状态，需把握好色彩的轻重、明暗、进退的关系。在整体的色彩分布上注重色彩的呼应，如需要强调的界面重点图形Logo、图标等，使用对比强烈反差较大的色彩，能够使之醒目，但如果单独在一个界面中出现会显得突兀。因此，在其他地方使用该色系的色彩来进行呼应，可以弱化视觉的冲击以及孤立的表现，平衡界面色彩。

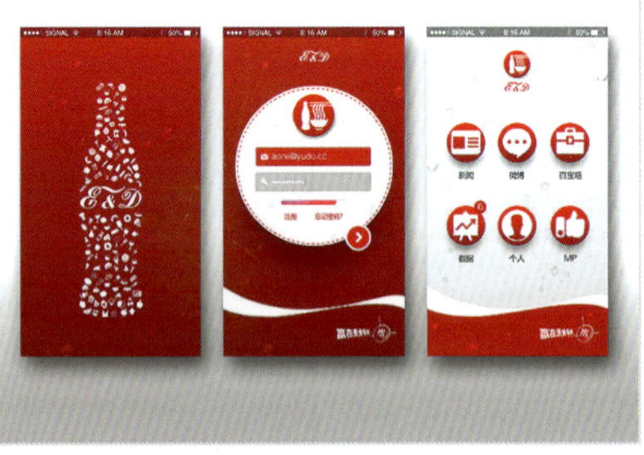

图4-67 UI中色彩的识别性

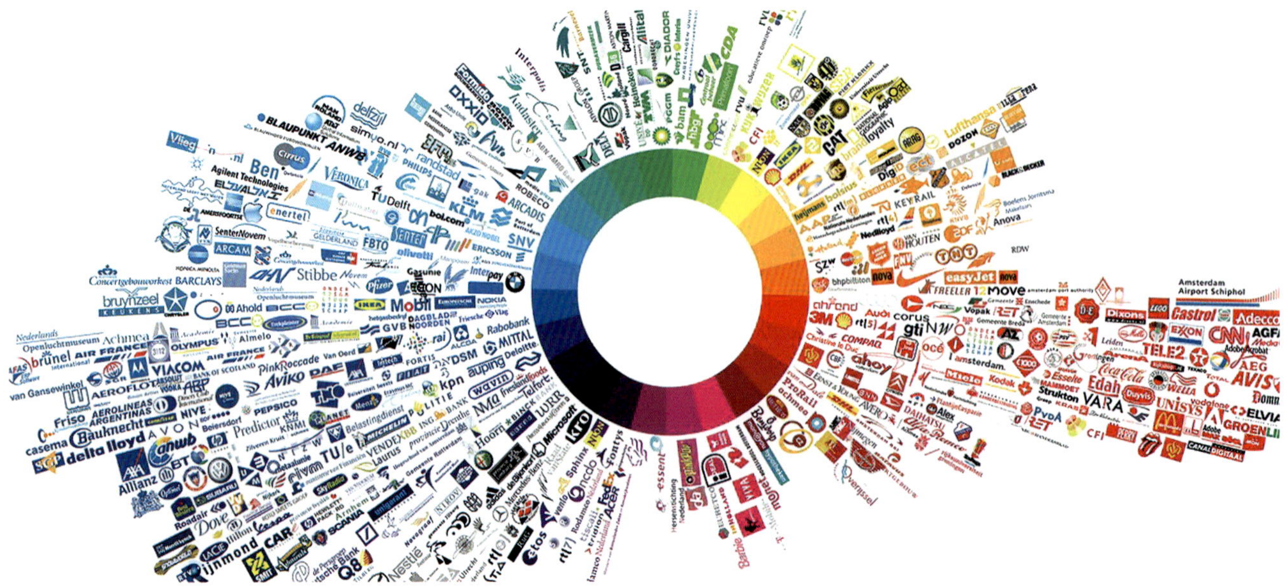

图4-68 知名品牌的色彩识别

4.2.6 UI 设计中色彩的风格定位

1. 准确定位 UI 的色彩

前面分析了如何通过颜色去感觉情绪。这里简要讲解如何根据产品定位和UI主题去捕捉色彩，也就是所谓的情绪版（Mood Board）。情绪版是指对要设计的产品以及相关主题方向的色彩、图片、影像或其他材料的收集，从而引起某些情绪反应，以此作为设计方向或者是形式的参考。情绪版帮助设计师明确视觉设计需求，用于提取配色方案、形成视觉风格、提升材质质感，以指导视觉设计，为设计师提供灵感。（图4-69）

（1）用户体验关键词（User Experience Keywords）。

首先，通过对产品和UI主题的理解与认识，以及用户研究等得出原生体验关键词。然后，根据所得到的关键词扩容信息，通过头脑风暴画出关键词的思维导图，寻找衍生、扩展关键词。

（2）收集相关图片，可邀请用户、设计人员或决策层参与，提取图片生成情绪版。（图4-70）

基于原生关键词和衍生关键词，通过网络收集大量的对应的素材图像，并配合定性访谈了解选择图片的原因，挖掘更多背后的故事和细节。

（3）衍生关键词的分析，多维度诠释：从视觉映射、心境映射、物化映射三个维度对其进行分析和诠释。

（4）对情绪版进行色彩分析和质感分析。最后，将素材图按照关键词聚合分类，提取色彩、配色方案、机理材质等特征，作为最后的视觉风格的产出物。

2.UI 的色彩风格（图 4-71）

图4-72，以低明度冷色为基调，将主要的UI框体和图形色相控制在同类色的范围中，这样的配色常用于塑造坚硬厚重的UI形象。

图4-73，在低明度基调上，暗部的深灰色与少量高明度、高纯度色彩组合，产生了充满戏剧性的界面色彩效果，是比较典型的男性化的配色之一。

图4-74，在鲜艳的纯色中加入白色，形成色相明确的高明度色调，白色越多感觉越柔和，具有女性化的特征，是女性容易接受的配色。

图4-75，具有活力的明快鲜艳的配色是符合儿童心理特点的色彩，其特点是色彩明度和纯度高，色相丰富，对比强烈。

图4-76，表现UI的科技感时，通常背景色多以低纯度或具有色彩倾向的低明度色彩为主，界面框体和元素多以高明度和高纯度的冷色来表现。

图4-77，以中等明度的长调为色彩基调，在整体的色调中加入土黄或深棕色，多用于怀旧和具有历史感主题的UI表现。

图4-78，暖和浓郁的色调配合柔和光线的变化来表现华丽富贵感。

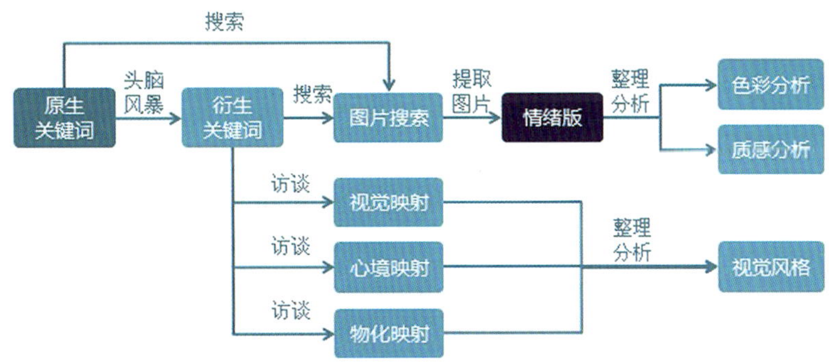

图4-69 UI色彩视觉风格研究的方法流程

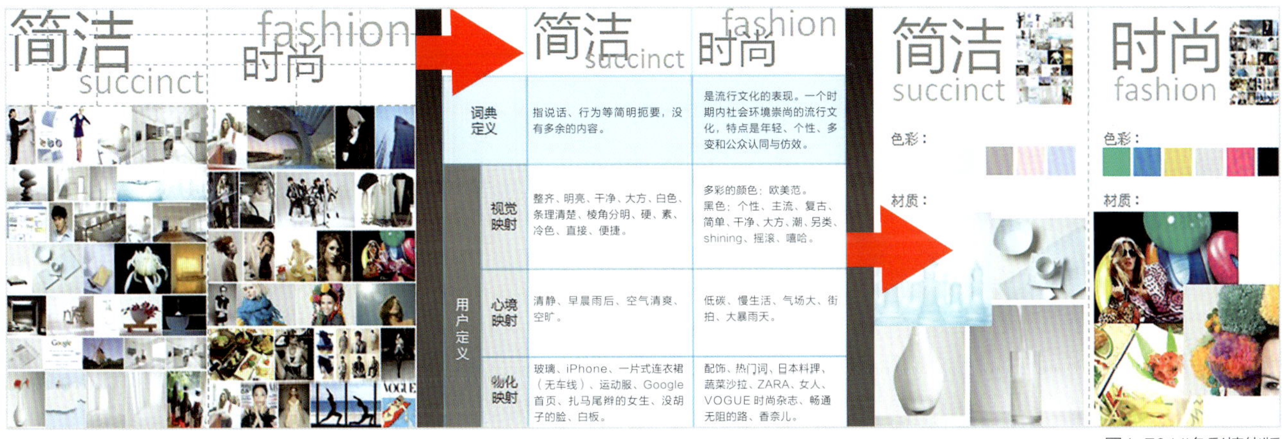

图4-70 UI色彩情绪版

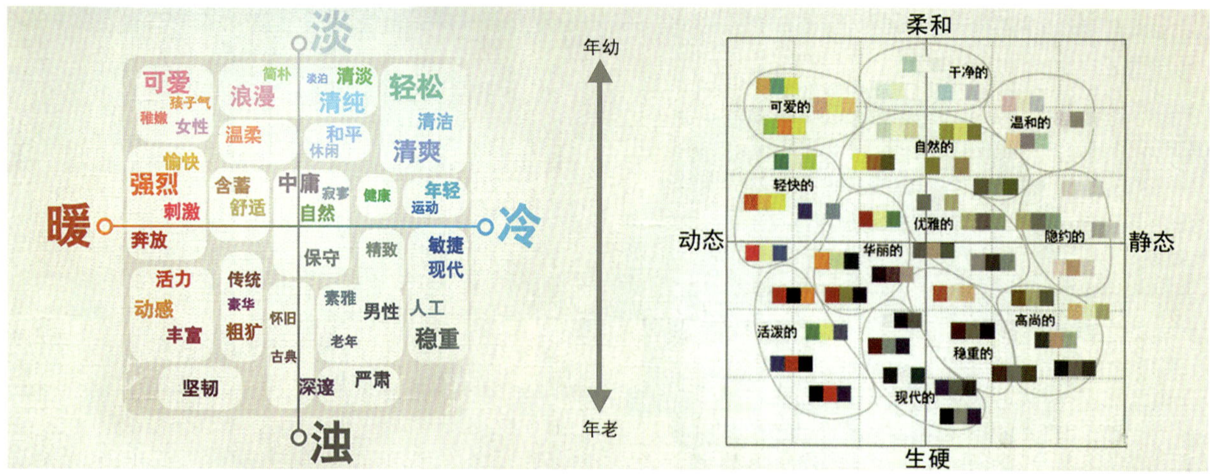

图4-71 UI的色彩风格

图4-72 坚硬厚重的配色

图4-73 男性化的配色

图4-74 女性化的配色

图4-75 儿童化的配色

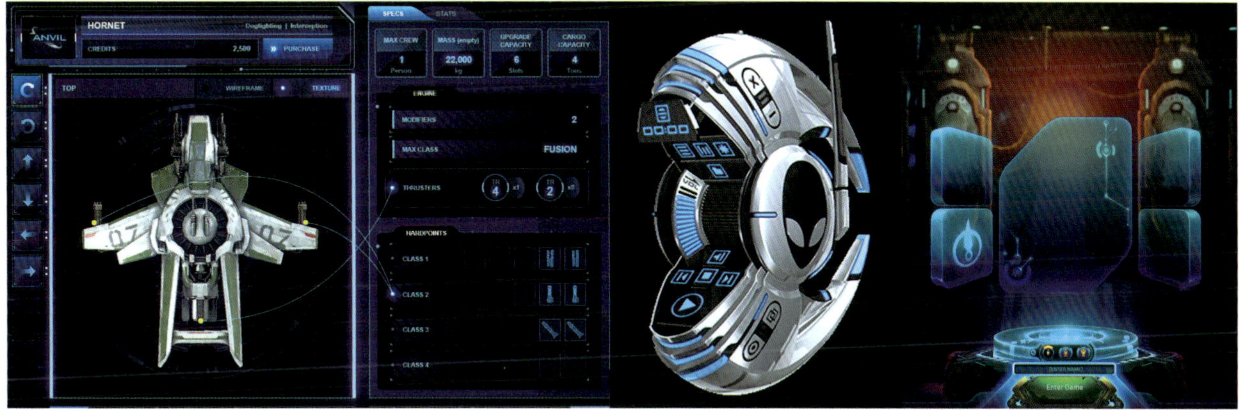

图4-76 科技感的配色

图4-77 怀旧感的配色

图4-78 奢华感的配色

4.2.7 UI 设计中的色彩禁忌和色彩引导

UI设计中，色彩数量过多会影响UI的可用性，容易造成画面花哨、混乱，会使UI整体色彩影响力变弱。避免色彩混乱最有效的方法是控制色相的数量或者使其产生有序的明度和纯度的变化。此外还要通过面积、位置的关系来进行色彩的布局和搭配，如图4-79。

将UI中的信息控制在舒适的明暗和色调对比之下进行呈现。高纯度、高明度的补色对比作为文字信息和背景，将使用户感到过度刺激而无法持续注视；中等明度、低纯度的冷色调对比具有较舒适的视觉感受，适合呈现较大量的信息；高长调的明度和纯度对比适合少量重要或提示类信息的呈现，如图4-80。

通过色彩的层次建立UI中的信息层次。重要信息，使用高明度、高纯度、强对比的色调；次要信息，使用较高明度和纯度，色相对比较强的色调；辅助信息，使用中低明度和纯度，色相对比较弱的色调；非必要信息，使用最低明度和纯度以及最弱的色相对比的色调，如图4-81。

图4-82，找到所有红色字符（色彩）和所有“N”字符（形状），哪个任务更容易？这个测试结果正印证了前面所讲的色彩是第一视觉语言，其作用先于形状。因此，UI设计中以色彩为主，结合形状、位置来引导信息的先后顺序，如图4-83。

图4-79

图4-80

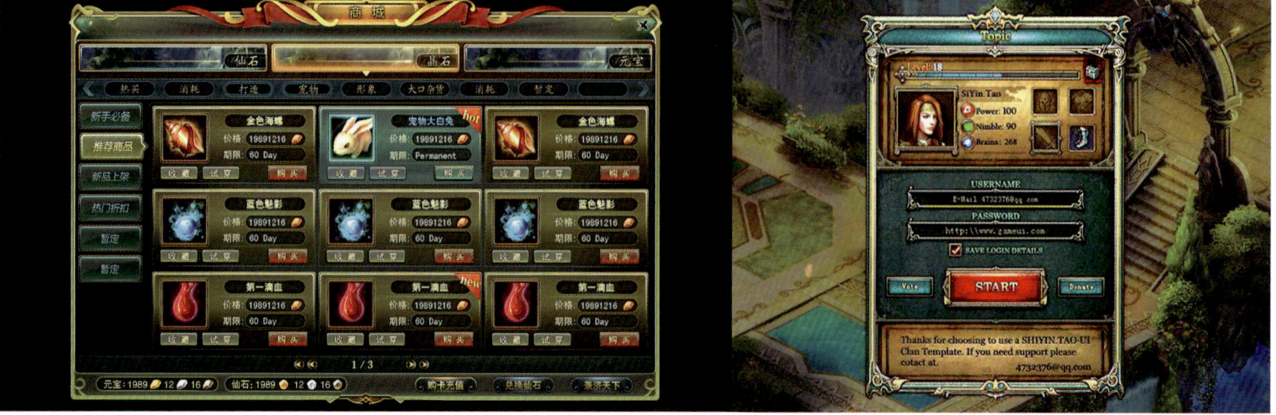

图4-81 UI的信息层次

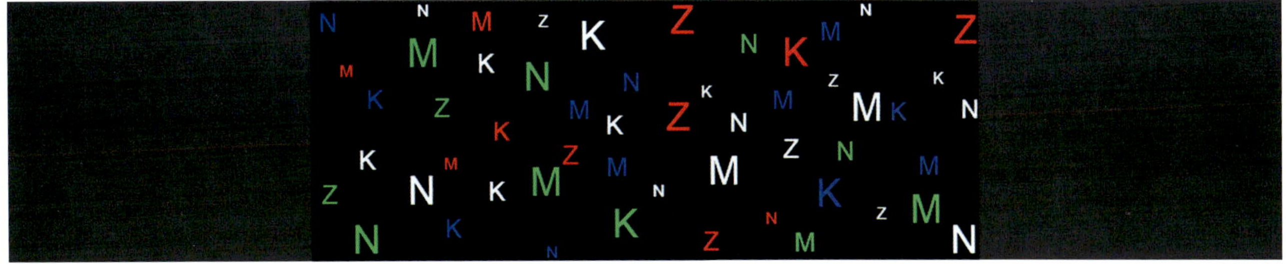

图4-82

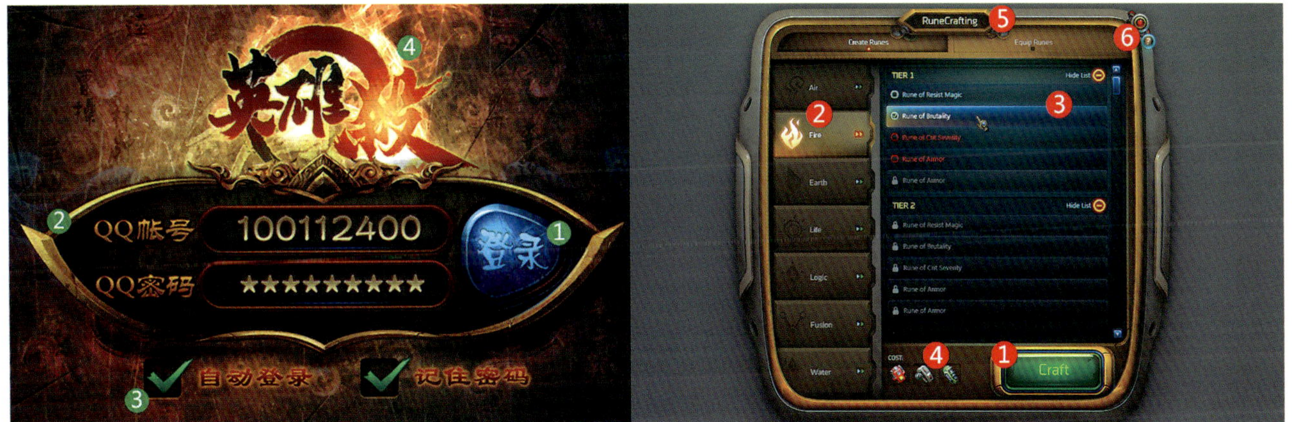

图4-83

4.3 UI设计中的视觉要素

这一部分将介绍在各种类型界面设计中共有的视觉要素，它们可能是具体的对象，如图形图像、文字、图标、动画和视频等，也可能是用视觉元素来设计并营造出的界面空间、质感、视觉流程等。这里仅对一些视觉要素做简要的介绍和说明，在后面的章节中将根据设计的主题和对象的不同再对其做具体的阐述和分析。

界面视觉元素中具体的对象包括以下几种。

文本对象：正文、标题、名称、描述、标签。

图形对象：光标、图标、图片、视频、动态图形、Logo、头像、地图、广告。

容器框体：窗体、模块、对话框、浮层、嵌入层。

可操作控件：可点击对象（按钮、链接、页签、导航、页码）。

可输入对象：单行文本框、多行文本框。

可选择对象：单项选择器、多项选择器、下拉选择框、列表框。

可拖放对象．模块、列表、对象、操作、集合。

界面视觉设计通过表面拟态来进行表达，并传递功能和操作流程信息。

表4-1 容器框体

按钮	内容	输入	临时会话
默认 光标经过 按下 复原	标题 正文 段落 图文关系	表单控件 交互组件	对话框 浮动层 虚拟页

4.3.1 图像与文字

1. 图像

在界面视觉设计中，图形图像比文字占有更重要的位置。首先，它是人类具有共识性的视觉语言，在认知上能够打破语言文字沟通的鸿沟，使不同文化背景、地域的人们能够通过图像理解界面所要传达的信息，如图4-84的网页界面，左图通过图像让人仅凭第一印象就能明白这是一个倾向于流行音乐主题的网站；右图是电影《圣战士》的主题网站，典型的视觉元素使二战主题不言而喻，界面框体中人物形象作为交互按钮出现，当光标指向时则出现相应功能的文字辅助说明。首先，图像的直观、感性、浅显比文字描述更容易理解、更具有感染力，也更有具装饰性、视觉表现力和审美的意义。其次，在用户对界面信息的处理上，图像是整体感知和认知的并行处理过程，用户可以按照自己的动机从多角度感知和认知图像。因此，视觉和认知对界面图形图像信息处理量较大，图形图像的直观性、形象性也能够减少用户的记忆负担。

2. 文字

相对图像而言，文字传达信息更为准确、详尽。UI视觉设计中，利用不同的文字、字体所具有的不同风格和内涵，能更准确地传达信息，增加界面亲和力，对界面的整体视觉效果也有很大的影响。字体也可以理解为文字的一种图形样式，字体的大小、色彩以及动与静等因素的把握均能提升界面的视觉感染力，如图4-84中标题的四个字，模仿街头涂鸦的风格，传达出倾向Hip Hop（街头音乐）的主题，也使界面更具有视觉冲击力。在界面导航和功能性的交互元素中，配合文字可以避免单纯使用图像、色彩而产生传递信息不明所导致的歧义现象，避免出现操作错误。

4.3.2 图标

图标是界面中最活跃的视觉元素，是符号化的图形。它需要在极小的空间里表达大量的信息，既高度抽象，又必须让人一眼就能明白它所要表达的意思，图标也是界面中产生互动的视觉元素，因此它直接关系到界面的可用性。如图4-85，无论是左图中的手机UI程序图标还是右图中的游戏技能图标，通过图标的使用使功能形象化。

首先，在界面中图标作为一种抽象、简洁的图形语言，它比文字更容易被感知，人对图标的认知程度更高，而且有更高的感知储存。其次，人对图标信息的感受和识别速度比文字更快，图标更容易引起视觉的选择性注意。最后，人对图标的记忆能力强于文字，对图标传达的信息的熟悉度更高，可以减少再次操作时的学习时间。

界面中图标的设计应该与相应的操作含义一致。首先，图标表达的信息量应该有一个合理的尺度。其次，图标应该是容易理解的，不能使用随意的图形来代表某一概念。此外，图标设计要保持统一的视觉风格，同时也要注意使每个图标具有鲜明的个性。如图4-85，左图中的图标都是采用矢量软件绘制的，都具有微质感扁平化形态；右图则采用了CG手绘，并突出质感和光效，两组图标都具有统一的风格，通过质感、色彩、形态的塑造，又使每个图标各具特点、个性突显。

图4-84 UI中的图像和文字

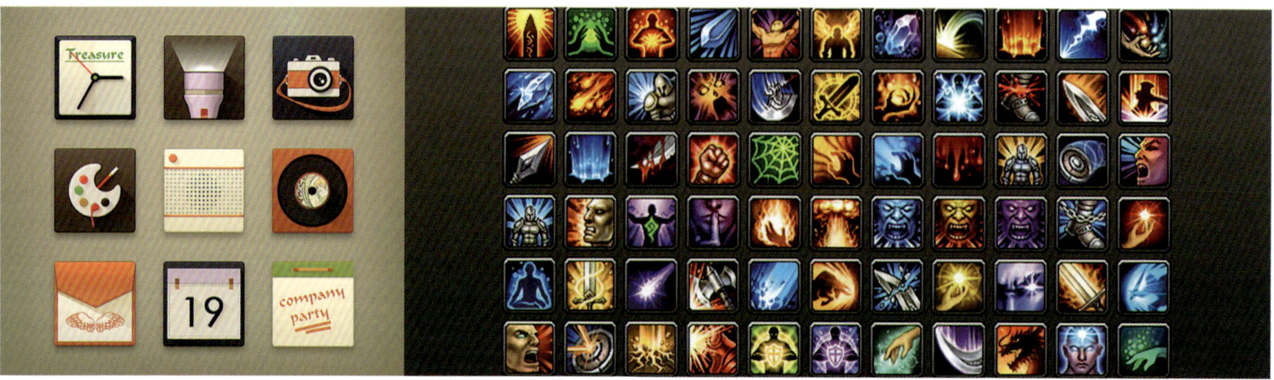

图4-85 UI中的图标

4.3.3 动画和视频

动画和视频的应用增加了界面的空间性和时间性，动态图像具有的变化性能给用户带来意想不到的视觉冲击力，并且可以在有限的面积内极大地丰富界面所要表达的信息。利用界面中的动画、视频元素，有助于营造气氛、刺激情绪。对用户来说，动画不仅仅是视觉心理上的一种调剂，可以从中得到愉悦感，它还是想象空间的一种延伸，并可以产生联想以促进信息的有效加工。由于动画在信息的方向性诱导方面具有优势，使界面能够更有效地影响用户的视线运动轨迹。满屏的动画更可以完全控制用户的视觉流程，如图4-86中的网站界面，各个页面场景的切换都通过一段树状生长的动画来完成，在“生长”的过程中自然地引出界面中的按钮、内容等，而这些按钮也由动画的元素构成——游动的鱼、水中的鹤、过桥的行人等，流畅的视觉流程营造了深远的意境，带给浏览者愉悦的视觉体验。

UI中的动画还包括UI状态信息、功能元素的动态呈现，如Loading（载入进度条）、动态按钮、动态图标、动画信息图表、动画及互动广告等，如图4-87。

UI中的视频主要是用于表现更为具体和形象的视觉元素，以及具有真实效果的UI转场、广告等，如图4-88。

UI中动画和视频表现追求的是信息的准确、意念的清晰。这取决于两个方面：一是视觉风格和表现手法；二是动画时间的把握，节奏的快慢。此外，界面中动画元素不能是无序的堆积，不恰当和频繁地使用动画反而会影响用户的注意力，传达错误的信息，造成视觉疲劳。

图4-86 UI中的动画

图4-87 UI中的动画

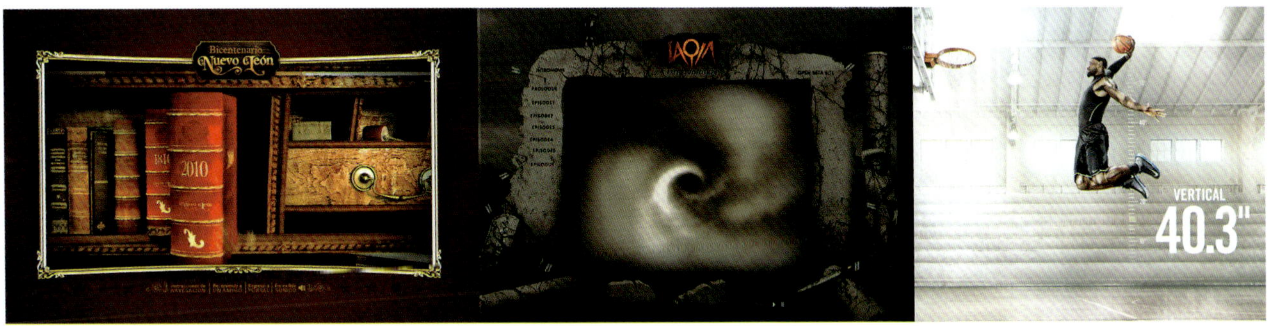

图4-88 UI中的视频

4.3.4 空间

对UI设计师来说，设计不是将视觉元素填满界面的空间，而是巧妙地运用正负空间和深度空间合理地布局和呈现视觉元素的层次。

1. 正空间

界面构成的主体视觉要素，主要是与形态构成有关，可参考4.1.1中有关基本造型元素的内容。

2. 负空间

负空间是主体视觉要素之外不包含任何具体内容的界面空间，负空间和留白（空白）的术语近年来被交替使用，严格地说界面中负空间不完全等同于空白，而是特指任何与背景功能相似的空间。因此，它可以是白色、黑色或其他任何颜色，也可能是由多种颜色构成但色相或明度接近的、微妙的纹理。负空间同样是界面形象的重要组成部分，是空间形象的表现，并给人以想象的空间。

负空间在界面构成上有着不可忽视的作用，它能够加强正空间视觉要素的视觉冲击力和吸引力，突显主题、主次分明，能够使用户迅速地识别设计的不同部分，同时也让文字更易读，同时有利于视线流动，破除沉闷感，在界面的虚实处理中也有特殊的作用。出于习惯，通常大部分设计师都是先将有形的设计要素，如图形等的大小、放在什么样的位置上或它应该旋转成怎样一个方向考虑清楚后，再去设计作为背景的空白空间（负空间）的形状。因此，图形的大小、位置和方向决定了版面负空间的形状，它们互相渗透、相互衬托形成虚实相生的好作品。虚实作为一种对比的表现形式是为强化主题服务的。画面构成中必须有虚有实，虚实呼应。（图4-89）

负空间还有助于引导视线，为设计建立层次，区分重点和关键。视线会立即移动到被负空间包围的元素上，负空间除了可以增强界面中元素的视觉冲击力，还可以平衡与调和界面的工具和组织内容。无论是元素分组、导航，还是通过滚动条了解内容量的大小，所有这些视觉线索，都来自设计中负空间的合理运用。

重点使用负空间（留白）的地方：Logo周围、每个导航按钮或图标周围、两列文字之间、在主体部分与边栏之间、在使用视觉差效果的每页“滚屏”之间……

此外，在视觉设计中，负空间也是重要的造型元素，利用正负空间关系的变化，可以设计出独具创意的界面。

3. 深度空间

在向用户传递信息的过程中，界面设计要求通过合理的深度空间表现或隐喻来呈现界面的层级结构和相互关系，将空间深度变化为能帮助传递一定信息的视觉表达元素，其存在的核心意义是“层次”和“秩序”。

界面所产生的空间感，不仅取决于实际显示空间的大小，更取决于用户对空间的心理感受。因此，在有限的界面空间中通过视觉设计营造出宽阔的视觉心理空间，改善实际空间局限带来的拥挤和压抑感，有利于用户舒适愉快地与界面进行交互。

在摄影和绘画中，一般都有前景、中景、背景的层次划分，同时对光线的运用使二维的画面产生三维空间的效果。首先，在界面设计中，为了营造三维空间效果，同样可以利用图形、图像、文字、动画、色彩等界面元素的组合，形成大小、形状、色调、疏密、虚实的对比关系，进而创造出明晰的空间层次。前景（如功能按钮）可以对比强烈，中景（如窗口面板）用中度对比，背景（如界面底纹）应该对比柔和、轻淡。这种清晰、和谐的层次关系，可以极大地提高界面整体的艺术效果。其次，运用不同的手法对点线面等元素进行组合、渲染，利用图形的透视、色彩及光影效果使界面三维空间感得以加强，将界面营造成一个透视深邃无垠的广阔空间。另外，利用图形的遮挡及重叠关系同样可以创造出迷人而饶有趣味的三维空间。如图4-90，空间感的表现手段，左图利用了虚拟的焦点形成了导航按钮和背景的虚实对比；右图利用按钮图形的倒影来表现空间感是常用的方法之一。在图4-91中，左图作为前景的框体明度较低而背景明度相对较高，配合星空的图像，塑造了深远的空间感；右图通过面的转折和光影完成空间的塑造。

在UI中，空间纵深感的表现手法有以下六点。

（1）空间透视：近大远小，近实远虚，近疏远密（线条的疏密变化产生的空间感）。

（2）遮挡：一个形叠在另一个形之上，会产生空间感。

（3）投影：利用阴影表现，阴影的区分会使物体具有立体感和物体的凹凸感。

（4）平行线：改变排列平行线的方向，会产生三次元的幻象。

（5）色彩透视：利用色彩属性的变化产生空间感。

（6）动态：界面设计可以有效地利用交互及动态图形，通过有组织、有目的的设计理念和设计手段，把时间与

图4-89 UI中的负空间

图4-90 UI中的空间表现

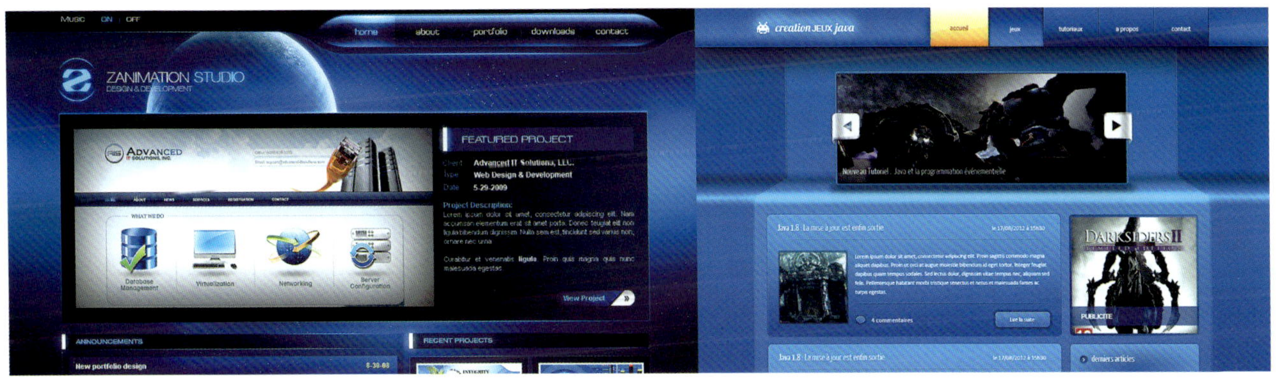

图4-91 UI中的深度空间

空间串联起来，结合现实中的三维空间及时间，从而扩大界面视觉语言的表现力。

①不同图层运动速率的不同，会产生逼真的纵深空间。而iPhone手机UI将这一原理具有创造性地应用到交互的过程中，具体呈现的效果是基于主界面前景的图标和背景空间图像，随着屏幕角度的变化带来类似于视点变化的效果，形成前景遮挡背景的空间关系，以此来隐喻深度空间的存在。如图4-92中，界面图像分为前景、中景、远景三个层次，这三个层次的图像根据光标的左右位移而进行不同速率的由 x 轴向反向位移，因而形成了虚拟的纵深空间。

②动态过渡对空间的表达。动态的转场过渡越来越多地被运用在界面中，常配合手势使界面对空间深度的隐喻更为深入和自然。渐隐渐显相对于变形和三维翻转比较轻量；同样是移动，时间、速度、加速度、距离的不同组合造成的心理感受也会大不一样。有空间表现的动画过渡要流畅、自然和灵活，其动画幅度需要适度并有细节的表现。常见的例子是类似几何体通过面转折的方式进行同级界面的转换，或者类似于iOS7中应用图标通过缩放展开应用程序界面。

③将表现纵深感的手法应用到动画中，为界面带来“深度”和“活力”。界面的动态图形也通过创新表达空间的深度，这种创新不一定是颠覆性的，或许仅仅是基于以前的一些微小细节的变化。例如，在淘宝网的网站界面中，加载页面内容的“等待”动态图形，使用了在深度空间中平行于 z 轴向上的一组圆形以 y 轴为圆心转动，这些圆形是完全扁平化的色块，但通过色彩和体量的变化以及遮挡关系，隐喻了纵深的三维空间的存在。

4. 矛盾空间

所谓矛盾空间是指在真实空间里不可能存在的，只有在假设中才存在的空间。矛盾空间的运用能够增强界面中的趣味和视觉奇观，给用户不同的视觉体验。（图4-93）

4.3.5 质感

1. 质感是什么

质感又可称为“质地”或“肌理”，是视觉或触觉对不同物态特质的感觉，指材质在色彩、光泽、纹理、粗细、厚薄、透明度等多种外在特性上所呈现出来的综合表现，是具有情感特征的视觉要素，如平滑感、湿润感、粗糙感、坚硬感等，都是对质感的形容。

质感是一种心理印象。质感的心理反馈是质感心理提取的目的和关键。

材质元素的视觉功能与触觉功能，是拟物化图标设计形式中极为重要的组成部分，是具有强烈情感因素的设计元素，必须十分重视材质元素才能达到良好的审美效果和视觉体验。材质的美感主要通过材料本身的质感，即色彩、纹理、结构、光泽和质地等特点表现出来。

图4-92 UI中的交互动画表现纵深空间

图4-93 网站UI和游戏中的矛盾空间

2. 质感与界面表现的关系

在UI视觉设计中，我们运用不同质感的视觉表现来关联触觉感知的经验，将二次元的视觉感知与三次元的触觉感知进行结合，以增强视觉效果和感染力。UI中质感是很重要的造型元素，具有极为丰富的感染力，图4-94为不同质感的图标和各种金属质感的播放器界面。

（1）建立感觉基础，触动记忆印象，引发情感共鸣

对质感元素的运用，不仅延伸了UI视觉空间的表现力，同时也是决定UI视觉风格的主要因素，对情感也具有强烈的影响力。如图4-95中的两个网站，左图粗糙的岩石、光滑细致的大理石柱、金属框体和塑像、纸质的卷轴、玻璃体的指南针等，其丰富的质感对比营造了具有恢宏文明和历史感的氛围；右图则用玻璃和金属两种质感配合细腻的光线变化来表现科技感和未来感。

现实世界中的绝大多数物体都并非是完全平整光滑的。纹理能给界面带来多样性，能够让平淡无奇的对象变得具有自身的特点和生命力。纹理可以丰富视觉效果，同时还能让页面看起来更有深度。在界面设计中使用适当的颜色过渡，再加上一些纹理效果，可以减少颜色的条带效应，使颜色过渡得更自然。在CSS3（层叠样式表3）里面使用多层背景也意味着能以最小的文件大小来实现纹理化。同样在Photoshop里也可以用一个被设置为图案的形象来重复填充整个背景，如图4-95左图的放大部分。

真实的细节和环境背景表现得当，能够唤起用户的回忆，还能够唤起用户的触觉、味觉、嗅觉、听觉等的再现，这种回忆不仅是对象的表象，也包含事务所关联的一种情景，还是通感在UI设计中的应用。如图4-96，有质感比无质感表现的时钟图标更具情感意义，不同质感的表现能够触发不同的情感联想。

（2）表达厚度和体量

不同的质感处理方法对界面和图标的厚度和体量感觉影响不同，如图4-97。

（3）强化界面情景表现

对于拟物化的界面产品，细节和质感的细致刻画和表现对于主题所定义的环境还原更为真实，能够强化界面的情景表现，使产品更具融入感、沉浸感，如电影主题网站界面、游戏界面，如图4-98。

3. 质感的构成要素

（1）色彩

色彩表达着人们的信念、期望和对未来生活的预测。在界面和图标设计中，色彩的三要素（色相、纯度、明度）的细微差异，都会对人们的心理感受造成影响。具体参见4.2.1UI中色彩设计基本理论。

（2）光影

由于光线直进的特性，遇不透光物体则形成暗部区域，俗称“影子”。在界面和图标设计中，光影的表现能帮助设计师塑造和感受形体。在设计实践中，要从整体空间去考虑界面或一组图标中光源的一致性，以及其造成的阴影、反光、倒影等效果，如图4-99。

图4-94 不同质感的图标和播放器界面

图4-95 不同质感的网站UI

图4-96 时钟图标的质感对比

图4-97 质感表现对厚度和体量的影响

图4-98 强化界面情景表现

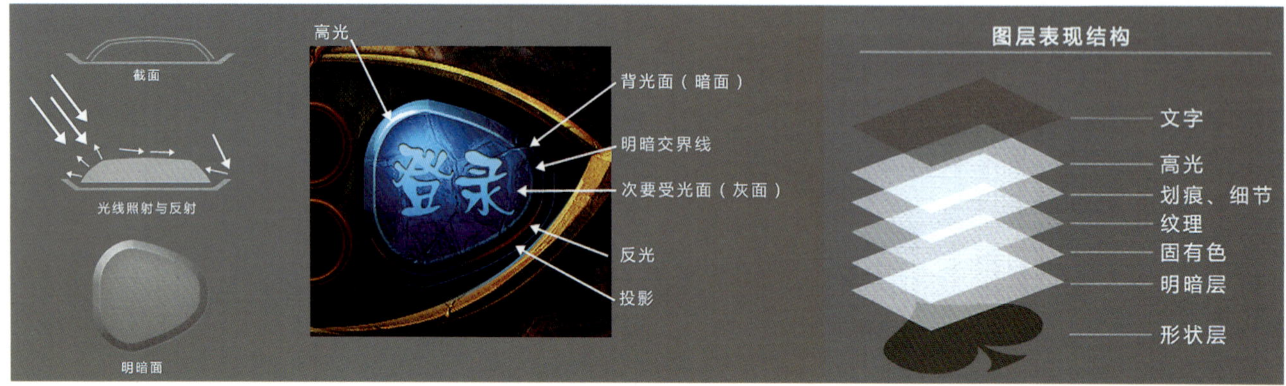

图4-99 光影表现（刘刚）

（3）纹理

物体上呈现的线形纹路，也可以理解为更加细节、微观的一种光影表现。在界面和图标设计中，可以通过绘制、贴图、Photoshop滤镜等方法对物体所固有的物理特质进行模拟表现。纹理能够影响轻重、虚实、粗细、软硬、新旧、光滑或粗糙等感觉的产生。

4.3.6 视觉流程

界面信息通过视觉元素传达，界面的设计必须适应人们视觉流向的心理和生理特点，由此确定各种视觉构成元素之间的关系和秩序。

视觉流程是人的视觉在接受外界信息时视线流动的过程，它是一个由总体感知、局部感知和最后认知三个阶段所组成的心理感知过程。这是由于人眼只能产生一个焦点，受视野范围的局限，不能同时接受所有的物像，必须按照一定的视线流动规律来感知视觉信息。这种视线的流动既有随意性，又有一定的规律和顺序，往往会体现出比较明显的方向感，形成一种无形的脉络，似乎有一条路径使整个界面的视觉过程有一个主要的趋势。依据心理学的研究，在一个有限的界面空间中，上半部分让人感到轻松和自在，下半部则让人感到稳定和压抑。同样，界面空间的左半部分让人感到轻松和自在，右半部分让人感到稳定和压抑。所以在界面空间中上方视觉影响力强于下方，左侧视觉影响力强于右侧。这样界面空间的上部和中上部被称为“最佳视域”，也就是最优选的地方。因此，界面中导航和菜单或者需要引人注目的标题一般放在上方，软件中工具栏一般放在左侧。

视觉流程是一种“空间的运动”，是视线随着各种视觉元素在空间中沿着一定轨迹运动的过程。界面中的视觉流程设计，是UI设计师按照界面信息传达的目标，通过对界面视觉流程的规划和设计，实现对用户的视觉引导。在符合逻辑和心理认知顺序的基础上，使用户按照UI设计师的设计意图，以合理的顺序和快捷有效的方式认知界面的功能和信息，提高界面的易用性和交互体验。如图4-100表现了均匀分布的UI信息下视线从左至右、从上至下的流动，以及通过色彩的引导后产生的视觉流程的变化。

要获取用户在某一界面的视觉流程信息，通过眼动仪和可视化软件进行眼动追踪分析是当前较为科学有效的手段和趋势，眼动追踪也是UI设计中进行用户研究的经典方法之一，这一点在2.1.6中已经提到过。

1. 普遍的视线流动规律

（1）视线流动呈现直线的状态。

（2）位置关系的视觉流程。在视觉元素较为均衡的界面，视线倾向于由左上角开始顺时针观察，即从左至右、从上至下、由内至外，由中心至周边的视线流动。

（3）形态关系的视觉流程。在视觉元素具有明显对比的界面中，视觉注意力往往会先落在视觉刺激最强的点上，这有可能是UI整体指向性的区域，或者是视觉平衡的重心点，如图4-101。然后按照视觉元素的关联性和刺激由强到弱地流动，视线在界面最具吸引力的视觉焦点停留时间较长且较稳定。

（4）视觉流动具有主观选择性，往往是选择感兴趣的视觉物像而忽略了其他要素，这是造成视觉流程的不规则性与不稳定性的主要因素。

（5）视觉流动总是反复多次的。视线在视觉元素上停留的时间越长、次数越多，获得的信息量就越大。反之，就越少。

2. 视觉引导与暗示

视线的诱导因素主要是有方向的线或具方向感的结构。

前文曾提到，UI中的任何视觉形象都具有视觉引导性。

（1）“点”的视觉引导（见4.1.1中“1.UI中‘点’的视觉构成”）

（2）“线”的视觉引导

垂直线会引导视线上下运动，水平线会引导视线左右运动，斜线会引导视线由左（下、上）向右（上、下）运动，不断改变方向的折线、曲线将使人的视线按其方向的改变而流动，如图4-102中的曲线。

（3）面的视觉引导

正方形引导视线向对角线和四边的方向延伸；圆形引导视线呈辐射状扩散；三角形、箭头引导视线向顶角方向延伸，如图4-102中的箭头。

（4）动态视觉元素

视觉元素的动态呈现能吸引用户的注意力，并将用户的视线向其运动方向引导。

（5）色彩视觉元素

具有强烈的色彩信号的视觉元素，能吸引用户的注意力并引导视线。

（6）形象化的视觉元素

形象化的视觉元素——导向视觉流程，如人物的视线、面孔的朝向、手指的方向等，都能够引导视线，如图4-102中的手势导向。

界面中，形态的视觉引导功能还体现在形态的相互关系之中，如由大到小或由小到大，由强到弱或由弱到强，由疏到密或由密到疏，由黑到白或由白到黑等。成组的、规律的、相似的视觉元素也具有引导视觉流程的作用，并具有韵律感，如从大到小渐变的排列，视线会向一个方向流动，对称的疏密渐变的线条，可将视线向纵深方向引导。

在进行视觉流程设计时，要考虑到视域的优选和信息的主次排序，在最佳视域放置承载重要信息的视觉元素。

遵照这些视觉规律能更有效地进行界面的视觉引导，使视线由主及次，突出重点，将界面中视觉元素有机地关联起来，形成脉络清晰的视觉流程。就像大树的树干，始终有一条主线贯穿界面，而细节犹如树枝一样逐渐生长出来。

当然，视觉流程总体上应该说是一种感性的设计，没有客观的公式可循，只要符合人们认识过程的心理顺序和思维发展的逻辑顺序，就可以更为灵活地运用。在界面视觉设计中，灵活合理地运用视觉流程和最佳视域，组织好自然流畅的视觉导向，就可以直接影响信息传达的准确性和有效性。所以，在界面视觉设计中，视觉导向是一个要点，要符合人们的思维习惯，使视觉流程自然、合理、流畅。合理地运用界面视觉要素来设计视觉流程，能够使界面上各种信息要素在有限的空间里合理分布，并产生好的节奏和韵律感。

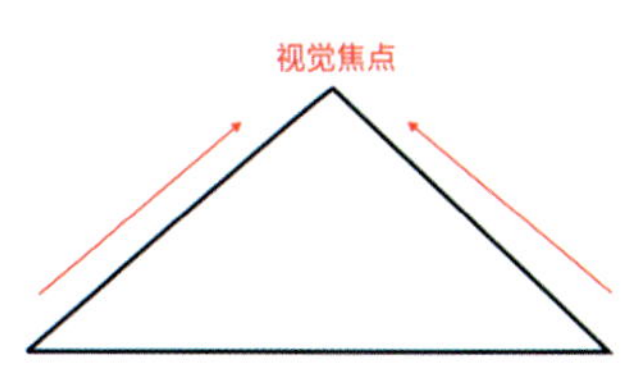

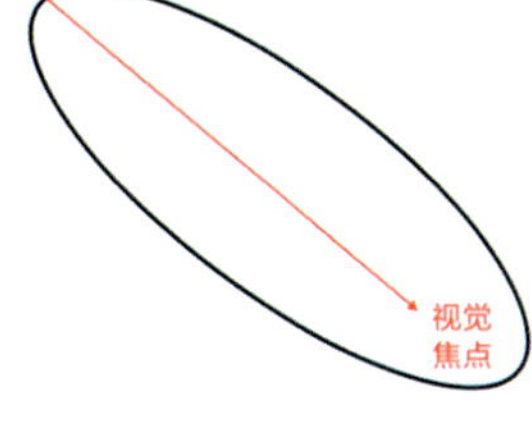

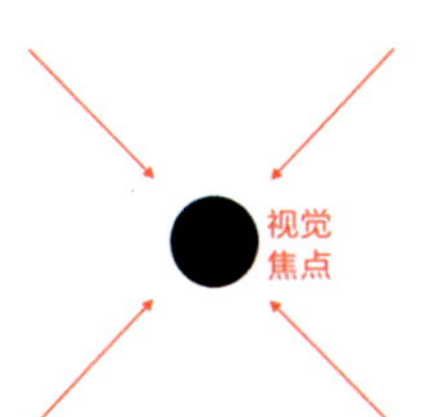

图4-100 移动UI中的视觉引导

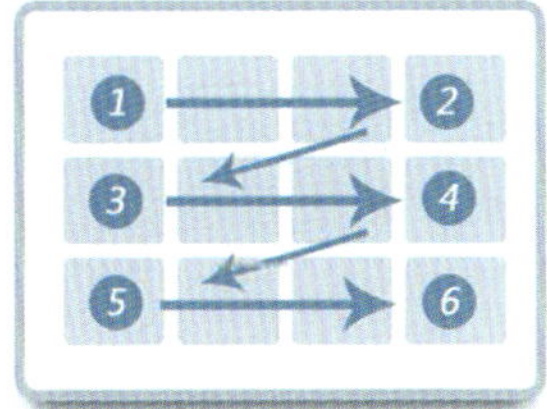

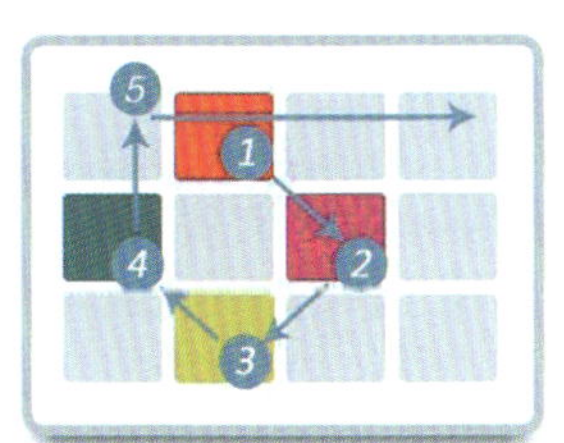

图4-101

图4-102 UI中的视觉引导

教学导引

小结：

本章主要讲解了基本造型元素在界面中的形态特征，以及界面中形式美的规律和共性；阐述了界面色彩的感知特性和色彩心理及情感表现；介绍了界面视觉要素的构成原则和设计方法。

课后练习：

1. 以一个现有网站为例，从形式美感的角度分析与讨论其界面视觉设计的特点。
2. 以同一个网站为例，分析和讨论界面的视觉流程设计，绘制出界面上视线流动的轨迹。

第五章 UI 图形设计

图标设计

像素图形设计

矢量图形设计

信息图形设计

UI 动态图形设计

重点：

1. 明确图标设计的原则、方法和流程，掌握图标系统化设计和细节表现的方法和技巧。
2. 掌握像素图形和矢量图形绘制的方法和技巧，并能够在界面设计中进行应用和表现。
3. 理解界面中信息图形的概念及表现要素，掌握界面信息图形的设计方法。
4. 了解界面动态图形的属性、类型和作用，以便为后续动态设计课程提供理论支撑。

难点：

掌握图标系统化设计的原则、流程、方法和技巧，能够精细化设计不同应用类型的图标；能够在界面设计中熟练应用像素图形和矢量图形，掌握界面信息图形的设计方法。

5.1 图标设计

5.1.1 图标设计概述

1. 图标的应用

图标（Icon）作为一种重要而基本的承载功能的视觉元素，以各种规格、形式存在于PC、移动系统、软件、网站、多媒体应用、游戏以及其他各种平台和应用中。

2. 什么是图标

在汉语中我们经常分不清标识、标志、图标三个词。而在英语中它们却是完全不同的三个词，我们可以借此来区分一下这三个词的概念，如图5-1。

标识（Sign）：符号、指示牌。

标志（Logo）：品牌识别的重要载体。

图标（Icon）：具有明确指代含义的计算机图形，UI中承载功能的图形图像符号。

“icon”这个词起源于希腊语“eikon”，原意为图像，在字典里被定义为宗教的“图腾”“圣像”，后来又引申为“偶像”。随着计算机图形操作界面的出现，icon被赋予了新的含义：具有明确指代含义的计算机图形。

汉语中图标的概念有广义和狭义之分：

广义——具有指代意义的图形符号，它象征着一些众所周知的属性、功能、实体或概念。具有高度浓缩并快捷传达信息，便于识别、便于记忆的特性。

狭义——计算机软件界面中的图标，应用程序以及软件中某些功能的图形替代物，如程序、数据、按钮等。

图标在计算机可视操作系统中扮演着极为重要的角色，它不仅可以代表一个文档、一段程序、一个网页或是一段命令，还可以通过图标执行一段命令或打开某种类型的文档。

图5-1 标识、标志、图标

在UI设计课程里，我们将图标设计定义为：人机图形交互界面中具有功能性作用的图形图像符号设计。

3. 图标的特性

（1）操作系统桌面图标偏重于软件标识、数据标识、状态指示，界面图标偏重于功能标识、命令选择、功能切换、状态指示。

（2）图标是一个显示设备区域，通过图形化的方式来表示对象和相应的操作。

（3）图标主要是与用户进行视觉的沟通（交互性的按钮图标中也可以施加音效，但不足以通过声音识别其概念和功能）。因此，就图形而言图标设计对概念传达的属性优先于视觉美感的属性。

4. 图标的规格

.ico是 Windows操作系统里面最常见的图标文件格式，这种格式的图标可以在Windows操作系统中直接浏览。一个.ico图标实际上是多张不同格式的图片的集合，并且还包含了一定的透明区域。由于计算机操作系统有不同的显示界面，以及显示设备具有多样性，导致了图标有不同的规格，如图5-2。图标通常都是一个正方形的像素矩阵，在Windows操作系统中图标大小为16~512px，亦有一些系统使用矢量的图标。

现在，随着移动设备的不断更新，图标的规格也随之不断地变化，通常需要根据不同的移动设备及系统输出不同规格的图标。如图5-3是iPad APP在不同应用场景中的不同规格的图标。

5. 图标的类型

图标按不同的标准可以划分成互有交集的很多类型。

不同的平台：PC或移动终端操作系统图标，其他数字设备界面图标（智能家电、汽车等）。

同一平台：系统图标、软件图标、网站图标、游戏图标等，如图5-4。

在某一个应用的UI中（如游戏）：导航图标、道具图标、等级图标、表情图标、人物信息图标等。

不同的设计风格：拟物化的图标、扁平化的图标。

不同的实现方式：手绘图标、矢量绘制图标、3D图标、图像合成图标等。

图5-2

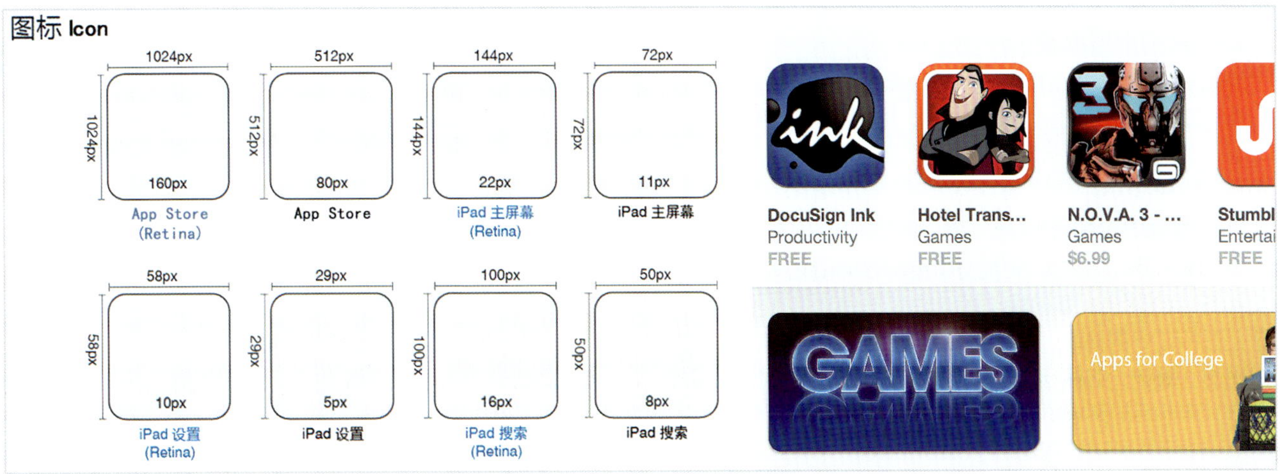

图5-3

图5-4 系统图标、软件图标、网站图标、游戏图标

5.1.2 图标设计的创意

之所以用图形而不用文字来表示概念，是因为图形比文字更直观（提升可用性）、更具情感性元素（提升情感体验），但是图形没有文字表意准确。因此，图标设计的核心思想就是要尽可能地发挥图形的优势。

1. 以用户为中心

根据项目需求，通过前期的用户研究了解目标用户的认知层次和共性特征、地域特征，使用用户理解的视觉语言和用户喜欢的设计风格来进行UI设计。以用户为中心是图标设计的核心思想。如图5-5，为了让不同地区、有不同信仰和文化背景的人都能较好地理解图标的含义，红十字会使用了不同的会标。

图5-5 不同地区的红十字会图标

2. 从功能性出发

图标是承载界面互动功能的对象，用户对一个图标进行操作是为了能完成一项交互功能。功能是第一位的，首先UI设计要满足交互功能的需要，然后才是美感和其他方面的需要。

3. 图标的识别性

见形知意，看到UI中的一个图标就明白它所代表的含义和指示的概念。要使这个概念快速准确地传递给用户，这是图标设计的灵魂。如图5-6，选择照相机的形象来指代“摄影、摄像”的概念，相对而言，右边组图的六个图标选择了大众熟悉的形象，其识别性高于左图中的两个图标。

又比如汽车数字仪表盘界面中图标的设计一定是简单明了的，且具有非常直观的可识别性，驾驶者只需要余光一瞥就能准确地理解它所代表的含义，这样也有利于驾驶安全。试想，如果界面设计得不够直观，比如车门未完全关闭、未系安全带、发动机故障等图标晦涩难懂，就会使行车的不安全因素得不到顺利的传达或者使驾驶者分心造成安全隐患。此外还要考虑以下因素。

（1）不同功能之间的识别

在很多的图标中，或者在一组系列的图标中要考虑图形之间的差异性，每一个图标都要表达一个完整的交互概念，具有很强的独立性、完整性。差异可以增添趣味，但不能有过高的相似度。如果两个元素不是很像，那么干脆让它们彻底不同，因为微小的区别会引起混淆，会让用户难以辨认，从而降低交互效率。这一点很重要，也很容易被忽略。

如图5-7，三组图标内都有相似度较高的图标。比较典型的是中间的一组以红色丝带缠绕为造型特点的图标，强调了表现形式的独特性却忽略了识别性，多组造型相似的图标使概念的呈现含糊不清。

（2）不同尺寸下的识别

图标常常要适用于不同的设备和不同的分辨率，极大或极小的尺寸规格，常常会使用不同的构图、细节表现和绘制方法（极小的图标往往会使用像素画的方法），但是要在视觉上保证对图标认知的一致性，如图5-8。

（3）为不同的用户所识别

图标要能被不同地域、不同类型的用户所理解和接受，它是一种通识的图形语言，这也是图形相对于文字的优势。

4. 合理运用图形的隐喻

图标是具有明确指代含义的图形符号，多义性是图形的特点之一，但图标只能有一个含义，因此，对图形进行设计时必须无歧义地表达出图标的含义。

隐喻是图标设计中使用的必要的思维方法，要找出物（能指）与现实（所指）之间的内在含义和关联。在界面的图标设计中，成功构筑隐喻关系的第一步是准确地了解用户需要，通过概括、归纳、想象建立事物之间的联系，然后针

图5-6 照相机图标

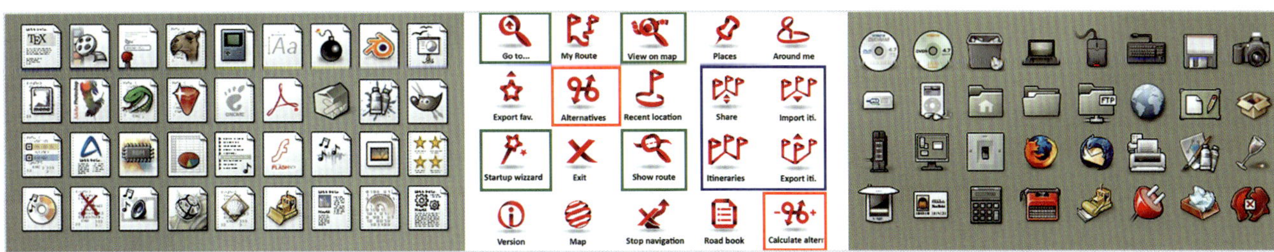

图5-7 图标的识别性——不同功能

图5-8 图标的识别性——不同大小

对这些联系来寻找其现实世界的隐喻对象。这就要求设计师要对生活进行细微的观察和丰富的联想。

如图5-9，右图中表现“回收站”概念的图标，可循环使用的垃圾桶比碎纸机更贴近用户的心理模型，因为碎纸机是不可逆的操作，不能够表达被删除的对象可以恢复这一概念。

5. 图标的图形本身避免出现文字和操作界面中的元素

常常文字会配合图标一起出现，比如桌面的程序图标下会有相应的文字，其目的是对图标的概念进行辅助性的说明，相当于多了一个传达信息的通道。但是通常设计图标时，如果图形本身就能够明确地指示其概念，那么图形中就要避免出现说明性的文字元素（图5-10中系列软件的程序图标是例外）。此外，图标和操作界面设计元素风格要一致，但不宜使用完全相同的视觉元素，以免造成层次的混乱。

6. 合理运用现存图标中通识的概念元素

在使用图形指代概念、功能时，使用大家通识的、约定俗成的视觉元素。比如在系统、软件、网站UI中，工具盒齿轮造型的图标代表的是功能设置，可以提取并沿用这个概念设计不同形态的工具盒齿轮造型的图标，如图5-11。

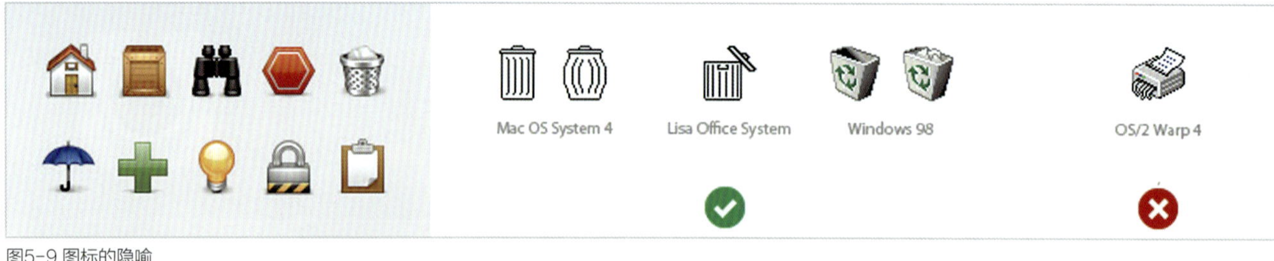

图5-9 图标的隐喻

图5-10

7. 适度的元素数量和细节表现

过于简单的形象或者缺乏应有的细节会导致指示概念不明确，而过多的图形元素和细节会分散意识焦点，加重用户的认知负担，降低可用性和交互效率，要选择最能指示概念的形象并强调和突出它，如图5-12。

8. 整体性和可延续性

在一组成套的图标中，需要有共性的视觉元素使它们形成一个整体，而且这种共性的视觉元素是能够在设计新的功能图标中得以延续的。如果这种共性使图标整体看起来协调并特征明确，就代表这套图标具有自己的风格，这样的图标看上去更具视觉感染力、更专业、更容易提升用户体验，如图5-13。

需要注意的是，共性的视觉元素可以增强统一性和秩序感，帮助用户建立联系和连贯性，但是要把握尺度，单纯和过多的重复会让人厌烦。

9. 与环境的协调性

图标存在于界面环境中，是界面的一部分。因此，图标的设计，要考虑图标所处的环境与界面的风格是否统一，如图5-14。

比如以电影《圣战骑士》为主题设计界面，可以考虑用骑士的装备如盔甲、剑盾，骑士的纹章、封印、宝石等为元素来进行拟物化的图标设计。

如果界面是扁平风格，可以考虑用一些简单的平面符号或者图形来设计图标。

图5-11 合理地运用现存图标中通识的概念元素

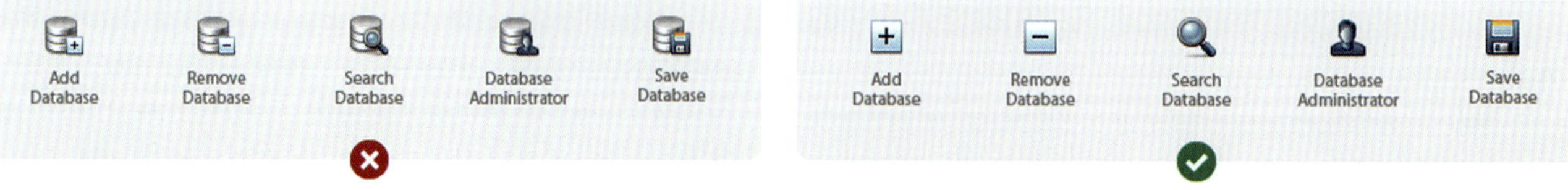

图5-12 适度的元素数量和细节表现

图5-13 整体性和可延续性

图5-14 与环境的协调性

此外，界面中图标秩序感的建立可以使用对齐的方式，对齐提供了一个视觉的“锚点”，界面中总是可以找到参照点来对齐，以使页面显示统一。

10. 视觉效果

图标在满足基本功能的需求上，可以考虑更高层次的需求——情感体验。

图标设计的视觉效果，取决于设计师的天赋、审美和艺术修养，这也需要大量的实践和积累，需要从各种绘画和设计作品中汲取营养。

对初学者而言，多看、多模仿、多创作、多思考，掌握理论、由技入道是这种实践性课题必经的途径。

11. 原创性

原创性对设计师提出了更高的要求，原创的、风格强烈的图标更能在第一时间吸引用户，并能给用户留下深刻的印象，典型的例了是智能手机自定义的系统图标和UI。

切忌用网上收集来的素材进行野蛮的拼凑，各种风格视觉元素的堆砌必然导致图标和整个UI的粗制滥造、水准低下。

5.1.3 图标设计的原则

1. 遵循系统技术规范，根据需要的尺寸和色彩深度进行设计

以移动平台为例，比如2014年小米手机主题征集中规定的图标规格为136×136px，而同时期华为手机主题征集图标规格为180×180px的正方形。通常设计时需要参阅相关的设计规范文档，并配备相关设备及所要求的系统（如小米手机图标需要适配带有MIUI系统， 480P或720P的两种分辨率的机器），以方便在移动平台检校，以更好地适配设备。（图5-15）

2. 矢量图和像素图的结合运用

如第一点所描述，通常图标在某个尺寸范围内需要适应并创建多种规格，因此创建一个经得起任意缩放的矢量图形，可以解决这一问题（因为在对图标进行缩放后，图标像素会降低，而矢量图形则可以无限缩放）。但是在某些情况下，矢量绘图并不是图标设计师们的最佳方法，由于许多图标的尺寸非常小，矢量图标往往不能很好地呈现像素级规格

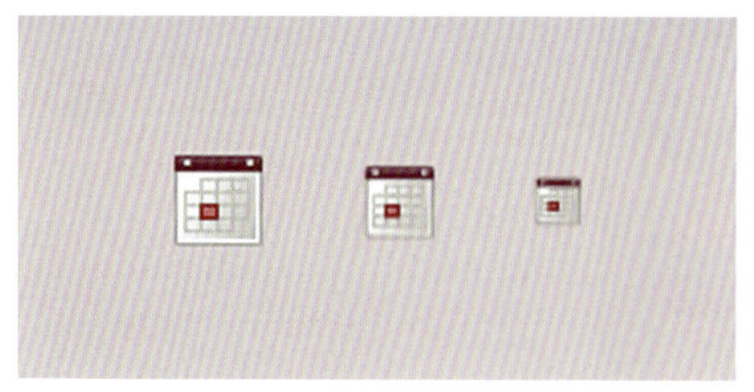
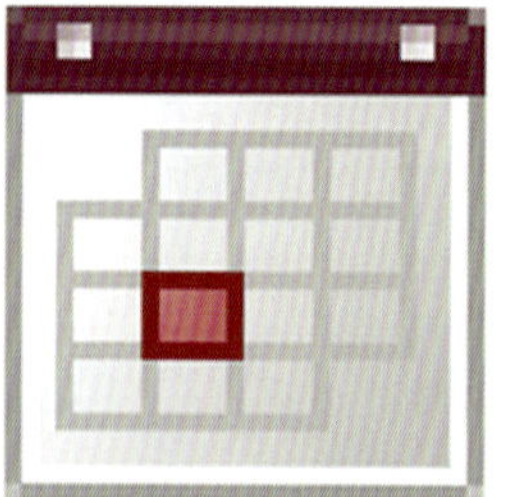

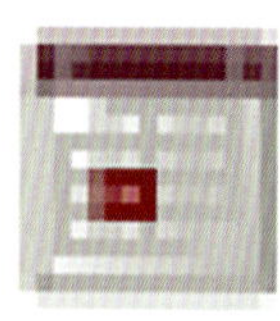

图5-15 同一图标的不同规格

为16px或8px的图标，所以必须在指定尺寸内绘制，因此需要将矢量图和像素图结合运用。如图5-16分别为矢量图和PNG位图两种格式、不同大小图标的对比。

3. 色彩、光线（包括反光、阴影）、材质的统一

如图5-17，色彩、光源等细节会影响图标的整体性和画面质量。在操作系统或大多数软件界面中都是将左上方设置为主光源，图标在操作系统中有不同的光源，但每一个单元的图标光源是一致的。

4. 空间分布合理，透视角度统一

如图5-18，为有空间透视关系的系列图标设定一个虚拟的摄像机视角。如图5-19，左边的两组图标比较稳定地分布在网站界面的四边，呈中心透视；右边两组图标则是将视角统一设置为顶部视角和侧上方视角。

5. 细节的合理运用

细节的合理运用既要做加法，也要做减法。在需要细节的地方做合理的表现。如图5-20，可以将图标解析为不同的元素和图层来进行增加和减少。

6. 写实技巧和象征手法的平衡，保持图标设计的图标化

如图5-21，写实不同于写生和描绘，它不是完全的照搬，而是根据对象的特征进行提取和主观的再创造，参照物体的特征进行写实化的表现，并引导造型和构图更接近所要象征的概念。

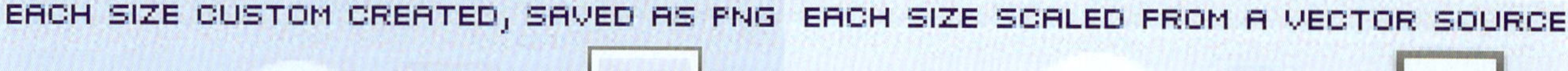

图5-16

图5-17 色彩、光线、材质的统一

图5-18

图5-19

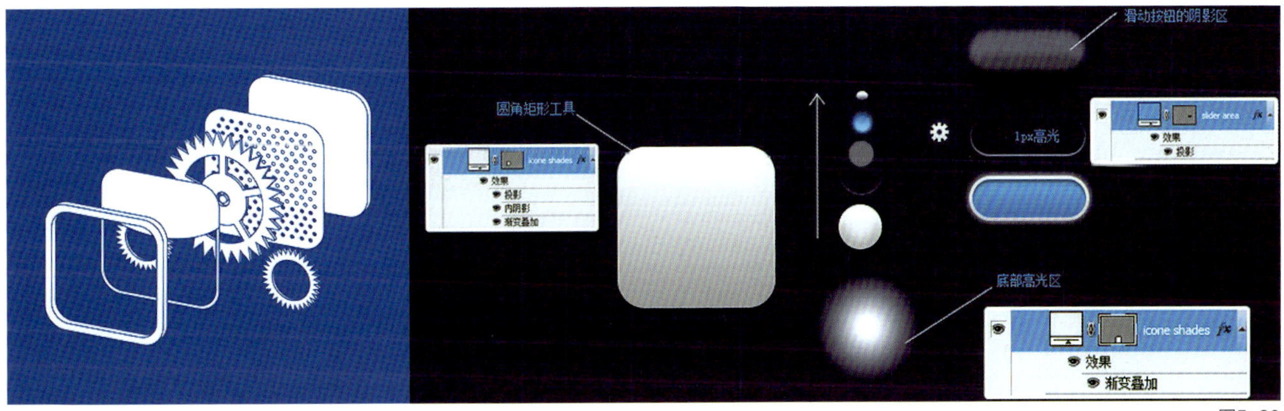

图5-20

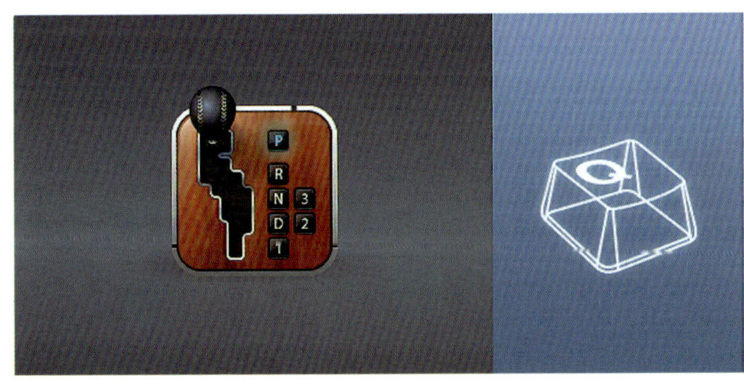

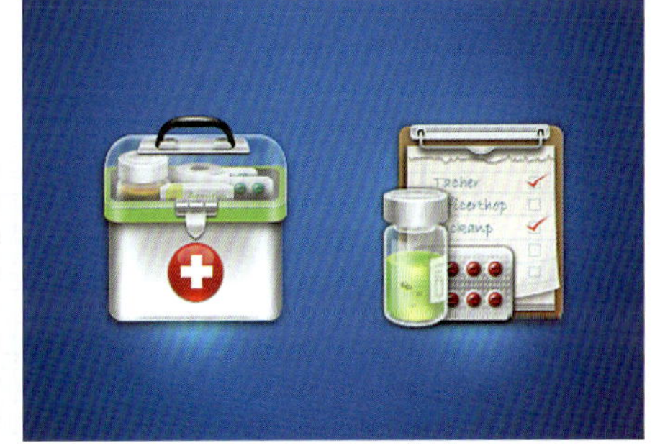

图5-21

5.1.4 图标设计的方法和流程

1. 了解图标设计的服务对象需求和软硬件技术参数

根据设计需求和前期用户研究的内容，通过人物角色来指导界面视觉风格方向，确定图标的风格，软硬件技术参数决定了图标设计的规格和相关参数。

2. 收集已知相关图标设计

（1）项目的前期设计。

（2）竞争对手或类似项目设计。

（3）图标设计前沿。

3. 制订设计策略、设计方案、设计主题和风格

给图标做出与风格相关的定义，比如：扁平——拟物；抽象——具体；简约——精致；古典——现代；卡通——写实；纯色——彩色；柔和——绚丽；有框——无框。

4. 前期创意

（1）头脑风暴

在理解了功能需求和设计定位后，需要收集很多关于“概念（词汇）——物品（图形）”之间能相互转化的元素，用生活中的物或其他视觉产品来代替所要表达的功能信息或操作提示。例如音乐，我们会想到音符、光盘、音乐播放机、耳机等。但到底选择什么来表达呢？原则上是越贴近用户的心理模型越好，用大家常见的视觉元素来表达所要传达的信息。

设计师的想法和灵感可能随时都会产生，但有时也需要不断激发来获得。通常概念的产生需要经过头脑风暴的过程，在这个过程中，首先由参与者选择一个启发性的主题，然后围绕这个主题不断地延伸和扩展，从而产生很多的想

法。头脑风暴的过程通常需要依赖参与者的各种经历，这些经历和经验会直接或间接地触动灵感的激发。头脑风暴是追溯经历、启迪概念、引导未来的有效方法。

视觉设计开始之前，可以尝试先做概念的发散联想（图5-22）。

①音乐：音符、乐谱、频谱、波形、电台……

光盘、唱片、磁带……

留声机、录音机、CD机、耳机、麦克风、DJ台……

编钟、二胡、竖琴、钢琴、小提琴、圆号、萨克斯、吉他、贝斯、架子鼓……

贝多芬、帕瓦罗蒂、猫王、迈克尔·杰克逊、周杰伦……

②时间：沙漏、日晷、年轮……

挂钟、古董钟、闹钟……

日历、手撕日历、台历……

怀表、手表、电子表、数字仪表……

让思维从一个点出发，呈放射状发散。这样的方式主要用来整理思维的多种可能性，并可以对每种可能性进行深入挖掘。如图5-23，就是将这种发散思维用思维导图的方式进行可视化呈现的一个例子。将一个核心的概念作为一个思考中心，并由此发散出多个节点，以此递进。根据设计风格和需要逐步提取可以代表核心概念的词汇和元素。

（2）视觉风暴

头脑风暴是一个激发灵感的过程，参与者通过对主题的演绎，生成许多与最初概念相关联的关键词汇，并引发随之而来的创意灵感。头脑风暴也可以用视觉化的方式，在头脑风暴的过程中，使用各种简略的草图来阐释相关想法与概念之间直接或间接的关系，这可以称为“视觉风暴”。

具体操作时，可以运用大量的词汇描述一个关键的概念及其相关的范围。头脑风暴或者视觉风暴的参与者可以用最简单的词汇和图像作为交流概念的手段。

视觉风暴中，最好是用铅笔在纸上勾勒草图，并思考用什么图形符号代表什么样的概念、功能和操作。纸上草图的勾勒能在第一时间抓住设计的灵感，刚开始不必过多地考虑图形的美感，主要是提取和表示概念。草图是推进概念深入的强大动力，尤其是在前期的构思阶段，对细节过于纠缠反而会阻碍思维的发散，失去创新的机会。因此，简略的草图有助于迅速捕捉概念的本质，而过于严谨的草图可能会不利于想象力的发挥，如图5-24。

在头脑风暴和视觉风暴阶段，可以大量收集相关的图片，并把它们贴在墙壁上，营造视觉环境、启发灵感，如图5-24的灵感墙。

这一阶段重要的是在理解设计需求的基础上，明确每个功能图标的定义，否则将导致用户难以理解设计的结果，这决定了图标的可用性。视觉审美和可用性有时候还存在矛盾，需要在两者之间取舍和权衡。

5. 设计草图

这个阶段需要把前期的创意绘制出来，检验视觉关系，在草图上进行推敲，避免数字图形生成后再返工。

（1）草图设计阶段，对在视觉风暴阶段绘制的元素草图进行提取和重新绘制，使其更符合透视、空间属性，特征更为鲜明，加入更多的细节，如图5-25。

（2）进一步对元素进行组合和构图设计，此时需要考虑最初的风格。可以做几种构图和组合方式，选择概念清晰、视觉效果好的方案进行深入。如图5-26，推敲元素之间的组合方式。

设计草图要点：①明确图标的结构和含义；②确定图标的外形和比例；③确定视角和透视关系；④光源方向和图标明暗区域；⑤确立统一的风格样式，以指导后续设计。

（3）收集设计相关图像资料。不仅要收集现成的图标资料，还要收集表达概念的相关视觉元素的图片资料，以及细节表现的参考资料（如材质纹理等），为下一步数字图形的绘制做好准备，如图5-27。

图5-22

图5-23 思维导图

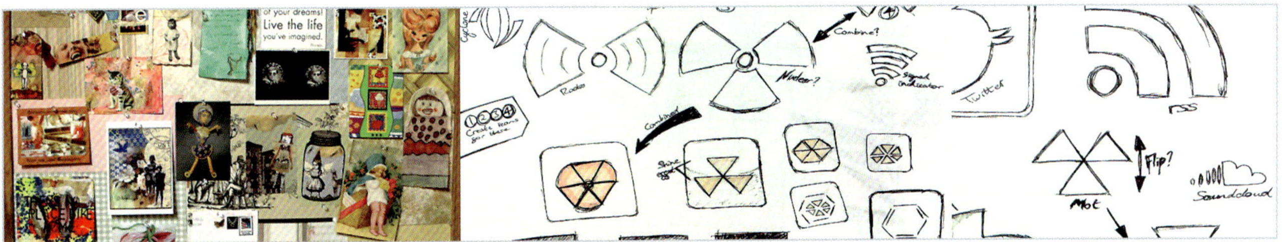

图5-24 灵感墙和草图

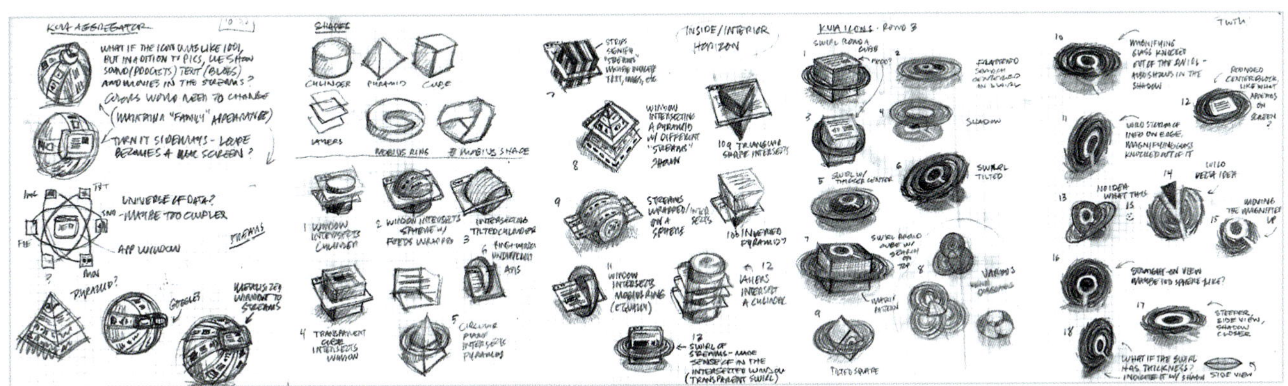

图5-25 概念草图

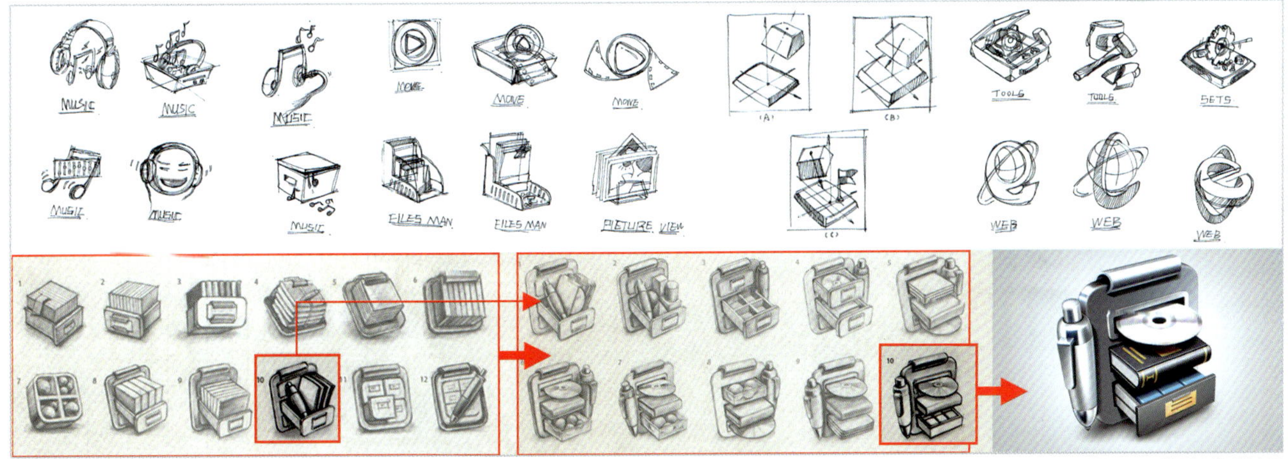

图5-26 草图的推敲过程

图5-27 参考提取细节及合成

6. 制作数字图形

将整理过的草图导入设计软件中绘制出数字图形。这一阶段，无论是使用Photoshop、Illustrator、Fireworks、Flash、Freehand，还是直接用三维软件来制作图标，设计师可以根据自己的需要来选择自己最熟悉的软件，或者选择后续开发时最方便使用的文件格式的生成软件。另外还有一些独具创意的设计师用泥塑、软陶、布艺等，通过手工制作结合后期摄影和合成来创作图标。

这里对这几个软件做一些简单介绍，如常用的软件Photoshop、Illustrator和Flash等。

（1）Photoshop

基于位图，可以用平时画画的方式直接绘制，当然，最好使用数位板。

使用Photoshop软件绘制像素风格的图标非常方便。可以使用Photoshop直接进行动态图标的创作，也可以将输出的带图层属性的文件导入After Effects或Flash里面进行动态图标的创作。

（2）Illustrator

基于矢量图，是绘制矢量图的强大工具，单从绘制方面来说它比Flash更强大和快捷（如网格渐变功能，Flash需要分很多对象做渐变），如果要绘制非常细腻、写实的效果，Illustrator是首选。

（3）Flash

基于矢量图，可以非常方便地绘制并制作动态图标，并且Flash本身具有强大的交互功能，可以实现UI的设计和交互。

当然，这几个软件都是Adobe公司开发的产品，文件之间的转换、共享及使用都非常方便。此外，根据不同的需要，也可以借助三维和后期特效软件来进行静态和动态图标的设计。

7. 发布阶段

（1）电子文件成品，生成相应的图标文件格式。

（2）应用测试。

（3）反馈与修改。

（4）成品发布。

5.1.5 图形联想与训练

由任课教师命题，学生根据命题展开联想，并最终将思考的过程绘制成一系列的图形。图形联想与训练的过程类似于前面所讲到的头脑风暴和视觉风暴的过程，也是使用各种图形来阐释想法与概念之间直接或间接的关系。不同点在于这一阶段练习的目的在于释放学生的想象力，并且使他们养成用纸笔手绘快速表达想法的创作习惯，而不过多地受到图标设计中可用性和功能指代的限制。

这一图形联想的训练，借鉴了林家阳教授“图形创意”课程中的一些理念和方法，并根据本专业、本课程的特点提出了一些针对性的要求，如绘制图形形态的图标化，两个图形之间演变过程的动态化，图形联想和演绎过程的描述，等等。

本阶段教学中课堂练习的建议：

视觉联想的系列图形可以由一个同学来完成，或者由两三个同学交替来进行图形的推演，教师也可以参与其中。这本身是一个具有偶然性的十分有趣的过程，在此过程中草图可以绘制得非常简略，当想法完成后再对草图进行进一步的绘制，不要求非常深入，但要易于识别、具有图标感。

每一项练习学生都要制作PPT进行演示和讲解，将图形联想和演绎过程配合自己设计的PPT进行描述，这可以检验学生的设计思路和锻炼学生对设计思维的表达能力。另外，个别作业让设计者以外的同学来进行描述，他人解读时因为图形的多义、歧义所造成的误读对学生具有启发意义。

1. 基本元素和形的视觉联想

生活中每一件具体的事物都可以抽象为最基本的几何形体，因此基本形也具备无限联想空间。联想思维是发散的，即从一个目标出发，沿着各种不同的途径去思考，探求多种答案。心理学家认为，发散思维是创造性思维的最主要的特点，是测定创造力的主要标志之一。创意可以理解为意料之外、情理之中。设计者在这种思维的树状发散过程中，在每一个节点分支中选择巧妙和有趣的选项，逐步形成创意。

内容：点、圆形、三角形、方形的连续循环联想，可在起始或结束位置选三种基本图形的任意两种进行设置，要求图形过渡巧妙自然。图形的过渡可以是意义的关联，也可以是形象的关联。（图5-28、图5-29）

要求：每位同学绘制两组图形，每组10～15个。每位同学制作一个PPT，图形和设计思路的说明文字分页显示。

2. 表情的植入和联想

人们习惯将事物进行拟人化的联想。如最“囧”建筑，早期网络表情笑脸“：）”“^_^”，汽车前“脸”，车灯称为“天使眼”，进气栅格的特征可以是“大嘴”。这一联系旨在启发学生的创造性思维，将表情的元素植入图形，培养对熟悉事物拟人化思考的能力。也可以作为后续表情图标设计的创意思维训练。

内容：使用眼睛、嘴巴等具有表情特征的元素进行创意，可以是对外形与之相似物体的替代和设计，也可以是将表情元素植入能联想到表情的物体中。（图5-30、图5-31）

要求：每位同学绘制15个图形，对其中2个以上的图形进行上色并有细节描绘、图表化。每位同学制作一个PPT，图形和设计思路的说明文字分页显示。

3. 物体的造型及其可塑性表达

图标设计最重要的一点是：用户能不能立即辨认出你设计的图标。无论是时钟还是铅笔，它所表达意义的识别性必须一目了然，必须具备经典的隐喻特征。但是图标设计又不是单纯地再现真实的物体，通过视觉设计，任何事物都可以通过重构创造出不同于现实生活中物体的形态，形成独特的艺术和视觉效果。图标设计也是一样，如弯曲打结的铅笔图标、方形的高尔夫球图标、奶酪质感的月球图标、老鼠形象的鼠标图标等。通过对物体的想象，同构、重构或对某一形的改变，可以产生新的视觉感染力。

图形的可塑性及想象是围绕一个单独的形象元素进行

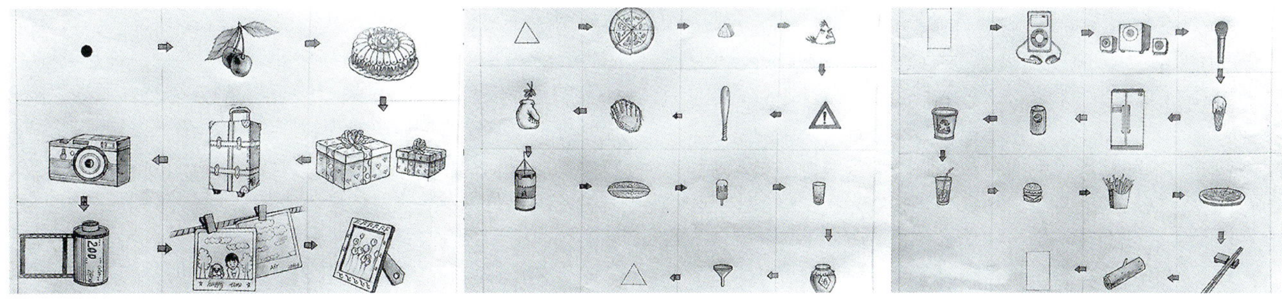

图5-28 学生作业（高明）

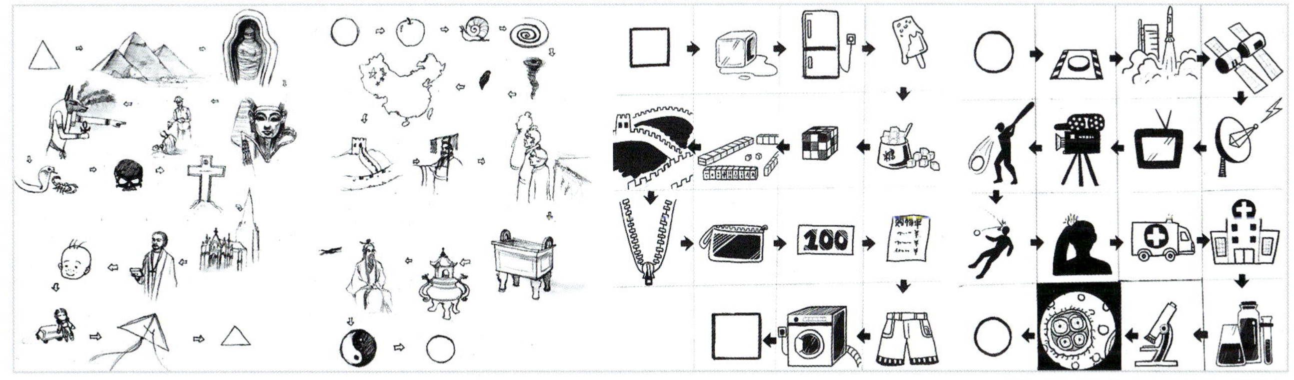

图5-29 学生作业（付喜多、任静）

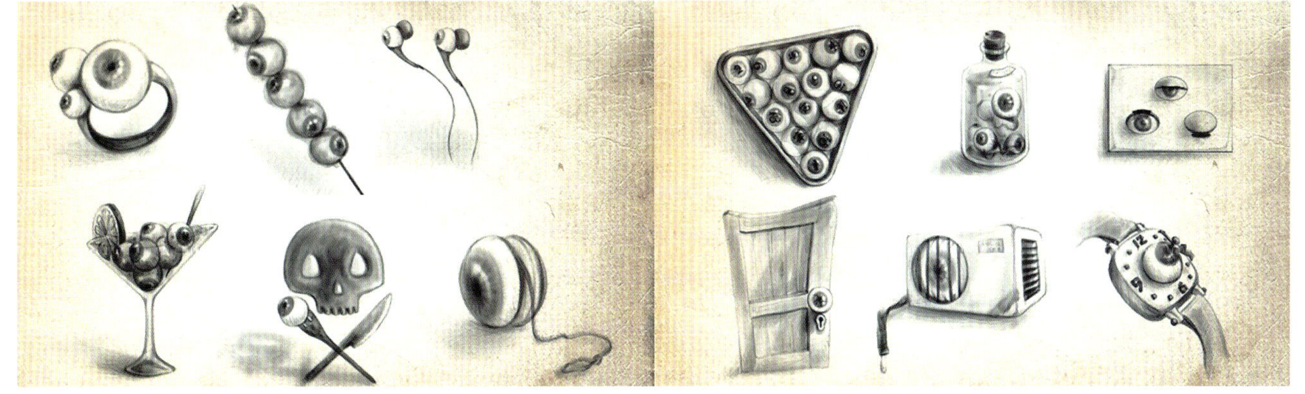

图5-30 学生作业（蒙珠）

图5-31 学生作业（付喜多、禹果、刘晓是）

多角度的想象、变形，赋予图形新的视觉效果和艺术效果。

在一本杂志的图标教程里，两位图标设计师Vu和Min Tran讨论了他们关于铅笔图形设计的过程：“图标需要突出对象的最典型特征，表现它所表达的概念和细节。”

如表现铅笔的形象一般有三种选择：

第一，棱柱形的笔身、光泽釉涂层。

第二，棱柱形的笔身、尾部橡皮擦、白色金属环。

第三，圆柱状笔身，没有橡皮擦。

如图5-32，红色框部分为铅笔典型特征部分，是在变形和重构中所要保留的特征，用户更容易识别。有时候，一些对象会过于复杂，或者过于简单，必须列出它们的特点，画出具体的形象。铅笔上的橡皮擦、白色金属环成为表现铅笔形象的经典元素。

作业方法：

一是需要做简化，抽象出事物图形的特征，确定可变部分和不可变的部分，保留最具有事物特征的部分，这部分可以是外形形状特征，也可以是材质纹理特征。如图5-33，左图水果图标仅仅改变了轮廓的形状，就带来了新鲜别样的感受；右图奶酪月球图标中，不变的是月球外形和环形山，可变的是质感和纹理，将奶酪和月球的共同特征合为一体。

二是多角度的想象、变形、重构，如抽象变形、软化，与其他事物组合、同一事物的不同状态，错位、分离，改变材质和纹理、改变视角等。（图5-34、图5-35）

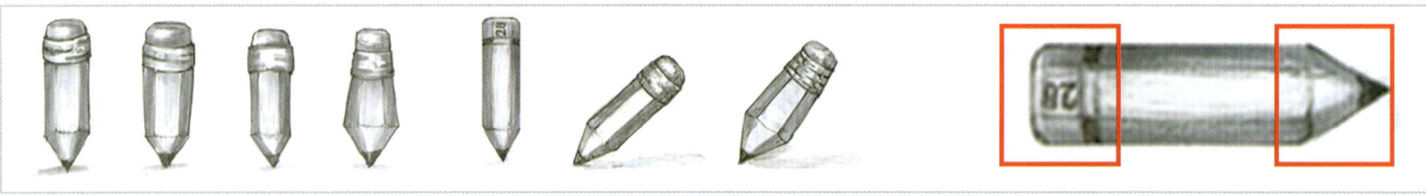

图5-32 铅笔图标

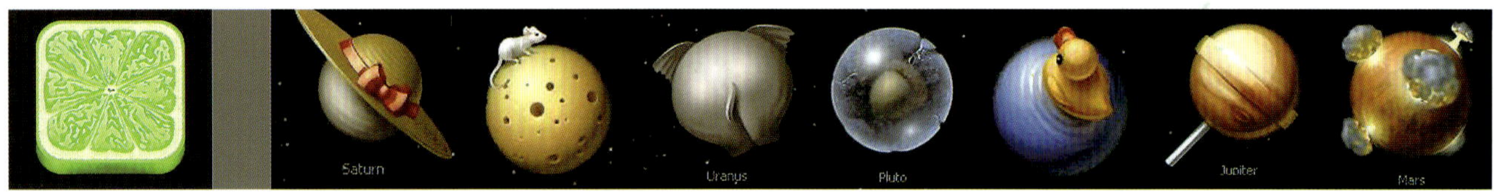

图5-33

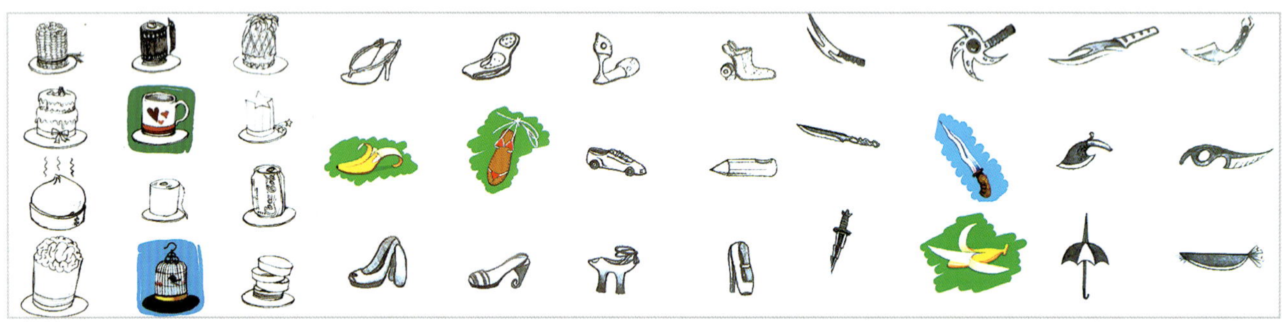

图5-34 学生作业（付喜多、高明）

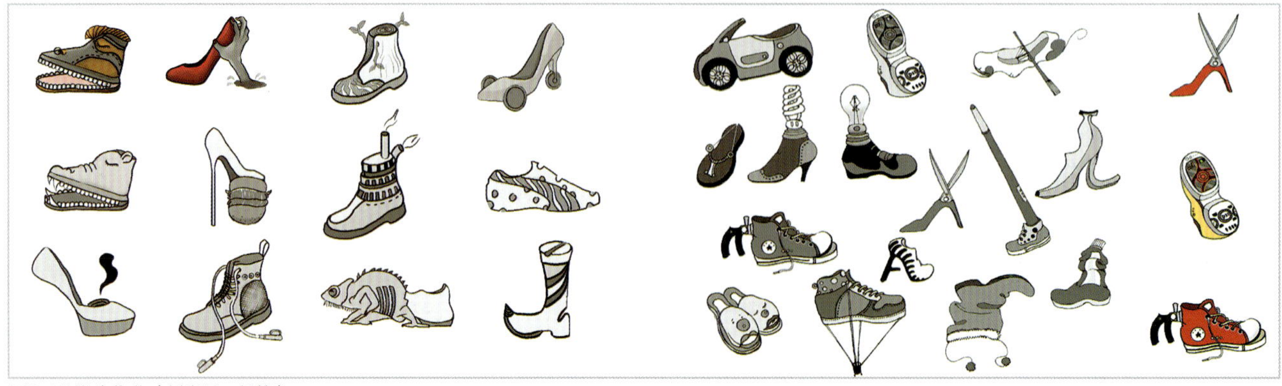

图5-35 学生作业（刘晓是、任静）

5.1.6 图标细节设计和表现

1. 平衡

简单地说，平衡就是视觉上重量的平均分配，使构成图标的各组成元素在视觉力量上保持一种均衡、稳定的状态。理解图标的平衡需要研究的三个相关的视觉因素为：图标各组成元素的重量、位置、布局，如图5-36。

2. 对比

如果说平衡搭建了图标各组成元素之间的稳定，那么对比就是在稳定中的动态点缀。这里说动态并不是说要真的让元素动起来，而是要有“变化”。可以变化的因素包括大小、颜色、字体、重心、形状、纹理等。对比与调和就是形式美的变化与统一规律，如图5-37。

3. 焦点和主次

构成一个图标的若干个元素中，首先看到的地方即为焦点，要通过主要的构成元素传达主要信息，如果元素没有主次，反而什么都强调不了，最后会造成视觉的混乱。让一个元素成为焦点有如下八种方法（都是通过对比，图5-38）。

（1）静态中的动态元素。

（2）色彩属性与其他不同：如半透明颜色中的不透明色，无彩色中的有彩色，低明度中的高明度元素等。

（3）模糊环境中的清晰元素（可以模拟景深）。

（4）方向不同（如与整体动势和指向相反）、位置上的区别。

（5）材质的不同（如有金属光泽）。

（6）占据视觉中心位置，或其他元素都指向这个元素。

（7）形状与其他元素不同。

（8）在最上面的图层和视觉层，或将其描边加框隔离开来。

4. 细节和质感表现（专项练习）

关于质感的讲解部分参见4.3.5。

这部分可设置关于材质的专项练习，着重对光线、色彩和纹理的细节进行刻画，把握对图标的质感表现。手绘或软件制作，要求尽量呈现设计草图、制作步骤、展示图层或3D模型，如图5-39、图5-40。

图5-36 平衡

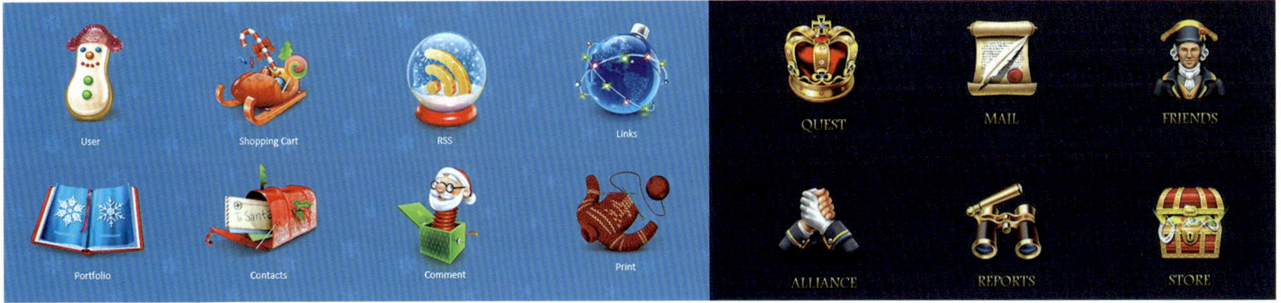

图5-37 对比

图5-38 焦点和主次

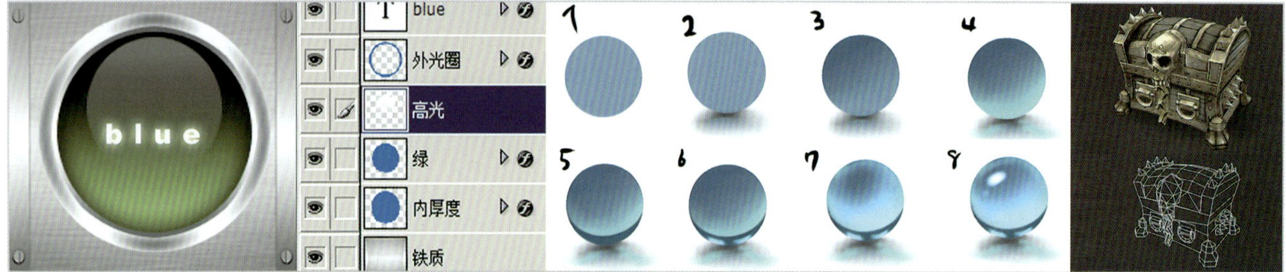

图5-39

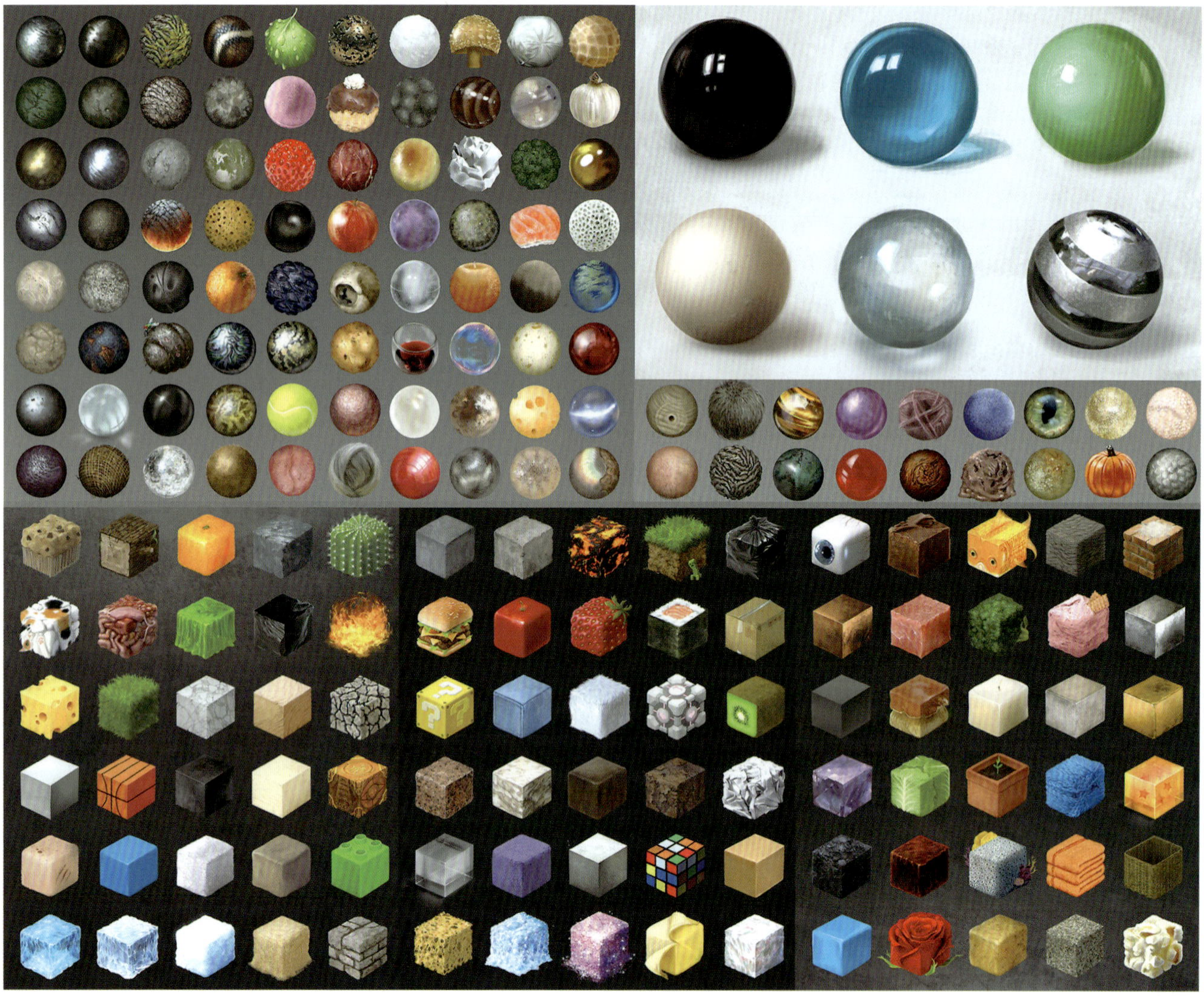

图5-40 不同材质和纹理的球体和立方体

学生作业点评——质感表现作业1（图5-41）

优点：对不同材质的特征表现到位，绘制过程清晰完整。不足：细节仍需深入，特别是石材部分。

作业正好体现了不同材质的主要特征。

金属：质感坚硬，高光比较集中，光滑的金属高光呈高亮状态，转角或破损的地方往往比较锐利等。

玻璃：透光性强，高光比较集中，如果是磨砂的高光就比较分散。透光性强体现在其反光较强。

宝石：宝石最重要的一个特点就是多色性，如果有一束白光进入一块有色的双折射宝石，互成直角，而振动的光被吸收程度也不同，从而使每一条光有一种颜色，这种现象称为“多色性”。双折射宝石可以不出现多色性，但如有多色性，则必为双折射，单折射宝石不可能有多色性。

石头：厚重，质地坚硬，表面比较粗糙，高光比较暗淡。

学生作业点评——质感表现作业2（图5-42）

优点：通过塑造不同材质组合的容器，理解了材质之间的组合和对比关系。不足：细节还需深入，可以让纹理和色相更富有变化。作为一组图标，光源不统一，需要考虑整体的空间关系。

图5-41 质感表现作业1（龚诚）

图5-42 质感表现作业2（李晓杰）

学生作业点评——质感表现作业3（图5-43）

优点：尝试用不同造型的箱子来进行材质的表现，对不同的金属质感如铜和铁等的表现，以及金属和木材、皮革的对比，效果较好；绘制过程清晰，图层分组和命名较为规范。不足：表现风格、视角不统一，不成系统。

质感表现实例解析1——水晶体的绘制过程解析（图5-44）

第一步：草图绘制阶段。注意整体，先把大的造型结构绘制出来，细节可以忽略。

第二步：把物体的体积绘制出来，统一光源，再明确物体的内部结构。

第三步：强调物体的质感，因为它是水晶钻石材质，所以要强调它的反光，明确高光。

第四步：注意整体效果，深入刻画，添加细节。

第五步：给物体添加发光效果和背景。

质感表现实例解析2——铁框木箱的绘制过程解析

（1）收集各种造型的箱子图片素材，提取可用元素，绘制草图。（图5-45）

（2）确定光源，描绘素描关系，分区域调节色相。（图5-46）

（3）分区域并分层着色，用不同的画笔逐步刻画纹理和细节，同时调整局部的色彩变化，最后修整描边轮廓，完成绘制。（图5-47）

正如前面讲到的，质感元素的运用，不仅延伸了UI视觉空间的表现力，同时也是决定UI视觉风格的主要因素，对情感也具有很强的影响力。对于质感的深入表现和把握需要通过大量的研究和实践来实现，书中无法一一讲解和呈现，同学们可以通过网络获取更多相关的案例和资源，并根据不同材质类型表现的教程来进行学习和训练。

5. 质感图标鉴赏

如图5-48，以中等明度的长调为色彩基调，在整体的色调中加入土黄色和深棕色，表现了怀旧和具有历史感的主题。从左至右分别为罗马帝国、维京人、中世纪骑士的主题，厚重的金属质感及表面的反光和划痕、血迹，增添了真实感和故事性，更能使用户进入主题设定的情景之中。

图5-49，以照相写实的方式将砖石、木材、玻璃、水、斑驳的墙面等材质丰富的质感表现得淋漓尽致，但同时又主观地营造了超越现实的空间、形态和视角，使整套图标独具创意。

5.1.7 图标系统化设计

1. 图标的系统性

图标的系统性注重图标的内在基因与外在风格的表达。地球上每一种生物都属于一个特定的物种，同一个物种的生物在外形上可能千差万别，但是，其基因上拥有共同的片段，这会使其在外在特征上以一种共性表现出来。如同生物的基因一样，设计师的理念影响着整套设计的视觉表达特征，从而使整套设计成为一个整体。

如同生物分类一样，一个图标也属于一套图标的体

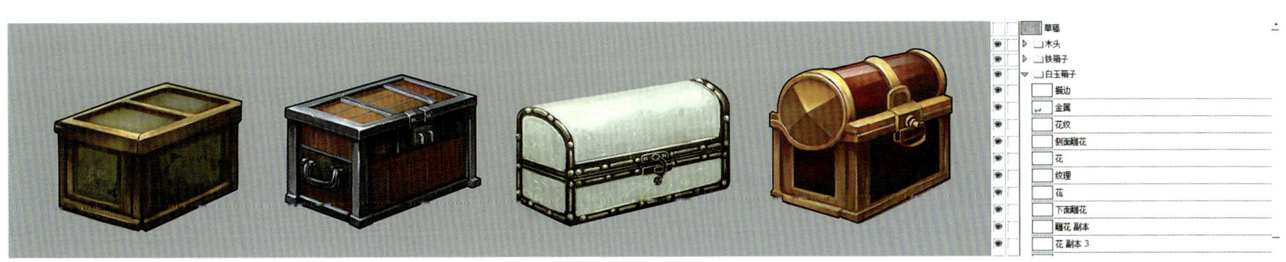
图5-43 质感表现作业3（李丹）

图5-44 水晶体的绘制过程

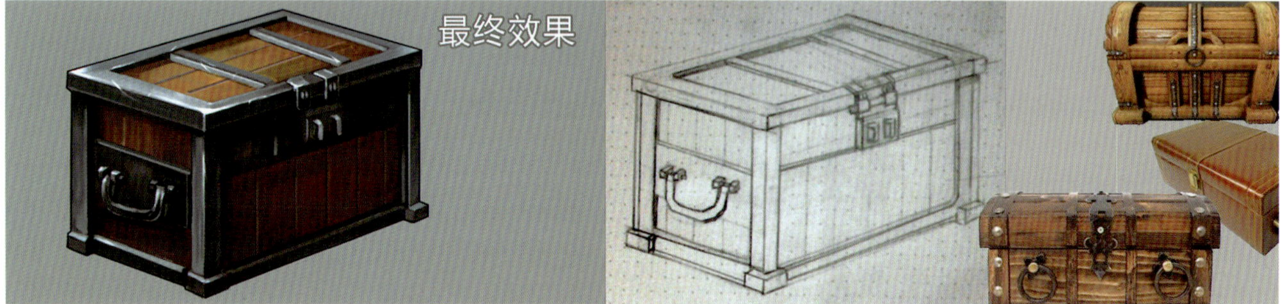

图5-45

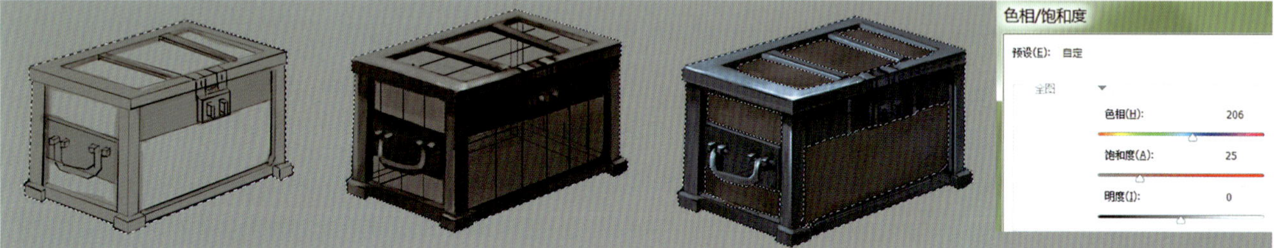

图5-46

图5-47

图5-48 质感图标

图5-49 照相写实图标

系，是什么让一套图标成为一套系统呢？是鲜明的外部特征，如视角和透视关系的统一、色彩、形状、大小、光影、材质、图像风格……这一切都是我们直观感受到的外在特征。如图5-50主要利用了整体的色彩、视角的统一；图5-51更强调图标之间的内在联系；图5-52用手工制作的系列图标，如软陶、黏土、绒布等材质，通过造型和材质来形成整套图标的系统性。

作业与练习：

这部分可设置学生关于系统化图标的不同表现手段的作业练习，着重于一套图标的整体性。手绘、手工或软件制作均可，要求尽量呈现设计草图、制作步骤、展示图层或3D模型。

学生作业点评——图标系统性表现作业1（图5-53）

优点：蒸汽朋克的元素，具有想象力的各种元素组合，成为其内在联系的一方面。不足：空间关系和局部色彩不统一，个别图标造型呆板，难以融入整体。

学生作业点评——图标系统性表现作业2（图5-54）

优点：抗战主题怀旧元素，质感表达细腻，风格统一。不足：空间关系、体量不统一。

2. 图标的主题性

设定统一的主题或风格来进行创作，目的是使图标个性化，给用户提供更多的选择，增强界面的体验和沉浸感。

这部分可以与上一个系统化的图标设计相结合，注重图标风格的表现，比如同样是照相机，我们可以有很多种表现方式，写实的、可爱的、严谨的、怀旧的……同样是中国主题，可以有不同的诠释方式：可以是简洁的，也可以是写实烦琐、追求细节，或是装饰性的图形设计风格。（5-55）

作业与练习：

这部分可设置一个关于规定主题的整套图标的设计练习，强调图标的整体性和主题性，可表现具有典型时代或地域文化特征的主题元素。手绘、手工或软件制作均可，要求尽量呈现设计草图、制作步骤、展示图层或3D模型。（图5-56）

学生作业点评——图标主题性表现作业1（图5-57）

优点：整体风格比较统一，尝试了多种质感的表现，效果较好；绘制过程清晰，草图和素描稿较为规范。不足：细节刻画不够深入，局部图标轮廓和元素边缘模糊不清。

学生作业点评——图标主题性表现作业2（图5-58）

优点：以十二生肖为主题，视角独特、表现生动，尝试了不同的图形表现形式。不足：细节刻画得不够深入。

学生作业点评——图标主题性表现作业3（图5-59）

优点：以十二星座为主题，将布偶和冰棍的形态加以组合是其创意点，布纹采用贴图的方式，质感强烈，表情丰富，也可作为表情图标。不足：个别图标识别度不高。

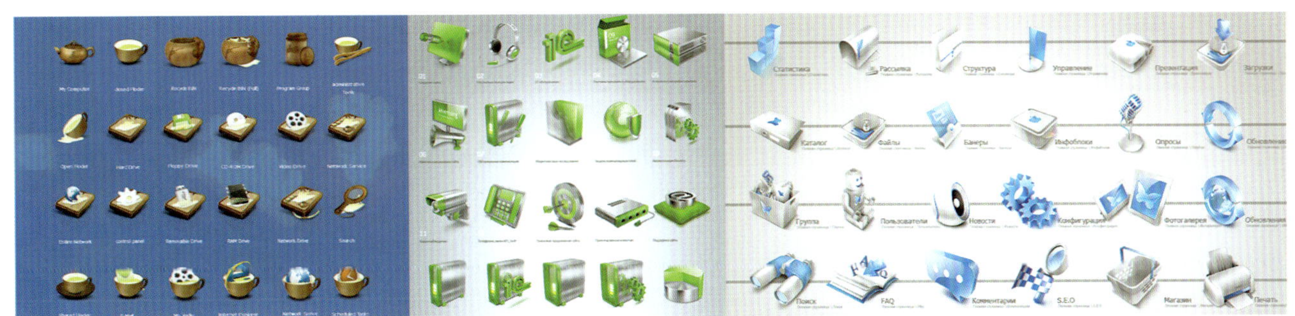
图5-50

图5-51

图5-52 手工图标

图5-53 图标系统性表现作业1（杨胭）

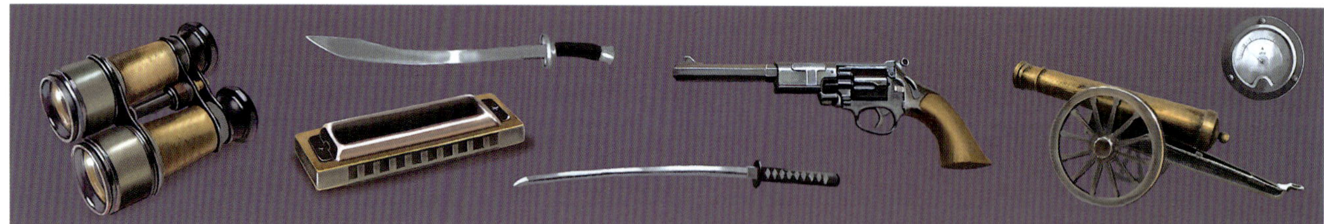
图5-54 图标系统性表现作业2（禹果）

图5-55 中国风主题图标

图5-56 西部主题图标

图5-57 图标主题性表现作业1（王怡）

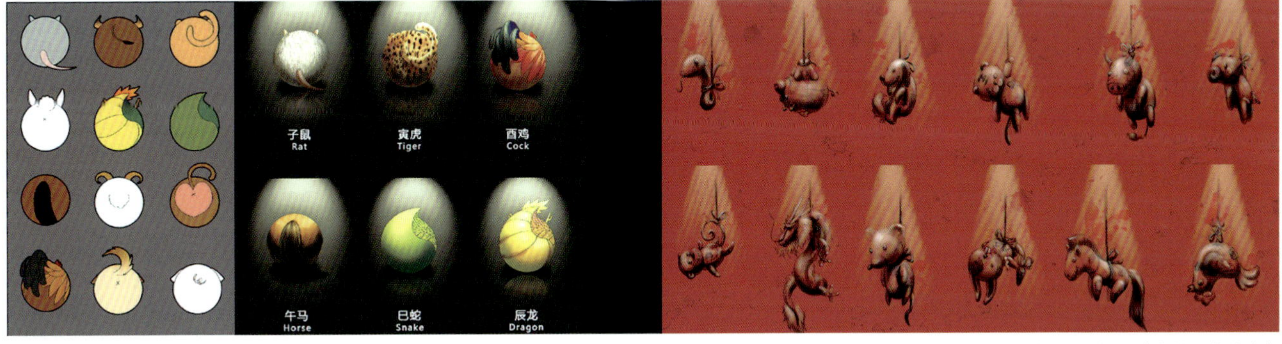

图5-58 图标主题性表现作业2（李忱、蒙彧珠）

学生作业点评——图标主题性表现作业4（图5-60）

优点：以童年记忆中的元素为主题，选择具有共鸣的典型物件，水彩和草图效果表现得当。不足：个别图标体量差异较大，形态较为分散。

3. 游戏道具及技能图标设计

游戏中的道具类图标和技能类图标是出现较多的图标类型，通常不会附加文字说明，因此需要具有很好的识别性。

游戏中的道具类图标通常都是直观具象的物体，设计中首先要根据游戏世界观的设定来确定整套图标的表现风格，与界面风格相一致，形成一整套系统。根据风格的定义，把握物品的特征并塑造准确的形体，突出表现物品的质感、深入刻画细节，并通过合适的取景、构图和角度表现其特征，注意物品之间的差异化设计，要让玩家在第一时间就能够分辨出是什么物品，避免错误操作。游戏道具类图标大概包括了服饰类（如服装、甲胄、配饰、鞋帽等）、武器装备类（如刀、枪、剑、戟、斧、钺、钩、叉，具有法力的器物等）、建筑类、交通类、药品类、食物类、资源类等，如图5-61，通常这些道具还可以进行组合和升级。

在技能类图标的设计中，首先应该满足表达其技能的含义，尽量符合对此技能的功能、动作、特效的描述，然后从构图、方向、色彩、材质、光效及动态特效上入手进行深入的设计。通常在造型上应该多使用具象形体和物品来表现，以便更好地被玩家识别和记忆。

如图5-62，是现在主流的技能图标表现形式。

作业与练习：

道具及技能图标的设计。要求CG手绘，制作步骤完整。

学生作业点评——道具和技能图标作业（图5-63）

优点：符合游戏世界观的设定，风格统一、系统完整，构图、质感表现到位，有良好的识别性。不足：个别图标的表现形式与整体缺乏一致性。

学生作业——道具图标实例1（图5-64头盔的绘制过程解析）

第一步：草图绘制阶段。注意整体，先把大的造型结构绘制出来，细节可以忽略。

第二步：把物体的体积绘制出来，统一光源，再明确物体的内部结构。

第三步：强调物体的质感，它是一个金属材质物体，要强调出反光的冷暖，明确高光。

第四步：注意整体效果，深入刻画，添加细节。

第五步：给物体添加发光效果和背景。

学生作业——道具图标实例2（图5-65纸卷的绘制）

注意它是一个纸质物体，要着力表现厚度、折痕和擦痕。

4. 游戏等级图标设计

等级化的图标经常会用于表示应用软件注册用户的等级、网络平台的经验值和买卖双方的信用等级，但多用于玩家等级和升级装备。

等级体系图标的具象性需要与层级性结合起来，这无疑增加了图标设计的难度。设计等级体系图标的常用方法有以下几种。

（1）色彩和材质

颜色象征等级，比如清朝满洲八旗和官服的颜色；此外金银铜材质已经是约定俗成的材质和色彩等级，应用得最为广泛，等级再往下延伸还可以用铁、木等质感表示。另一种通过颜色表示等级的方法是纯度的提升和色彩的丰富化，即用低纯度到高纯度的色彩变化及从单一色相到丰富的色彩变化来表示等级的提升，如图5-66。

（2）数字和数量

数字通常和奖章或者铭牌配合使用，但是图标中还是要尽量避免在图形上直接出现文字。典型的数量的应用有：同一级别的军衔、杠和星的数量表示等级、酒店的级别等。具体在图标中的应用如图5-67所示。

图5-59 图标主题性表现作业3（任静）

图5-60 图标主题性表现作业4（白川、何金龙）

图5-61 道具图标

图5-62 技能图标

图5-63 道具和技能图标作业（邵超、闫兴丽）

图5-64 道具图标实例1——头盔的绘制过程

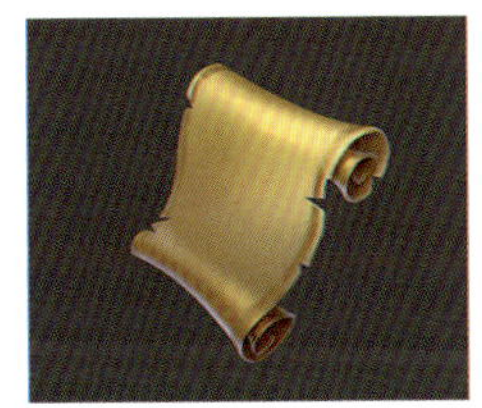

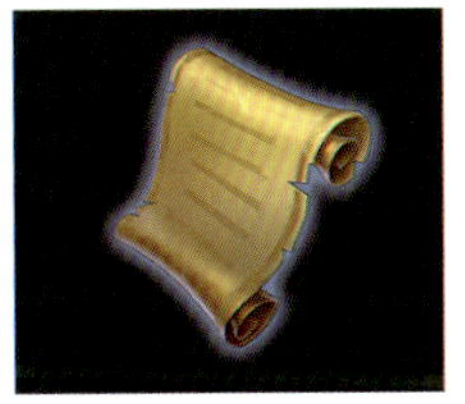

图5-65 道具图标实例2——纸卷的绘制（黄日生）

（3）大小体量的变化

在图标设计中，武器类图标较多使用这种方式，因为惯常的认知是体型越大代表越有力量的优势，如图5-68。

（4）装饰复杂程度

图标设计中，在图标中不断地添加装饰性的元素可以象征等级的提升，这来源于人们对精致奢华的装饰象征权利的固有印象，如图5-69。

（5）特效的添加和丰富程度

在游戏图标中，等级越高，施加的特效和光效就越丰富、炫目，如图5-70。

（6）材料和物种的变化

在游戏图标中，经常使用材料和物种的变化来提升等级，如图5-71。

作业与练习：

等级体系图标的设计。要求CG手绘，制作步骤完整。

学生作业点评——等级体系图标作业1（图5-72）

优点：将金属和木材、皮革、布匹的质感刻画得十分深入，通过大小、材质和装饰元素将等级体系表示得较清晰。不足：个别图标视角与整体不够统一。

学生作业点评——等级体系图标作业2（图5-73）

优点：等级体系表示较为清晰，有一定的质感表现及刻画。不足：部分图标色彩表现不当。

5. 游戏家族和职业分类图标设计

在进行家族和职业分类图标设计的时候，首先要根据游戏世界观设定整体的表现风格。然后，研究各个家族的生存环境、生产力水平、宗教信仰、文化背景等因素，发现和定位各自的特点。而在设计时可供研究、借鉴和挖掘的素材非常多，比如古代图腾、骑士纹章、家族标徽、军队徽章等。

古代纹章是一种象征性的标志，于12世纪诞生于战场上，主要是为了识别因披挂甲胄而无法辨认的骑士。所以早期是贵族的专利，如今纹章在商业标志中无处不在，如汽车、球队的标志。后来纹章逐步向整个社会延伸，按照特定规则构成的彩色标志，专属于某个人、家族或者团体的识别物。如图5-74，左图为中世纪骑士纹章和蜡封，中世纪末期出现表示职位或头衔的纹章；右图为17世纪意大利奥维多市不同行业的象征性标志。图5-75是《冰与火之歌》各个家族族徽的不同表现形式。

作业与练习：

家族族徽类图标设计。要求CG手绘，制作步骤完整。

学生作业点评——家族族徽类图标作业（图5-76）

优点：表现了不同族群的文明程度、生存特征和技能特点，风格统一。不足：两种色彩表现意义不明。

图5-66 等级图标实例（色彩和材质）

图5-67 等级图标实例（数字和数量）（黄日生）

图5-68 等级图标（大小体量的变化）

图5-69 等级图标（装饰复杂程度）

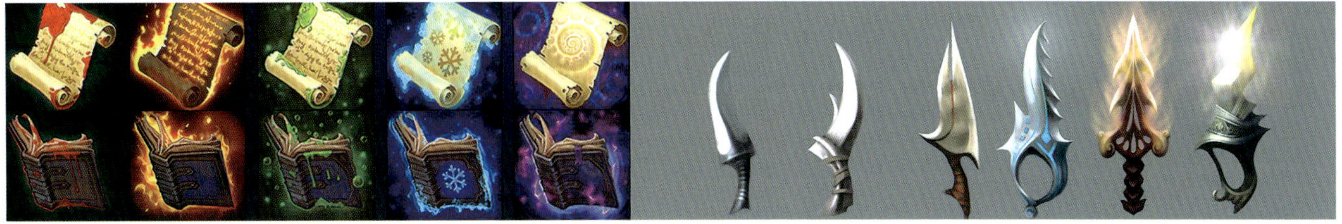

图5-70 等级图标（特效的添加和丰富程度）

图5-71 等级图标（材料和物种的变化）

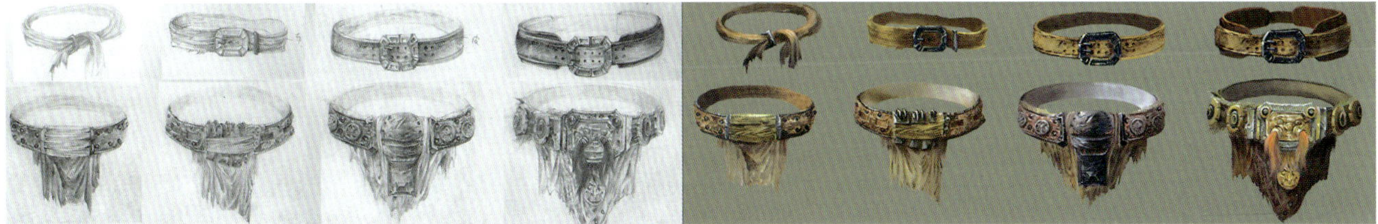

图5-72 等级体系图标作业1（樊俊丽）

图5-73 等级体系图标作业2（龚诚、秦莉单）

图5-74

图5-75

图5-76 家庭族徽类图标作业（闫鹏举）

5.2 像素图形设计

5.2.1 像素图形设计基础

1. 像素绘画的概念

（1）像素

像素Pixel（picture element），直译就是“图像元素”，是构成图像的最小单位，是图像的基本元素。

（2）分辨率

分辨率是屏幕单位面积所含像素点的数量，单位为“像素每平方英寸”（dpi）。

①图像分辨率。图像分辨率直接影响图像的清晰度，图像分辨率越高，则图像的清晰度越高，图像占用的存储空间也越大。

②显示器分辨率。在显示器中每个单位长度显示的像素或点数，通常以“点每英寸”（dpi）来衡量。显示器的分辨率依赖于显示器尺寸与像素设置，个人计算机显示器的典型分辨率通常为96dpi，现在手机屏幕的显示分辨率可以达到300dpi。

（3）什么是“像素画”

从文件格式来看，并没有叫“像素格式”的图像。

先看与之相关的点阵图像（位图）与矢量图之间的关系。当缩放一张图片的时候，“位图”就是通过插值的方式增加像素点，直接放大的图像其清晰度并不会增加，而缩小则会降低其分辨率；矢量图是用它精确的数据通过程序重新绘制，无论放大还是缩小清晰度都不受影响。

单从图像格式来看，“位图”就是“像素图”。像素是屏幕显示的最小单位，而位图所保存的就是每个像素点的信息。从广义上讲“位图”属于“像素图”。

像素绘画，特指以像素点为基础元素的绘画方法，其斜边呈现锯齿状（一系列矩形尖角的排列），生活中与之形态类似的包括马赛克拼图、十字绣、乐高玩具（准确地说乐高玩具属于“体素”的范畴）或以其他等量基础元素构成的图形，如图5-77。

像素绘画不等于“点绘”，“点绘”是用大小不一、密集程度不同的点来表示明暗调子，如图5-78图①。像素绘画则是通过不同颜色、大小一致的正方形像素巧妙地组合排列，用来创作图标或者像素画，如图5-78图②。虽然其他的位图也由像素构成，但是它们在制图过程中并不是十分强调像素，甚至根本无须去考虑像素的变化，相比之下像素画是对像素的逐个描绘。图③，也是对像素画的错误理解，虽然采用了像素画的方法，也取消了抗锯齿的选项，但是由于设置了过高的分辨率而失去了像素画的特征。因此，这里的像素特指像素绘画或像素艺术。像素绘画是指有目的地控制每一个像素来完成的画，而像素图形和一般图像的区别十分简单，是否“抗锯齿”，像素画的生成不要“Antialias”抗锯齿的图形。

图5-77 常见的类像素形态

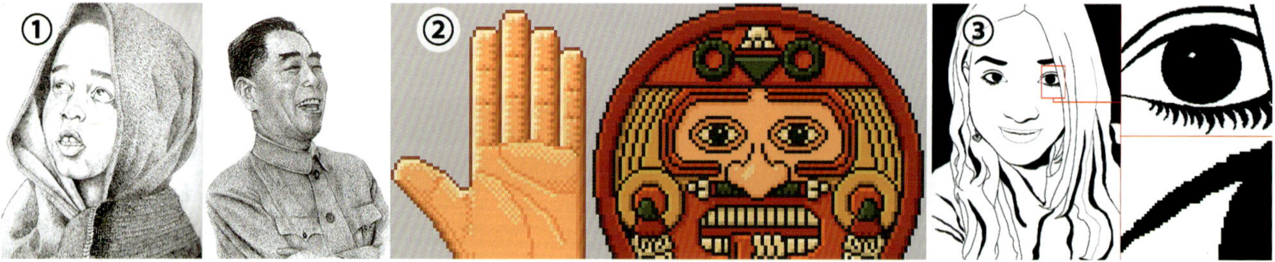

图5-78 像素绘画

简单说一下抗锯齿的概念，如图5-79非像素图里的边线，邻近的灰色是由程序自动运算出来以插值的方式填充的，目的是使线条过渡圆滑。只要将像素类的图像和非像素的图像放大即可分辨出它们的区别。

2. 像素图形的应用范围

（1）游戏

像素图形是受游戏硬件性能的制约而诞生的，用最少的点来表现明确的事物。日本等游戏产业发展较早的国家，在FC和街机时代开发了无数的经典像素游戏。（图5-80）

游戏界面、场景是像素图形应用的主要类型。像素游戏文件非常小，便于传输，对硬件要求极低。虽然现在PC以及移动设备的显示技术和分辨率越来越高，其硬件能够支持游戏中极其复杂逼真的模型和光影。三维游戏成为主流，但二维游戏并没有完全退出历史的舞台，而其中都或多或少地应用了像素图形。对某种类型的游戏而言，像素化比3D更具有表现能力。在今天看来过去的许多2D游戏里的像素作品仍魅力无穷，并不会因为科技和硬件的进步而显得落伍、简陋。

像素风格的游戏、界面、动画等，作为一种独特的图形风格依然具有独特的魅力并受到一些玩家的喜爱，仍有其发展的空间。

（2）设计

很多艺术家和设计师都被像素的魅力所吸引，运用像素来完成他们的设计工作。例如，以像素来设计字体、平面图形、网站、界面、动画、交互作品等。像素图形风格的设计作品经常都能见到，比较典型的一种像素图形的表现形式被称为Isometric，可以译为“等轴、等角”，也源自游戏，并被设计师广泛使用。它可以理解为通过绘制成角无灭点透视的建筑、人物、道具，来表现生活或幻想中的场景。如图5-81，右图中的建筑就是采用了22.6° 角无灭点透视（在3ds Max中正交视图就是无灭点透视显示）。

像素图形在设计中应用较多的还是与界面相关的图形元素（像素画方法本身对界面设计是非常有价值的），包括界面框体、图标、角色（如头像、换装等）、场景，等等。

（3）绘画

像素作为一种表现形式也为众多艺术家所使用，并成为一种主流的CG艺术。像素可以不受限地被运用在绘画方面，绘画者可以充分发挥他们的想象力，用任意的颜色、尺寸、风格（不局限于无灭点透视）来进行创作。（图5-82）

3. 绘制像素图形的方法和技巧

（1）以Photoshop作为绘制像素画的工具时，要善于利用Photoshop功能上的优势

①像素绘画作品画布大小可以任意设置，如果是界面元素则需要将输出屏幕尺寸设置为1:1，或者1:2、1:4等，因为像素图形可以通过设置进行放大（这部分将在后面讲解）。需要注意的是，分辨率最好保持在72dpi，只有这样才能使输出设备或图形软件更好地识别其图片的真实大小。

②熟悉软件中各类工具的快捷键以及其他的快捷功能，如快速对路径进行描边等。

③通过网格、标尺、辅助线的定位，配合图形进行创作。

④善于使用选区和贝赛尔曲线。如用魔棒选择绘制像素图形时容差值设为“1”；使用贝赛尔工具描绘曲线，结合路径描边则可以轻松绘制复杂的像素曲线。

⑤要合理利用图层，科学地管理图层。如将线框与填

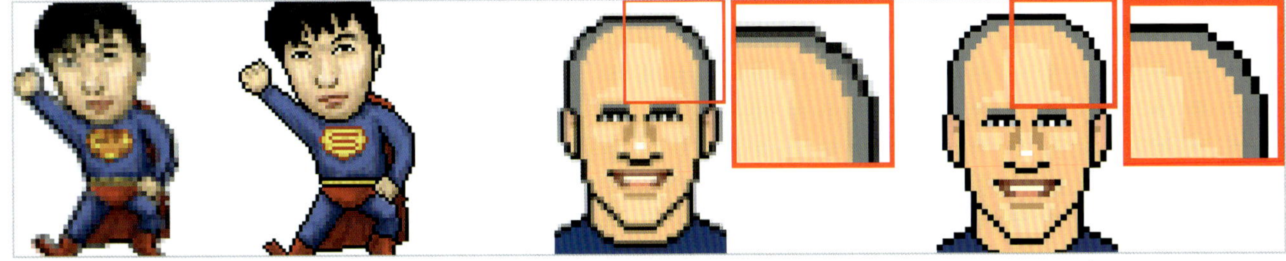

图5-79

图5-80 像素游戏

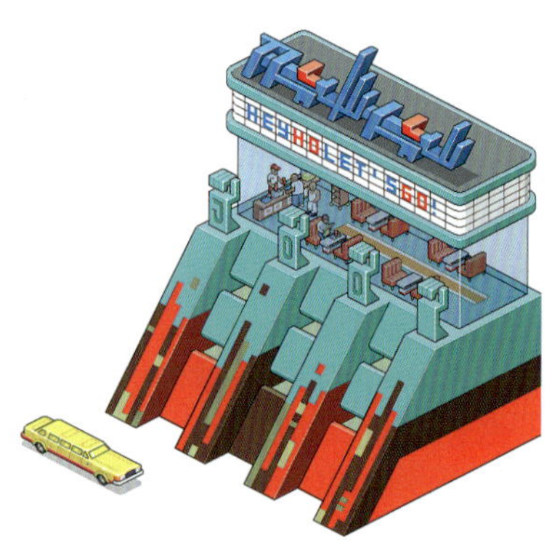

图5-81 像素界面和图形设计

图5-82 像素绘画

充颜色分层管理、将不同的组件分层管理、利用图层的透明度来设置阴影区域等。

⑥双窗口功能。复制出一个内容、名称完全相同的视图，一个用于放大了绘制，一个用于保持100%大小预览，这对绘制像素画而言是很重要的一个功能。

⑦提高工作效率：自定义像素画笔和自定义图案。将常用的线条和图形元素定义为常用的画笔（如标准线条、形状、光晕和污渍等），将常用的纹理定义为图案（如墙纸、地面纹理、草坪等），这样可以大幅度提高绘制的效率。

自定义像素画笔具体步骤如下。

步骤一：选取铅笔工具并选择1dpi的笔刷，分别绘制线条或者基础图形，请注意要设置为透明背景。

步骤二：绘制完一条线或者一个基础图形之后，选择Edit—Define Brush（编辑—定义画笔），这时画面上所绘制的线条或者基础图形就会定义成一个新的画笔。

步骤三：画笔控制面板上的圆形小三角，选择“存储画笔”，存储一个自制笔刷文档（.abr）。可以根据需要，随时载入画笔或者再增添新的笔刷。

（2）基本线条的绘制

像素图形的线条绘制有其自身的特点和规范，我们将最常使用的线条称为基本线条。每种基本线条都是根据像素特有的属性排列而成，并且广泛运用于各类像素画的绘制中。当感觉像素图形边缘粗糙模糊时，主要原因就是线条绘制得不规范。

如图5-83，使用规范的像素线条所绘制出来的图形平滑、结构清晰；而使用不规范的线条时像素点“并排”“重叠”现象严重，会影响结构和形体的表现。

下面介绍像素画中比较常用的六种线条，如图5-84～图5-86。在绘制前首先选择铅笔工具，并选择1dpi的笔刷。

①22.6°的斜线：以两个像素为单位，顶点相对（角对角）斜向排列，可用横、竖两种不同的排列方法。

②30°的斜线：以两个像素间隔一个像素的方式角对角斜向排列，当竖向排列时则形成60°的斜线，30°的斜线多用于辅助造型。

③45°的斜线：以一个像素的方式斜向排列，这样排列的线条最为简洁，实际像素显示时也是最为平滑的斜线。

④任意斜线：按住Shift键不放，按下鼠标左键绘制一个像素点，松开鼠标左键，移动光标位置再次点击鼠标左键，两次点击的像素点之间则连接成一条线段，如图5-85

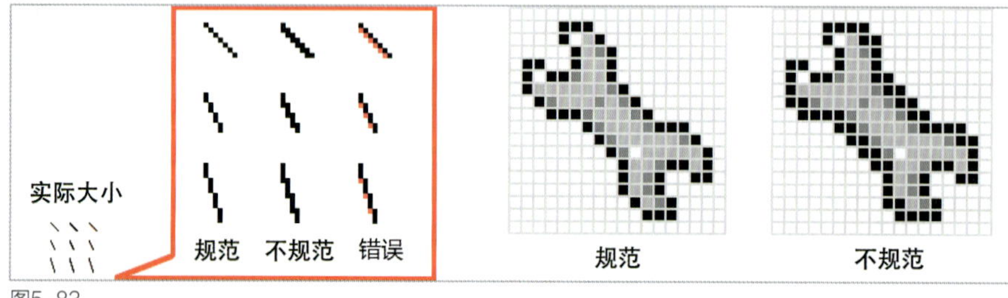

图5-83

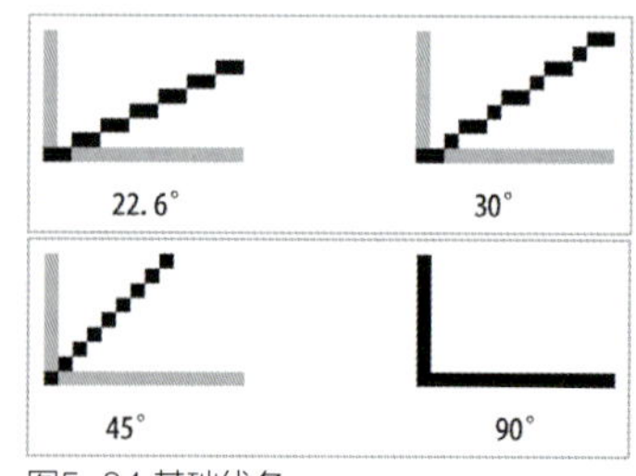

图5-84 基础线条

右图。

⑤直线：按住Shift键不放，按下鼠标左键并拖动鼠标就可准确地绘制出直线。

⑥曲线：去掉抗锯齿选项，圆形选区描边，如图5-85左图；或去掉抗锯齿选项，路径描边，如图5-86。

（3）基本图形绘制（图5-87）

①等边三角形：选取铅笔工具并选择1dpi的笔刷，绘制一条60°的斜线（图示红色部分），然后再绘制一条与之相对称的斜线，最后连接两条斜线，等边三角形就绘制完成了。如果把60°的斜线换成45°斜线的话，则能完成直角三角形的绘制。

②矩形：去掉抗锯齿选项，矩形选区描边。

③矩形倒角：可直接在矩形上绘制弧线，或用矩形和1/4圆进行组合。

（4）基础透视

如果要绘制丰富的画面效果，仅依赖于单一角度的形态是不够的。视点的转变会产生透视的变化，需要了解像素图形绘制中透视的普遍规律。

透视可分为形体透视（近大远小）和空气透视（近实远虚，饱和度也是由近及远的衰减）。形体透视又分为平行透视（一个灭点）、成角透视（两个灭点）和斜透视（三个灭点）。在像素图形的绘制中，根据像素线条的特有属性，简化变通了上述的透视规律，一种俯视视角的无灭点透视得到了广泛的运用。（图5-88）

绘制像素透视图形时，为了保证形体表现的准确性，最好将遮挡的形体轮廓绘制出来，被遮挡的轮廓和结构可以使用低对比度的线条。（图5-89）

① 22.6°透视：由于22.6°的斜线作为基准线能够产生最为开阔的视野并容纳较多的内容，因此在绘制大场景和建筑时最为常用。在2.5维3D游戏中，场景和建筑的统一透视角度也多为22.6°，22.6°双点线组合而成的俯视无灭点透视成了像素画透视绘制最为常用的透视。

如图5-89，正方体的透视就是由22.6°的双点线构成，左右两个面都是无灭点透视，每个面都是平行四边形，整体结构简单清晰，造型直观易于掌握。

②45°透视：同样每个面都是平行四边形。但是由于左右两个面透视角度的不同，45°透视也比较常用于平面物体以及场景建筑斜面的绘制。但是相对而言，22.6°透视表现场景和建筑具有更好的视野和稳定感。

③圆柱体的透视：圆柱体顶面的椭圆的圆度表示俯视角度的高低。在形体透视的视觉感知和传统绘画中，俯视时，底面的圆度高于顶面；但是在绘制无灭点像素建筑和场景中的圆柱时，上下面的椭圆为等量的圆。

④锥体的透视：锥体分为棱锥、圆锥等，但是画法是相同的，底面决定了锥体的大小，斜线控制着锥体的高度。（图5-90）

（5）基础造型的方法

① 将复杂的造型简单化：如图5-91，在绘制一个打开的盒子时，先确定盒子整体的基本形态，再根据这个基本形态绘制盒子大致的形状，然后再去考虑如何打开盒盖。

②逐步深入刻画：在草图的基础上，逐步深入。如图5-92，海豚的绘制过程，通过对粗糙的草图一步步地调整形态、柔化线条之后出现了精致的造型。

（6）色彩过渡

① 均匀过渡：像素保持在同一色系中按明度关系排列，以起到均匀渐变的效果。也可以直接使用渐变工具来实

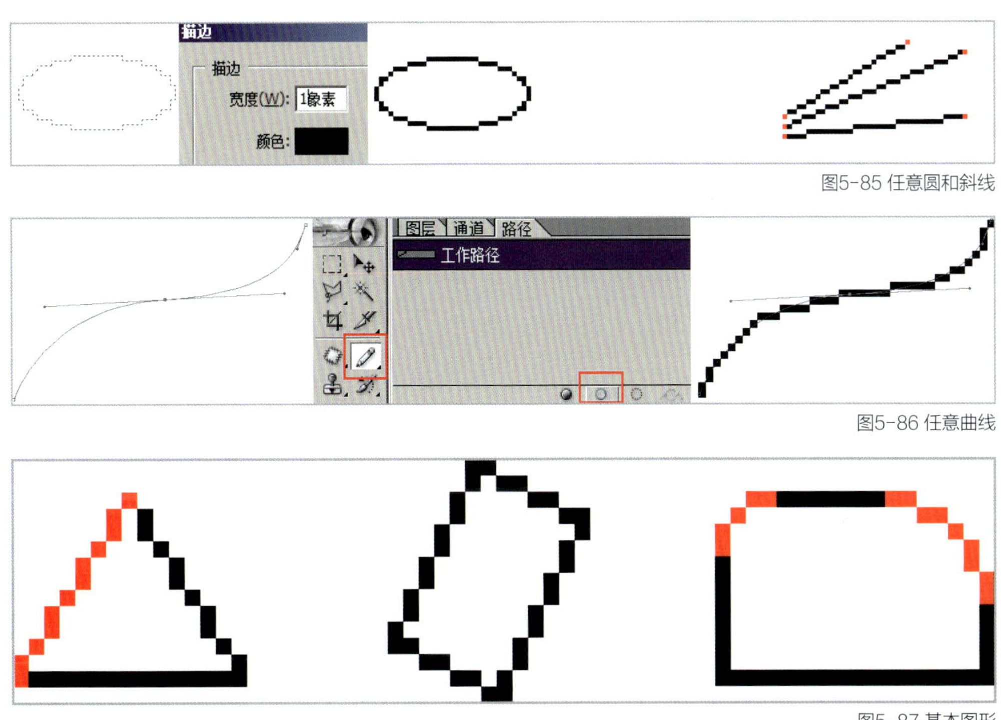

图5-85 任意圆和斜线

图5-86 任意曲线

图5-87 基本图形

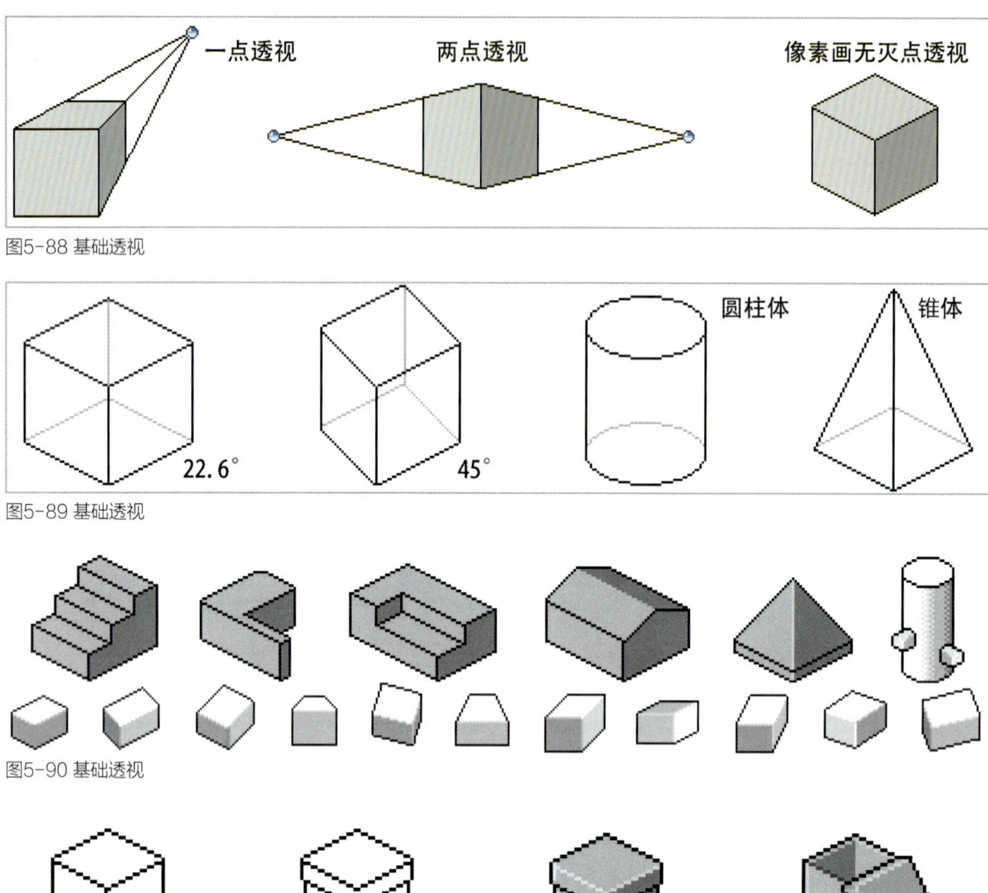

图5-88 基础透视

图5-89 基础透视

图5-90 基础透视

图5-91 基础造型

现。（图5-93）

②双色过渡：通过单一颜色像素点阵有序的疏密排列，产生过渡效果。由于这些像素点阵具有规律性，所以可以通过复制或平铺来提高工作效率。（图5-94）

③圆柱体过渡：结合以上两种过渡方式，以使物体产生立体感，适用于为圆柱形物体上色。（图5-95）

④网点渐变过渡：通过在单色上叠加透明背景的棋盘状像素点阵，并以图层蒙版的方式使其边缘产生渐变至透明的效果，通过这种方式绘制出来的物体过渡自然，颜色饱满。（图5-96）

（7）明暗关系

这部分和基础绘画的素描色彩中的普遍规律是一致的，在具备美术基本功和造型能力的基础上，还需要结合像素画的特点，转变传统绘画的观念和具体的操作方法。

使用像素画方法绘制具有明暗关系的形态时，首先要确定光源所在的位置，其次根据光源的照射，在物体上绘制亮部、中间色、明暗交界线、反光、投影，可以根据绘制对象的大小来决定过渡的细腻程度。

在绘制复杂的像素场景时，对光源的把握要灵活，如图5-97，右图中设定了并不统一的光源（或者是多个光源）。如果参照体积较大的卡车的光源，洗车工人的背部应该是阴影部分，但是为了突出角色通常会将人物的光源做反方向的处理。

（8）实例解析

●实例解析1——建筑图标绘制

绘制步骤：①绘制线框；②铺大色调；③选择性勾边（将内部黑线用高光或暗色替代）；④细节绘制（内部结构和色彩）；⑤细节绘制（内部结构的体积）。绘制完成 。

从图5-98这个例子可以看出，轮廓线颜色不能一味地使用黑色，要选择颜色（选择性勾边），通常用体面色彩同色系的深色或浅色来表示明暗交界线或高光。图5-97右图中的汽车和角色也是只用深色勾勒了某一部分的外轮廓，内部结构则用同色系颜色绘制。

●实例解析2——树的绘制

绘制步骤：①确定比例；②勾画轮廓；③表现体积；④改变轮廓颜色；⑤上色；⑥绘制阴影；⑦增加中间颜色；⑧增加细节；⑨绘制阴影并完成。

从图5-99这个例子可以看出，在像素图形绘制中控制颜色数量十分重要。每一步的绘制，都要将所用颜色拾取并标注出来，最后能够看到整个图形用了两组同色系明度渐变的颜色，共7个颜色。

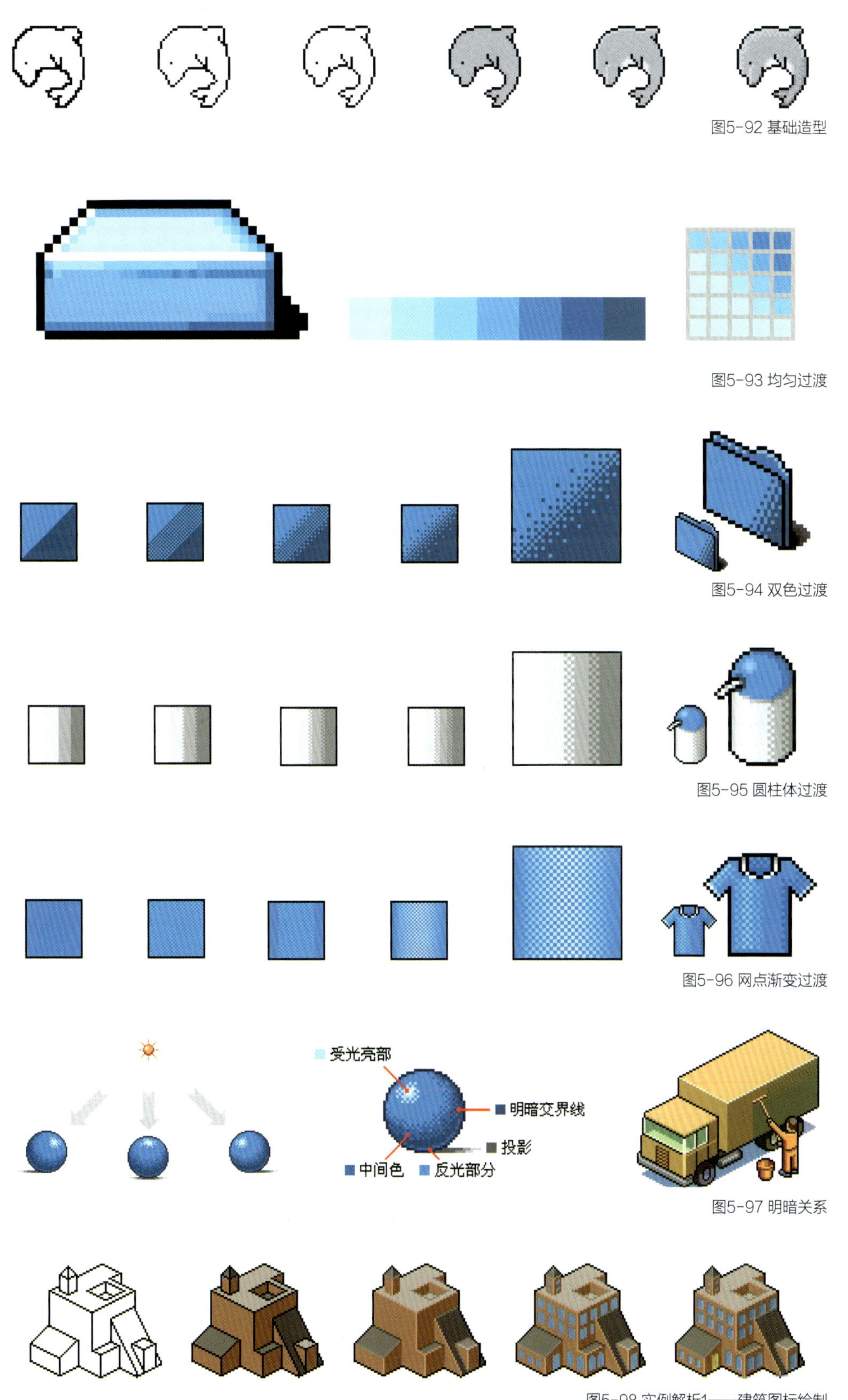

图5-92 基础造型

图5-93 均匀过渡

图5-94 双色过渡

图5-95 圆柱体过渡

图5-96 网点渐变过渡

图5-97 明暗关系

图5-98 实例解析1——建筑图标绘制

●实例解析3——道具图标的绘制

绘制步骤：①手绘草图；②导入Photoshop并双窗口显示；③绘制轮廓；④绘制色彩和阴影；⑤同色系深色勾边内轮廓，双色过渡方式增加色彩细节。⑥绘制完成。（图5-100）

5.2.2 像素图标设计

像素图形是高度概括的艺术，小小的画面、有限的像素个数却有着丰富的内涵和张力。界面中的图标同样是方寸艺术，占用空间小，却能传达最准确的概念和引导交互。因此，像素图形和图标设计本身就具有天然的联系，像素图标清晰的轮廓和简洁的造型雕琢出了精致的设计品位。

早期的界面和图标都是像素化的图形，它曾是最佳的界面表现语言，在像素的规律排列中形成清晰的轮廓和令人舒适的秩序感，精致的造型最大限度地避免了图标因其尺寸小形象显得模糊不清，如图5-101至图5-105。

作业与练习：

像素图标的设计，旨在通过练习掌握像素画的方法。要求手绘设计草图，制作步骤完整。

学生作业点评——角色图标作业（图5-106）

优点：基本掌握了像素画的方法，人物形象特色鲜明。不足：缺乏一致性。

学生作业点评——手机图标作业（图5-107）

主要设计的是手机中的音乐、视频、时间、照相机的图标。优点：整体设定为复古风格，有一定表现力，结构表达清晰、制作步骤完整。不足：实际像素显示时照相机和时钟的识别性较差，应该更强调对象的特征。

学生作业点评——道具图标作业（图5-108）

这是以校园中的雕塑为主题设计的一套道具图标，风格统一、结构准确，造型还原度和识别度都很好。使用了网点渐变过渡，增强了雕塑的体积感和细节。不足：个别图标体量差异较大。

学生作业点评——主题图标作业（图5-109）

优点：以餐厅为主题的一套图标，风格统一，有一定的质感表现。不足：个别图标细节表现杂乱，可略做减法。

5.2.3 像素界面设计

像素风格的横版手机游戏至今仍广受大众的喜爱。它的界面往往比较简单，有些和场景融为一体，更多的是固定在底部或顶部的状态栏和装备栏，最小的图标只有9dpi。（图5-110）

使用像素风格绘制的场景，特别是采用22.6°的平行线为主体构造的场景，由于其具有无灭点透视和视野开阔的

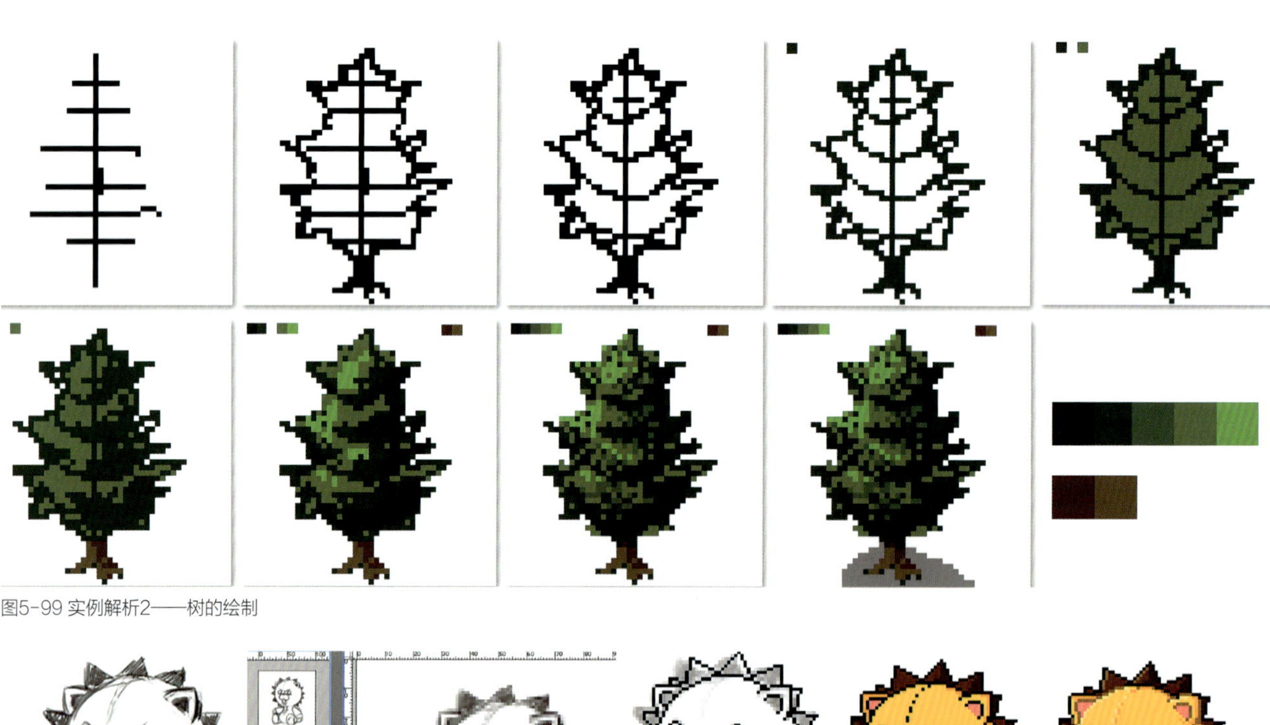

图5-99 实例解析2——树的绘制

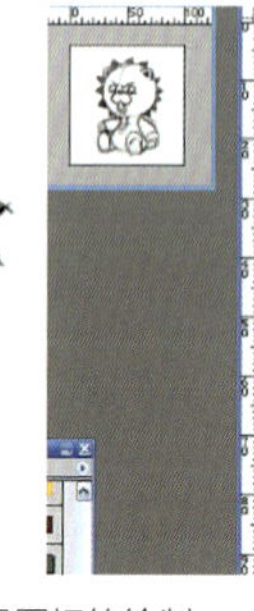

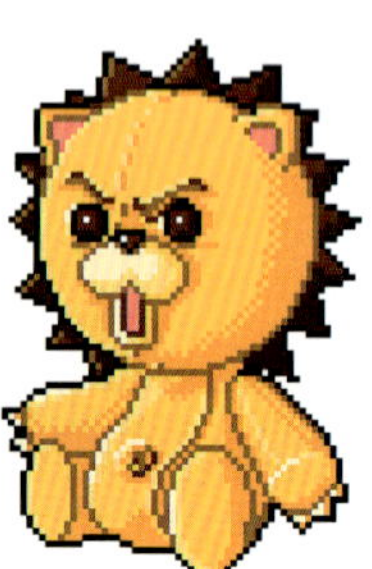

图5-100 实例解析3——道具图标的绘制

      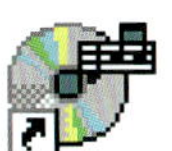 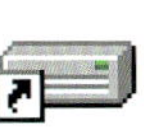

Windows95系统图标

   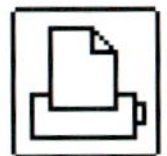   

第一代Macintosh系统图标

图5-101 系统图标

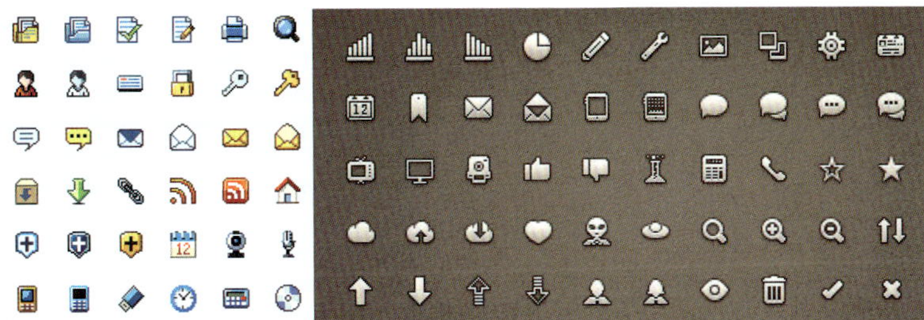

图5-102 网页和软件图标

图5-103 建筑图标

图5-104 道具图标

图5-105 角色图标

图5-106 角色图标作业（陆云莉）

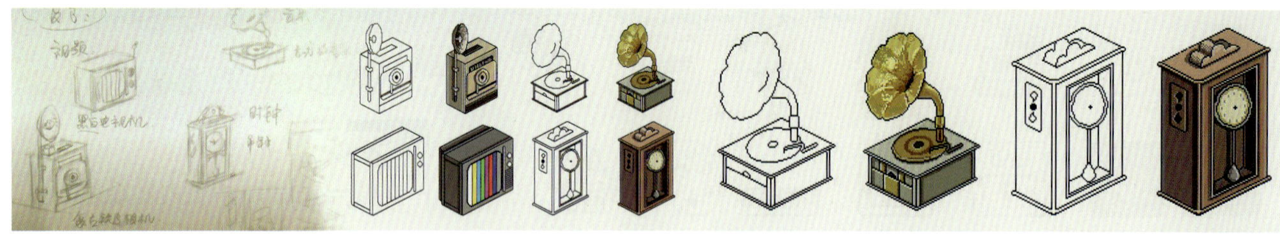

图5-107 手机图标作业（沈昕）

图5-108 道具图标作业（蒋靖超）

图5-109 主题图标作业（潘历恺）

特征，使得无论程序多么的复杂，场景都会显得井然有序，它成为2.5维的游戏界面和场景的一大类型，如图5-111。

在网站设计中会经常用到像素图形绘制的方法，比如用明暗两条线段绘制凸起或凹陷的分隔符与界面框体等，像素化的字体也是支持清晰显示的常用字体。但完全使用像素图形的方式来设计网站界面并不多见，而常规形态的界面更是少见，如图5-112。以像素图形为主体的网站较多的是强调界面的风格特征及以场景的方式构造的交互界面，这是一种比较典型的拟物化的界面设计，具有游戏一样的情景特征，但从造型和上色的方式上更为简洁和更具有设计感。如图5-113，在这些情景化的像素网站中，按钮和功能性的图标几乎都被放置于场景的道具和角色上，使界面更一致并突出了趣味性。

作业与练习：

像素界面的设计，设计内容可设置游戏界面、网站界面、手机锁屏界面等内容。要求整体设计完整，风格统一，创意独特。

学生作业点评——网站界面作业1（图5-114）

优点：这两组游戏界面设置了低分辨率兼容的尺寸，因此在较小的平面空间要表现丰富的内容，更增加了绘制的难度。界面和场景表现风格统一，符合不同的游戏主题设定。不足：界面的细节表现还需深入。

学生作业点评——网站界面作业2（图5-115）

优点：表现出了像素图形的简洁和独特的韵味，1个主页和4个二级页面均由像素图形绘制而成，主页面可模拟白天和夜晚的光照，比较有想象力。不足：在图形的色彩和空间关系的处理上还有待改进。

学生作业点评——网站界面作业3（图5-116）

优点：是一个完全情景化的界面设计，底部工具栏及图标也采用拟物的方法，运用像素图形细致地将重庆这座城市的过去、现在和未来做了充满想象力的设计，场景、道具、角色丰富，视觉密度较大，秩序井然，主页和子页面转换方式独特，每个场景都设置了不同的表现状态和动画效果，互动体验较好。不足：冗余文件过多，导致交互和动画流畅度不高。

5.3 矢量图形设计

在前面像素图形设计中讲到了位图与矢量图形的概念和特征，矢量图形具有体积小、图形清晰明确、不受分辨率限制的特点，即使对其进行任意缩放、变形都不会产生马赛克状的点阵和轮廓的锯齿，能在各种显示尺寸下保证图像的品质，特别适合网络环境下的图形表现。使用矢量图形设计的界面元素，能够在设计软件中对其进行任意分层、群组和修改，非常方便快捷。通常用于创作矢量图形的软件有

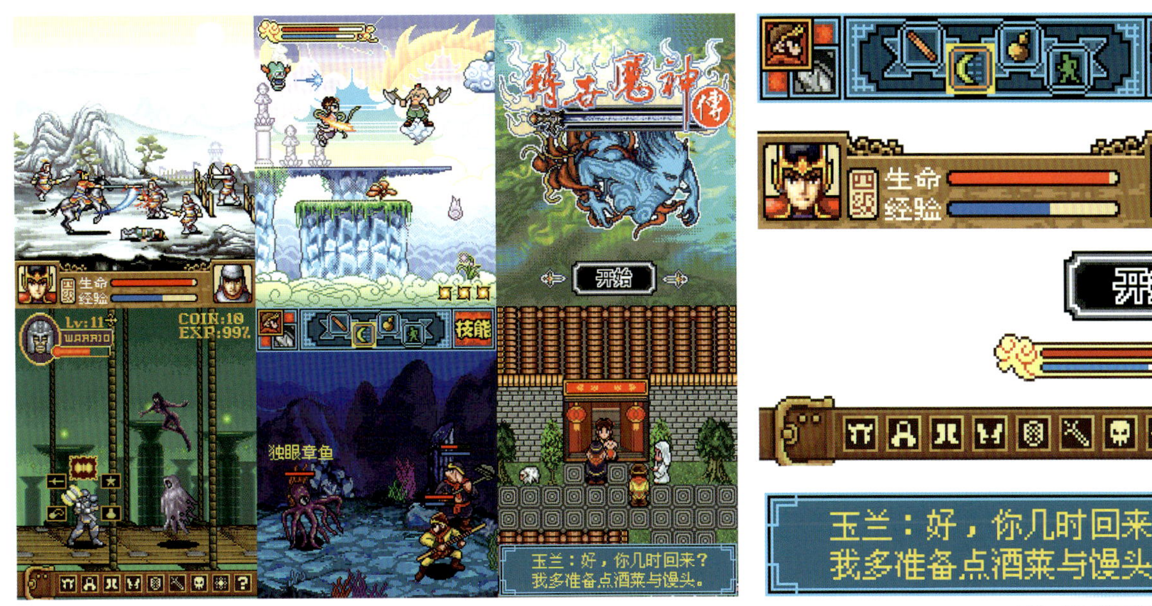

图5-110 横版手机游戏界面

图5-111 2.5维游戏界面

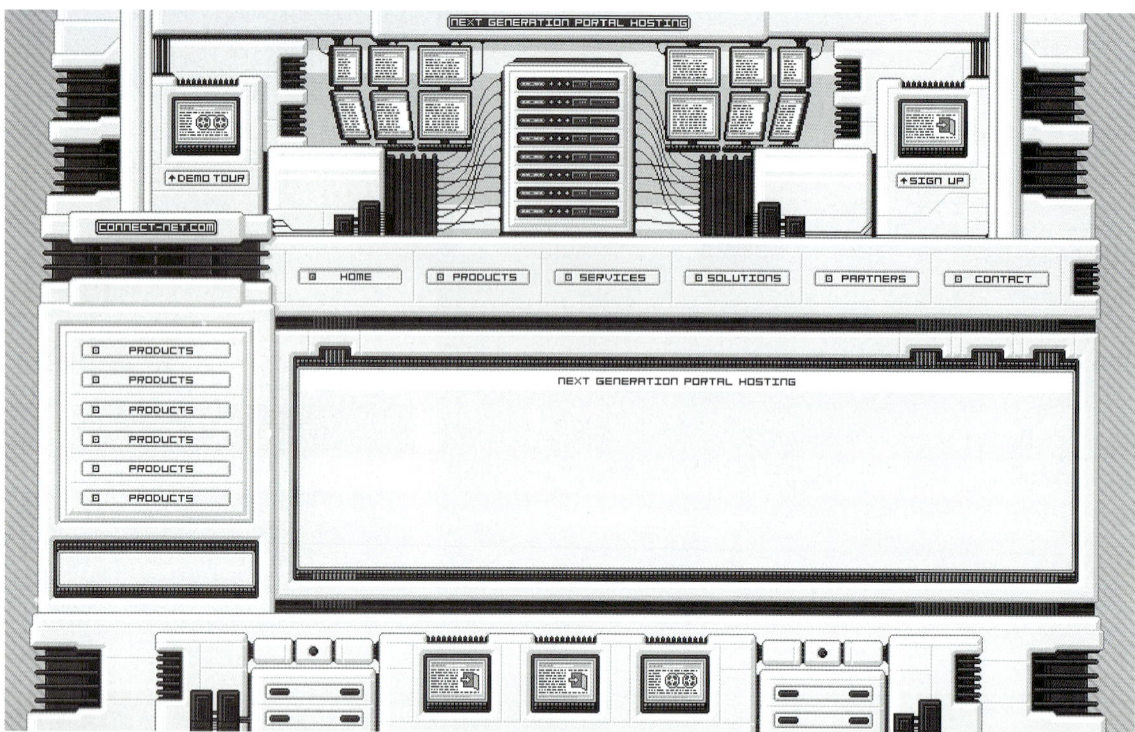

图5-112 网站界面

图5-113 情景化的像素网站界面

图5-114 网站界面作业1——游戏界面及场景（周丽丽、王跃）

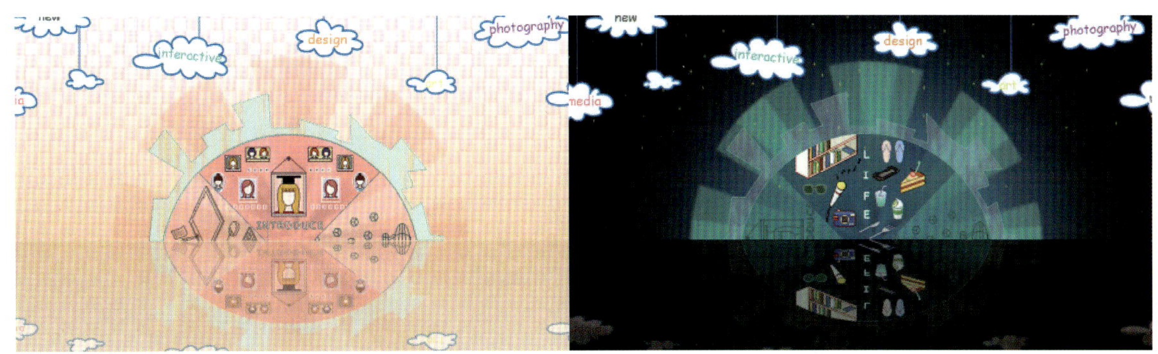

图5-115 网站界面作业2（黄云蛟）

图5-116 网站界面作业3（王跃、杜镜愚等）

Illustrator、Freehand、CorelDRAW等。在设计界面元素的开发上，特别是动态的界面元素和矢量游戏界面元素，设计者更偏向使用Flash软件。在本章5.1.4中已对相关的软件做过简单的介绍，这里不再赘述。

这里简单介绍一下使用Flash制作用户界面的优势。基于矢量图形及动画可以使用Flash去制作出具有美感以及丰富动态效果的界面表现；Flash基于矢量图形独立的分辨率，能够兼容更多的显示设备，跨平台复用性强，特别适用于网页游戏；容易升级和更换主题（替换UI图形）；提供了非常便捷的视频支持功能，根据设计的用户界面的不同，可以把一些非常烦琐的VI逻辑转换成ActionScript脚本语言，使游戏更容易与服务器、数据库以及游戏引擎相结合；可以与Adobe系列软件更好地兼容，如使用Photoshop制作位图，或用Illustrator创作矢量图，以及用After Effects制作视频和界面动态图形，都能与之很好地整合。

5.3.1 矢量插图设计

在UI设计中，无论是网页的头部广告，还是信息图表等，都会经常使用矢量图形的插图来作为界面的图形元素。使用Flash软件，可以深入充分地表现平面化的简洁图形和写实性的复杂画面，如图5-117。

如图5-118，运用同类色中等明度基调、平面图形化的空间形象的表现、剪影的人物形象处理，使受众的意识焦点集中到广告所要表达的信息当中，不会因为使用真实图像的情感元素（角色形象的美丑、房间环境的舒适压抑等）而干扰人们对概念信息的接收。

如图5-119，是2013年非常有人气的一款解密游戏，剧情和空间的转换都非常有创意。从画面表现来看，简洁的人物设置、极强的画面氛围感染力，虽然使用平面化的矢量插图风格，但是气氛渲染得非常到位，给玩家带来很强的代入感。

绘制矢量图形的简单步骤如下（图5-120）。

第一步：轮廓绘制阶段。根据手绘线稿或图片资料，使用贝赛尔工具描绘轮廓。根据所要表达的细节程度的不同，用轮廓封闭不同数量的填充区域。

第二步：上色阶段。根据插图需要的表达方式（平面或写实），使用实色或渐变填充的方式上色。

第三步：根据需要增减细节，调整色彩关系。

第四步：去掉轮廓线，完成绘制。

作业与练习：

矢量插画绘制，旨在通过练习来掌握绘制矢量插图的方法，并能扩展运用到界面图形元素的设计中。要求绘制完整的插图轮廓，制作步骤完整，具有一定原创性。

学生作业点评——矢量插图作业1（图5-121）

图5-117 平面化的写实的矢量插图

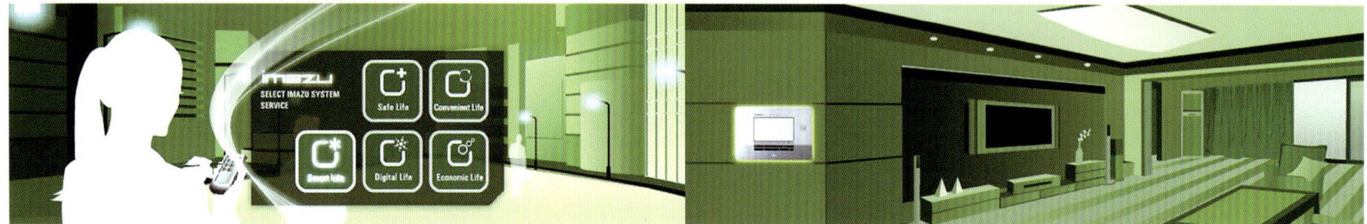

图5-118 矢量插图的物联网广告动画

图5-119 矢量插图风格的iOS游戏*The Silent Age*

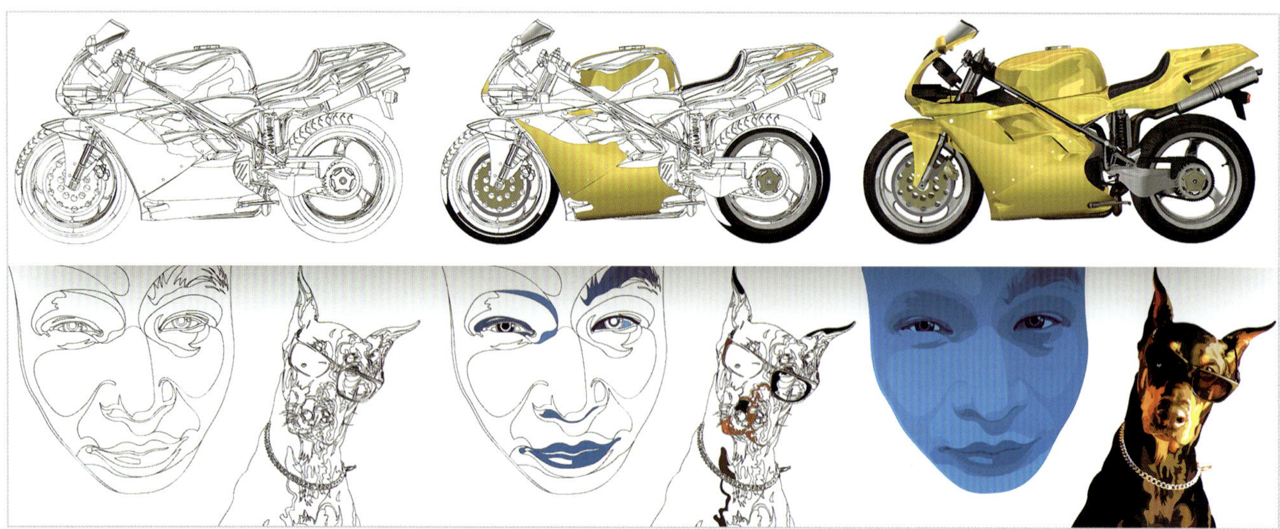

图5-120 绘制矢量图形的简单步骤

优点：理解了矢量图形绘制的方法和技巧。不足：画面图形风格不太统一，需调整前后色彩关系。

学生作业点评——矢量插图作业2（5-122）

优点：角色设计有特色，风格统一，原创度较高。不足：可尝试用不同的背景来增强画面的表现力。

学生作业点评——矢量插图作业3（图5-123）

优点：矢量插图绘制技巧娴熟，色彩体块概括较好，对角色的三维形体塑造效果较好。不足：原创度不高。

5.3.2 矢量图标设计

关于图标设计的相关内容见5.1。

对图标设计而言，矢量图形特别适合表现扁平化的设计风格。如图5-124是现在比较主流的扁平图标表现形式。纯平面，特点是纯色和剪影，简洁、清新、识别度良好；轻折叠，特点是纯色、折痕、弱阴影，有轻微的空间感、轻盈；微质感，特点是轻微渐变和投影、有简单的层次，有精致感、轻度立体感；有厚度，特点是增加了厚度，强化了体积和空间感，有重量感；仿折纸，层次丰富，结构和几何感明显，有一定的空间感。

图5-125是现在比较流行的两种矢量图标设计形式，左图是通过矢量绘制模拟3D低模多边形效果，右图是长阴影的微质感扁平图标。

矢量图标实例——多边形图标绘制（图5-126）

第一步：在导入的图像素材上新建一个图层，用直线进行体块的分割，以三角形面为单位，依据色彩区域结合形体结构进行分割。

第二步：调整并完成线框。

第三步：参照图像进行上色，这部分要对图像进行概括并进行主观处理。

第四步：调整并完成上色，去掉线框。

第五步：绘制图标背景，用45°线绘制长阴影轮廓，并填充阴影区域（要考虑阴影的衰减，所以用半透明到透明的渐变色填充）。图标绘制完成。

作业与练习：

矢量图标设计，通过练习将矢量图形的表现和图标设计结合起来。要求绘制出完整的轮廓图，制作步骤完整，具有一定原创性。

学生作业点评——矢量图标作业1（图5-127）

优点：十二生肖矢量图标，图形识别性、原创度高，色彩和造型颇具有中国趣味。不足：色彩的明度关系过于接近，个体的体积和空间表现较弱。

学生作业点评——矢量图标作业2（图5-128）

优点：游戏矢量图标，图形识别性、原创度高，构图完整、造型饱满，色彩运用恰当，材质表现充分。不足：等级数字强调得不够。

学生作业点评——矢量图标作业3（图5-129）

优点：网站商城导航图标，图形识别性、原创度高。不足：需保持整体图标的一致性。

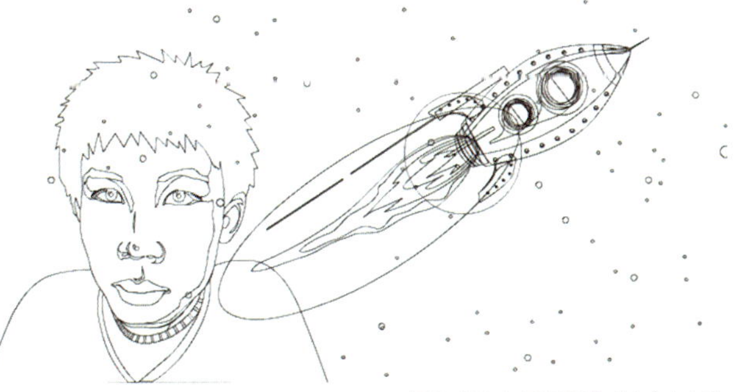

图5-121 矢量插图作业1（李剑）

图5-122 矢量插图作业2（徐茂）

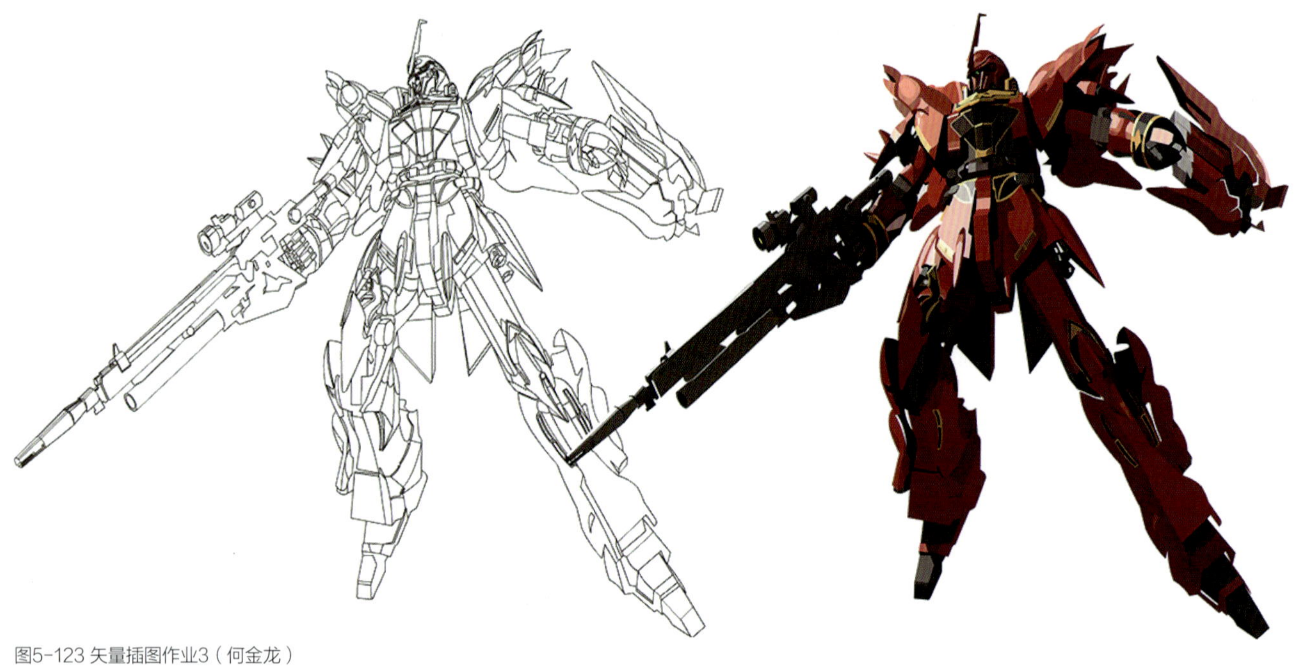

图5-123 矢量插图作业3（何金龙）

图5-124 比较主流的扁平图标表现形式

图5-125 矢量图标

图5-126 矢量图标实例——多边形图标绘制（王娜）

图5-127 矢量图标作业1——十二生肖矢量图标（丁志丹）

5.3.3 矢量界面设计

1. 鼠标指针设计

鼠标指针（光标）是一系列的图形，用以对指点设备（鼠标等）输入计算机系统的位置进行可视化描述。

通常在游戏UI设计中，会设计专属的指针样式，使其与界面更为统一融合，如武侠类游戏会将鼠标指针设置为剑、飞镖、宝石等道具的形象，来替代系统中标准化的图形，给用户带来沉浸感。在正常状态下，指针一般是较为锋利的箭头形状，能体现其精确性并可以有效避免阻挡重要内容，以方便用户进行精确的点击操作，在等待程序载入或不能适时操作时，又会将图形设计为钝形，如沙漏或圆形等。（图5-130）

矢量界面实例——鼠标指针设计（图5-131）

第一步：根据游戏世界观或界面风格进行草图设计，推敲草图并选择设计方案，并进行细化。形式设定为金属质感，直线与弧线结合，样式参考古代纹饰。

第二步：参照导入的草图绘制线框。

第三步：使用贝赛尔工具调整细节并完成线框。由于它是轴对称图形，因此可以绘制一半图形再对其进行镜像复制。

第四步：色彩设定，表现金属的黄色系中长调，结合造型表现力量感、高贵、清晰、明快。同样使用镜像复制的方式进行上色。

第五步：调整并完成上色，去掉线框，调整指针角度，完成设计。

2. 游戏和网站界面设计

基于Flash绘制的矢量图形，可以非常方便地制作游戏和交互动画网站。如图5-132，是色彩鲜明的Q版网页游戏。如图5-133，是以使用Flash制作的矢量图形为主体的交互动画网站，特别适用于表现拟物和情景化的界面。

作业与练习：

矢量图形界面设计，通过练习将矢量图形的表现和界面整体设计结合起来，可设计游戏界面或网站界面。要求绘制完整的轮廓图，制作步骤完整，具有一定原创性。

图5-128 矢量图标作业2——游戏矢量图标（杜镜愚）

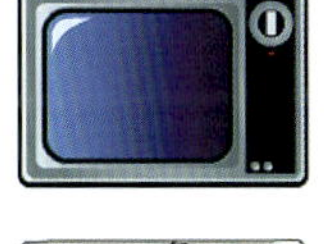

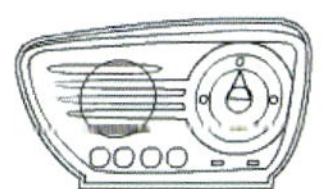
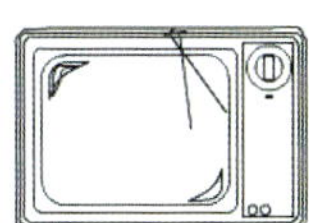
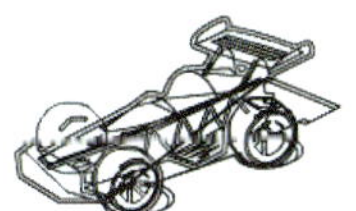

图5-129矢量图标作业3—— 网站商城导航矢量图标（陈鹏飞）

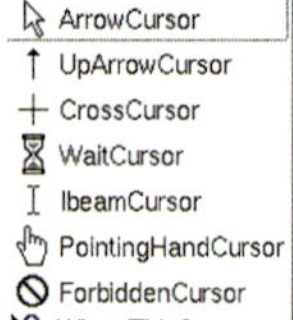

SizeVerCursor
SizeHorCursor
SizeFDiagCursor
SizeBDiagCursor
SizeAllCursor
SplitVCursor
SplitHCursor
BlankCursor

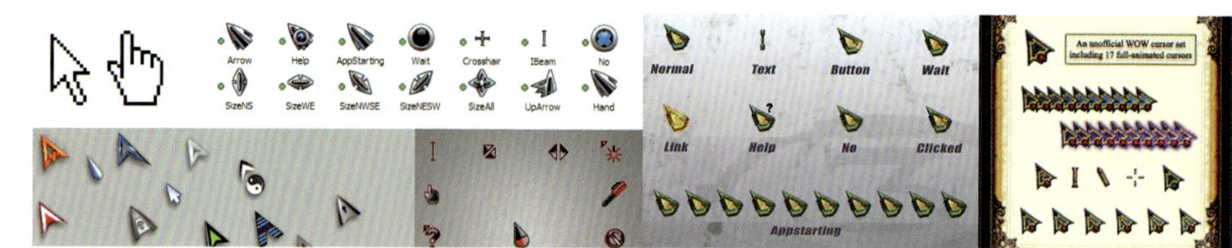

图5-130 鼠标指针

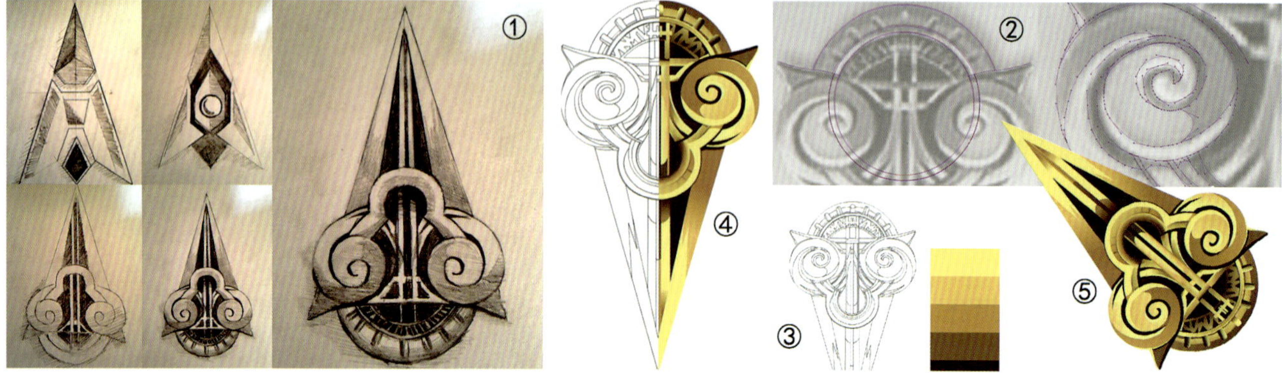

图5-131 矢量界面实例——鼠标指针设计

图5-132 游戏界面

学生作业点评——矢量界面作业1

优点：图5-134上图是基于矢量图形的游戏界面，原创度高，布局和信息结构合理，色彩运用恰当，质感和细节表现充分；下图为一个个人网站界面，创意独特，色彩调和，空间表现有趣味性，界面风格统一。不足：可以加强界面空间的塑造。

学生作业点评——矢量界面作业2

优点：图5-135是一个纯矢量图形游戏界面，原创度高、布局合理，色彩明快，质感和细节表现充分，界面风格统一。不足：整体明度和饱和度过高，缺乏对比和空间的塑造。

5.4 信息图形设计

5.4.1 信息图形的概念

1. 什么是信息图形

信息图形（Infographic）设计，可以理解为信息可视化（Information Visualization）设计的一部分，是数据、信息或知识的可视化表现形式。它将冷冰冰的数据转变为易于理解的视觉语言，用富于创造力的图形清晰、直观地传达信息。通过对大量数据和文本的梳理、提炼、归纳、组织，运用图形化的元素组合、架构、再创造，使其转化为具有逻辑秩序与视觉秩序的视觉形态，能够提供简单易懂、形象直观的理解和比较方式，使用户轻松获得准确有效的信息。生活中就有许多典型的信息图形，如地铁线路图、统计图、乐谱等。

在20世纪70年代，英国伦敦的平面设计师特格拉姆第一次使用了“信息设计”这一术语。

信息设计是多学科交叉研究的领域。弗兰克 · 西森在《数字信息设计词典》中说道：“信息图形设计是对信息清晰而有效的呈现。它通过多个学科和跨学科的途径达到交流的目的，并结合了视觉设计、技术性和非技术性的创造、心理学、交流理论和文化研究等领域的技能。”

2. 信息图形的发展应用

阅读是获取信息的主要方式，而今天，信息爆炸和快

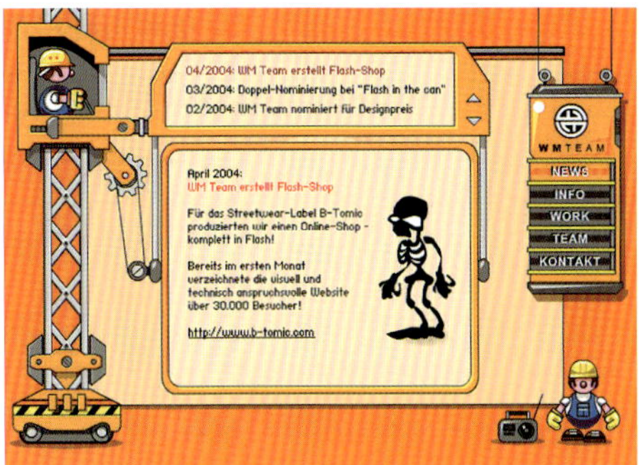

图5-133 动画网站界面

图5-134 矢量界面作业1（杜镜惠）

图5-135 矢量界面作业2（曾以六）

节奏的生活使人们对阅读效率提出了更高要求。正如前面章节讲到，文字是严密精确、抽象、规范的语言符号，但阅读速度慢、效率低；图像则简单直观、生动、传达信息效率高，当一个信息图形呈现在受众面前时，无须过多的解释和推理就能直接进入受众的心理认知空间。在互联网语境下，带来了阅读方式的改变。互联网时代是读图的时代，传统的“文字阅读”方式正转变为“图像加文字的阅读”方式，减少了枯燥与抽象，增加了视觉趣味。在不知不觉中，人们逐渐形成了从大量图像中接受信息的习惯，这使得过去以文为主、以图配文的信息传播媒介发生了变化，出版物中，照片、插图、图表的比例越来越大，而在互联网的应用上信息图形逐渐成为主导。（表5-1）

信息图形在互联网时代越来越受人们的重视，越来越多的UI设计师热衷于以图形化的方式结合视觉上的美感将信息传达给用户，信息图形设计也越来越流行并被大众所接受。信息图形能够通过图形表达复杂且大量的信息，例如在各式各样的文件档案、地图及标识、互联网应用及用户信息、新闻数据或教程文件中存在大量的图表，设计的核心理念是化繁为简并具有秩序和逻辑。（图5-136）

3. 信息图形的简单分类（图 5-137）

（1）图解：主要运用插图，对事物进行说明，可使用序列图形将信息进行分解并呈现。

表5-1 图形与文字信息传播特性比较

	辨认速度	概念明确性	通用性
图形	优		优
文字		优	

（2）图表：利用柱状图、条形图、饼图、折线图、树状或网状结构图等方式来组织、显示和对比信息，阐明事物之间的相互关系或呈现事件发展的进程。

（3）表格：根据特定信息标准进行分区，由若干的行或列构成的一种有序的组织形式，通过秩序化的排列组合传达信息。

（4）统计图：通过数值的变化来呈现事物发展的趋势或进行比较，常利用几何图形来将数据图形化、可视化 。

（5）地图：描述在特定区域和空间里的位置关系。按一定比例运用符号、颜色、文字注记等描绘或显示地理、行政区域和其他事物（如社会状况等）。

（6）图形符号：不使用文字，用图形直接传达信息。如标志、标识、图标（图标就是UI中最典型的信息图形）。

5.4.2 UI 中信息图形设计的表现要素

1. 视觉美感和吸引力

通过图形语言吸引受众的注意力。集视觉美感与创意于一体，有较强的视觉冲击力，能吸引用户的眼球，使用户产生共鸣，引起用户的兴趣。可以看见的音乐——《四季》，Laia Clos的MOT工作室将安东尼奥 · 维瓦尔第的巴洛克协奏曲小提琴的一部分《四季》（*The Four Seasons*）中的音乐符号数据用不同的圆点图形和颜色来表示，从而完成了《四季》的图形化表达。（图5-138）

2. 以图释义

UI中信息图形设计注重将信息图形化，在描述信息时，尽量避免使用不必要的数字，更多地以图形直观地传达信息。如图5-139，反映了不同的食物在生产过程中所需要的用水量，即隐性的水消耗。

3. 表达准确

清晰地组织数据和准确地表达概念是信息图形的首要任务，在吸引用户注意的过程中应完成对信息内容、含义、顺序和交互点的传达。在注重视觉美感的同时不能忽视所要表达和传递的信息，要在图形与信息的完美结合下，根据信息本身的特征加以科学和艺术的秩序化，并充分考虑用户的信息需求，优化信息组织，便于用户的信息选择和利用，巧妙、准确地体现主题及内容。如图5-140，The Internet Map将全球网站以星系的形式表现，访问量越大，代表它的圆点就越大，不同的颜色代表不同的国家。

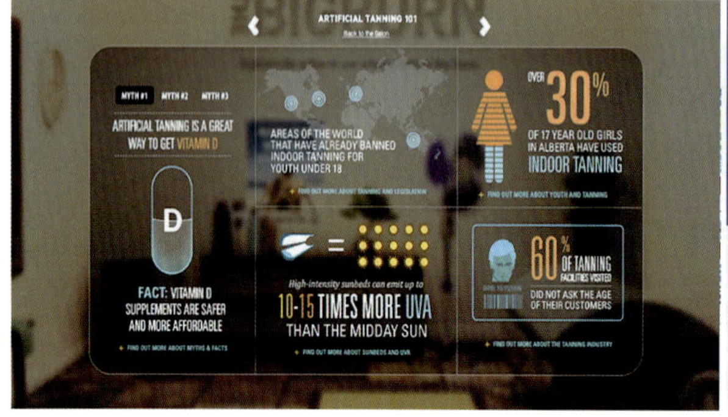
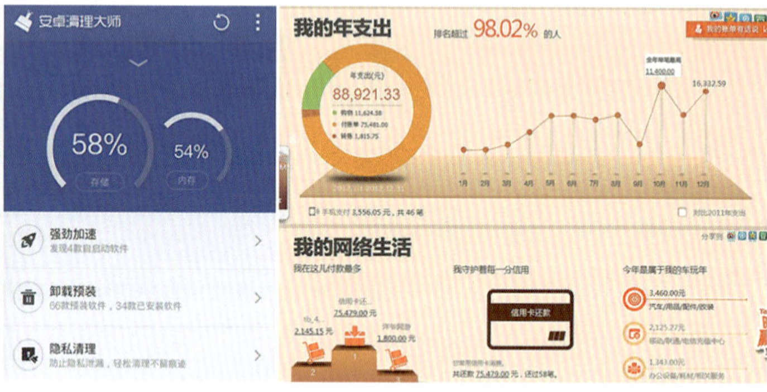

图5-136 网站和移动设备中的信息图形

图解（Diagram） 图表（Chart）

表格（Table）
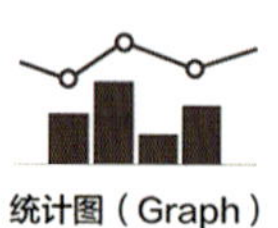
统计图（Graph）

地图（Map）

图形符号（Pictogram）

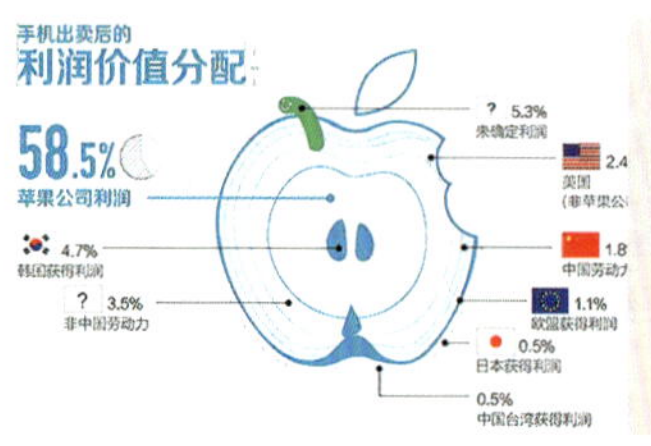

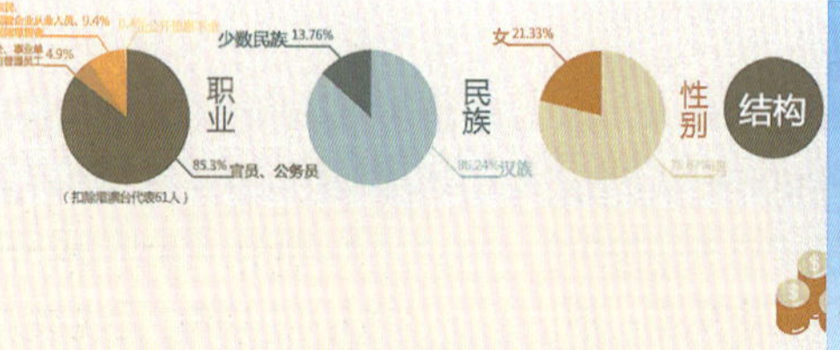
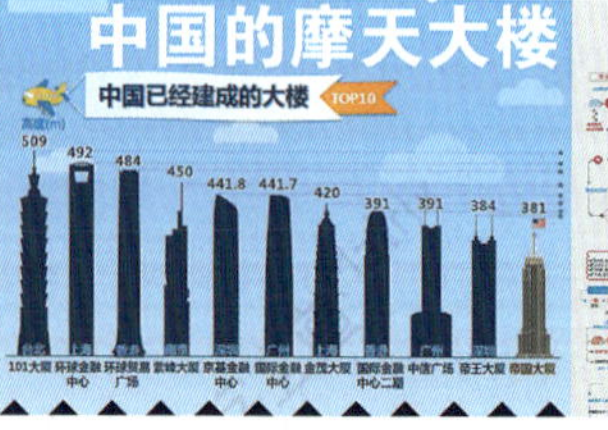

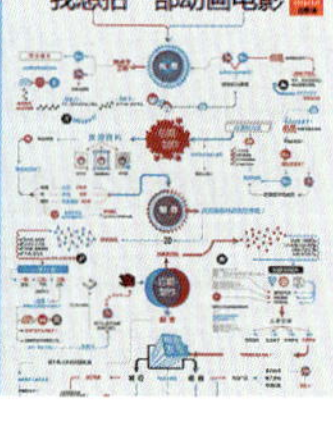

图5-137

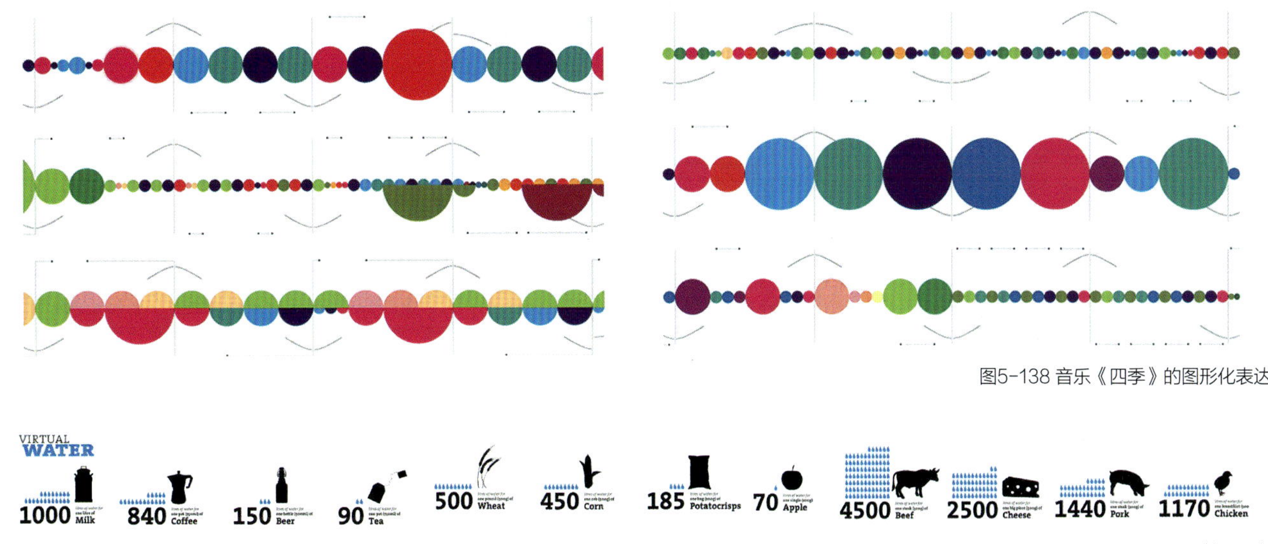

图5-138 音乐《四季》的图形化表达

图5-139 以图释义

4. 简洁

为了使信息高效率地传达，UI中信息图形设计要简洁明了，首先要挖掘关键信息，从庞大的信息数据库中提炼出主要信息并且进行合理的简化，且仍要忠实地表达其信息的内涵，让用户一眼就能明白其表达的概念和内容。

图5-141，以日常生活中最频繁接触的地铁线路图设计为例。左图是1913年伦敦地铁线路图，它延续了传统地图的形式，完全按照真实的地理状况来设计，这样的设计使乘客很慢或是很难从中找到站点。它虽然将信息形象完整地展现了出来，但没有表现出图形要传达信息的主次。地铁线路图中主要传达的应该是地铁乘坐线路和乘坐站点，而不是地铁经过的地方的地理状况，这样的设计减弱了地图的功能性。右图是1933年哈里·贝克设计的伦敦地铁地图。他突破了之前传统地铁地图在空间位置和距离上的局限，尽可能地减少了次要信息在图中的表现，提炼出关键信息进行重点表现，减少了具体方位的地理状况，只保留了泰晤士河与路线的大致方位，并且把站点的距离进行整合分析，按照一定的比例换算出来，使其相对平均地分布在图形中。用不同的颜色来表示不同的路线，使地图信息更加清晰明了，抛弃了原来地图中如蜘蛛网般的混乱分布，只保留了垂直、平行和45°角斜线，这样虽然不能进行空间距离的换算，但使复杂的信息得到了简化，更使地图中出现的信息完全为乘客服务，功能性得到了增强，所以它成为迄今为止最成功的信息图形设计之一。图5-142表现了此后伦敦地铁图的不断进化过程。

现在各个城市的轨道交通线路图都延续了这样的设计理念，并将信息简化，如图5-143重庆轨道交通线路图。

5. 引导视线，构建时空顺序

充分利用人的阅读习惯，注意视线移动的规律，能够营造出时空感。

如图5-144，通过线的引导聚集人们的视觉焦点，图中的动物都沿曲线行走，方向性强烈，线条正好象征了时间线，动物的位置代表了时间的长度。

6. 强调整体

整体即信息有秩序性，在UI信息图形设计中要把握信息中宏观与微观的结构关系和不同信息处理方法之间的设计关系，把握信息处理方法的相似性，运用系统的观点和统一规范的方法来进行信息的组织与设计。

5.4.3 UI 信息图形设计技巧

1. 图形化，运用图形直观明了地传达信息

图5-145是关于咖啡种类的说明，通过一杯咖啡的图形直观地表现出不同种类咖啡的组成成分，而且各成分之间的比例关系也得到清晰的呈现。

2. 图解，运用插图，生动形象

图5-146，左图是小孩牙齿生长的顺序，口腔中对应位置排列的表情丰富的牙齿使画面生动有趣；右图用序列图形将胎压监测仪外部设备的安装流程直观地表现出来，比照片更能强调主要的视觉信息，用户不用借助文字也能理解。

3. 图形数量表示数值

图5-139将常见的柱状图或饼图表示的数值改为用蓝色水滴图形的个数来代替，显得格外醒目，一眼就能看出各数值之间的差异，使画面更加丰富生动。

4. 图形对比，直观表现差异

图5-147将世界著名的高楼放在同一画面中进行比较，能明显看出它们之间高度的差异。通过对高楼建成的部分进行上色，而未建成的部分用轮廓表示，来体现差异。

5. 转换，通过表现形式的转换以符合常识

图5-148左图是田径运动百年纪录的对比，项目用的时间越少成绩越优秀，如果用常规的柱状图绘制，以消耗时间来表示高度，那么最快的成绩却显得最慢。这张图将最快和最远的记录用100%表示，然后以此为基准，画出不同参赛者的相对位置，使人一目了然。标枪项目用了弧线的轨

图5-140 The Internet Map

图5-141 1913年和1933年伦敦地铁线路图

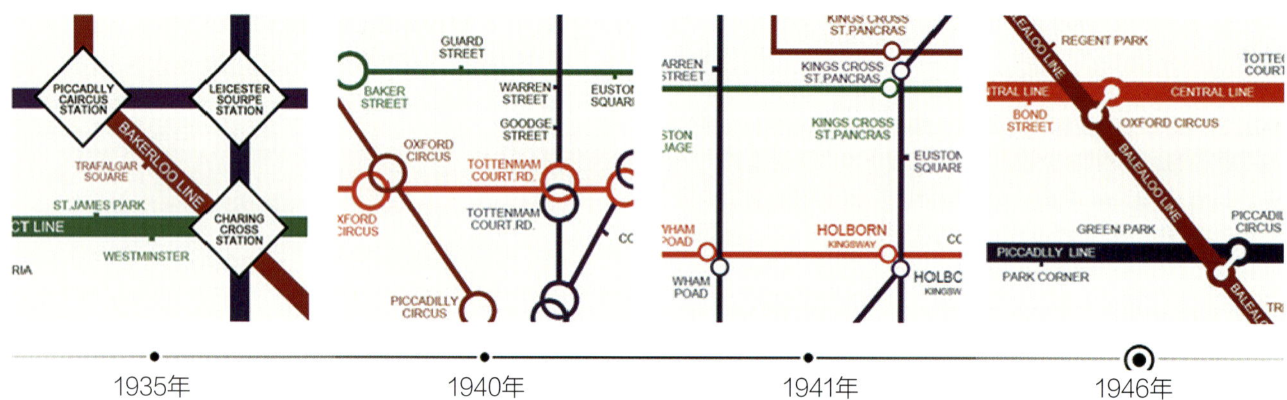

图5-142 伦敦地铁线路图进化过程

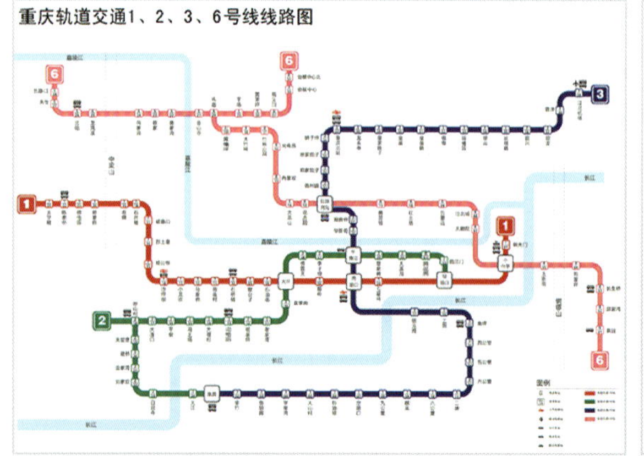

图5-143 重庆轨道交通线路图

How Long Do Animals Live?

图5-144 动物存活时间图

图5-145 图形化

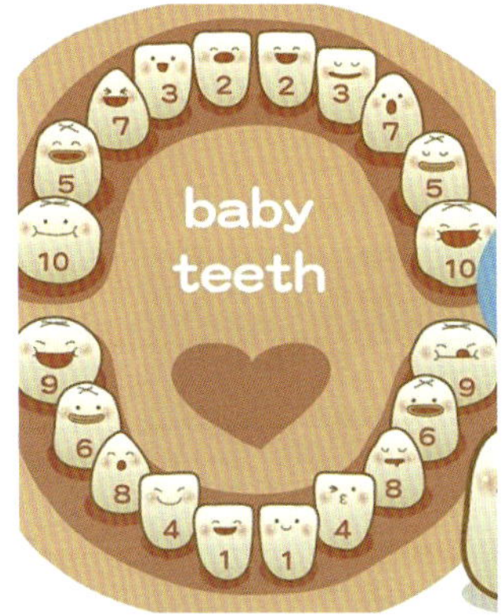

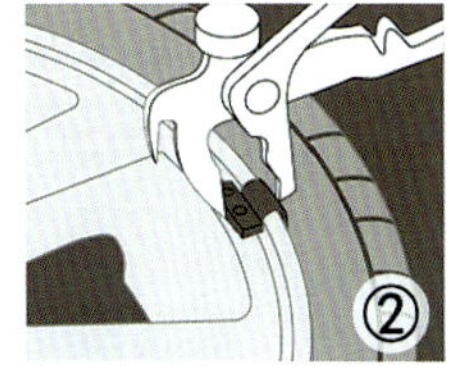

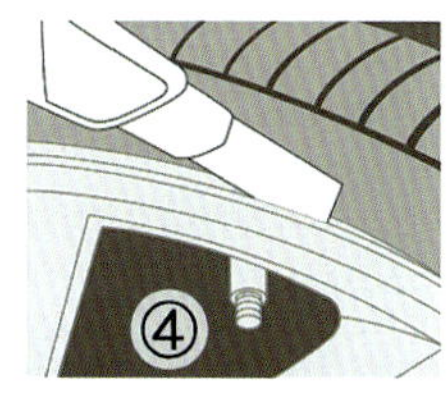

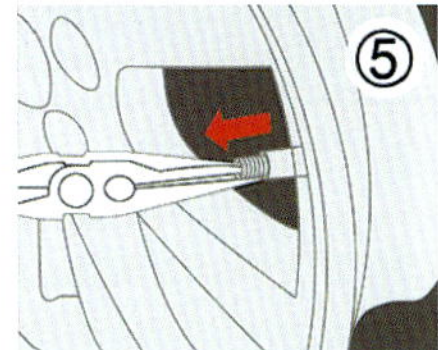

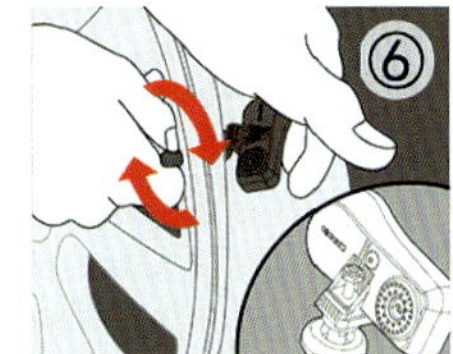

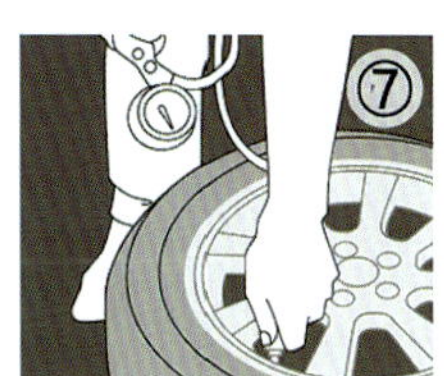

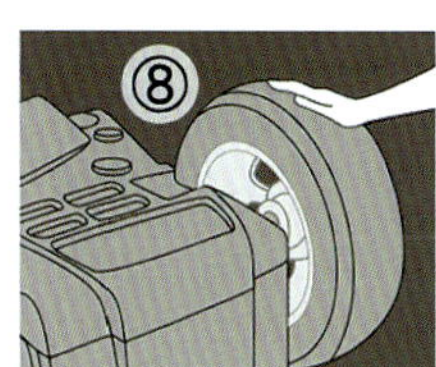

图5-146 图解

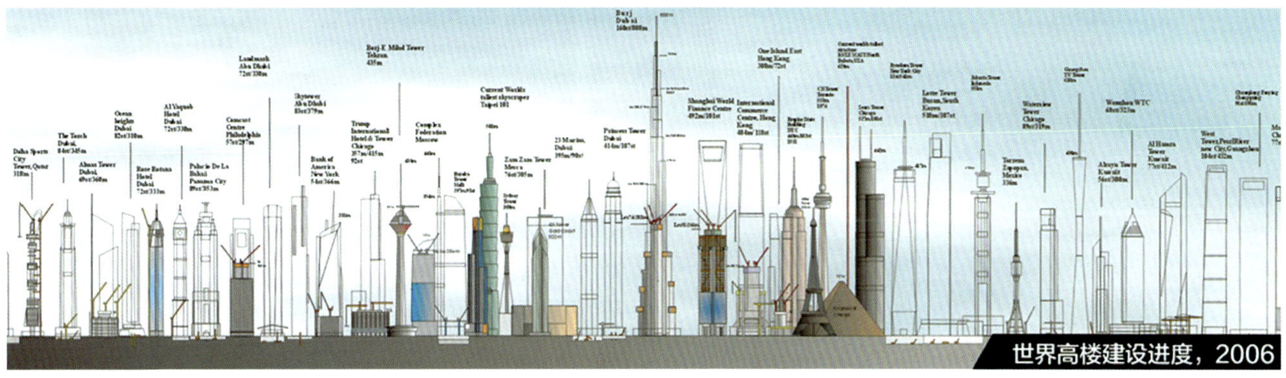

图5-147 图形对比，直观表现差异

迹，贴合人们的一贯认知。

6. 用图形面积表示一维的数据

图5-148右图是关于2012年世界各国广告的花费，将一维的数据用面积或者体积来表现，将费用换成面积并结合地理位置进行表现，在较小的空间中表现了差值较大的数据，避免了空间的局促。

7. 形象的比喻，富于联想和趣味

图5-149左图，BlueStacks管理团队根据全球Android用户数据，描述了Android用户的外貌。47%的Android用户可能是黑发，37%戴眼镜，36%的可能是美洲人等，也意味着Android是一个人性化的产品。右图是一份关于社交媒体网站的用户分析报告，它将各个网站比喻成星球，体积大小代表用户活跃数，环绕的行星表示用户性别、年龄等的比例结构。通过设计营造出星系的场景感，极具故事性，更加吸引人。

8. 形象的关联，与真实事物的形象组合展现数据

图5-150表现了一组与音乐相关的数据，将数据和音箱喇叭的形象组合，使用户能自然而强烈地感知到界面所要传达的主题。在数据的呈现上很好地运用了色相的差异来进行数据的分类。

9. 构建时空，结合时间和地点来表现

如图5-144，是单纯的时间线排列。

图5-151，左图的地球从不同区域分别绘制延长线，以此展开年表，使人对位置产生直观印象，同时理解各区域之间的联系和历史事件的大致时间顺序，直观表现世界历史大事件。

10. 构建场景

图5-151右图是一组土地资源储备的构成比例图，通过结合形象写实的图片，构建了一个真实生动的农场场景，极具想象空间。

更快、更高、更强 **百年纪录对比**

田径

标枪（男子）

54m82.5 (1932) 埃·勒明（瑞典）

98m48 (1996)

马拉松（男子）

2小时58分50秒（1896）卢尼斯·兰姆布斯（希腊）

2小时4分55秒（2003）

图5-148 通过表现形式的转换以符合常识

图5-149 形象的比喻

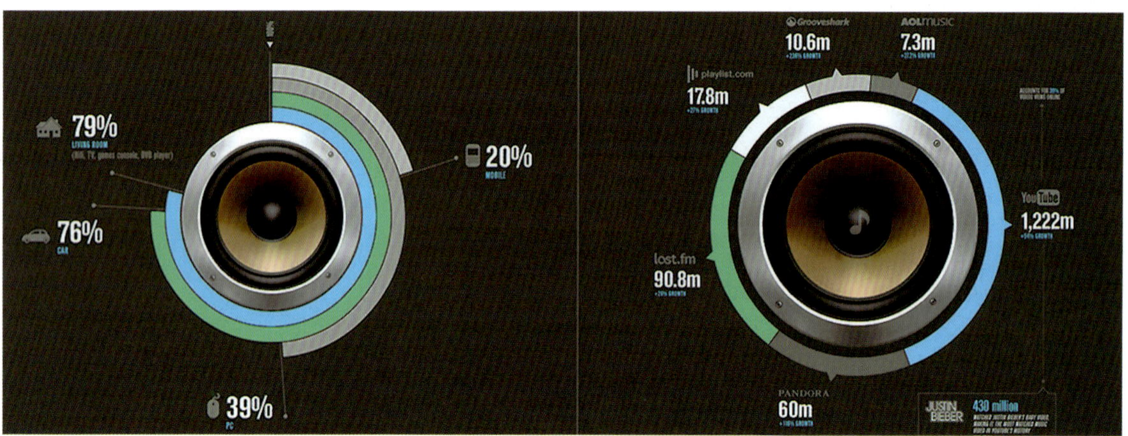

图5-150 形象的关联

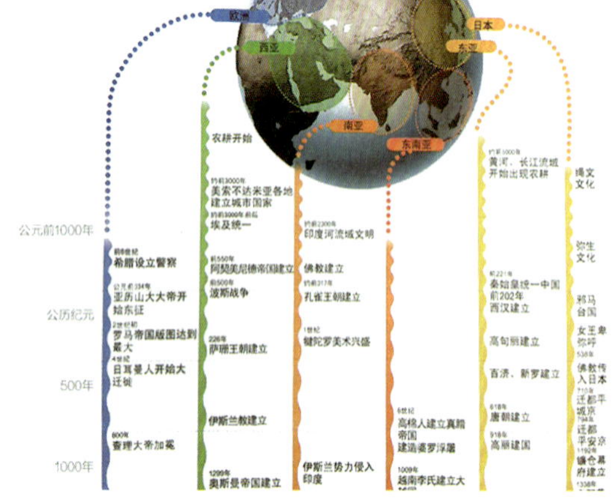

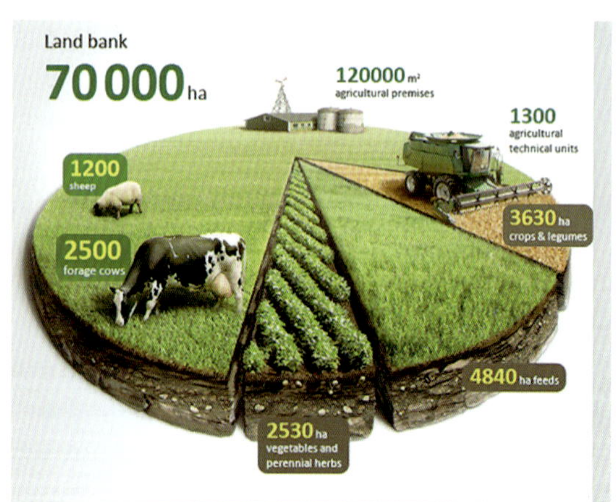

图5-151 构建时空

作业与练习：

设计一组图解或图表，主要运用插图和图表对事物进行说明，可配合文字说明，要求尽量呈现设计草图。

学生作业点评——信息图形设计作业1

图5-152是一个CG手绘的植物图解。优点：设计思路清晰，将图形创意与装饰风格的线描形式相结合表现微观的植物内部结构，见其所不可见，信息直观，使科普知识更具趣味性。不足：信息的整体性和层级关系还不够清晰。

学生作业点评——信息图形设计作业2

图5-153是一个矢量图形图表和插图。优点：将性教育主题相关的枯燥或难于表达的概念数据直观、形象并巧妙含蓄地表现出来，让人更容易接受。选题充满人文关怀，表现清晰完整。不足：个别数据所选择的图表形式表达不够明确清晰。

学生作业点评——信息图形设计作业3

图5-154是一个矢量图形序列图解。优点：序列图形往往比照片更容易表现，图形的设计者可以对细节部分进行更加适宜的创作。这套序列图形运用了统一的色彩，只是在线条的粗细上有所区别，视角丰富，线描形式配合单色调使图形信息更为简洁，更容易理解，配合简短的文字完整地介绍了胸罩的相关历史和趣味性的知识。选题有意义，图形表现力强。不足：个别图形线条过于复杂，可以用不同粗细的线条表现轮廓和内部结构。

学生作业点评——信息图形设计作业4

图5-155是一幅矢量图形序列插图。优点：使用了引导视线、构建时空顺序的方式来表现中国传承千年的器物，通过线的引导聚集视觉焦点，使用户流畅地浏览。对筷子、酒杯、笔墨纸砚等器物的图形化表现，既有历史感、逻辑性，又有想象力，关于传统文化的选题有研究和表现的价值。不足：图形缺乏设计感，绘制效果简单。

除了界面中的图标之外，使用图形进行信息的表达及辅助说明是UI设计师必备的技能之一。信息图形的设计能力，不是单纯记忆几个设计原则和要素就能达到的，还需要多看多思考，并结合设计实践，逐步提升信息概念的表达和图形设计的能力。

5.5 UI 动态图形设计

界面的视觉设计不仅用于静态的界面，动态的设计更丰富了界面的视觉效果，它使界面的交互事件在时间的承载下逐步呈现，让用户能直观地感受和认知其运作的过程，使界面的信息更为高效地传递、界面功能更容易被用户理解和记忆。

动态图形设计（Motion Graphics Design）：它是指影视或计算机动画等动态条件下的图形设计。而界面中的动态图形设计，通常被UI设计师称为“动效设计”（Motion Design），这样的简称为交互界面设计的专属，更有别于广义的动态图形中的影视动画等类型。

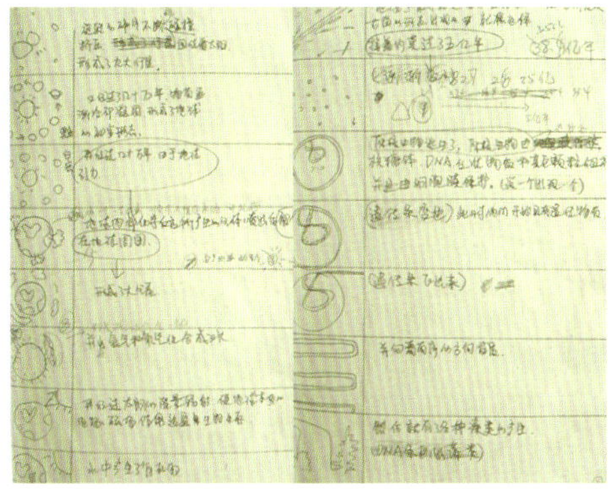

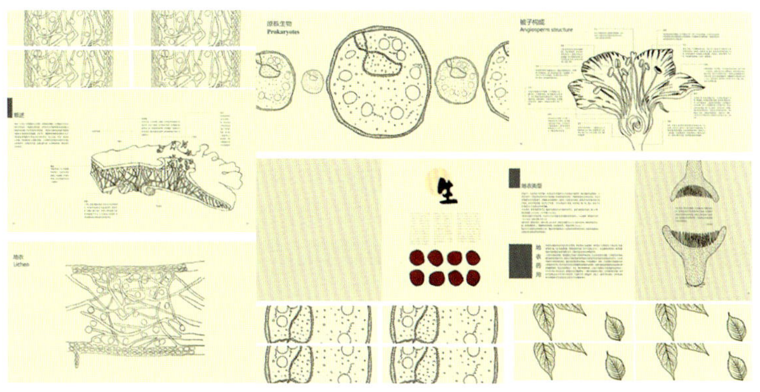

图5-152 信息图形设计作业1（刘涑）

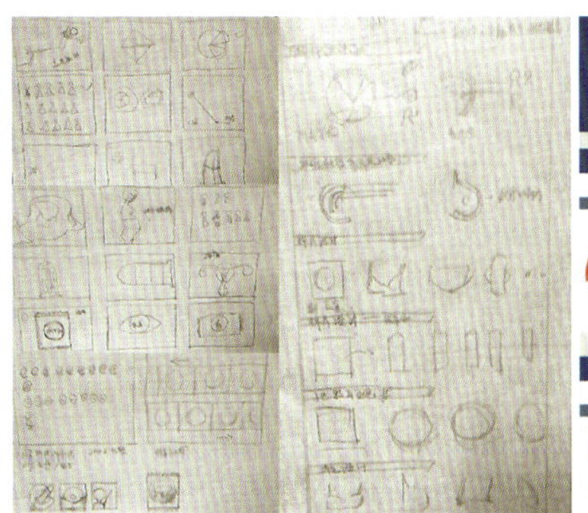

图5-153 信息图形设计作业2（夏悦茗、叶楠）

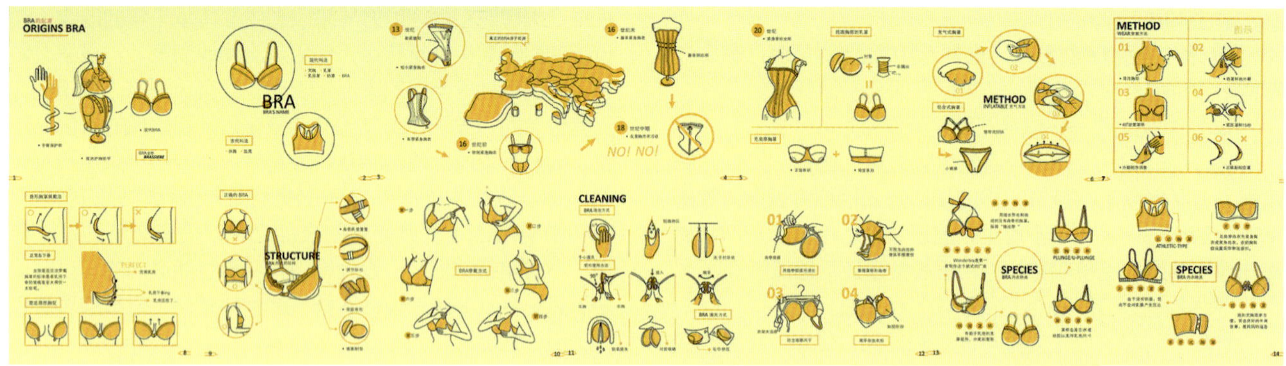

图5-154 信息图形设计作业3（郑宇）

图5-155 信息图形设计作业4（蒋可心）

5.5.1 界面动态图形的属性

1. 时间性

动态图形可以理解为静态图形基于时间延伸而引发的一系列变化，静态图形则是动态图形中某一时间节点（一帧）所呈现的状态，其最大的不同在于持续的时间。对动态图形来说，时间能够描述变化，而连续性的运动、变化也可以表达时间。

2. 空间性

动态图形通过表现界面空间的转化过程，使静态界面基于二维所创造的三维空间感得到延伸。它通过各种动态变化，如位移、旋转、缩放、显隐、聚散、快慢、色彩及清晰度变化等，产生连续的视觉及心理效果，实现空间的构建和表现。

3. 节奏性

除了画面中构成元素所形成的诸如明暗、冷暖、曲直、大小等对比因素而构成的画面节奏感，在动态图形中，利用时间通过视觉元素反复出现的频率和运动速率的曲线变化，能够形成图形本身的运动变化的节奏感。

4. 交互性

交互性是界面动态图形的典型特征。交互性使用户拥有了更多的主动权，他们不再是传统意义上信息的被动接受者，而能够主动体验并直接参与到信息传播的过程中。

5. 逻辑性

逻辑性首先要将信息、功能的认知放在首位，通过交互过程中符合用户心理模型的动态信息呈现，将抽象逻辑转化为用户易于理解的图形语言，动态的变化符合其心理预期，并引导用户实现良好的交互体验。

5.5.2 界面动态图形的类型

界面动态图形大致可以分为信息的视觉引导及动态呈现和界面交互的动态反馈两大类型。

1. 信息的视觉引导及动态呈现

此类界面中的动态图形，不具有操作的交互性，而主要以动态图形的方式对用户进行视觉引导，展示并传达信息。

（1）展示性的界面动态图形

展示性的界面动态图形包括了网站片头、界面动态化的呈现过程、界面引导说明（如APP的引导页动态效果）、界面中的动态Logo和主题图形、界面的拟真动态特效（如粒子、烟雾、三维特效等）、网站中动态图形类型的广告等。它们丰富了界面的视觉效果，并通过动态的形式传递了主题性的概念和信息。

图5-156是一个主题性Flash网站的动态演绎。它包含了两个主要的部分：主题概念表达的片头以及完整界面视觉元素的动态化呈现。

（2）动态信息图形

这是5.4中信息图形设计的延续，将界面中的信息图形图表以动态的方式呈现，能让用户直观地看到数据动态变化的过程，全面了解数据各个影响因素之间的关系，使图表所表达的概念更容易被用户所理解和接受。如果图表中的文本是动态可控的，还可以增强信息图形的交互性。（图5-157）

（3）叙事性动态图形演示

移动互联网对视频传播催生了一种有趣的网络动画，称为“信息图形解说动画”或“叙事性动态图形演示”。此类型的动画通常以动态的信息图形配合旁白解说及音效，通过动态的可视化信息结合听觉的语言信息这种直观、立体的传达方式，叙述和表达一个完整的事件或概念，其长度一般在10分钟以内，通常是10MB以内的FLV流媒体格式。如《5分钟，让你了解自己都交了哪些税》《6分钟让你了解日本》《明明白白看公益》《官员升迁时刻表》《精英移民地图》《手机屏幕发展史》（图5-158）等，通过语言和信息图形的结合，使受众更轻松、快速、便捷地获得信息。其主题通常是社会民生的关注热点，表现形式有通俗性、趣味性。如《10分钟搞懂次贷危机》，将庞大的信息数据提取抽离，用最简单的内容、最容易理解的形象语言和图形来描述什么是次贷危机。

2.界面交互的动态反馈

从狭义上说，界面交互的动态反馈更贴近“动效”这个概念。

交互反馈是用户进行操作后界面所做出的响应，它以动态的效果展示界面所呈现的变化，可以使用户更加自然地理解其交互行为导致了什么样的结果。如MAC执行删除命令时，文件被吸到垃圾桶图标里的动画，iOS解锁时的滑动解锁图标的动态效果，浏览器各个打开页面的3D翻转效果等都是经典的交互反馈动态设计。从这一层面来说，动效不能只是一味地追求酷炫的视觉效果，更要结合界面的交互，使界面的动态变化符合用户的认知。

（1）视差动效

视差动效是在交互中利用视差让界面呈现深度、空间的变化或者动画效果。

一是利用移动设备内置三轴陀螺仪所造成的3D视差，当用户倾斜和移动屏幕的时候，使界面中不同层次中的视觉元素产生位移和遮挡，从而造成具有动态变化的深度空间关系，如图5-159左组图。这种视差效应不仅出现在主界面中，第三方应用也有相应的表现。

二是当前网站界面设计中比较流行的视差滚动效果，让界面中多层背景以不同的速度移动，形成立体的动画效

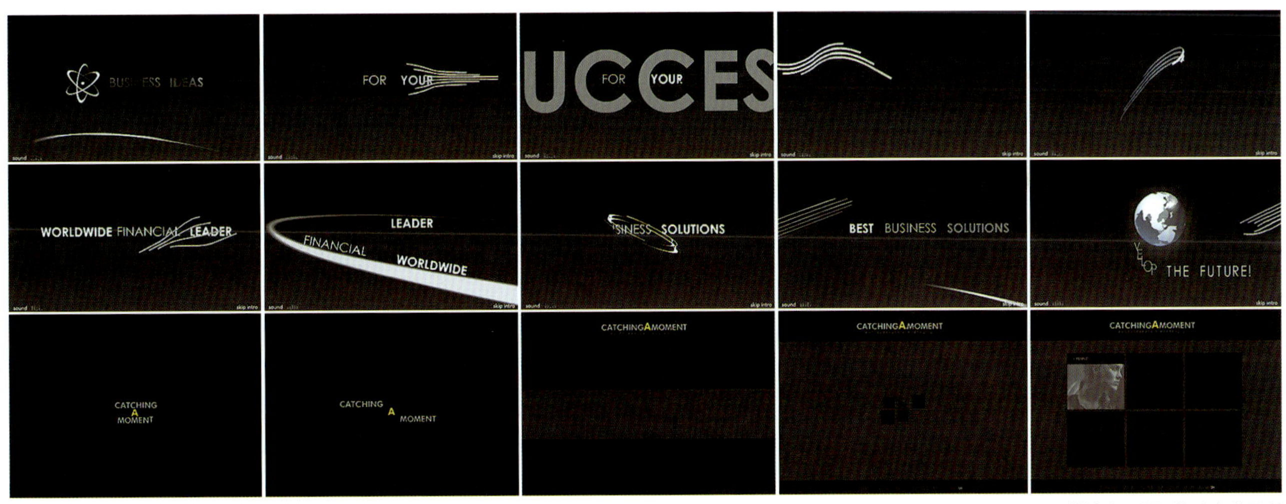

图5-156 网站片头和界面的动态化呈现

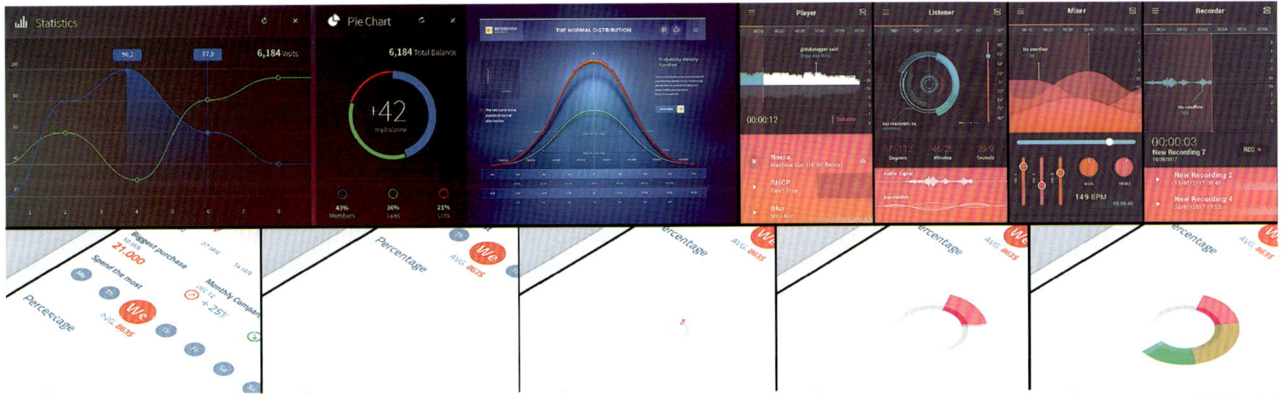

图5-157 动态信息图形

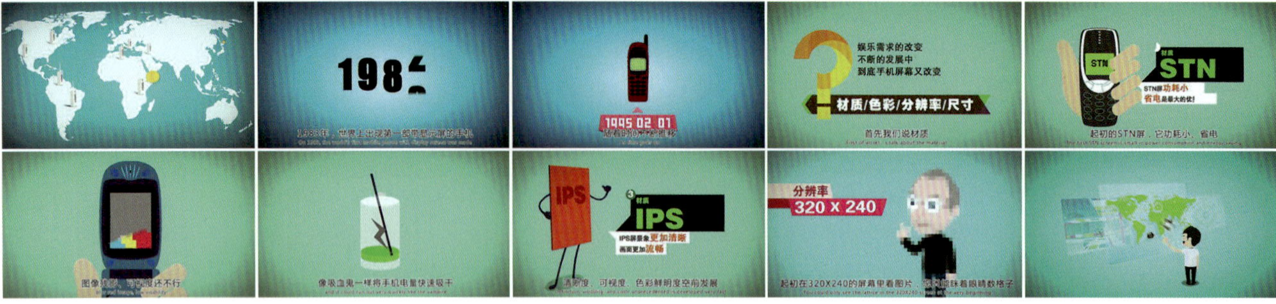

图5-158 信息图形解说动画《手机屏幕发展史》

图5-159 界面视差动效

果，如图5-159右组图。

（2）界面状态的动效

系统和程序的运行情况和响应的状态，能够通过动态图标、按钮、进度条等直观生动地表现出来，容易理解并增强界面的趣味性和感染力。根据此类设计中常常会涉及的内容可以将其分为引入动效、页面动效、转场动效、组件动效四种类型，如表5-2所示。

如图5-160，界面中动态图标通过具有弹性的变形与位移表现了其不同的响应状态。

此外，界面操作的连贯性是影响其交互体验的重要因素。相对于直接的跳转和切换界面，界面之间自然和流畅的动态转换效果，让用户更容易理解界面之间及界面与整体之间的交互起承关系。

如图5-161，界面中丰富的、不同类型的界面转换动效，使用户能够直观感受到交互的变化过程，设计师不断尝试为其创造新鲜有趣的表现形式，增强了界面动效的创新性和感染力。

表5-2 界面状态的动效类型

引入动效	页面动效	转场动效	组件动效
开场动效	手势动效	堆叠	Gallery
	元素的出现与消失：弹性与抖动、翻转、淡入淡出、缩放、变形、合拢与展开、位移与缓动、凸显	界面重组	Path型菜单
引导动效		空间翻转	抽屉
		平铺	二级展开菜单
加载动效	停靠	线索连续	滑块
	状态变化	创新效果	创新组件

（3）互动广告

互动广告中常常通过设置悬念来吸引用户的注意，引导用户参与互动，探索并揭示谜底。动态图形与互动性的结合，让用户对广告所传递的信息进行了深度加工和理解，互动的过程增加了其理解接收信息、概念的时间和频率，互动性带来的娱乐、趣味，更有利于给用户留下深刻的印象。

在图5-162这个互动广告中，扔在垃圾箱外边的废纸团是可以被拖动和操作的，当用户将其拖曳到贴有循环利用标志的垃圾箱时，意料之外的事情发生了，桶里会随机出现折纸动物或鸟类，这样生动有趣的表现使用户对可再生材料的回收再利用及其保护环境的概念印象深刻，并乐于接受。

（4）互动演示

动态图形结合互动性的演示，相对于被动地接受信息更能激发用户的探索欲，使用户对所展示的对象能够主动地进行虚拟的操作，直观、全方位地观察和认知。如图5-163的互动产品演示，通常需要结合3D图形进行表现。通过展示产品（或概念原型）的功能、界面、交互操作等，使用户更直观地了解一款产品的核心特征、用途、使用方法等。

5.5.3 界面动效的作用

简单地说，界面动效具有如下的作用：使界面及元素之间过渡自然流畅、提供高效反馈、引导交互操作、清晰展现界面层级、增强操纵和交互性、提供创新体验。

1. 使界面及元素之间过渡自然流畅

界面布局可以组织视觉元素的静态位置，动效则可以表现其在时间维度上的演进。自然流畅的过渡是界面动效的作用里最容易被意识和认可的一点，通过界面及其视觉元素的交互出现，以及大小、位置和透明度的变化等，使用户和产品的交互过程更为流畅。如APP交互中，页面的滑动、

图5-160 动态图标

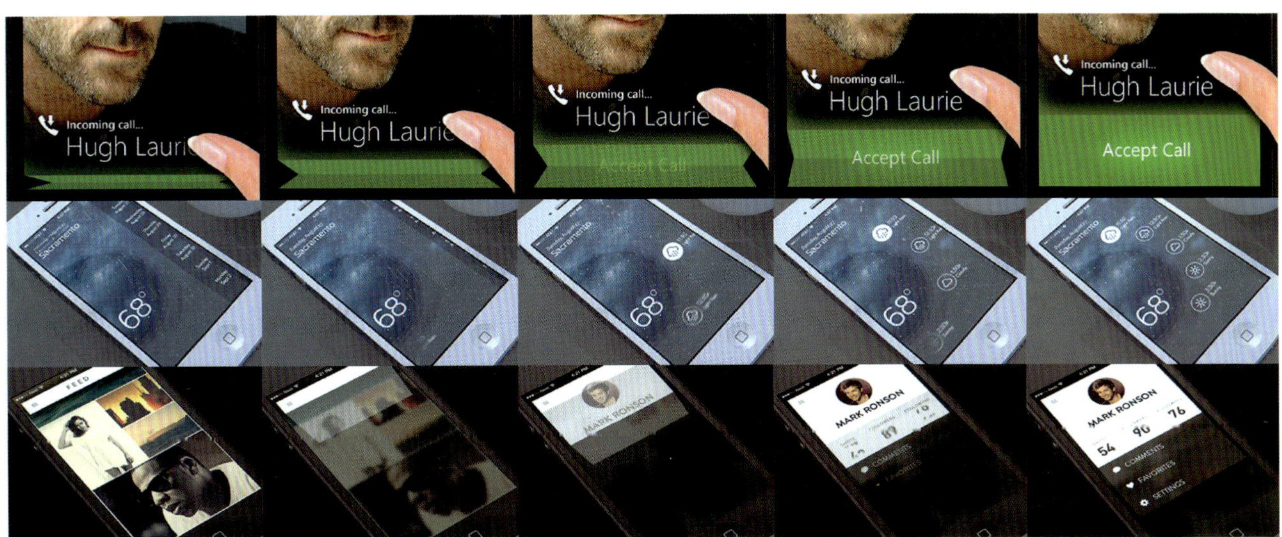

图5-161 界面转换动效

图5-162 互动广告

图5-163 互动演示

元素的出现等操作如行云流水般的顺畅，并具有合理的节奏和弹性。在用Flash或After Effects制作动效原型时，可以通过曲线控制来调整运动节奏。

2. 提供高效反馈

高效反馈是界面功能最基本的要求，通过动效让用户高效直观地了解当前程序的状态，同时对用户操作（平移、放大、缩小、删除）做出及时反馈，减轻用户在等待过程中的焦虑感。如用户点击下载按钮后，我们可以用动态的进度条向用户展示当前程序的运行状态（未下载、下载中、下载完成）。如果没有反馈，就无法得知运行状态，用户甚至会认为程序已经停滞或卡死而取消操作。同样对平移、放大等操作，也需要提供及时友好的交互反馈。

3. 引导交互操作

通过动效对界面功能的方向、位置、唤出操作、路径等进行暗示和引导。特别是在移动应用的设计中，由于移动设备屏幕空间有限，很多功能的入口可能是隐藏的，此时更需要发挥动效的作用，以便用户在有限的移动屏幕内发现更多的功能。譬如iOS7锁屏界面的动效提示用户向右滑动、百度手机输入法的熊头菜单滚动提示用户翻页、微信的朋友圈引导用户一步一步进行操作等。

4. 清晰展现界面层级

由于系统及应用程序复杂的层级结构（特别是在移动应用中）随着其承载越来越多的信息量和界面功能，简单的三层结构原则已经无法满足功能的需要，合理清晰的结构层级对用户理解应用和使用应用有着至关重要的作用。具体的操作方式：通过焦点缩放、覆盖、滑出等动效帮助用户构建空间感受。就像iOS7一样，通过动效来构建整个系统的空间结构。

5. 增强操纵和交互性

通过拟真动效对现实世界的模拟可以不需要任何提示，迎合用户的认知经验，使产品的交互方式更接近真实世界和用户的心理模型。交互对象的反应行为是可以预测的，不需要任何提示，用户通过对现实世界的认知来理解动效，增强了用户对应用的操纵感、带入感和交互的自然性。如掌阅电子书的书页拟真设计，可以让用户感觉到纸面的翻动。

6. 提供创新体验

随着产品开发对设计环节的关注度的提高，界面逐步缩小了差距和差异并趋于同质化，在良好的可用性前提下，通过细节设计和交互方式创新，使产品具有显著的特色和亮点，可以让用户感觉到某些不同寻常的产品体验并表达产品的气质与魅力，增强产品的竞争力。

教学导引

小结：

本章主要讲解了图标及其系统化设计的原则、流程、方法和技巧；介绍了像素图形和矢量图形绘制的方法和技巧，及其在界面中的应用；讲解了界面信息图形的概念、表现要素和设计方法，以及界面动态图形的属性、类型和作用。

课后练习：

1. 将本章节中的作业制作成一个完整的图文结合的 PPT 进行课堂演示，点评作业并分析讨论。
2. 将优秀作业汇集起来并打印成册。

6 第六章 非移动平台 UI 设计的应用

网站 UI 设计

应用软件 UI 设计

重点：

1. 了解网站界面设计及其构架技术的发展脉络，掌握网站界面的视觉构成要素及其设计流程和规范。
2. 了解应用软件界面设计的几个具体类型，如教育软件和家电产品界面等，掌握其界面的设计方法和技巧。

难点：

掌握网站界面中视觉构成要素，如文字、图形图像、图文版式的设计原则、流程、方法和技巧，能够将这些设计方法和技巧熟练地应用到网站及其他应用软件的界面设计中。

UI的应用类型，从平台上主要可以划分为PC和移动两大类，而移动客户端正日益取代PC，成为用户更为主要的交互平台。对普通用户而言，移动手持设备（智能手机、平板电脑等）的更换频率要远远高于PC，因此随着硬件快速地更新换代，手持设备UI设计的理念、方法、原则、规律和特性的更新速度也相对较快，可以说是一直处于一种动态的变化过程中。比如，在两三年前的UI设计课程教学中，我会这样描述手机UI的特征：“屏幕尺寸较小、分辨率较低，因此手机UI设计时要考虑低分辨率屏幕下的显示效果。”而现在这一特征显然已经发生了逆转性的变化，智能手机的PPI大大高于人们现在普遍使用的PC显示器，比如2014年高端智能手机5.5英寸显示屏可以达到2560x1440dpi，其PPI高达538，远远高于普通PC和笔记本电脑屏幕的分辨率，HUD等透明显示介质也越来越多地被应用到设计实践中。我们在UI设计中时刻都要面对这样的变化，因此，需要了解硬件和技术的发展，不断地研究设计的方法以适应这样的变化。

6.1 网站 UI 设计

6.1.1 概述

现在，基于传统互联网和移动互联网构建的形形色色的网站多得就像银河中的繁星，数十亿人在不同的地点和时间访问主要的门户网站、社交网站以及各种形态的新网站，他们通过网站购物、交流、获取和传递信息。网络世界中浩如烟海的网站构建了人们现实之外的虚拟人生，如图6-1所呈现的“互联网星云”，它是一个独具创意的信息交互网站，用类似Google Earth的方式构建了网站“天体图”，可以对其进行放大和缩小。每一个点代表一个在线网站，点的大小代表影响力和访问量，颜色代表地区或国家，距离则反映了网站类型和相似度。通过点的大小、色彩、位置和疏密将信息可视化，并创建有趣的交互形式。

今天，几乎所有的行业和机构都互联网化了，最简单、最直接的方式就是构建一个网站发布信息进行推广，网站UI成了机构、商品、个人形象的重要组成部分。网站UI是人与计算机之间以网络为平台的信息界面，是“软”界面中的一种，是通过非物质化的数字形态与人进行交互的界面。

对互联网企业而言，UI设计是否合理、是否具有视觉感染力，直接关系到企业的成败。网站的UI决定了互联网上企业的形象和人们对它的整体认知，其重要性不亚于传统的企业形象识别系统以及传统媒介的广告推广。例如，我国的互联网门户新浪、网易、搜狐等，UI设计都具有良好的易用性和便捷的导向性，其网站信息量巨大、栏目众多，包罗万象，是以信息检索和浏览方便、实用以及界面美观为代表的典型设计实例，各有特色。如图6-2，繁多的信息分类、布局、组织、导航，并通过UI设计降低视觉干扰，提供层次清晰的信息是这类网站设计的重心。

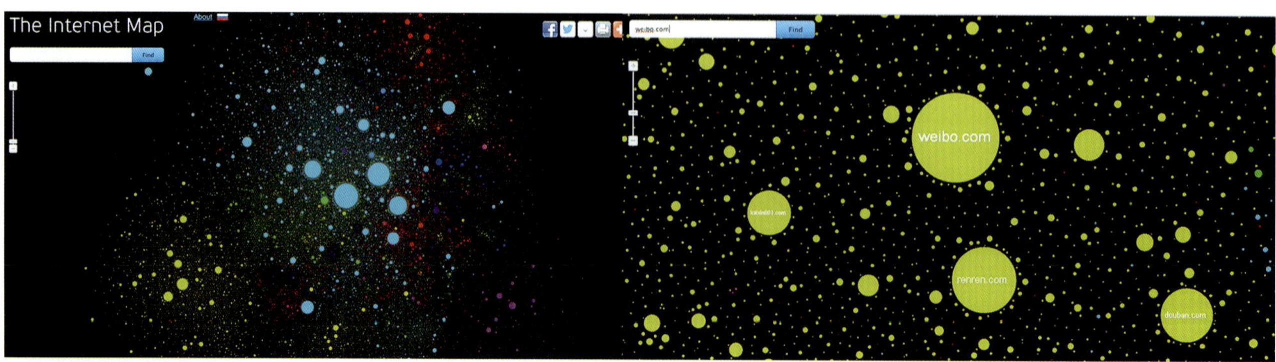

图6-1 The Internet Map

图6-2 门户网站

一些主题性的、信息量不大的网站，如服装、电影、游戏、电子产品、地域文化、艺术品等形象推广网站，以表达其品牌理念和独特的精神气质为主旨，特别注重创意和视听体验，其UI设计往往充满了个性和奇思妙想。典型的例子是NIKE、Adidas、Coca Cola等品牌，除了其主要的官方网站外，一般会针对特定的国家、地区或特别的活动主题设计专属的网站，以引领或迎合不同地域人群的审美和文化特征。这类主题性的推广网站信息量不大，但在创意和视觉感染力上下足了功夫，其UI往往不像门户网站那样中规中矩，它们大多具有强烈的设计感，从UI的色彩变化、构图以及视觉元素上都充满了丰富的想象力和精巧的创意，使浏览者感受到UI的视觉美感和意境，进而对产品产生“时尚、高品质、个性化”的印象，增强他们对品牌的认同感，巧妙地达到传递企业文化和品牌理念的目的。如图6-3，NIKE世界杯主题网站，整个网站的内容是由一个球迷一天的经历所构成的一个完整故事，网站UI以第一视角展现故事场景，让用户更容易代入情节之中，每前行一段都会与下一个场景中的角色进行互动，并巧妙地导入叙事的动画，这样独特的界面创意和体验必然让人印象深刻。现在，门户网站的专题性页面也常常用具有创意和艺术性的视觉表现来增强用户的情感体验。

图6-3 NIKE世界杯主题网站

作为人机交互的媒介，网站UI伴随着Internet的出现而出现。20世纪90年代初，自第一个网站诞生以来，设计师就开始尝试各种网页的视觉效果。早期的网站UI并不像如今这样五光十色、图文并茂，除了一些小图片和毫无布局可言的标题与段落，早期的网站UI主要都是由字符组成的。较早接触PC的用户可能对DOS系统下一行行的字符串，或者是BBS中大段的纯文本内容还有一些印象，就连早期的网络游戏也是以字符界面为主，纯文字的MUD游戏曾经盛行一时，现在这样的网站UI已经鲜见于网络了。如图6-4，文字MUD游戏UI。

早期的网站，其UI设计以功能性为第一指导原则，以技术因素为主要的考虑对象，以实现必要的功能为目标。字符为主的界面能够实现基本的信息交互，并且对硬件和技术要求较低，容易实现并且具有较高的稳定性，因此在一段较长的时期内字符形式的界面成为网站UI的主要形式。早期的网站UI是通过明确的指示性和对功能的实现来体现其设计价值的。

随着计算机图形技术、信息和网络传输技术的发展，传统的字符界面已经不能适应网站UI的设计需求，图形化的网站UI成为主流。当所见即所得的可视化专业网页设计及开发工具出现后，网站UI设计从技术主导转变为技术与艺术设计相结合的设计模式，由于专业艺术设计师的加入，使网站UI不再是计算机专业技术人员才能驾驭的技能。

6.1.2 网站 UI 设计及其架构技术的沿革

网站的UI设计，主要涉及技术开发、信息构建、视觉设计、网络传输等方面。从感官层面来看，包含页面的布局、色彩、文字、图形图像、音效等界面视听设计；从行为体验层面来看，包括信息构建、交互设计和网站用户研究等；从技术层面看，又涉及网站交互功能的实现，如搜索及其优化等。此外，还要对这些构成要素进行分析组织，以确保网站在所有的设计维度上具有一致性和易用性。

网站UI的设计相对于其他的设计门类具有其自身的特点，其非物质性决定了其与传统纸质媒介设计有着本质的不同，它和基于操作系统的软件界面也不一样。因此，要以新的设计理念来指导设计方法的更新，研究网络媒体的特性，将传统艺术设计规律融入其设计内容之中，并不断尝试新的表现形式和创意。

网站UI的表现形式、设计风格是由同时期计算机及互联网技术所决定的。它与艺术设计本身相关，反映了当时主流的审美取向和设计潮流。网站UI构架的技术和发展趋势推动着UI设计理念和潮流的变化，并呈现出不同时期的典型特征。

1. 基于表格的设计

（1）第一个网站

1991 年 8 月，被称为“互联网之父”的英国计算机科学家蒂姆·伯纳斯·李发布了第一个简单、基于文本、只包含十几个链接的网站。原始网页的副本现在仍然在线，如图6-5。它试图告诉人们什么是万维网。随后一段时间的网页都与它类似，完全基于文本、单栏设计、有一些链接等。最初版本的HTML只有最基本的内容结构：标题（<h1><h2>...）、段落（<p>）和链接（<a>）。随后新版本的HTML开始允许在页面上添加图片（<img>），然后开始支持制作表格（<table>）。

（2）万维网联盟的出现

1994 年，万维网联盟（W3C）成立，他们将HTML确立为网页的标准标记语言。这是为了阻止任何一个浏览器运营商想要开发专利的浏览器和相应的程序语言并垄断互联网浏览器平台的野心，因为这会对网络的完整性产生不利的影响。W3C一直致力于确立与维护网页编程语言的标准（例如 JavaScript）。（图6-6）

表格布局使网页设计师制作网站时有了更多的选择。在HTML中，表格标签的本意是为了显示表格化的数据，但是设计师发现并开始利用表格来构造他们设计的网页，这样就可以制作较以往作品更为复杂的、多栏目的网页。表格布局就这样流行起来，由于融合了背景图片切片技术，看起来较实际布局简洁得多。 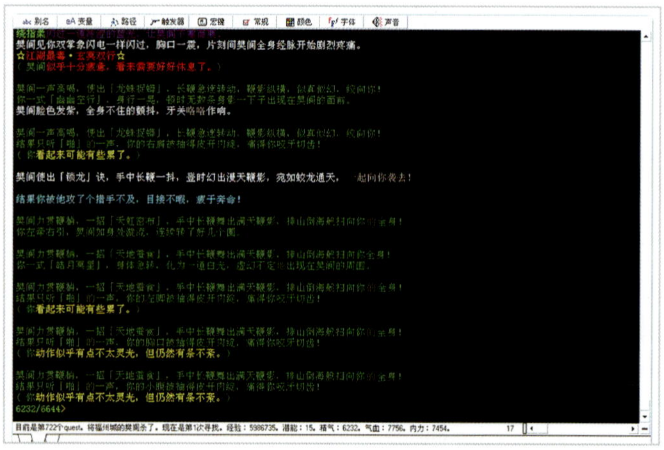

图6-4 文字MUD游戏 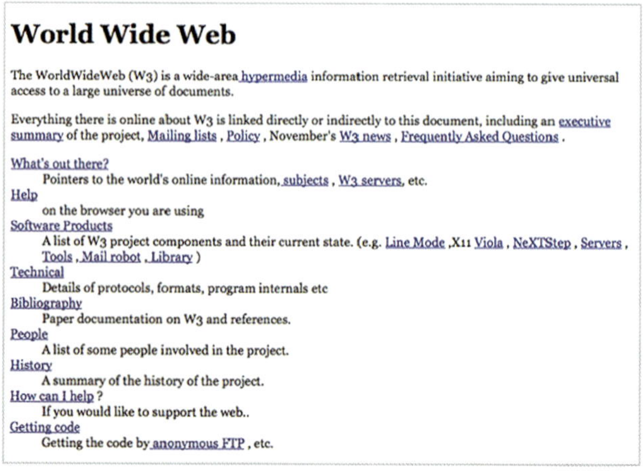

World Wide Web

The WorldWideWeb (W3) is a wide-area hypermedia information retrieval initiative aiming to give universal access to a large universe of documents.

Everything there is online about W3 is linked directly or indirectly to this document, including an executive summary of the project, Mailing lists , Policy , November's W3 news , Frequently Asked Questions .

What's out there?
Pointers to the world's online information, subjects , W3 servers, etc.
Help
on the browser you are using
Software Products
A list of W3 project components and their current state. (e.g. Line Mode ,X11 Viola , NeXTStep , Servers , Tools , Mail robot , Library)
Technical
Details of protocols, formats, program internals etc
Bibliography
Paper documentation on W3 and references.
People
A list of some people involved in the project.
History
A summary of the history of the project.
How can I help ?
If you would like to support the web..
Getting code
Getting the code by anonymous FTP , etc.

图6-5 蒂姆·伯纳斯·李发布的第一个网站

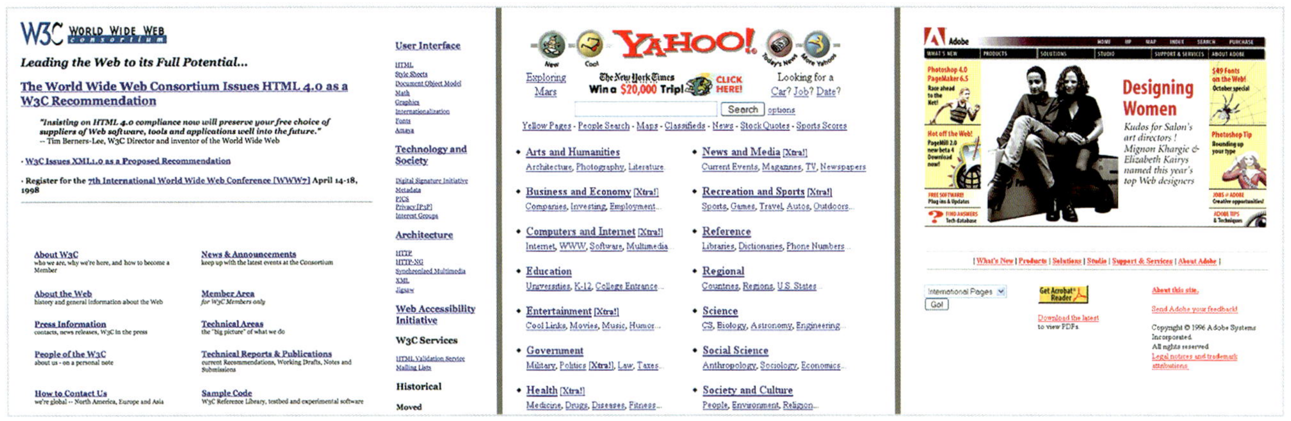

图6-6 20世纪90年代的网站界面：W3C、YAHOO!和Adobe首页

这个时期的网页设计还不太关注语义化和可用性方面的问题，主要还在追求良好的结构美学。设计师大量应用GIF占位图片控制留白，如图6-7。

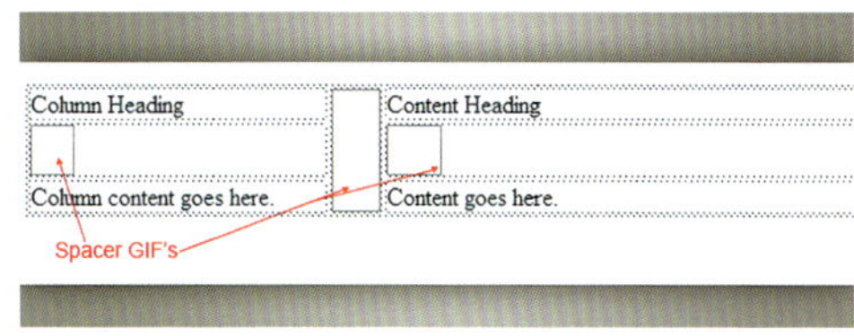

图6-7 GIF占位图片

第一批主要应用表格布局的“所见即所得”网页设计软件的发展助长了表格的应用。即使是稍微复杂一点的网页（比如多栏目页面），设计师们都要依赖于表格来创建，网站UI在此前提下多以矩形结构的嵌套为主。

2. 基于 Flash 的网页设计

Flash被称为“最灵活的前台设计工具”，通过它能实现远远超过早期的HTML所能达到的视觉效果。Flash基于矢量图形的特性，使其能够用很小的文件表现出丰富的动画效果。在视频网站流行之前，互联网受限于网络宽带，视听体验主要由Flash动画提供，这也使基于Flash平台的动画和页面动态交互设计风靡一时。另外它为FlashPlayer控件所独立支持的播放方式也使Flash网站具有跨浏览器平台的属性，也就是说无论在哪种浏览器之下，基于独立的播放控件，其页面和动画都能得到一致的显示，这在网页标准推行之前算得上是Flash平台的独门武器。

Flash动画及ActionScript脚本语言使创建复杂的、互动性强并且拥有交互动画及多媒体元素的网站成为可能。如图6-8，曾经被无数Flash网站设计师模仿过的2Advanced Studios网站，堪称当时技术与艺术完美结合的典范，科技感十足的视觉设计、绚丽的动态图形和影像元素，配合电子合成的音乐和音效，在大量以HTML为基础、类似Word文档的网页中算得上鹤立鸡群。

如图6-9，Shockboy纯Flash网站，将角色动画、富有想象力的场景和炫目的转场特效结合起来，很好地呼应了子页面的主题。动画细腻、节奏张弛有度，电影频道曾模仿其制作了栏目包装动画。首页的角色可以随光标移动实现表情、动作的互动，这和后来移动平台流行一时的Tom猫有着异曲同工之妙。这些强大的交互性和丰富的视觉表现，正是Flash平台致力打造的网络丰富应用的初步显现。

图6-8 2Advanced Studios网站2.0版

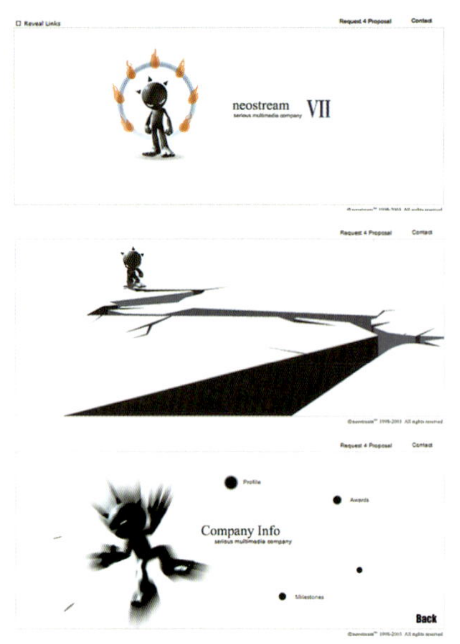
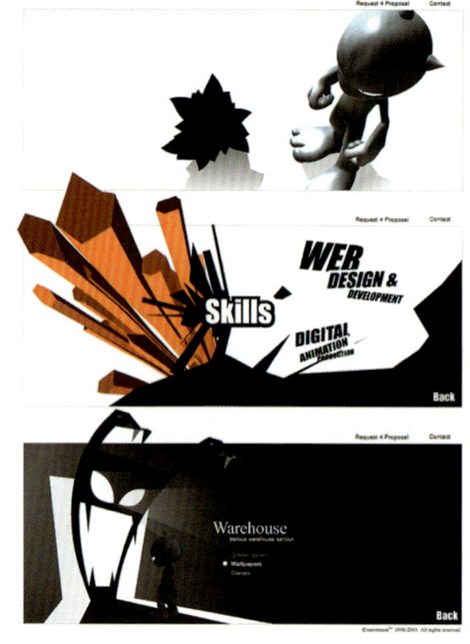

图6-9 Shockboy网站

3. 动态 HTML（DHTML）

在Flash初次涉足网页设计领域的同一时期（20世纪90年代末至21世纪初），由几种网络技术（如JavaScript和一些服务器端脚本语言）组成的用于创作互动、动画页面元素的DHTML（Dynamic HTML，简称DHTML）技术的推广，也在如火如荼地进行。

这时，随着Flash的发展和DHTML的普及，界面除了静态内容的呈现，还出现了越来越多的动态交互性元素，允许用户与网页内容互动的交互页面的概念诞生了。

比如在网站UI中，当用户将鼠标指针移动到导航按钮上时，会动态地弹出一个菜单，在该菜单中移动鼠标，所指向的菜单项的颜色或形态就会改变；如果将鼠标指针移到菜单所在范围外，菜单则自动隐藏。这种效果类似于Windows应用程序的特性，即通过图形化的界面为用户提供尽可能多的功能。实际上，采用这种方式可以使同一个页面包含更多的信息，Flash软件设计的网站UI很容易做到这样的效果，如前面提到的2Advanced Studios网站，HTML也试图在此寻求突破。

动态的HTML，其实并不是一门新的语言，它只是HTML、CSS和客户端脚本的一种集成。

DHTML建立在原有技术的基础上，可分为三个方面：

一是HTML，也就是页面中的各种页面元素对象，它们是被动态操纵的内容；

二是CSS，CSS属性也是被动态操纵的内容，从而获得动态的格式效果；

三是客户端脚本，例如JavaScript，它实际上操纵Web页上的HTML和CSS。

使用DHTML技术，可使网页设计者创建出能够与用户交互并包含动态内容的页面。利用DHTML，网页设计者可以动态地隐藏或显示内容、修改样式定义、激活元素以及为元素定位。DHTML因此被广泛地应用于各类网站中，成为高水平网页必不可少的组成部分。

DHTML的三种组成部分各自的定位可以用一句话来说明：HTML定义结构、CSS定义样式、脚本（主要是JS）定义行为，三者相互结合构建出来的页面更加灵活和优美。

（1）基于CSS的设计

表格布局与Flash网页相比，CSS有许多优势。首先它将网页的内容与样式分离，这意味着视觉表现与内容结构的分离。

CSS是网页布局的最佳实践，它极大地减少了标签的混乱，还创造了简洁并语义化的网页布局。CSS使网站维护更加简便，因为网页的结构与样式是相互分离的。人们完全可以改变一个基于CSS设计的网站的视觉效果，而不去改动网站的内容。

如图6-10，由CSS设计的网页的文件体积往往小于基于表格布局的网页，因此会大大提升页面响应速度和缩短等待显示的时间。

（2）基于HTML5、CSS3和JavaScript标准的设计

HTML5就是网页通用技术标准HTML的第五版，与上一代HTML相比，它为开发者们提供了一个完整平台，不需要借助任何插件。除了最基础的音频和视频以外，它还支持更多的交互功能，以及多线程处理等全新特征，如图6-11。正是这些特征，使在网页上实现大型程序一般或复杂的效果成为可能。它不仅有利于开发，也便于维护。在手机等移动设备上，它也表现得比Flash更高效、更省电，但是HTML5在游戏领域的地位暂时难以比肩Flash。

HTML5可以跨平台开发的优点意味着我们可以利用这一技术为各种智能手机、平板电脑和PC开发完全兼容的网站产品。基于HTML5的响应式网站设计，可以针对不同浏览器和设备的动态布局网站，根据不同的浏览器和设备尺寸的变化，动态改变网页的布局和内容，如图6-12。

除了响应式的特征，单页面化的设计也是网页设计的趋势和热点之一。无论是客户、设计师还是浏览者，都一度

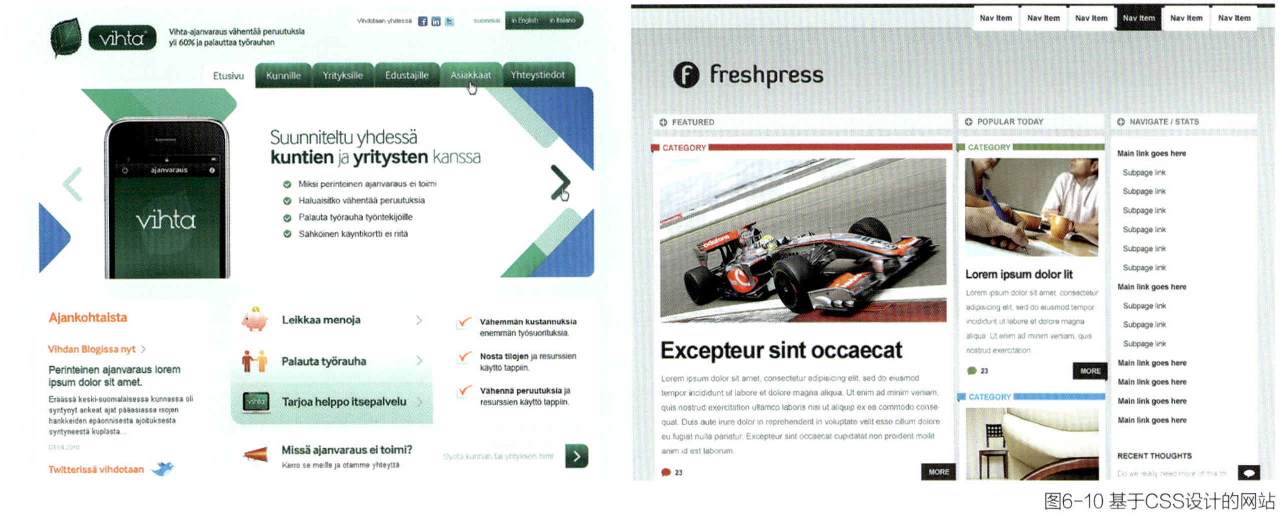

图6-10 基于CSS设计的网站

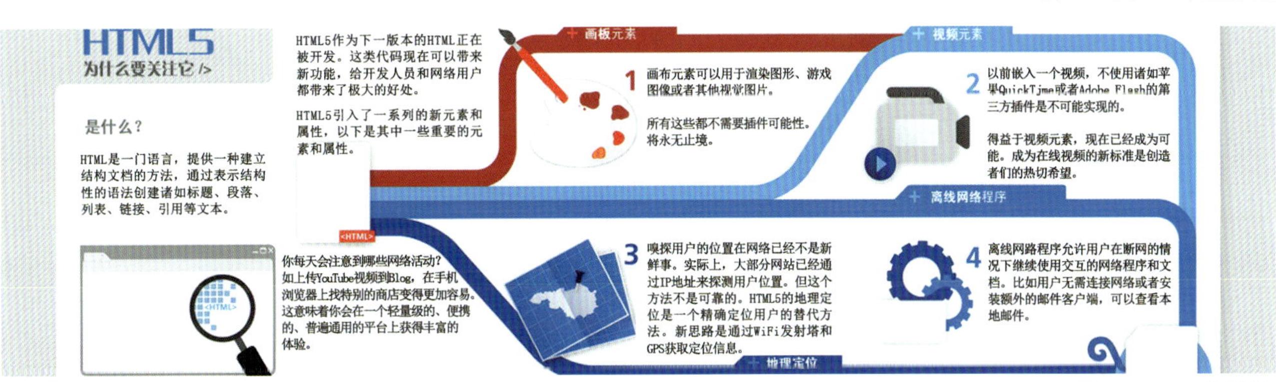

图6-11 HTML5的新特性

图6-12 基于HTML5、CSS3的响应式网站设计

不接受单个长页面的设计。曾经还有专家建议：通常的页面设计不要超过三个半屏的长度。但现在单个长页面的网页在互联网中随处可见，仿佛已经成为一种流行趋势。比较合理的解释是，用户早已习惯于使用鼠标滚轮浏览网页，与在多个页面间来回点击鼠标查看相比，用滚轮浏览更为方便，比如很多搜索引擎在搜索图片后都默认单页显示，当然用户也可以自定义为分页显示。包括百度、苹果、淘宝在内都使用了相当长的页面来展示界面，并获得了良好的效果。长页面的界面设计为网站UI设计师提供了更大的设计创意空间，如图6-13。

在单页面上基于HTML5直观的设计、快速的响应速度，网页设计师们富有想象力地创作出了视差滚动特效的网站，这种网页特效正被越来越多的网站所应用，成为设计的热点。在一个很长的页面中利用一些令人惊叹的插图和图形，使用视差滚动（Parallax Scrolling）效果，让多层背景以不同的速度移动，形成立体的动画效果，带来非常出色

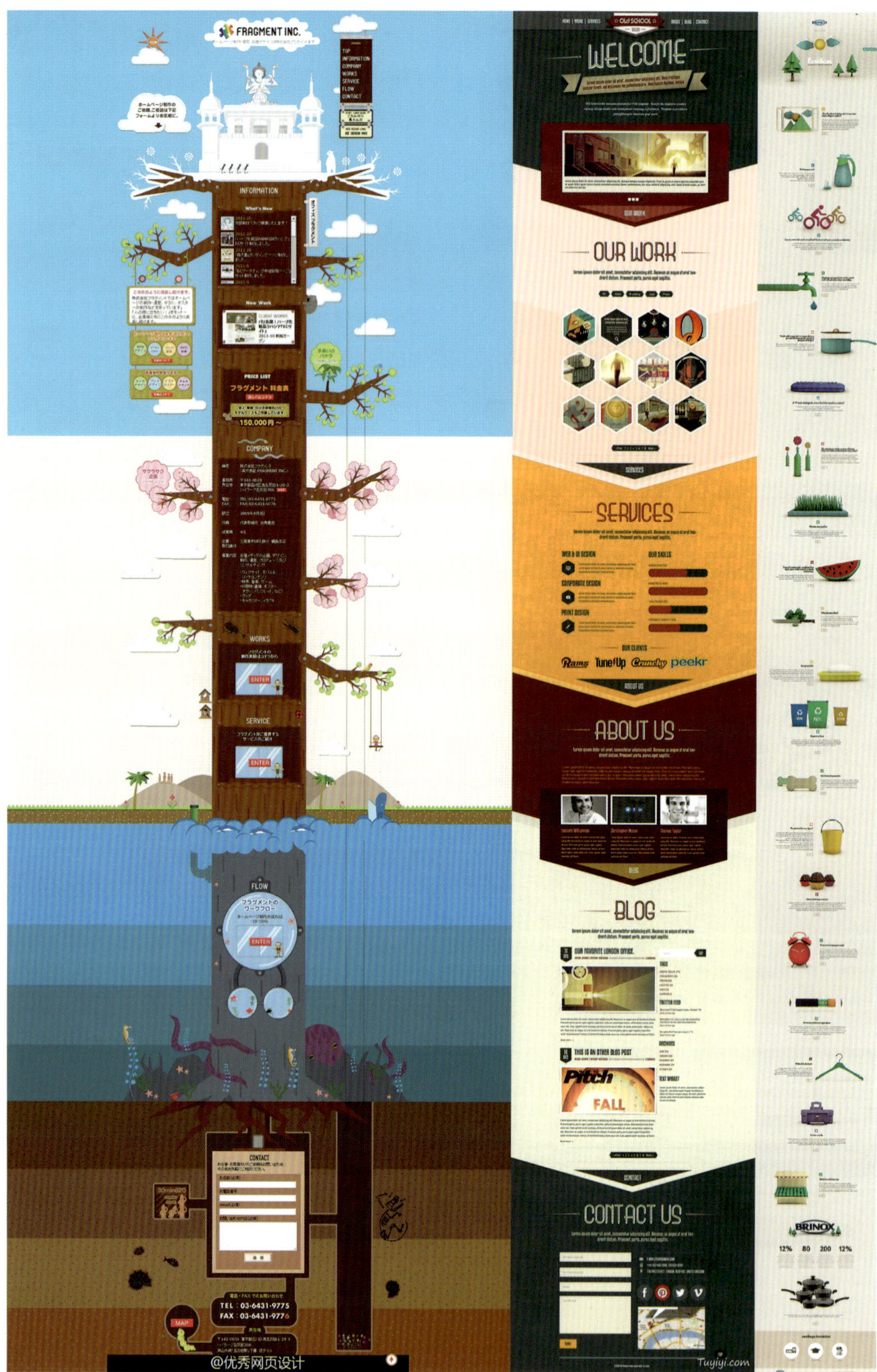

图6-13 三个长页面的创意设计

的视觉体验，让用户犹如置身其中。许多游戏中都使用视差效果来增加场景的立体感，一些品牌网站也用视差滚动效果以不同的空间角度来展示产品，在用户体验方面起到了非常不错的效果。图6-14中基于HTML5、CSS3设计的视差滚动网站，结合扁平化的矢量图形风格表现了角色一天中状态和场景的丰富变化。

图6-14 基于HTML5、CSS3设计的视差滚动特效网站

6.1.3 网站 UI 的视觉构成要素

在互联网上浏览网站页面时，类型繁多并且风格各异的网站给用户带来的感受是不同的。无论是设计得含蓄沉稳、简洁明快、柔和雅致、活力动感、富丽堂皇，还是由于粗制滥造导致的杂乱无章，任何类型和风格的网站UI，从页面的内容来说都包含共同的构成要素。作为新兴的第四媒体，网络是对传统媒体的整合。构成要素包含报纸、杂志等传统媒体中的文字与图形，在网站UI的版式、色彩、图形设计上，很多网站都借鉴了报纸和杂志的设计方法，因为它们在设计理论和普遍规律上是相通的。此外，网站UI的构成要素还包括广播电视媒体中的声音、视频、动画等多媒体元素，以及具有特殊效果和交互功能的可操作控件等。由于它具有对传统媒体元素的整合性以及新特性，所以在进行网站UI设计时需要考虑更多的因素。

关于网站UI的视觉构成要素，见“4.3 UI设计中的视觉要素”。图6-15是包含文字、图形、动画和视频等传统媒体和多媒体元素的网站UI。

6.1.4 网站 UI 中文字的设计

文字对象（Logo 文字、标题、正文、名称、描述、标签）

文字是网站UI的主要组成部分，是用以传达信息的主要元素。虽然网络多媒体影音同样可以达到信息传达的目的，但是由于文字具有独特的优势，很难被取代。首先，文字信息相较于其他的视觉元素更为简洁高效，也符合人们的认知习惯；其次，文字所占据的储存空间极小（一个汉字占用两个字节），利于浏览及下载，在移动互联网中比图形、影音更节省流量。因此，许多网站都提供纯文本形式，其中以论坛最为典型，使用户在使用移动平台浏览网页时大多可选择性地打开图形、影音元素，以节省时间。

（1）网站UI中的文本对象

①Logo文字和标题

一个网站的首页、板块、栏目或文章，都会有一个醒目的Logo文字和标题，以吸引并告诉用户其主题信息。标题通常放置在页面中显要的位置，使用较大的字号，在版面中做面或者线的编排。为了增强视觉效果，大部分Logo文字和标题都要在图形软件中进行专属的设计，再在页面中将其设置为图形格式（实际上已经是图形化了的文字），多出现在网页头部图片（头图包括了背景、图形元素、文字）中，如图6-16。

Logo文字和标题的文字设计需要根据所要表现的主题选择合适的字体，不同的字体、字形所带来的视觉效果和心理感受是截然不同的，如庄严肃穆、典雅、现代、传统、个性、可爱等。在特定的主题下，手写字体、手绘的图形化文字甚至动态的图形化文字会给网站UI增添更多的视觉感染力和创意，如图6-16。

一般在设计中标题文字采用基本字体，并尽量使用统一的风格和字体，或略加组合变化。在形式上要有一定的象征意义，这部分可以参考文字设计相关的书籍和教程，或借鉴优秀的设计，但不宜过度变形和装饰，以免影响识别性。

②正文

正文是标题内容的展开，是信息传达的主体部分。网站的核心是内容，用户访问网站最重要的目的就是看网站的正文，所以，网页的正文排版非常重要，其信息的主体作用是动画、图形、影音等元素所不能取代的。界面中正文的设

图6-15 网站UI

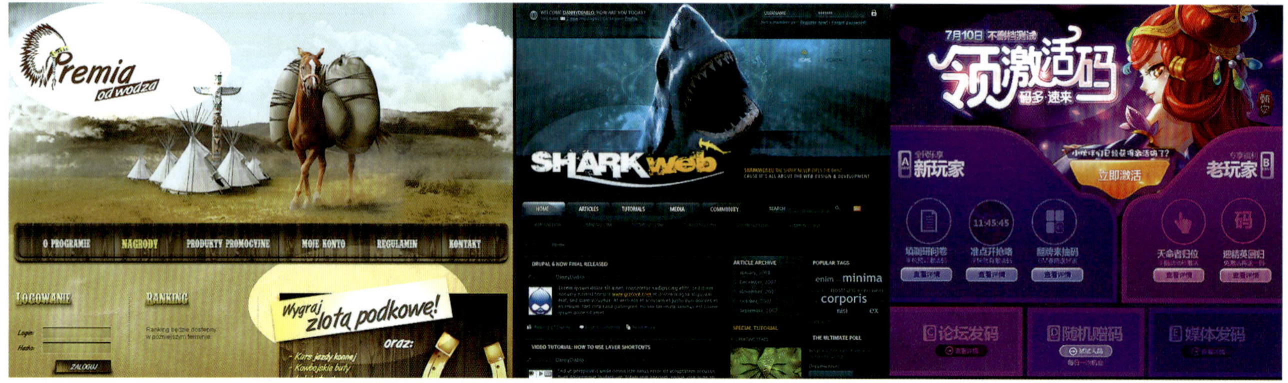

图6-16 标题文字的图形化

计涉及文字的字形、字号、颜色和版式，但始终以识别性为设计的第一原则，以达到较好的浏览效果为目标。

③名称、描述、标签

名称、描述、标签等文本信息是网站UI中信息分类和导航的视觉要素。如图6-17，博客中的标签（tag）使用了类似“互联网星云图”的方式。

维基百科这样描述标签云（文字云）：它是关键词的视觉化描述，用于汇总用户生成的标签或一个网站的文字内容。标签一般是独立的词汇，常常按字母顺序排列，其重要程度能够通过改变字体大小或颜色来表现，因此标签云可以灵活地依照字序或热门程度来检索一个标签。大多数标签本身就是超链接，直接指向与标签相关联的一系列条目。

（2）网站UI中文本对象的主要属性

在网站UI设计中，文字的字体、规格及其编排形式，是文字的辅助信息传达手段。（图6-18）

①字号

字号可以用不同的方式来计算，例如磅（Point）或像素（Pixel）。对于单位“px”，一般都是使用12px、14px、16px、18px等偶数值来设定文字大小，因为早期的显示器往往不能很好地处理文字的锯齿问题，而使用奇数值极有可能造成锯齿，所以通常默认使用偶数值。适用于网页正文显示的字号为14px或16px。较大的字号可用于标题或其他需要强调的地方，小一些的字号可以用于页脚和辅助信息。需要注意的是，小字号容易产生整体感和精致感，但可读性较差。

文字实际表现出来的大小并非是一个简单的数值。除了数值之外，还跟显示设备的分辨率及屏幕大小有关，如一块非常大、分辨率非常低的LED屏，即使像素很小，也会展示出很大的字。所以在选择UI中文字大小的时候，还需要考虑用户的使用习惯。同一个网页，在笔记本电脑、PC或在不

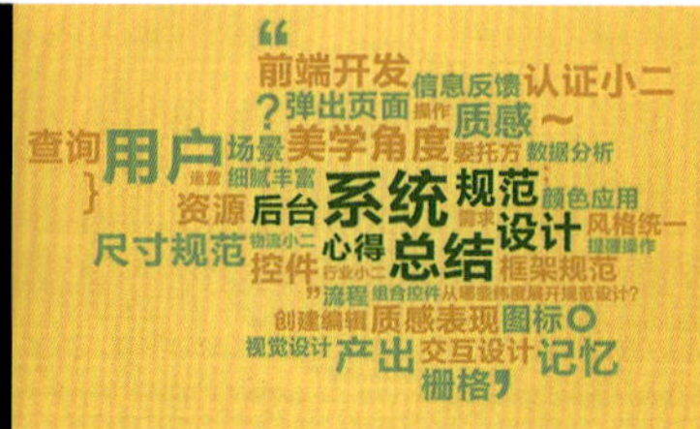

图6-17 网页标签云

图6-18 网站界面

同的移动设备上使用，显示的文字大小也不相同。

②字体

网站UI设计师可以用字体来更充分地体现设计中要表达的情感。选择字体是一种感性、直观的行为。但是，无论选择什么字体，都要符合网站UI的总体设计理念和满足用户的需求。

在同一页面中，字体种类少，则版面雅致、有稳定感；字体种类多，则版面活跃、丰富多彩。要学会如何根据页面内容来掌握这个比例关系。

正文字体作为基础性用字，从底层支撑文字设计及语义传达。方正字库首席字体设计师朱志伟在他的“字体的力量”的演讲中提到新老宋体细节设计的不同对信息的识别和认知的影响。在过去，人们普遍认为有笔触装饰的衬线字体，可提高辨识度和阅读效率，更适合作为阅读的字体，多用于报纸、书籍等印刷品的正文。无衬线字体饱满醒目，常用作标题或者用于较短的段落。网页的正文内容最好采用缺省（系统自带）无衬线字体，因为浏览器是调用本地机器上的字库显示页面内容的。无衬线字体是指没有边角的修饰，笔画整齐光滑的字体，适用于网页正文，在让用户获取大量的文字信息的同时而不感觉疲劳。衬线字体是指在笔画边角的位置进行一些修饰，可以清晰地分辨出字母和文字以及笔画的起点和终点的字体。但是，这种字体如果设置得太小或者距离文字较远，则会受到衬线的影响，分辨不清晰。图6-19所示为衬线字体和无衬线字体。

serif sans-serif

衬线字体 无衬线字体

图6-19 衬线字体和无衬线字体

Windows系统下，中文宋体小字具有点阵的特性，12px、14px的字号显示清晰美观，便于阅读。而如今随着显示器越来越大，分辨率越来越高，设计师开始在正文中大量使用14px甚至18px以上的字号。对英文字体来讲，大字号的使用使衬线字体具有高辨识度和流畅阅读的优势。而中文宋体在显示14px以上的字体时，单线条大字看上去有些单薄，特别是这款点阵字，在强制平滑显示状态下显得尤其模糊不清。微软公司开发的微软雅黑字体解决了这一显示问题。在界面中具体位置及何种分辨率使用什么样的字体字号，有经验的设计师一般会在遵循普遍规律的基础上得出一套自己的设计习惯和方法。

③文字的颜色

在网页设计中，设计者可以为文字、文字链接、已访问链接和当前活动链接选用各种颜色。例如默认的设置是这样的：正常字体颜色为黑色，默认的链接颜色为蓝色，鼠标点击之后又变为紫红色。

色彩的运用除了能够起到强调整体文字中特殊部分的作用之外，对于整个文案的情感表达也会产生影响。文字颜色要与背景有一定的对比度，低对比度容易导致字体看不清楚，通常使用较高对比度的颜色。这不但会增强文字的可读性，更重要的是通过对颜色的运用实现情感和信息的传达。

④行宽和行距

杂志或报纸每行的文字，一般情况下都不会超过40个汉字，这点同样适用于网页上的文章阅读。文本宽度控制在450px~700px为宜，此范围内参照字号大小，英文每行80~100个字母（一个空格相当于一个字母）为宜，中文每行30~40个汉字为宜。由于显示器是横向的，更要注意划分阅读区域。

行距的变化也会对文本的可读性造成很大影响。一般情况下，接近字体尺寸的行距设置比较适合正文。行距的常规比例为10:12，即用字号10px，则行距12px。这主要是出于以下考虑：适当的行距会形成一条明显的水平空白带，以引导用户的目光，而行距过宽会使文字失去较好的延续性。

除了对可读性产生影响外，行距本身也是具有很强表现力的设计语言，为了加强版式的装饰效果，可以有意识地加宽或缩窄行距，体现独特的审美意趣。例如，加宽行距可以体现轻松、舒展的情绪，适用于娱乐性、抒情性的内容。另外，通过精心安排，使宽窄行距并存，可增强版面的空间层次与弹性。

⑤文本区域背景

白色是最高亮度的全反射光，可以给人的眼睛带来最大化的刺激，所以很多印刷品都选用乳白色或者淡黄色的纸张。由于显示器本身就发光，所以同是纯白色背景的文字，在电脑上阅读比在纸上阅读会更容易使眼睛疲劳。另有研究表明：在电脑上阅读只有在纸上阅读速度的78%，阅读效率大大减低。因此，为了提高页面浏览的舒适度和效率，越来越多的页面采用浅灰色和淡黄色作为背景。

谨慎使用纹理作背景。在印刷品中带有纸张纹理的背景长时间阅读舒适度更高，但是在显示器状态下，不宜使用饱和度、对比度过高和纹理过于清晰的背景图，此外还需要考虑到输出屏幕的分辨率。

（3）个体文字的设计

①了解文字的本质，重视整体和识别，结合字体内容进行创作。

了解汉字和拉丁字母的结构特点。

比较同一个字母或汉字使用不同字体的特征与感受。

将单个字母与其背景分离，仔细观察该字母的形态特征，进而对该字母的视觉识别特征有全面的了解。

遮挡部分文字结构，观察其对文字识别性的影响。

②文字大小

比较大小写字母的大小和视觉差异。

比较同一字母不同字号的形态差异。

收集以字母大小为设计手段的作品进行分析，了解其与设计效果之间的内在联系。

③文字的粗细

将不同粗细的文字组合编排，分别进行形式法则和感觉表现的训练。

④文字变形

增加文字的个性特点。放大、缩小，压缩或拉伸，倾斜、旋转、重叠、镜像、扭曲、制造边缘效果，将文字嵌入框体中做正负形的变化实验。

⑤文字的色调

将统一文字用不同的色彩表现。

将不同色彩的不同文字放置在平面中，了解它们的空间层次。

（4）群体文字的设计

页面是由许多单个文字组成的群体，要充分发挥这个群体形状在版面整体布局中的作用。从艺术的角度可以将字体本身看成是一种艺术形式，它在个性和情感方面对人们有着很大的影响。在网页设计中，字体的处理与网页的颜色、版式、图形等设计元素的处理一样，非常关键。从某种意义上来讲，所有的设计元素都可以理解为图形。（图6-20）

①文字的图形化

字体具有两方面的作用：一是实现字意与语义的功能；二是美学效应。所谓文字的图形化，即强调它的美学效应，把记号性的文字作为图形元素来表现，同时又强化了原有的功能。作为网页设计者，既可以按照常规的方式来设置字体，也可以对字体进行艺术化的设计。无论怎样，一切设计都应围绕如何更出色地实现自己的设计目标来进行。

将文字图形化、意象化，以更富创意的形式表达出深层次的设计思想，能够克服网页的单调与平淡，从而打动人心。

重视文字的意义与形式的内在联系。图形化字体的形式感和它所表达的内容是紧密结合的，绘制时要结合文字字体特征进行艺术加工，使内容与形式完美结合，生动、概括，突出表现文字内容的精神含义，增强视觉感染力，强化图形化文字的情感力量。如图6-21，Google网站为了纪念历史事件或人物而将Logo文字进行图形化的设计，生动形象地将背景人物和故事关联起来。

②文字的叠置

文字与图像之间或文字与文字之间在经过叠置后，能够产生空间感、跳跃感、透明感、杂音感和叙事感，从而成为页面中活跃的、令人注目的元素。虽然叠置手法影响了文字的可读性，但是能给页面带来独特的视觉效果。这种不追求易读，而刻意追求“杂音”的表现手法，不仅大量运用于传统的版式设计，也被广泛用于网页设计中，如图6-22。

③形态化的文本

将文本的编排与某种形态关联起来。如将文本内容填充到某一形态中采用或者包围在形态之外，限定空间。（图6-23）

④文字的组合

不要不加思索地把一行文字硬生生地放置到界面中，那会显得呆板木讷。比如标题不一定要千篇一律地置于段首之上，可作居中、横向、竖向或边置等编排处理，甚至可以直接插入字群中，以新颖的版式来打破旧规律。如前面所讲，文字组合时可以进行大小和颜色的变化、不同的排列组合、不同字体的组合、不同语种文字的组合。（图6-24）

⑤个别文字的强调

如果将个别文字作为页面的诉求重点，则可以通过加粗、加框、加下划线、加指示性符号、倾斜字体等手段有意识地强化文字的视觉效果，使其在整体页面中显得出众而夺目。另外，改变某些文字的颜色，也可以使这部分文字得到强调。这些方法实际上都是运用了对比的法则，如图6-25。

（5）文字编排的基本形式（图6-26）

①两端均齐

文字从左端到右端的长度均齐，字群形成方方正正的面，显得端正、严谨、美观。

②居中排列

在字距相等的情况下，以页面中心为轴线排列，这种编排方式使文字更加突出，产生对称的形式美感。

③左对齐或右对齐

左对齐或右对齐使行首或行尾自然形成一条清晰的垂直线，很容易与图形配合。这种编排方式有松有紧、有虚有实，跳动而飘逸，可以产生节奏与韵律的形式美感。左对齐符合人们的阅读习惯，显得自然；右对齐因不太符合阅读习惯而较少采用，但显得新颖。

④绕图排列

将文字绕图形边缘排列。如果将底图插入文字中，会令人感到融洽、自然。

6.1.5 网站UI中的图形图像设计

图形图像是网页界面中重要的视觉元素，可分为功能性图形图像、内容图像、辅助图三种类型。功能性图形图像包括导航图标、界面框体、指针、按钮等；内容图像包括头部标题、标志、信息图形、广告、产品形象、新闻照片、视频动画等；辅助图指的是为了达到版面的艺术效果而设计的图形图像，它不直接传达内容，起着烘托主题、渲染气氛的作用，如界面背景。

图6-20 网站界面

图6-21 Google的图形化

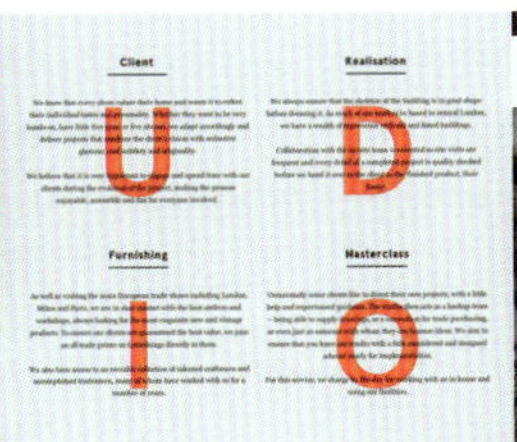

图6-22 文字的叠置

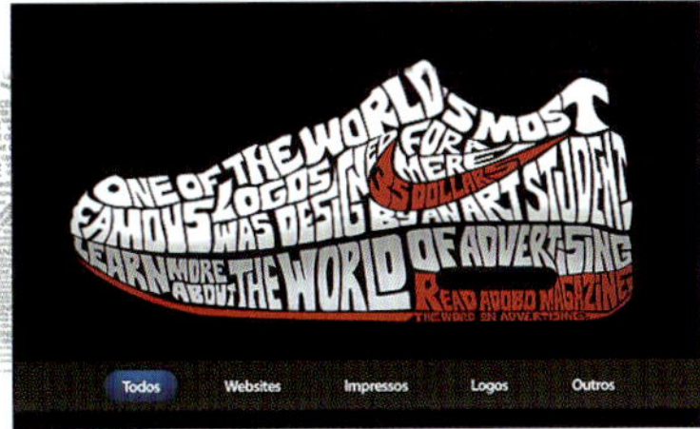
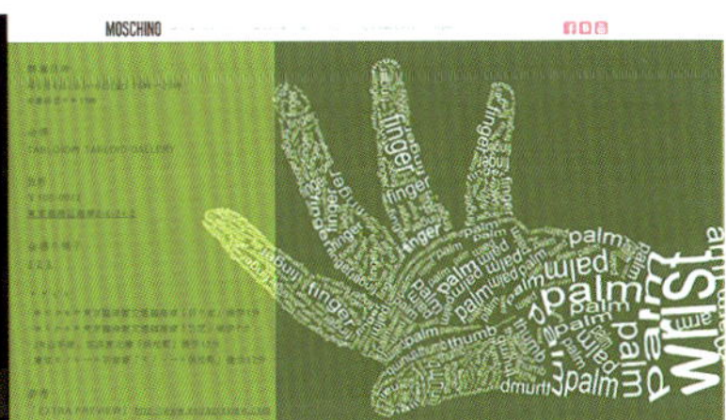

图6-23 形态化的文本

呆板

生动

图6-24 文字的组合

图6-25 个别文字的强调

图6-26 文本的编排

在一些强调视觉表现和用户体验的网站UI设计中，图形甚至占据了整个页面，体现了很强的艺术效果和独特的风格，尤其适用于那些既非门户网站也非政府职能网站的公司形象和艺术设计类网站。图形必须完全符合网站的主题，表达其精神内涵，并具有独创、精巧的构思和鲜明的个性，使主题设定和表现的视觉风格得到较好的统一，以利于信息的传达。如图6-27中网站界面，将透明背景的角色、场景分层图像进行组合，通过富有创意的交互手法，营造了具有历史、奇幻、恐怖感的空间氛围，内容和形式自然统一。通过对图形图像合理的设计并应用，生动、形象、直观地表现了网站的主题，增强了界面的视觉感染力，吸引了用户的注意力。

图形图像在网站 UI 中的作用和特性

（1）信息传达

网站UI中图形图像最基本的功能和目的是传达信息，形式和风格必须以主题和内容为源点。网站UI为网站和用户构建了信息输入和输出的桥梁，图形图像与文字、声音、视频等一起，构成了网站UI特有的多媒体信息传达系统。它所具有的直观性、准确性可以让用户更快、更准确地理解信息。

图形图像对信息的传达相较文字的直接，是含蓄的。所谓“意料之外、情理之中”，就是使巧妙的、具有创意的图形能够在传达概念和信息之外，还能为用户带来情感的共鸣和认同。图形图像也可以透过形态和构图传达出远远超越占有同样空间的文字所承载的信息量，一幅图胜过千言万语。

（2）审美

图形图像的艺术性强调满足用户对UI的审美需求并以此提升信息传达的效率，正所谓“好看的界面更好用”。图形图像最终是以表现形态来传达信息和概念的，而人们对于形态有审美需求，并会因此来进行选择。图形形态本身的审美因素会直接影响视觉的传达效果。具有形式美感的图形图像更容易引起用户心理上的共鸣，为用户营造轻松和谐的交互环境并使其乐于接受所传达的信息。因此，图形图像设计追求美的形式感，激发人们的审美情感，对UI的传达效果有着极为重要的辅助作用。（图6-28）

（3）个性化表达和创新

UI中图形图像独特的视觉审美体验是透过个性化的表达来实现的，特别是设计思维多元化、个性化发展的今天，图形图像设计可以增加网站UI的视觉冲击力，有助于体现网站整体的设计创意，更能够使网站显现出区别于其他同类型站点的视觉特征，在浩瀚的“互联网星云”中，这是至关重要的。网站UI的整体风格由图形图像主导，并结合文字、色彩、版式、动画的整体表现来形成。在图形图像设计的过程中要勇于独树一帜、别出心裁，在借鉴和学习的基础上多思考和尝试，多和不同类型的设计师、艺术家交流，不同设计思维和不同类型的设计方法在与形式语言碰撞后，能够产生更多的设计灵感，设计的跨界能够催生具有独创性和个性化的作品。此外，没有必要苛求达到前无古人后无来者的独创，所谓创新，往往是将早已存在的东西加以变化。创新不一定是颠覆性的、惊世骇俗的，它是对于生活和知识的理解与再创造。如图6-29，美国插画师Jason Freeny一半卖萌、一半惊悚的解剖玩偶作品，就是对众多经典卡通形象的再创造。

如图6-30，设计师对网站界面中的导航进行了个性化的设计和创新，将导航图标和界面主题图形融合，构思巧妙。

图6-27

图6-28

图6-29 美国插画师Jason Freeny的解剖玩偶作品

图6-30 网站导航的个性化设计和创新

（4）主题和趣味

在内容充实的网站中，图形图像的趣味表达和解读，可以避免单纯的文字的平实和枯燥。而在信息量较小的网站设计中（以纯Flash网站居多），更以主题化和趣味化的表达方式为主，它往往抛弃了以往以表格的骨骼化、秩序化为主的编排方式，以一种更为自由的方式对各种界面视觉元素和形态进行设计编排，营造各种独特的界面风格。通常，根据网站的内容，为之设计一个主题化的方案（可以理解为给这个网站架构一个世界观），在这个主题之下通过图形图像的设计构建其特有的形式上的情节和趣味，为用户营造一个可以探索的虚拟空间。如图6-31名为Into the sky的交互网站，界面中岛屿的全景表现，模拟飞机在空中鸟瞰的视角，可以自定义天气、时间、航线、高度等，给用户带来身临其境的视觉感受。

（5）通识的语言

图形图像作为一种视觉语言，能够消除不同地域和文化的民族间的语言障碍和思想隔阂，它所代表的是一种全球性语汇，它用自己特殊的方式传达信息、沟通情感。这一点对网站UI设计尤为重要，网站作为跨国度的媒介，当用户无法在界面中找到自己所熟悉的语言时，通过图形图像能大致理解自己需要的信息，从而消除恐惧和陌生感。比如上海机场停车场以动物形态作为导视系统的一部分，能够让儿童描述出所在楼层。

6.1.6 网站 UI 的图文版式设计

网站界面的版式设计首先还是以用户为中心，了解目标用户及其对界面交互的偏好和期望，表6-1简单列举了用户对不同UI类型的喜恶。

表6-1 用户对不同UI类型的喜恶

用户喜欢的UI类型	用户厌恶的UI类型
优雅大方、精致细腻、 注重细节、结构清晰、 辨读容易 、整体和谐、 空间质感表现得当、 交互流畅……	结构复杂、信息冗余、 杂乱无章、 不尊重使用习惯、 材质表现过度、 难以识别和认知 、逻辑混乱……

图6-31 Into the sky交互网站

版式设计，是对界面中平面构成元素即点线面的构成关系的设计（见4.1）。在设计版式时，可以将页面中的文字、图形图像理解为简单的几何形态，类似于将这些构成版式的点线面看作是积木来进行布局和组合，设计过程是由整体到局部逐步深入的。（图6-32）

网站版式布局的类型

（1）栅格布局

规范、理性的风格方法。以规则的网格矩阵来指导和规范网页中的版面布局以及信息分布，是借鉴了平面设计中的栅格化设计。对网站界面而言，栅格化的设计不仅让网页的信息更具有秩序美感和可用性，而且对于前端、后台的开发衔接更为便捷。在图片和文字的编排上，按照栅格比例进行布局，给人以严谨、和谐、有序的感觉。栅格经过相互混合后的版式，既有理性，又灵活而具有弹性，如图6-33。

（2）满版构图

界面以图像充满整版。以图像为主，视觉效果强烈而直观，导航和文字布局在界面的上下、左右或中部，给人以大方、舒展的感觉，如图6-34。

（3）上下、左右分割

整个界面分割成上下或左右两个部分，在一边放置单幅或多幅图像，另一边配置导航和文字。（图6-35）

（4）中轴构图和对称构图（图6-36）

中轴构图：将界面图像进行水平或垂直方向上的构图，导航和文字布局在上下或左右。水平构图，有稳定、安静、平和的感觉，垂直布局动感强烈。

对称构图：将界面进行上下或左右的等量分割，分为绝对对称和相对对称（平衡），一般采用相对对称的方式，以免过于严谨，通常以左右对称居多。对称的构图，给人以稳定和理性感。

（5）曲线构图和倾斜构图（图6-37）

曲线构图：界面中的图形和文字排列成曲线，富有韵律和节奏感。

倾斜构图：界面主体形象或多幅图像做倾斜的布局，造成强烈动感和不稳定性，引人注目。

（6）重心构图和四角构图（图6-38）

重心：在界面中通过图像文字的布局产生明确的视觉焦点，使其更加突出。可以直接将独立而轮廓分明的形象置于界面中心，或基于界面中心点产生向心或离心的构图。

四角构图：在界面四角以及连接四角的对角线结构上编排图形和文字，给人严谨规范的感觉。

（7）三角构图

由界面视觉元素构成的正三角形构图最具有稳定的感觉，是常用的界面版式之一。（图6-39）

（8）并置

在界面中将相同或不同的图像做大小相同而位置不同的重复排列。并置构成的版式有比较、解说的意味，可以给原本复杂喧闹的界面以秩序、调和和节奏感。（图6-40）

（9）自由布局

自由布局是在界面中看似无规律的、随意的布局视觉元素的版式，这样的表现方式最适合用Flash来实现，如情

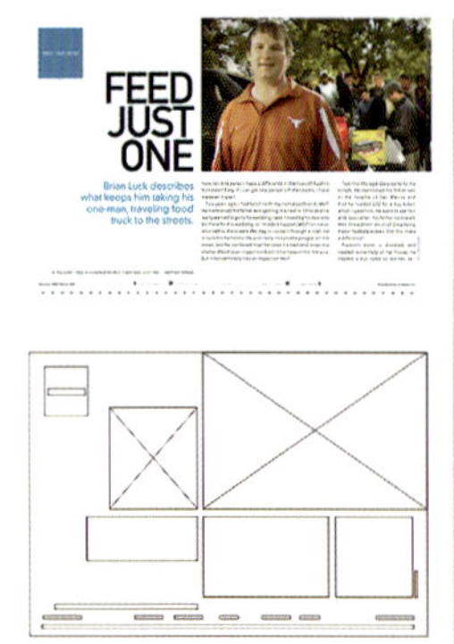

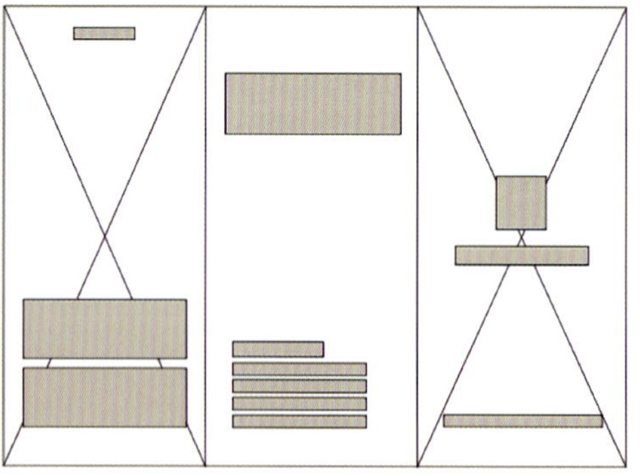

图6-32 网站界面版式设计

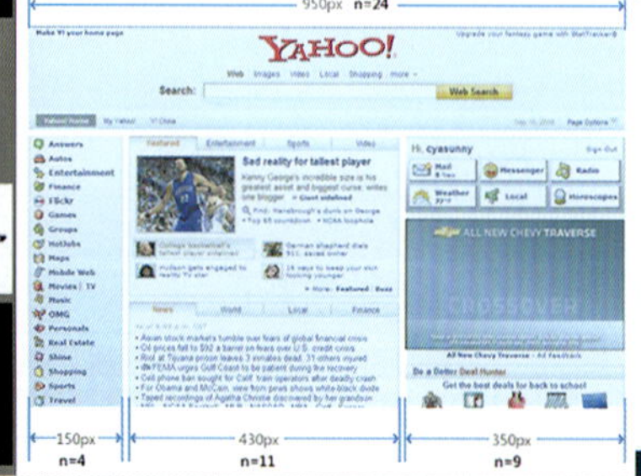

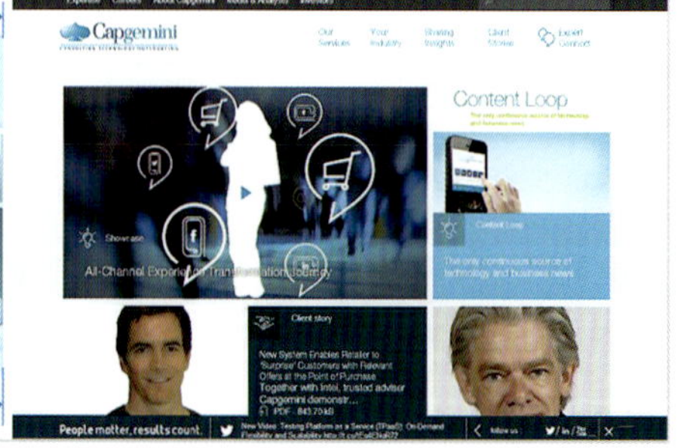

图6-33 网页版式：栅格布局

图6-34 网页版式：满版构图

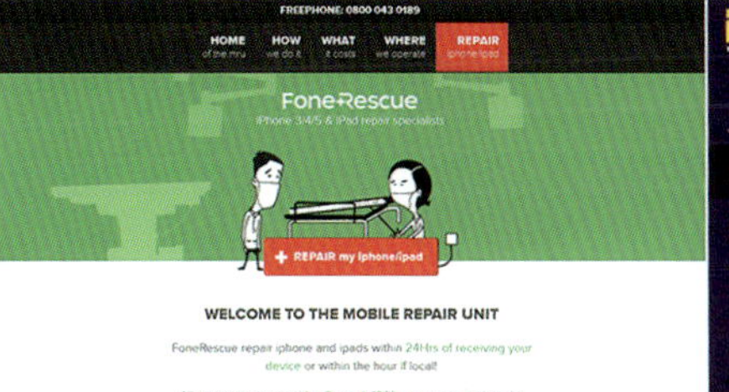

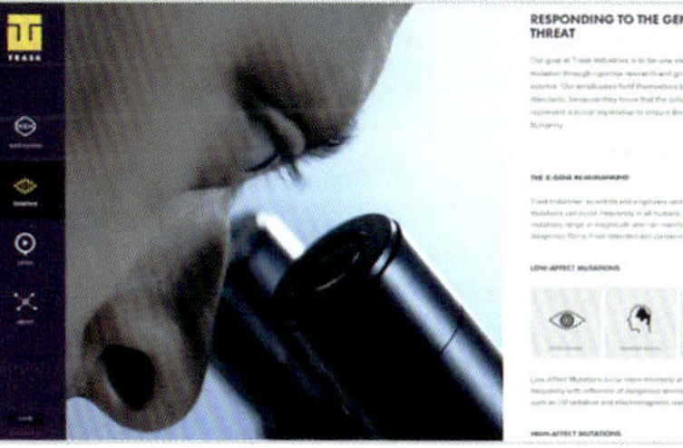

图6-35 网页版式：上下、左右分割

图6-36 网页版式：中轴构图和对称构图

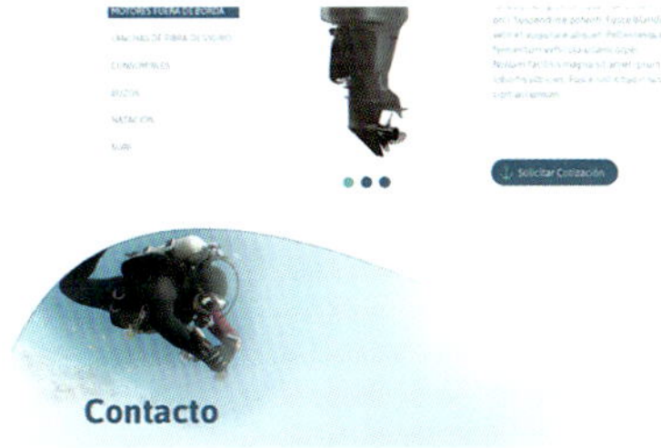

图6-37 网页版式：曲线构图和倾斜构图

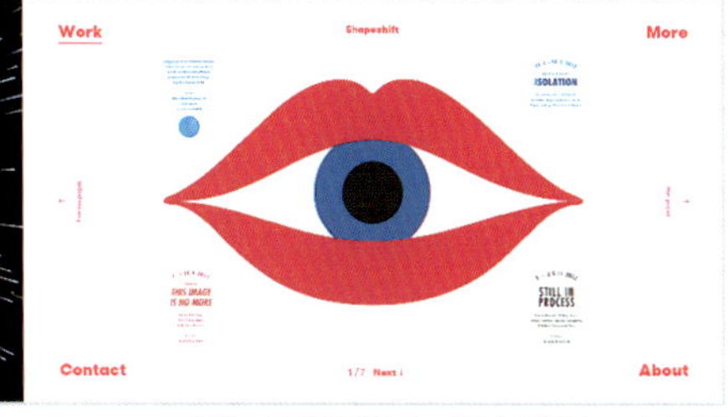

图6-38 网页版式：重心构图和四角构图

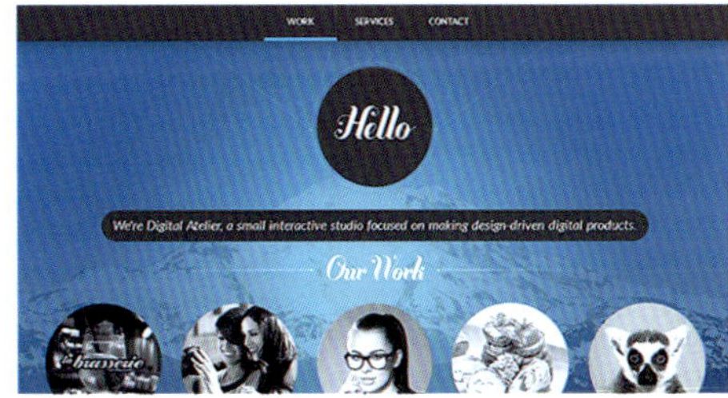

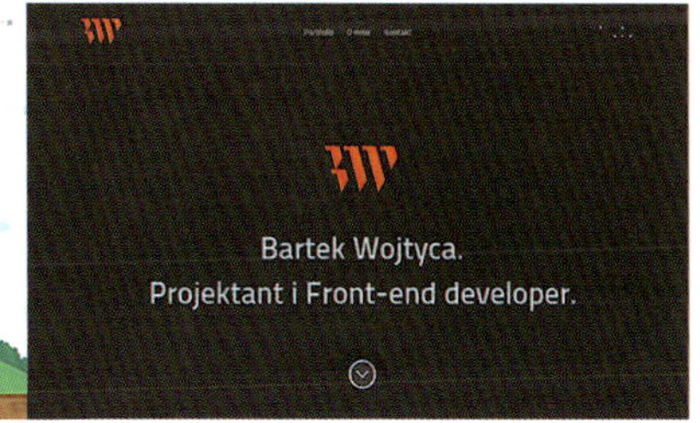

图6-39 网页版式：三角构图

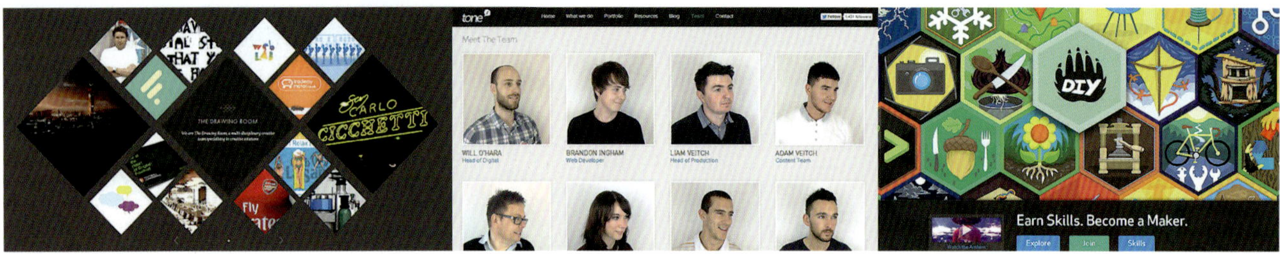

图6-40 网页版式：并置

图6-41 网页版式：自由布局

景化的网站。（图6-41）

6.1.7 网站 UI 设计流程和规范

关于网站界面设计流程见“2.2UI设计流程”。

制作网站UI设计规范文档，通常网站会有多个层级，包括专题页在内有数十个页面。因此，在网站主要界面设计初步完成后，需要制作网站界面设计规范文档，这是用于延续性的界面设计的指导手册。在界面设计规范文档中，要贯穿“以用户为中心”的指导思想，根据网站产品特点制定一套规范，以达到提升用户体验、控制界面设计质量和一致性、提高设计效率的目的。（图6-42）

1. 制定 UI 设计规范的意义

（1）统一识别

规范能统一识别界面上相同属性的单元，防止混乱或出现严重错误，更有利于用户理解。

（2）提高效率

除了专题页面以外，设计其他标准界面使用规范文档中的标准能够极大地减少设计时间。

（3）复用性高

新建相同属性单元、页面及视觉元素时，按照标准执行，很大程度上能够重复使用界面元素，使设计师和用户能够保持认知惯性，减少信息干扰。

（4）延续性好

设计师在非原界面进行界面修改或延续性设计时，通过查看标准能够快速上手、减少出错并完成设计。

2. 规范的制定（图 6-43、表 6-2）

（1）通过通用并精确的数据来定义网站界面整体及其中各个视觉要素的高宽、间距、色彩，以便在所有视觉材料类型中使用这些属性。

（2）各级标题和正文中文本对象的字体、字号、色彩、样式。

（3）交互元素如按钮、超链接的规格和各种交互状态的色彩和效果。

（4）定义常规的页面布局以及页面栅格、产品图像栅

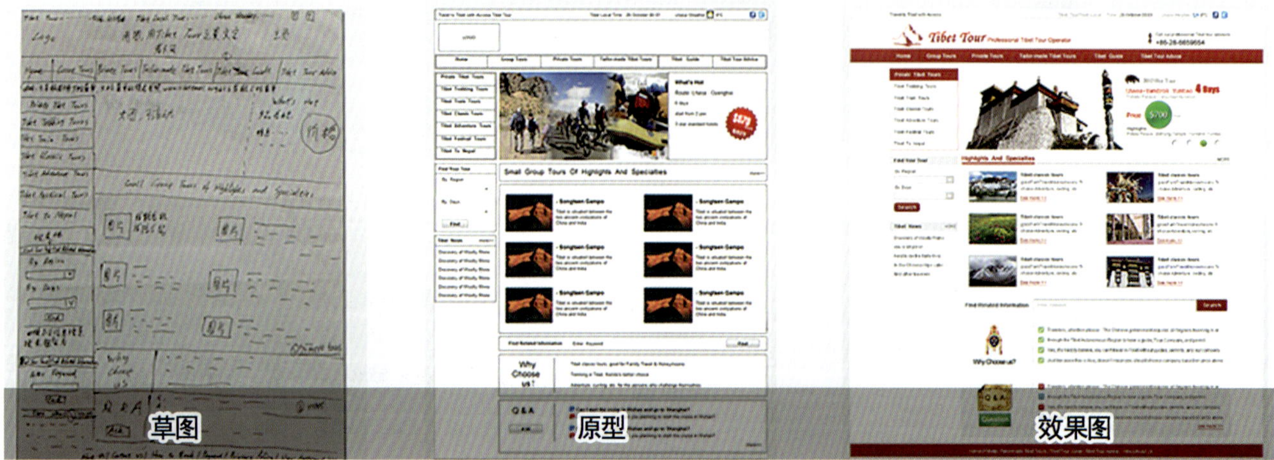

图6-42 网站界面设计简要流程

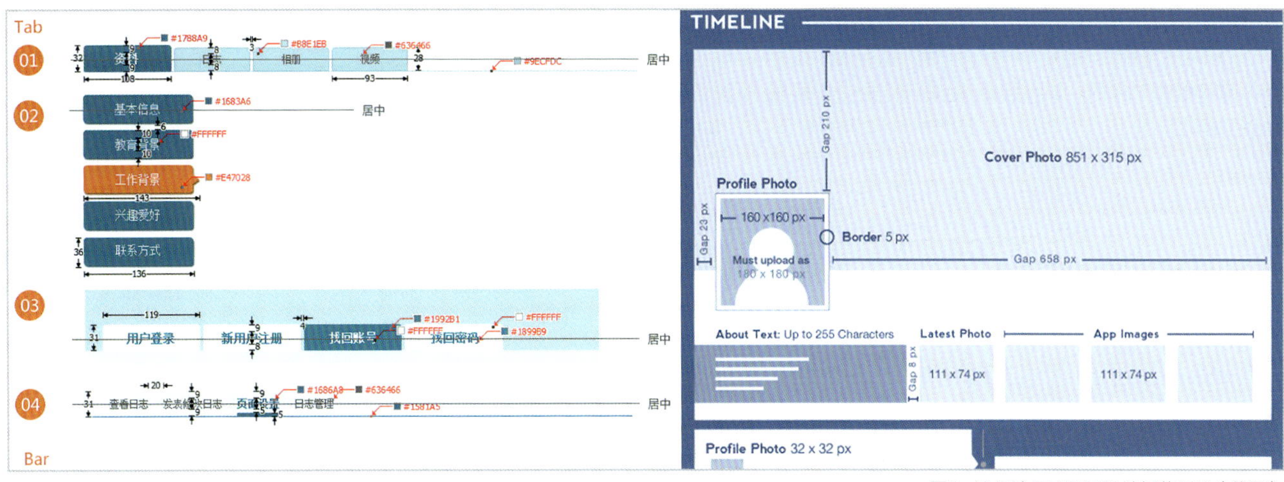

图6-43 两个网页界面设计规范手册（截图）

表6-2 网站界面色彩标准文档（部分）

类 型	色 值
四级标题颜色	# 5A4A06
五级标题颜色	# 0E5A06
六级标题颜色	# AB931D
“◆”颜色	#134D71
重点颜色	# FF3C00
链接/悬停颜色	# 0336B7
图片/表格/公式/动画颜色	# FF7800
滚动条颜色	三角形箭头：# FFFFFF 背景：# DDDBCD 滚动条实体：# 7A7D3C 滚动条边线：# B2AE8B

格等。

（5）导航、标签、表单、滚动条等中的各个视觉元素的尺寸规格和色彩。

（6）各级图标设计标准。

（7）源文件及素材的管理标准：如图片的文件夹分类及序列命名标准，PSD文件图层分组及命名标准，图片输出格式及设置的标准等。

6.1.8 网站 UI 设计（案例及作业）

1. 四川美术学院影视动画学院网站 UI 设计案例

网站是学院的名片，各学院需要根据自身的专业特色设计本学院专属形象的网站界面。网站同时也是师生展示风采风貌、建设校园文化的重要途径。

（1）设计目标

学院网站建设的目的就是为教师、学生、家长、企业、社会提供简便、快捷的网络化信息服务。

①展示学院形象，介绍学院各专业发展状况。

②发布学术活动安排、政策等信息。

③方便教师、学生及家长更好地了解学院的发展动态。

（2）网站规划

①设计风格定义

网站属性：综合性网站；风格：质感细致的拟物化界面风格；形象：网站界面头部要出现学校Logo，教学区域形象（照片或图形设计，体现专业特点及教学环境），整体构图布局合理、色调统一，具有历史厚重感。

②网站栏目规划

首页（综合型首页）；

学校概况（学院简介、学院领导）：文章式；

师资介绍（行政管理、动画专业、摄影专业、戏剧影视美术专业、广播电视编导专业）：文章式；

学科建设（动画专业、摄影专业、戏剧影视美术专业、广播电视编导专业）：文章式；

教学科研（精品课程、项目获奖、教学情况、科研创作）：文章式；

人才培养（产学研互动、教学实践、教学改革、创业创新）：新闻列表文章式；

党建工作（党总支简介、工作动态、思想教育、理论学习）：文章式；

规章制度（教学管理、科研创作、学生管理）：新闻列表文章式；

校友录（毕业留影、年级名录）（02级、03级、04级05级……）：图片展示文章式；

下载区（主要下载Word文档）：新闻列表文章式；

学院新闻（新闻列表）；

学生工作（团总支、学生会、学生活动、就业信息）：新闻列表文章式；

公告信息（新闻列表）；

荣誉室（图片展示）；

作品展示（动画、影像、摄影）：图片展示、视频播放；

专题页面（银杏奖、高校专业论坛等学院主办的大赛或活动专题页面）。

备注：文章式就是点击进入后只有一篇文章，不能再进行其他点击。

新闻列表文章式就是在一个页面上有多条信息可以点击，然后进入文章式详情页。

图片展示就是图片横向滚动并列展示，点击后进入图片详细页。

③网站功能

新闻发布系统+作品展示系统+网页生成系统+网站智能管理系统；

DIV+CSS样式设计制作；

网站栏目全部实现后台管理功能，可由管理者自主修改或添加主栏目下面的子栏目。

（3）四川美术学院影视动画学院网站界面设计回顾

关于界面设计流程见“2.2UI设计流程”。

①简要流程

根据学院网站的设计目标和网站栏目规划绘制信息架构草图、界面草图及线框原型，最后根据风格定义设计出界面效果图（高保真原型），并模拟出简单交互功能。（图6-44）

②设计迭代

在设计的过程中，当网站栏目模块和信息架构、交互框架确定之后，在页面布局和界面设计表现上，要根据设计要求的变化和不同用户测试反馈的意见进行多次反复的修改，逐步改进界面的布局和表现形式，最后达到一个良好的平衡效果。图6-45和图6-46呈现了主页界面设计过程中对主页头部形象图形和导航栏逐步改进的过程。

③完成上线

浏览整站界面，请输入如下网址访问该网站：http://ysx.scfai.edu.cn/（由于网站维护，短时期内无法打开）。

2. 作业与练习

个人网站及自定义网站的界面设计，强调整体性和主题性，风格自定义，要求用Flash或Dreamweaver实现主要的页面功能和交互。

学生作业点评——网站UI设计作业1

图6-47是重庆大学化学化工学院网站，界面须表达该学科的理性和严谨。优点：经过反复的修改和迭代设计，信息结构及界面布局合理、功能完善、风格统一，表现效果良好。不足：设计感及表现形式缺乏新意。

学生作业点评——网站UI设计作业2

图6-48为某生态技术公司网站。优点：总体风格简洁、明快，凸显了科学理性美和生态自然美。结构层次清晰，各层级页面制作完整，风格统一。不足：科技感与绿色环保主题的表现还需加强，界面中图像最好使用原创性的摄

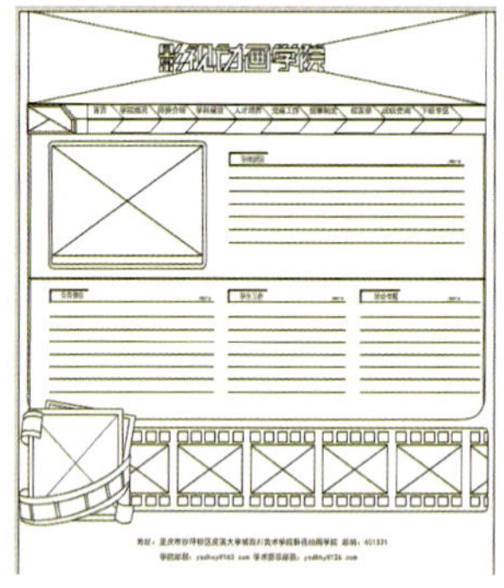
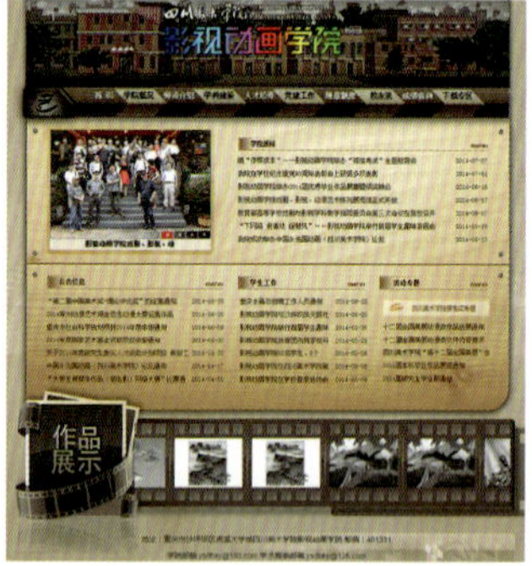

图6-44 主页界面草图、原型、效果图

图6-45 主页头部形象图形改进过程

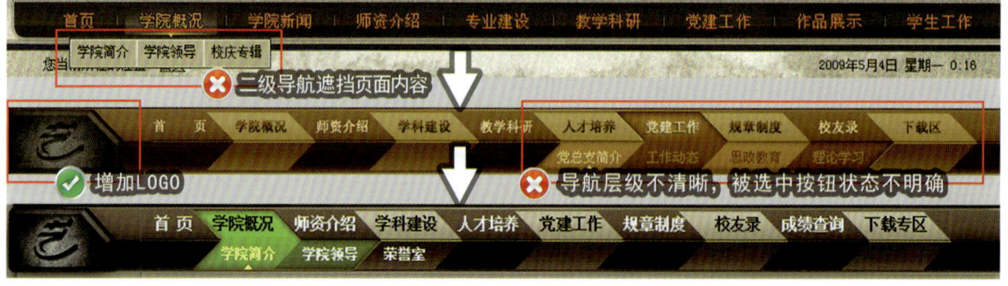

图6-46 主页导航栏改进过程

影作品或插图。

学生作业点评——网站UI设计作业3

图6-49为个人品牌服饰网站，需要通过网站塑造绿色、天然、环保的品牌形象，并介绍设计师以及产品。优点：界面渲染了一种清新、恬静、自由的感觉，既有设计感，又能将品牌的一系列信息清晰地展示出来。不足：界面结构和信息设计过于简单。

学生作业点评——网站UI设计作业4

图6-50为使用Flash软件制作的水彩插画风格的交互动画网站，主要功能是展示团队及作品。优点：情景化的界面、场景，动画设计丰富有趣。设计制作规范，交互设计及草图清晰完整，界面中的交互元素诸如角色和道具都做了细腻的逐帧动画表现。整个网站表现简洁，充满了想象力。不足：大量带通道的位图序列动画，导致页面动画和交互不够流畅。

学生作业点评——网站UI设计作业5

图6-51为使用Flash软件绘制的矢量图形为基础制作的交互动画网站，以个人作品展示为主。将界面功能融入Q版风格的场景之中，场景中的道具充当导航按钮的功能，通过动画的场景转换巧妙地展示了视频和静态图像的作品。构思巧妙，界面风格统一并富有表现力。

学生作业点评——网站UI设计作业6

图6-52是基于WordPress打造的个人博客。WordPress是一个免费的开源项目，是一种使用PHP语言开发的博客平台，用户可以在支持PHP和MySQL数据库的服务器上架设属于自己的网站。

该界面为科幻主题的界面风格，在质感和光线特效的表现上非常用心，界面整体布局合理且疏密有致，简洁而不失精致感。

图6-47 网站UI设计作业1 —重庆大学化学化工学院网站界面设计（李斐）

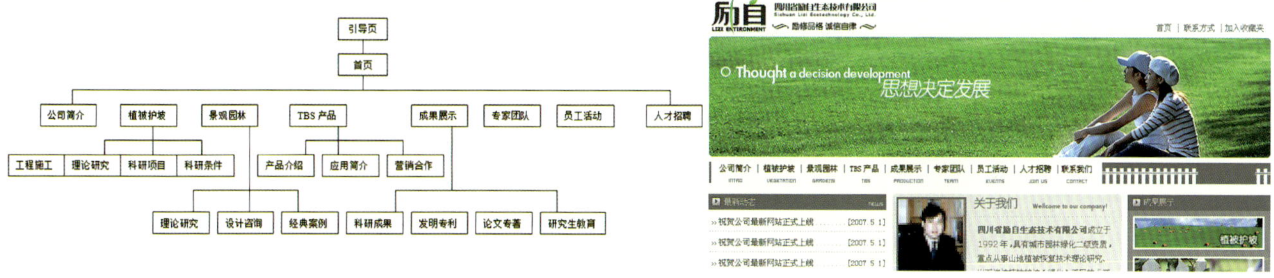

图6-48 网站UI设计作业2 ——生态技术公司网站界面设计（吴刚）

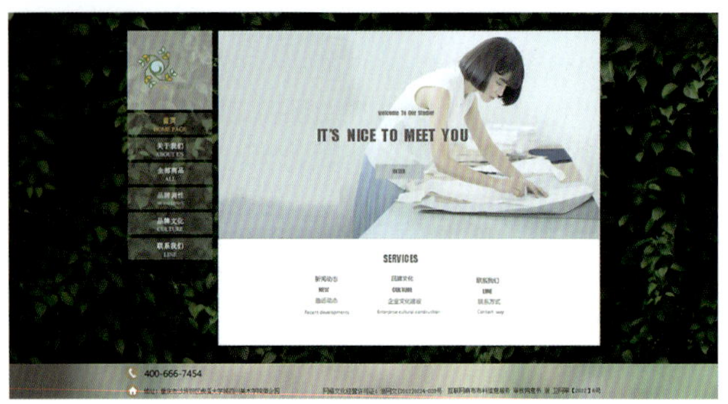

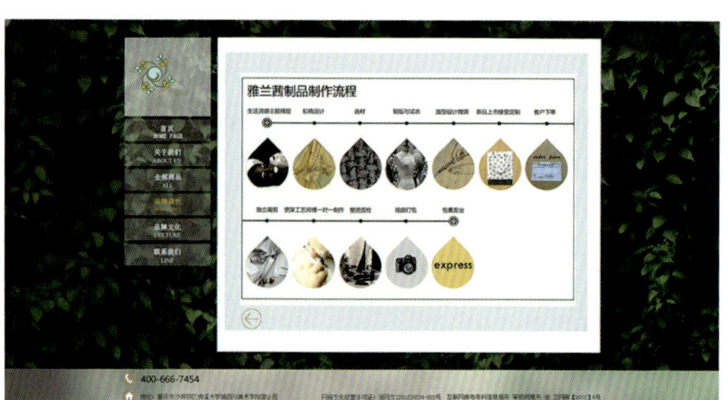

图6-49 网站UI设计作业3 ——个人品牌服饰网站界面设计（兰楠）

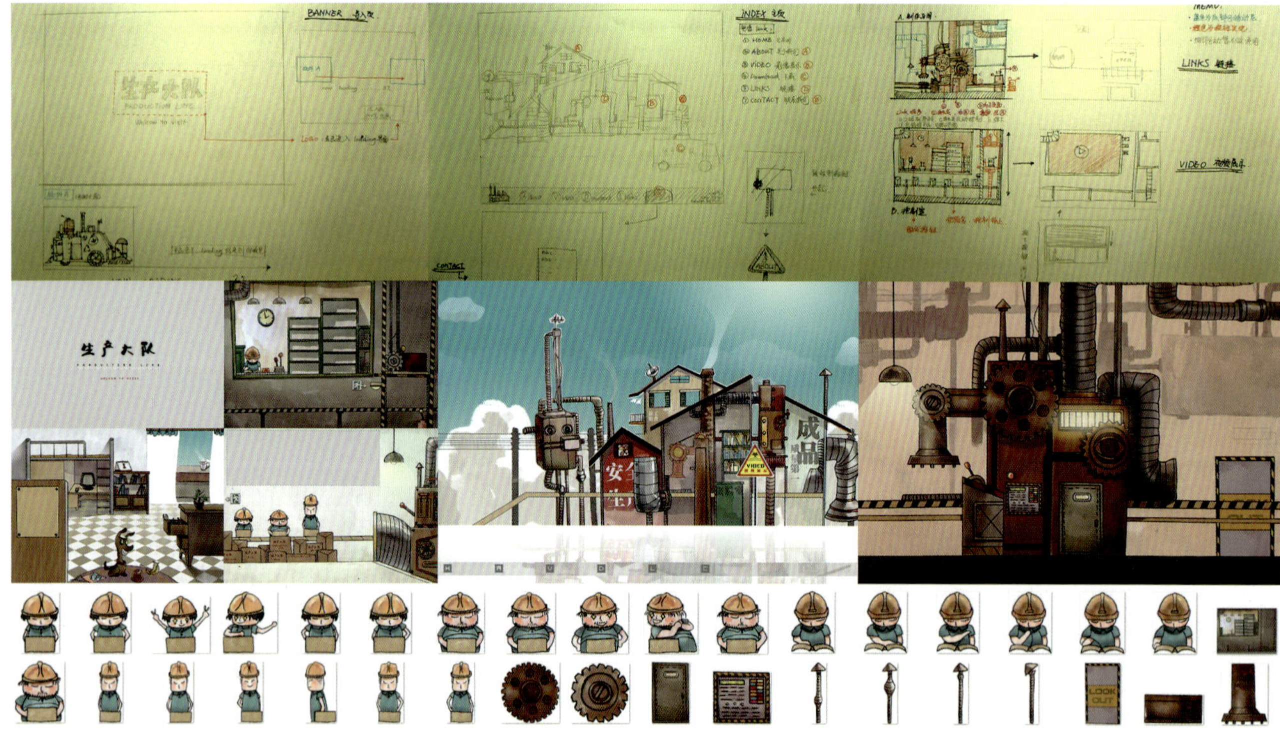

图6-50 网站UI设计作业4—— 学生工作室网站界面设计（李忱）

图6-51 网站UI设计作业5—— 个人作品网站界面设计（刘丽）

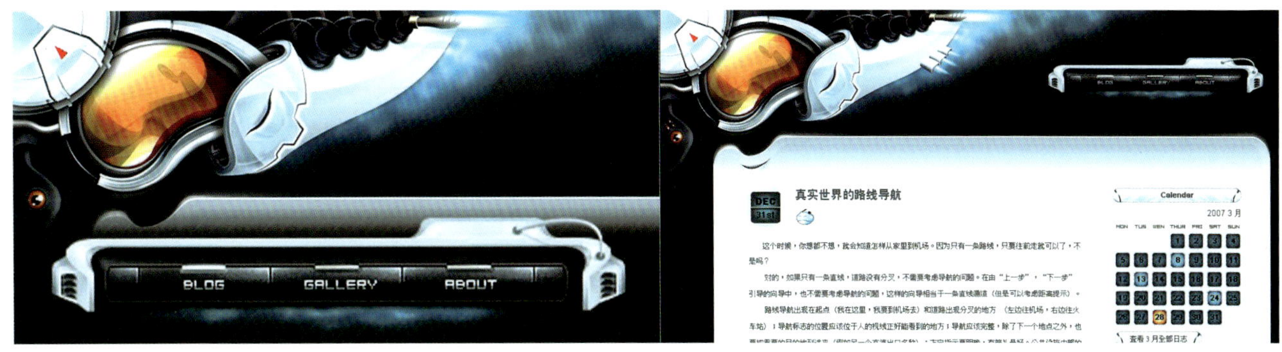

图6-52 网站UI设计作业6 ——个人Blog界面设计（包中伟）

6.2 应用软件 UI 设计

6.2.1 网站界面与软件界面的区别和联系

网站界面的显示和交互功能必须依赖于浏览器，HTML语言仅仅提供了一种多媒体元素的标记，最终的显示过程仍由浏览器完成。如前文中讲到的，不同的浏览器可能对同一个网页有不同的显示效果，而浏览器本身就是一个软件。

软件的特征是运行在一定的操作系统平台上，其界面的实现以操作系统为基础。因此，大多数软件的界面都会或多或少地打上操作系统界面特征的烙印，操作系统的风格自然会影响其阵营中软件的界面风格。典型的例子就是移动平台中不同软件的iOS版本、Android版本和Windows版本，其界面风格和设计参数是不同的。

因此，在设计软件界面时首先要明确基于什么样的操作系统，特别是移动平台软件设计所具有的复杂性。除了操作系统外还要考虑不同系统的不同版本，移动平台系统的升级通常和显示硬件的升级同步，这意味着它的升级会带来设计参数的较大变化。同一时期不同系统的几个版本的移动客户端，通常会同时被用户使用，因此还要考虑兼容不同的显示设备。

此外，PC系统平台软件和移动系统平台软件最大的不同就是输入方式的迥异，一个是靠键鼠，另一个是靠手势和语音，这会让界面的交互设计有很大的不同。

操作系统也属于软件的范畴，计算机由软件和硬件组成，软件包括系统软件和应用软件。准确地说，操作系统是控制其他程序运行、管理系统资源并为用户提供操作界面的系统软件的集合，它是管理电脑硬件与软件资源的程序，同时也是计算机系统的内核与基石。

通常操作系统的界面标准是由系统开发商定义的。如今，移动平台中有大量的在线主题允许用户自定义系统界面风格，PC平台上也提供了一些个性化界面的设置，还有一些热衷于改变操作系统界面和软件界面的“换肤一族”（Skiner），他们会创造出风格迥异的主题化界面，如图6-53。

Web软件和网站的区别。两者的运行环境和技术几乎完全相同，但用途和特征却不尽相同。网站主要用于浏览信息，面向大众用户，主页面的内容随时会更新，不存在统一的网站用户界面格式。因此“个性化”和“不断变化”是网站的用户界面的特征。

Web软件的本质是软件，它在浏览器的环境下运行，以页面的方式展示功能。软件用于处理有固定流程的任务，而不仅仅是让用户浏览信息，所以软件与网站的用户界面的特征是有差异的，当然也有很多软件给用户提供了能够个性定制的界面风格（皮肤）。

基于Flash Player的网络客户端应用属于Web软件的范畴，页面中加载的播放器、聊天工具等也是，游戏软件也有基于浏览器的网页游戏类型。

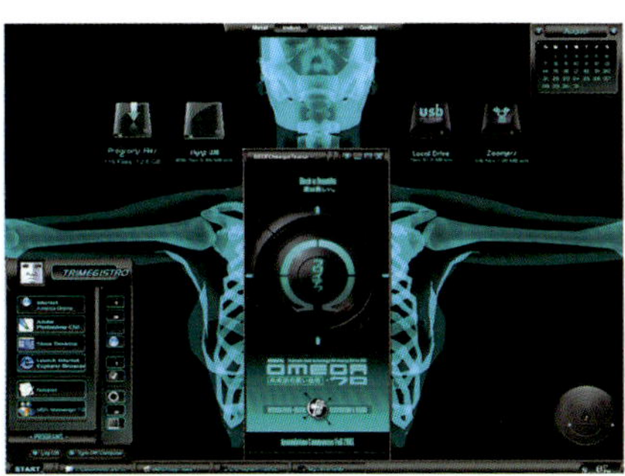
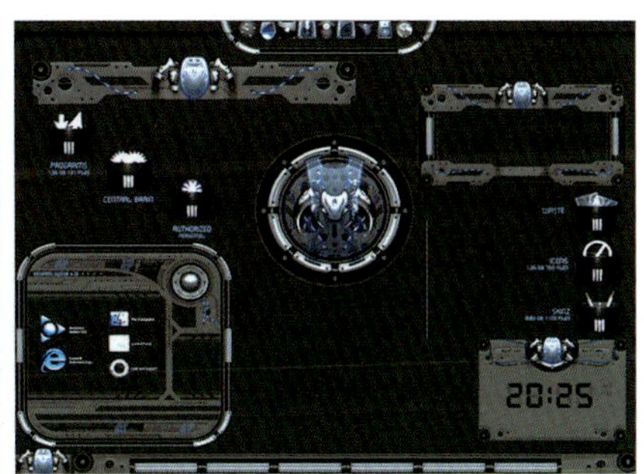

图6-53 主题化的系统界面和播放软件界面

6.2.2 教育软件 UI 设计（案例及作业）

1. 系列课程教学软件界面设计案例

以某综合性大学的网络课程教育软件为例，它涉及不同学院的不同专业及数百个下属课程，数据及信息量巨大，不可能一次性开发完成并发布。比较可行的方式是分批次、分专业类型、分系列成套地开发并逐步完善。

（1）用户及使用环境的定义

该系列软件的服务对象是高中和专科起点的接受远程教育的学生，因此要根据不同知识背景和结构的用户开发具有兼容性或不同版本的教学软件。考虑到局部偏远地区的硬件及网络状况，要设计在线和离线（光盘）两个版本，并最大限度地兼容低端计算机硬件及显示设备。尽量少调用系统外部插件，教学视频要设置为通用的格式等。

（2）图6-54，是界面线框原型设计（某一批次/部分）

（3）引导页设计

点击图标，等待应用程序启动。在此过程中，引导页（启动画面）会呈现在我们眼前。有时候它让我们眼前一亮，有时候它会让我们感到困惑，有时候它会让我们感到厌倦……当用户启动一个操作系统或者应用程序的时候，首先出现的是承载产品标识及相关信息的图形界面。例如，3ds Max软件程序的启动画面，上面有产品的标识、发行公司以及一些可能的操作提示。

在进入教学软件主界面之前，通常会设置静态图像或动画的引导页，在短短的10秒钟左右表现课程的主题和关键信息，使用户形成直观简要的印象和初步的了解。引导动画在避免了直接进入主界面的突兀效果的同时，还有申明版权信息（Logo等）的作用。当然，考虑到每次加载都会播放重复内容，会造成用户的审美疲劳，所以可以在引导动画的界面中设置“SKIP”按钮，允许用户跳过动画，如图6-55。

（4）界面成品模板

成品模板是主界面模板以及各层级子界面模板、专题模板等多个界面模板的集合。在生成界面设计规范文档的同时，用图片的形式直观呈现界面规范也是有必要的。如图6-56，对界面形态、界面视觉要素的交互状态、界面内容（如各级标题字体、字号、色彩）等都通过直观数据化的方式给出定义。图6-57左图，表现了原文件图层的管理规范。

（5）强调同批次系列教学软件界面的一致性

各个课程界面设计的形态、色彩、主题图像等能够体现出明显的区别，有各自专属的视觉样式，但是整体风格要趋于一致（拟物、扁平、写实，强调光线、质感的趋同等）。通常，在一个大的系统中，会使用一致的界面布局、统一的图标及交互状态等。

（6）界面使用说明

为了使新用户和不熟悉计算机的用户尽快上手并熟悉界面的功能，需要制作交互性的界面说明程序，一步一步地呈现界面功能并引导用户操作。这一程序通常具有两种模式：自动播放（可设置播放速率），逐步介绍界面元素及功能；自主操控，用户自己选择需要了解的界面功能信息进行查看，如图6-57右图。

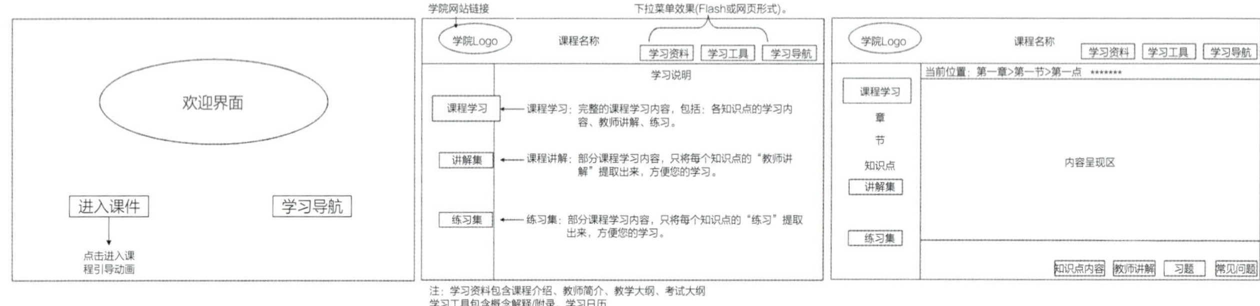

图6-54 系列课程教学软件界面线框原型（部分）

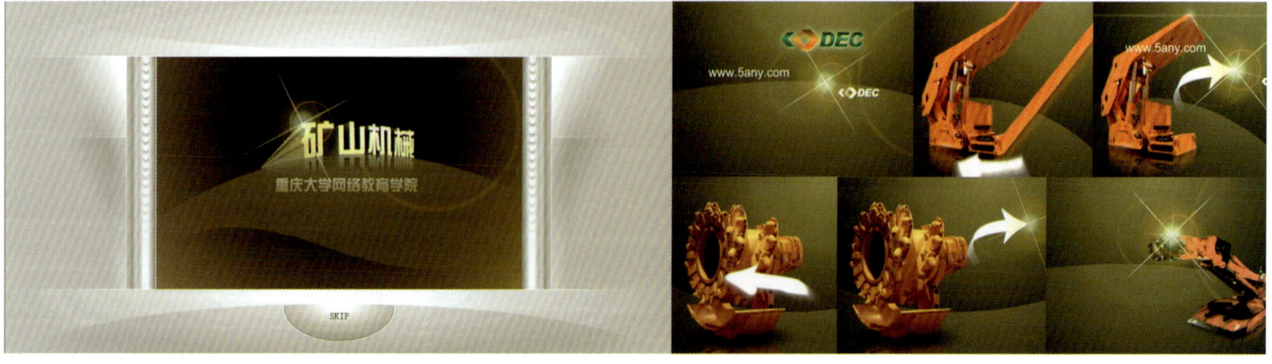

图6-55 主界面引导动画

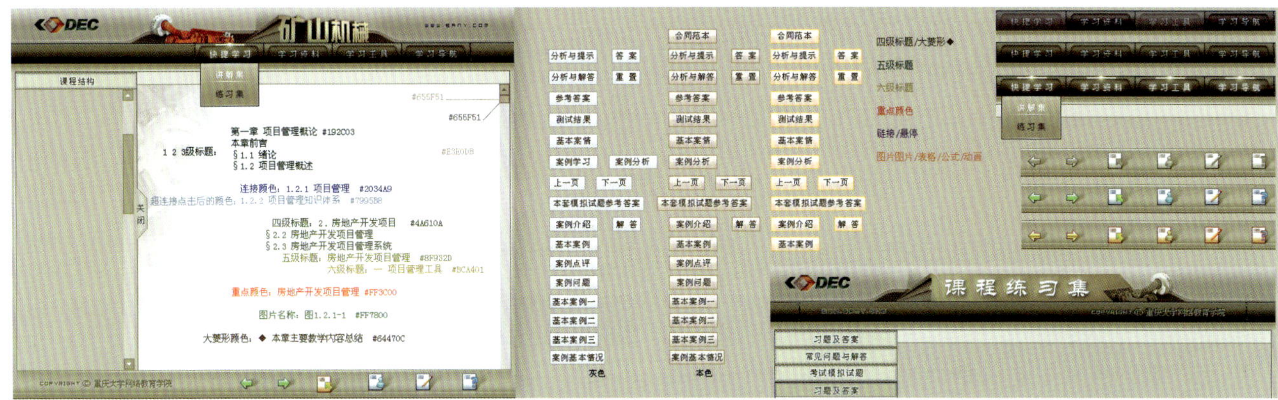

图6-56 课程界面模板及规范

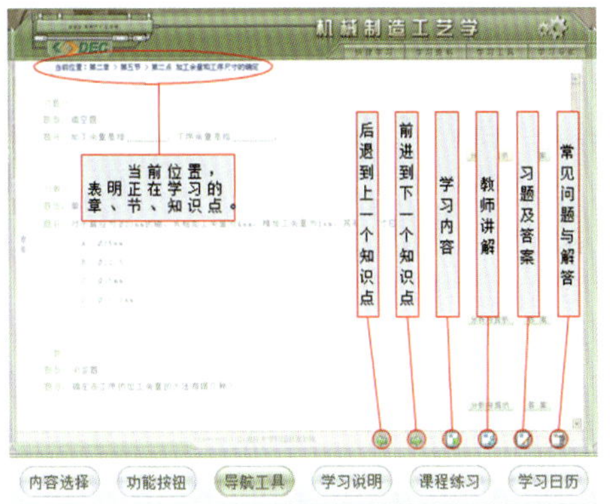

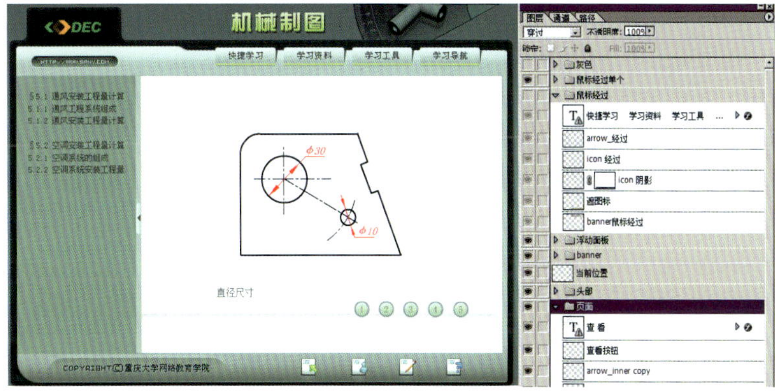

图6-57

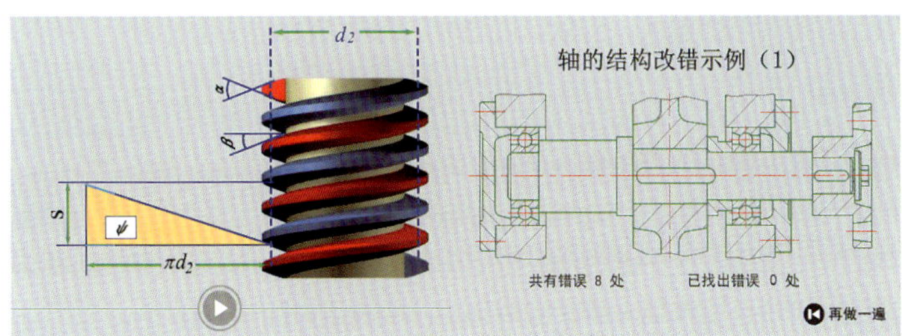

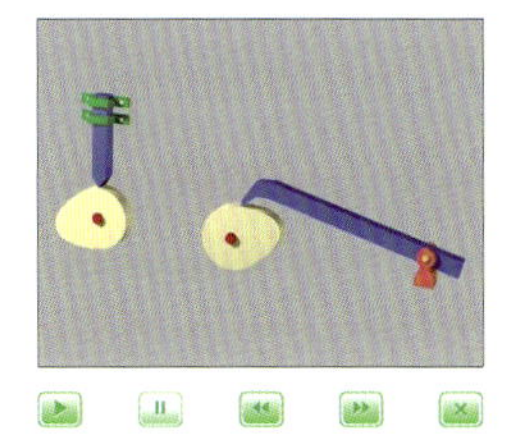

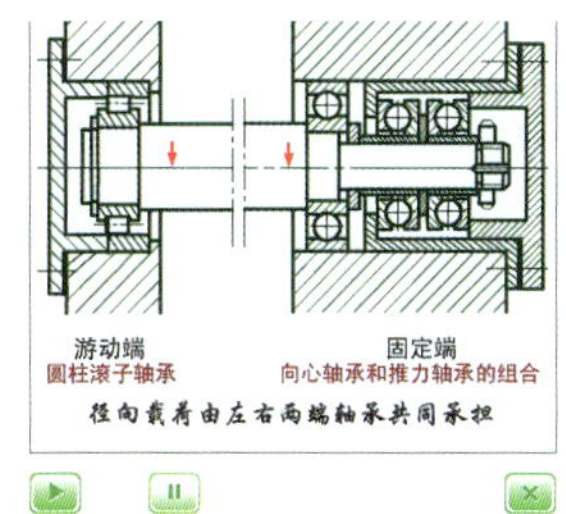

图6-58 动态交互元素设计

（7）教学软件界面中动态交互元素的设计

在教学软件界面的设计过程中，UI设计师通常也要设计并呈现教学内容中动态交互的教学素材，如图6-58。

2. 作业与练习

教育软件产品的界面设计，强调信息的规范和层次的清晰，风格自定义，要求至少设计两个层级的界面。

学生作业点评——网站UI设计作业（图6-59）

优点：界面完整度较高，视觉元素表现充分，动态效果较好，色调统一。不足：饱和度过高，难以长时间注视，不适合课程内页的表现；图标设计较为精致，但两套图标之间风格缺乏一致性；不同层级的界面布局变化过多，容易引起用户的错误操作。

6.2.3 家电产品 UI 设计

1. 家电产品的网络化和智能化

互联网和现代家电产品的发展为物联网的兴起奠定了基础，现代化的家电产品通常习惯被称作“智能家电”，其特征体现在网络化、信息化和智能化三个方面。

（1）网络化

将物联网和互联网技术应用到家电产品中实现家庭内产品的互联，同时又可以与外部互联网相连接。比如外出时可以通过移动终端对家中的空调、洗衣机、冰箱、咖啡机等在线设备进行控制，还可以实现在线订购与升级等服务。

如图6-60，左图通过手机安装的遥控器APP界面控制房间内智能电视；右图三星手机通过APP界面远程控制在线的洗衣机、冰箱。

（2）智能化

将具有智慧特征的能力搭载在某种硬件设备上部分或者全部代替人类完成某些任务，此类设备的核心通常采用学习型微处理芯片。基于大数据和云计算，在线的智能家电具有灵敏的感知能力、正确的思维能力、准确的判断能力、有效的执行能力，能帮助人们去完成部分工作，如智

图6-59 网站UI设计作业 教育软件界面设计作业

图6-60 智能家电

能空调、冰箱可以根据不同的季节气候区域自动调整其工作状态以达到最佳的效果，扫地机器人能够清扫地面并自行充电等。

（3）信息化

信息化是从现有的移动通信设备及个人电脑中剥离出一些常用功能，使之与数字技术和网络技术紧密结合，将信息化界面和家电完美地融为一体，为用户提供更加人性化的服务，提高工作效率以及创造舒适的生活空间。

2. 智能电视网络播放平台 UI 设计

家电产品的UI设计，要根据用户特点（不止一类或一个用户的话要考虑其兼容性）、功能特征与使用情景，做具体的调查研究、竞品分析，逐步展开设计。（注：这里选择智能电视的网络播放平台进行讲解，不是单指电视本身的操作界面）

通过对电视的产品特征及同类型网络播放平台UI的分析，不难发现其需要具备的特点：

（1）界面上要体现网络化、智能化电视平台内容的丰富性，选择正确的色彩方案和合理的信息布局，并使其结构层次清晰。

同一界面上通常不超过三个菜单层级，尽量保持在两个层级以下，并使用清晰简单的导航标注让用户知道节目所处的位置，为用户提供帮助和提示。

主界面展示清晰简洁的节目列表，既可以为用户提供丰富的频道信息，又可以提供一定的查找和搜索功能，如图6-61。

（2）主界面满足用户同时了解不同信号源和不同分类信息的需求，将默认或选中的板块内容选择部分进行并列的呈现。要针对不同年龄段和不同偏好的用户进行区域性板块的引导，并为其设置可定制的观看板块，提供个性化的界面设置和内容服务。（图6-62）

（3）在用户没有进行操作的情况下，在主体静止界面的基础上，通过局部的动态画面和声音，向用户推送其喜好的节目类型（基于大数据），以此向用户传递更多的信息。

（4）界面通常以直观的图像为引导，并能够对内容进行尽可能的概括和清晰指示，而不采用类似PC或移动设备中的图标（计算机Windows界面是一个为满足工作需要而设计的界面，不适用于家庭环境），使用户能直接获取信息，并引起用户的好奇心和探索欲，如图6-61。

（5）界面风格一致，各模块操作方式一致，反馈信息与行为的对应方式一致。确保硬件界面与软件界面有一致的对应关系，比如界面标志的形状和遥控器按键标注的形状、颜色保持一致，让用户一眼就能理解并接受。在用户访问节目信息时，使用固定的控制方式，比如遥控器按键上的“确定”始终代表“选择” 功能，“Home”键代表“返回到主界面”等，如图6-63右图。

（6）提供必要的节目信息评价机制，让用户可以将信息反馈到在线系统平台上。

图6-61 网络播放平台UI设计1（周枫）

图6-62 网络播放平台UI设计2（周枫）

图6-63 网络播放平台UI设计3（周枫）

教学导引

小结：

本章主要讲解了网站界面设计及其架构技术的发展脉络、网站界面的设计流程和规范，以及视觉要素的设计方法和技巧。以实例的方式展示了两种类型的应用软件界面设计。

课后练习：

1. 电子产品网站的主界面设计，强调科技感、未来感，注重界面的一致性；需提交网站信息构架的层级导图，以及主界面线框图、视觉完成稿和设计说明。

2. 选择一门课程为其设计教育软件的主界面，强调主题性与整体感，需提交软件信息架构的层级导图，以及主界面线框图、视觉完成稿和设计说明。

第七章 移动平台 UI 设计的应用

手机 UI 主题化设计（案例及作业）

手机游戏 UI 设计（案例及作业）

移动 APP UI 设计

车载 UI 设计

重点：

1. 熟悉手机界面主题化设计的构成要素，掌握其设计原则、流程和方法。
2. 了解手机游戏的特点，掌握手机游戏界面的设计原则、流程和方法。
3. 了解移动 APP 的类型及其设计流程，熟悉手机上常见的手势应用，理解移动 APP 界面中常见的导航交互模式。
4. 了解车载界面信息组织和视觉设计的特征和原则，尝试车载界面的设计及表现。

难点：

掌握手机界面主题化设计和手机游戏界面设计的设计原则、流程、方法和技巧；能够熟悉手机上常见的手势应用，理解移动 APP 界面中常见的导航交互模式。

7.1 手机 UI 主题化设计（案例及作业）

手机主题是一种智能手机的应用程序，现在主流的手机产品，都会在线提供大量的手机主题，供用户选择，用户可以通过下载安装实现手机UI的个性化设置。通常也称其为“皮肤”，但称为“主题”更为贴切，更能表达其作为一系列整体、系统化的视觉表现，同时也更能表现其视觉风格中概念和内容上的主题性（背景故事、世界观等）。

主题设计是对手机的操作逻辑与UI的整体风格化设计。前面提到的PC平台上热衷于改变操作系统及软件UI的“换肤一族”是UI主题化设计的先行者。

从用户角度来看，UI是一种让手机产品易用、愉悦、有效传达信息的媒介。UI的主题化设计，源自用户对个人移动设备UI个性化、唯一性和愉悦感的内在需要。不同主题的选择能够标榜用户的审美趣味（品位），避免长期面对单一界面的审美疲劳，更符合不同时间的情景和心境，具有非常强烈的情感作用。

UI主题资源的设计和丰富，也是某一手机系统平台为吸引和增加用户黏度的增值服务之一，体现了“以用户为中心、以人为本”的设计理念。因此，手机和系统平台开发运营商都非常重视主题界面的设计开发，华为、小米、OPPO等都推出了一年一度的手机主题设计征集大赛，为年轻的设计师提供了专业化和广阔的展示平台。（图7-1）

手机UI的主题化设计按照智能手机的桌面形式，可分为传统桌面主题设计与自由桌面主题设计（小米MIUI对自由桌面的定义：自由桌面=传统桌面+场景桌面）。按照手机主题设计风格，从宏观上可划分为扁平化与拟物化两种类型；若按微观风格则可以分为清新、怀旧、时尚、古典华丽、简约、Q版、科幻、重金属、蒸汽朋克、中国风等，不胜枚举。（图7-2）

7.1.1 手机主题设计的构成要素

手机主题设计主要由锁屏UI、图标、桌面Widget、壁纸、系统UI等组成，这些要素根据设计师特定的主题风格进行设计。

1. 锁屏 UI

锁屏UI包括锁屏壁纸、锁屏样式及解锁方式的设计，不同品牌的手机和系统有不同的尺寸规格。锁屏壁纸是锁屏UI的背景图像，主题化的锁屏壁纸可以与解锁方式高度融合。目前，最普遍的解锁方式是滑动解锁，但位置与操作略有不同。例如，iPhone的锁屏UI固定在屏幕底部，向右滑动滑块；小米V5系统的锁屏界面通过上下左右四个方向滑动整合了解锁、照相、拨号、短信四个功能；三星Note3可以在锁屏壁纸的任何部位滑动，以图像液化流动的效果解锁。小米科技在征集中提出了这样的口号：“小米支持千变万化的锁屏样式，你不用担心自己的想法太出格，没什么能够限制住你的想象力。”（图7-3）

2. 图标

图标包括界面常用系统图标、文件夹图标和第三方图标样式模板（使用遮罩或底部模板）。（图7-4）

以小米V5系统为例：

（1）28个小米MIUI常用系统图标包括：拨号、联系人、浏览器、短信、相机、图库、音乐、主题风格、设置、应用商店、时钟、录音机、收音机、手电筒、计算器、语音助手、指南针、日历、便签、天气、电子邮件、游戏中心、文件管理、备份、下载管理、系统更新、密码保护、安全中心。

（2）2个通用图标：文件夹图标和第三方图标样式模板。

（3）尺寸：136px（宽高）；格式：PNG。各品牌的手机和系统有不同的图标规格。

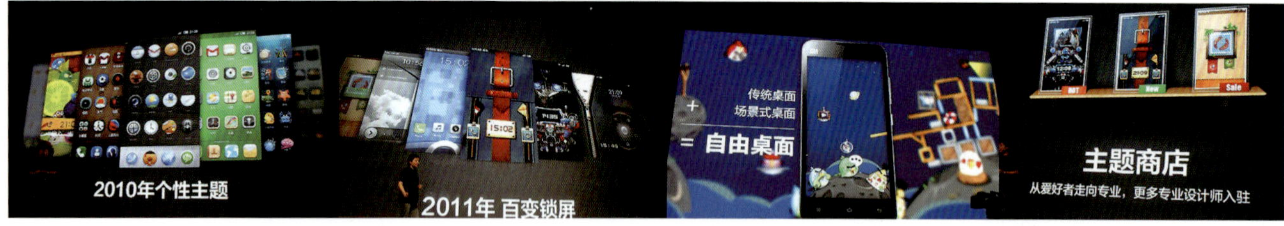

图7-1 小米手机主题

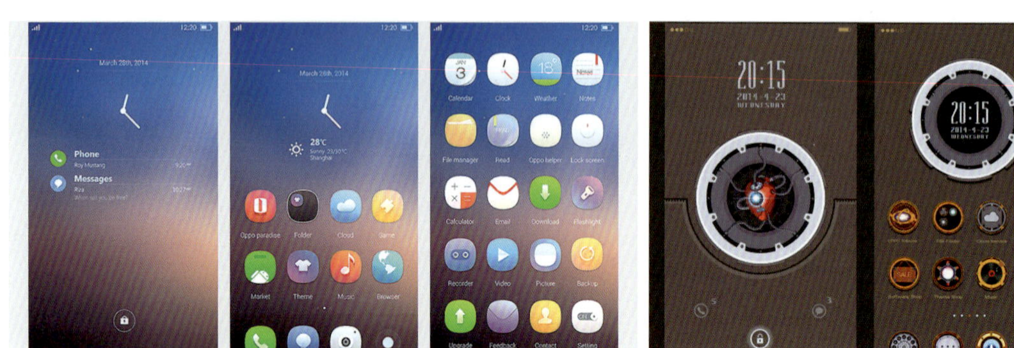

图7-2 OPPO手机主题设计大赛获奖作品

图7-3 标准和主题化的锁屏界面

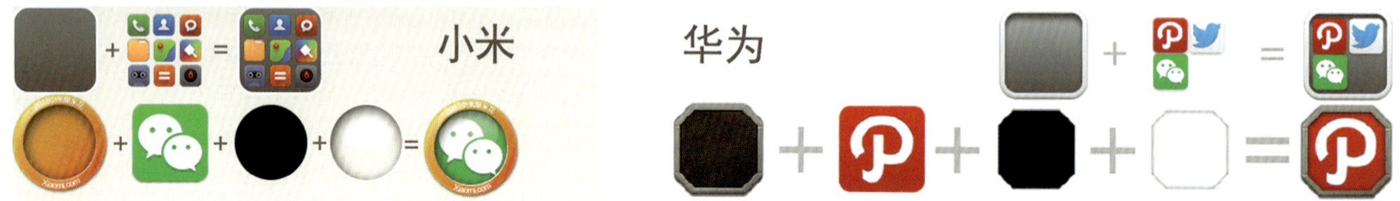

图7-4 通用图标

3. 桌面 Widget

手机主题设计中桌面Widget主要包括天气Widget、音乐Widget与时钟Widget。不同品牌的手机和系统Widget中所体现的元素、呈现方式、视觉风格也各不相同。（图7-5）

4. 系统界面

系统界面包括数十个系统自带的不同功能及状态的界面，通常在征集中会指定几个功能界面设计其多种状态的表现。

系统界面设计中还包括桌面壁纸，它有静态和动态两种类型，通常宽度大于屏幕宽度。在主界面横向切换时，由于前景图标和壁纸的运动速率不同，能够产生纵深的空间感。手机界面的主题化设计中，既要考虑到锁屏壁纸和桌面壁纸的一致性，同时也要进行延伸性的设计。比如运用电影中的不同景别，从锁屏的特写到桌面的全景，既有细节表现又有空间感，也可以营造同一故事背景下的不同情景。

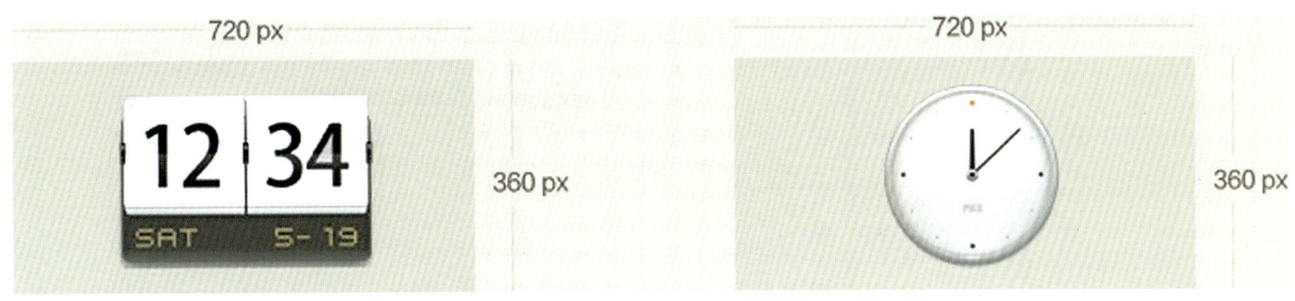

图7-5 小米Widget

7.1.2 手机主题的设计原则

1. 主题创意

主题的挖掘、提炼和设定最好能够植根于传统经典、主流或时尚文化，如以影视文学作品或地域、民族中典型的视觉元素来表现界面主题和世界观，这样更能够引起目标用户的共鸣，当然也可以进行天马行空的想象和表现。除了巧妙的主题创意外，独特鲜明的风格、强烈的视觉效果，也是吸引目标用户的关键要素。如图7-6，右图是华为手机主题大赛的获奖作品《时光倒溯》，设计师将记忆中的老物件以水彩画形式进行具象的表现，有着很好的识别度，风格一致，怀旧的主题能得到一代人的认同。

2. 风格一致

视觉风格的统一和交互方式的一致对主题化UI设计非常重要。特别要强调图标设计风格的整体和统一，并兼顾识别性。同一个主题中采用多种视觉语言来表现，会造成杂乱无章的视觉效果，无法形成统一的风格，并造成用户认知的障碍。

3. 交互功能优先

主题设计的目标始终是要承载交互功能并为用户所使用，要准确无误地传递主题化设计之下的界面功能信息，要符合交互逻辑，符合常用的手势和使用习惯。主题和风格化的表现不能够凌驾于功能和信息之上，如果本末倒置，必然会被用户抛弃。

4. 清晰、简洁、有序

主题界面要结构清晰、简洁并具有秩序感。不使用模糊状态的轮廓和文字，清晰的轮廓和文字更能塑造精致和有品质的界面，并有利于用户认知和交互。要主动割舍掉界面和图标中冗余的视觉元素，不要因为保留精心绘制的冗余界面元素而造成整体功能的障碍。强调整体设计的秩序感，能够使某些复杂的视觉表现呈现出理性和逻辑性。

5. 通用的规范

进行主题设计时，要遵守通用的设计规范，尊重用户的认知习惯和惯常的逻辑关系，比如播放界面，控制播放、暂停、快进、快退等按键的分布有一定的规律，使用习惯和设计标准、接听电话和拒接电话的图形符号及使用的绿色和红色标志已经深入人心，不要轻易地改变类似这样的通用性的设计规范。

6. 情感共鸣

无论是简洁之美还是华丽奢侈之美，无论是怀旧的情绪还是科幻的遐想，界面主题要给用户传递视觉的美感和内心的触动，才能实现主题化设计的目的和意义。

7.1.3 手机主题的设计流程（以学生作业为案例）

1. 准备阶段

（1）了解主题设计的手机显示设备参数及其搭载系统的相关设计标准。至少要准备一台显示设备分辨率和加载系统相同的移动设备。

（2）收集和分析该手机及系统平台以往的界面主题设计。

（3）设定本套主题的大致方向和目标用户群，并进行用户研究。

2. 主题及风格的确定

根据用户研究和主题方向，收集相关背景资料及视觉素材。确定所表现主题的世界观并挖掘其包含的视觉元素，设定界面主题的色彩和表现形式。

这一阶段要提交总体设计方案PPT，如图7-7，向诗瑶同学将总体风格设定为“蒸汽朋克”。

蒸汽朋克是一种流行于20世纪80年代至90年代初的科幻题材，用于表现那些工业革命的早期科技，以维多利亚时代为背景，虚拟出一个超现实的蒸汽力量至上的时代。其作品往往依靠某种假设的新技术，如通过新能源、新机械、新材料、新交通工具等方式，展现一个平行于19世纪西方世界的架空世界观，努力营造它的虚构和怀旧等特点。

蒸汽朋克作品诠释了“拼凑出的美学”，未来与过去、现实和想象、魔幻和科学的元素相互交融。简单地说，蒸汽朋克的世界观是落后与先进共存、魔法与科学共存，精神上追求的是乌托邦的理想。

3. 草图

根据风格的定义，进行草图的设计和推敲，重点是锁屏界面和主界面图标Widget的视觉元素构成和风格的表现。如图7-8，展示了设计过程中的视觉风暴法，将各种与要表达概念相关的图像进行视觉元素的提取，并根据理解绘制多个造型的草图，再进行逐步优化。

4. 表现

按照手机和系统的标准尺寸和规格进行界面元素的数字成品设计和视觉表现，便捷的方法是：使用该手机的标准界面截图，并将其导入设计软件中，以提供直观的尺寸参

图7-6 华为手机主题设计大赛获奖作品

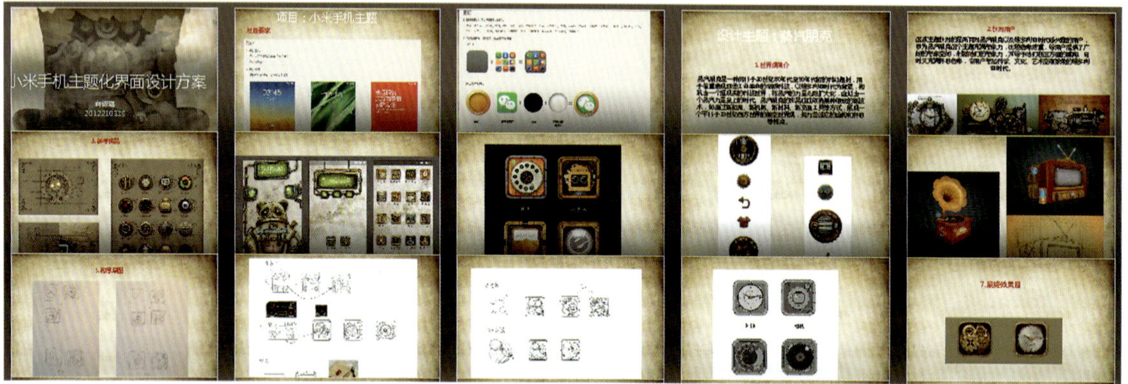

图7-7 设计方案PPT（向诗瑶）

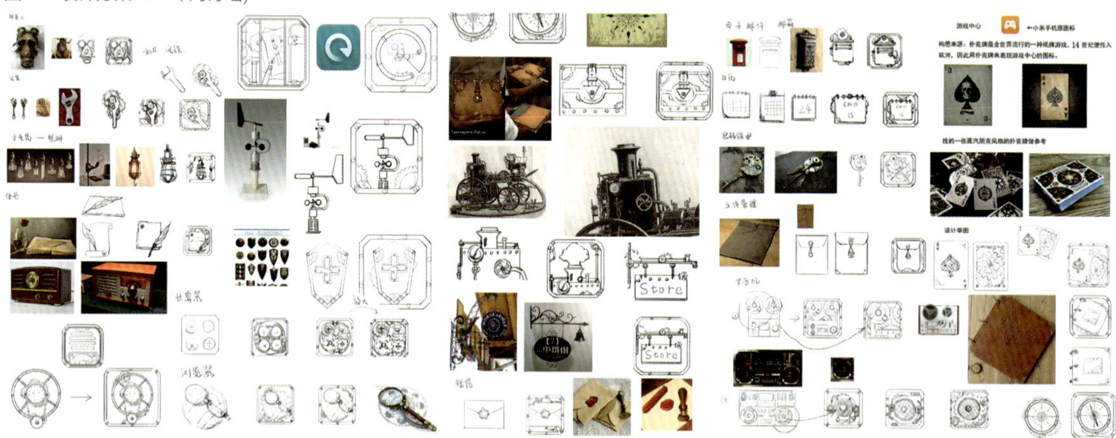
图7-8 设计草图（向诗瑶）

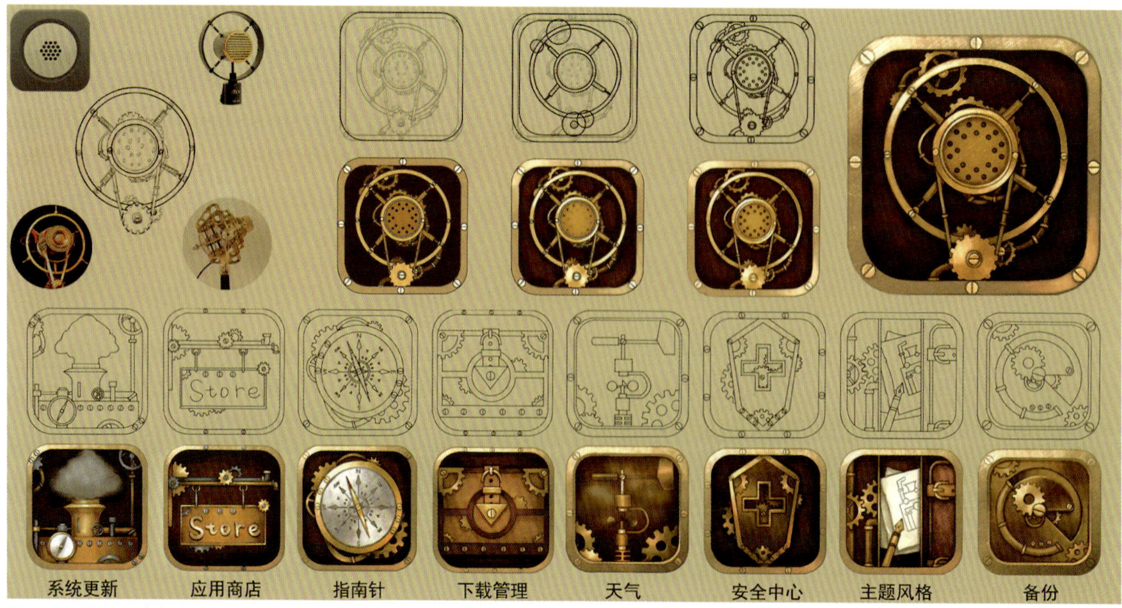

图7-9 设计表现（向诗瑶）

照。使用2D、3D的图形图像软件或使用CG手绘、手办模型等方式制作，将草图的创意实现，并逐步深入完善设计方案，如图7-9。具体制作步骤见5.1图标设计。

收音机图标绘制过程解析，如图7-10。

第一步：选择一些老式的收音机图片作为草图的参考，契合蒸汽朋克主题的造型。

第二步：草图绘制时，选取老式收音机中比较有特色的部分，即扩音器和调节频道的按钮部分作为图标的主要内容，融入蒸汽朋克的一些元素，如齿轮、金属细管、螺丝钉等。

第三步：进行图标精细线稿的绘制。将比例和形态准确的铅笔线稿导入Photoshop中，并将其透明度降低；新建图层，运用Photoshop中的钢笔工具、形状工具、画笔工具绘制图标线稿。

第四步：逐步上色，深入刻画，添加细节。

一是运用画笔工具结合选区给图标的线稿铺上大的固有色调，中间扩音器的部分留白，之后用贴图进行填充。

二是设置光源，给图标加上明暗的变化，表现出体积感。

三是使用铁网材质的图片作为扩音器内部的贴图，去色后使用正片叠底图层属性为其叠加一个固有色，并使用图层蒙版隐藏不需要的部分。

④使用金属划痕的材质为金属面板叠加贴图，调整细节，完成制作。

5. 测试

将按照截图尺寸设计的图片文件导入手机，在手机的图片库中全屏浏览，就可以基于手机的显示来检验界面元素的显示效果（PC的显示和手机屏幕显示是大不相同的）。完成了视觉效果的测试与迭代设计，最终完成界面主题后，可生成可安装的界面主题程序，并安装到手机上进行应用测试，着重于交互和功能的测试。（图7-11）

7.1.4 作业与练习

手机UI主题化设计，强调整体性和主题性，风格自定义。2D或3D软件制作、CG手绘、手工制作均可，要求尽量呈现设计草图、制作步骤、展示图层或3D模型。

学生作业点评——手机UI主题化设计作业1

图7-12为两套完全以手工制作布偶完成的主题。上图作品名为《两小无猜》，以“梁祝”为主题的创作背景。优点：使用了完全拟人化的手法，从概念到草图绘制及手工制作，再到后期的拍摄合成需要付出较大的努力和耐心；整套主题设计完整、识别度良好。不足：拍摄效果没能将布偶的细节完全表现出来，后期效果还有待提升。

学生作业点评——手机UI主题化设计作业2

图7-13是中国风元素的界面主题。优点：表现诗意、清新、淡雅和古朴的意境，一些概念元素的选择十分巧妙，如用萤火虫来表现照明图标，色彩调和、制作细致完整。不足：锁屏界面图形稍显突兀，可考虑降低明度的对比；个别图标识别性不高。

学生作业点评——手机UI主题化设计作业3

图7-14为怀旧感的界面主题。优点：光效、质感等细节刻画深入细致，整体色调和谐，识别性较好，完整度高。不足：个别图标原创度不高。

图7-10 收音机图标制作步骤（向诗瑶）

图7-11 完成效果测试（向诗瑶）

图7-12 手机UI主题化设计作业1（上图喻娇、下图李晓杰）

图7-13 手机UI主题化设计作业2（陈思竹）

图7-14 手机UI主题化设计作业3（屈静雯）

7.2 手机游戏UI设计（案例及作业）

7.2.1 手机游戏的特点

随着移动互联网的崛起和手机软硬件水平的快速提升，手机游戏的市场不断增长，玩家数量已经远远超越现有的任何游戏平台。与传统的PC、掌上游戏机相比，手机游戏有其不可替代的优点和特性。在手机游戏UI设计的过程中，设计师要关注并考虑这些移动平台的特性，进行合理的设计。

1. 便携性

早在街机流行的时代，任天堂的掌机和索尼PSP等游戏机就备受玩家追捧，原因之一就是其具有便携性，玩家可以随时随地沉浸在自己喜欢的游戏中。而现在的手机无论是从便携性、硬件显示和运算速度方面，还是从对游戏的支持、音画质量、交互方式、游戏种类和数量方面，都超越了传统的游戏平台。

2. 参与性

基于移动互联网，玩家能够非常便捷地下载、分享最新的手机游戏，并随时随地地在游戏中与在线的网络游戏玩家适时地进行交流互动，在游戏中能快速地获取和传播文字、语音、图像信息，这是传统游戏平台所不能比拟的。此外，在移动平台的社交网络上经常会有人分享一些具有挑战性的闯关或计时类小游戏，玩家可以展示自己的成绩并允许好友评论。某种意义上，这些参与度高的小游戏已经成为人与人之间交流互动的有趣载体。

3. 开放性

手机游戏不同于传统游戏平台，传统游戏平台由平台运营商开发游戏，而手机游戏如Android和iOS两大系统都拥有不计其数的开发团队。特别是Android系统源代码有其自身的开放性，任何游戏玩家、爱好者都能基于该平台开发并发布自己的游戏。正因为如此，手机游戏显得十分的多元化，富有创造力和活力。（图7-15）

4. 多样性

手机游戏除了娱乐类型之外，还包括众多的自我修养和价值提升以及社交、理财等游戏类型，比如玩家通过教育类型的游戏提升某项知识和专业技能、通过社交类型的游戏参与线上线下的活动等。

5. 创新性

基于移动互联网络和大数据，手机游戏无论是交互方式还是游戏概念，都在不断创新并突破传统平台的游戏模式。如图7-16，Google基于位置和增强现实感开发的游戏Ingress，将游戏和现实生活的场景结合了起来，正带给玩家前所未有的娱乐探索体验。

6. 碎片时间的再利用

前面章节讲到过移动平台的“碎片化”特点，用户在乘车、等待、休憩等零散的时间里，可以通过一些小的手机游戏来打发无聊的时间，安抚情绪。

7. 用户群体巨大

手机游戏拥有巨大数量的用户及潜在用户群，除了资深游戏玩家以外，只要有手机的用户都能够参与，它涵盖了不同的年龄层次，如儿童喜欢的语言类和简单交互类的游戏，老年人喜欢的棋牌类游戏等。手机游戏的用户群和市场潜力巨大。

7.2.2 手机游戏UI设计原则

1. 沉浸感

实践证明，移动平台的小尺寸显示设备同样能保持游戏的沉浸感。在进行界面设计的时候，要注意维持玩家的沉浸感，这是手机游戏UI设计最主要的原则，其他的原则都围绕沉浸感而展开。

图7-15 App Store里的部分免费游戏

图7-16 Google基于位置和增强现实感开发的游戏Ingress

2. 一致性

界面视觉元素风格一致，光源、材质一致。制定“UI视觉规范文档”来定义和规范设计。

3. 降低界面的视觉冲击力

这点和前面讲到的网站界面、主题化界面不同，要降低界面的视觉冲击力，甚至让玩家感觉不到界面的存在。比如让界面视觉元素融入游戏的世界观和界面场景中，甚至增强界面的装饰性和美感，但不宜过度装饰。控制界面颜色的数量，界面色相、纯度、明度、质感关系不要与场景对比过于强烈，不使用突兀或者标准系统界面的视觉元素等。

4. 功能优先

（1）游戏功能的实现会决定UI的布局、设计形式、形状和颜色，UI设计师要将视觉美感融入功能优先的UI中，保证UI的可用性。

（2）简化操作步骤，避免主界面有太多的功能特性，控件的数量、操作的步骤增多会给用户带来更多的困惑。

（3）对功能界面（如装备、背包、设置等）的功能进行组织，将功能模块化，分而治之。

（4）重视颜色的使用，但不要过度使用，过多的颜色也会让界面主题分散、华而不实。此外，要考虑颜色的可读性及界面主体色彩在各种颜色环境下的通用性，因为游戏界面下场景的色彩、色相、明度是不断变化的。

（5）可读性，保持文字内容清晰，这包含了两层含意：文字表述的概念清晰、简短；文字的显示状态清晰。

（6）提供声音的反馈，在游戏界面设计中有针对性地对控件进行声音反馈设定，给玩家更好的基础体验，但要避免过度使用和单独使用。

5. 合理地运用视觉等级

游戏界面中有很多信息，每个时间段用户所关注的信息的重点可能是不同的。设计时需要考虑这些阶段，尽量避免视觉噪声和杂乱，引导用户将注意力集中在重要的地方。在一致性原则下，让每一个按钮、图标、框体、颜色、字体、位置都为理解界面提供有效的帮助。清晰的层级关系可以帮助用户理解游戏的内容、降低陌生感。

6. 遵从习惯

遵从玩家的操控习惯，不要轻易改变某种类型的游戏共通的界面布局和视觉元素的表现形式，如图7-17。

7. 视觉完美

手机游戏UI的设计要整体化并具有秩序感，布局要平衡，不能过于集中或过于空旷，在视觉效果上要便于理解和使用。注重可视性，给玩家最大的操作空间、提供正确的操作线索，并设置帮助和引导。视觉上的完美不是片面追求华丽的效果，应该通过动态的观点来设计手机游戏界面。

7.2.3 手机游戏 UI 设计流程

这部分并不是游戏界面开发的标准流程，而是针对教学开展而设置的手机游戏UI作业设计的流程，当然这样的流程也适合学生进行独立的游戏开发。

1. 确定游戏类型及需求

如前文所讲，今天手机的硬件水平已经强大到足以支持大多数类型的手机游戏，但现在并没有一种统一、简单有效并能分辨出游戏之间的区别的方法。现在，人们习惯上将游戏分为动作、冒险、模拟、角色扮演、休闲等类型，它们各有几十种分支，形成了庞大的“游戏类型树”。

确定游戏类型的有效的方式是通过游戏的玩法、内容来共同定义，然后再逐步细化。如横版动作类游戏下面又可分为横版跑酷、格斗、射击、角色扮演、竞速等游戏类型，横版竞速下又可细分为飞行、越野等，对其进行分类的同时不妨多借鉴与参考同类型游戏产品，甚至可以将不同类型游戏的玩法融合到同一款游戏中。

游戏类型的确定有以下三点作用。

（1）决定游戏技术上的特征和局限性。

（2）划分玩家群体，锁定特定的玩家群体和需求。

（3）为使同类型的玩家更容易上手并掌握新的游戏，必须了解此类游戏界面设计的普遍规律和原则。

需求的定义是使用目标导向的设计方法，对玩家、游戏环境、游戏方式的需求进行分析，即什么人（玩家的年龄、性别、教育程度、收入、生活形态、审美取向、色彩喜好等），在什么地点（家中、办公室、公共场所等），如何游戏（点击、手势、移动等），以此来确定所要设计的游戏类型及需求。

2. 设定游戏世界观

游戏UI承载的不仅仅是单纯的内容（界面框体、图标、游戏地图、背包、任务），它还需要传递游戏的基因、世界观。判定一款游戏UI的优劣首先要看界面视觉元素与游戏世界观是否契合。

世界观在游戏中是普遍存在的。没有不存在世界观的游戏，只有和游戏世界观不匹配的元素。在一个游戏中，所有元素都应该是世界观的组成部分。在游戏设计之初，设计师都会为游戏搭建一些规则、添加一些元素。比如游戏时代的设定，是古代、近代还是现代；游戏画面风格的确定，是写实、唯美还是哥特式；游戏中的背景资料的设定，包括游戏世界的政治、经济、文化、宗教，还有人物造型设计甚至

图7-17

是游戏中的色彩、音乐等，这一切都构成了游戏世界观的要素。（这里仅做简略介绍，详细内容请参考游戏设计专业的相关教材）

构成一个完整的世界观的要素包括以下几个方面

（1）世界的规则，这是支撑整个世界观的骨架

就拿2014年最令人惊喜的手机游戏《纪念碑谷》来说，它借用了埃舍尔的矛盾空间元素，使用无灭点的透视将三维的空间二维化，只要看上去能连起来的路就能行走，尽管这条路不可能存在于三维世界（利用视觉欺骗形成三维不可实现的构造）。《纪念碑谷》和曾经的PSP游戏《无限回廊》的世界观类似，都是利用视角的转换来构造三维世界不可能存在的通道进行游戏。

（2）世界背景

世界背景包括世界元素和背景故事。世界元素的设定，就是对创造的世界自然与人文的设定。自然即客观的存在，包括天文、地理、生物等世界的物质层面的构成；人文即文化性的存在，比如民俗、语言、建筑、服饰，甚至性格、行为动作，等等。这些元素既是世界的直观表现，也是世界背景最大的作用。如人们经常说到某游戏的世界观是西方魔幻或是东方玄幻，这就是通过游戏中元素的视觉设计对其世界观做出的判断。

（3）世界意识

世界意识是指这个世界的思想状态，如《英雄无敌》游戏中庞大的世界，每一个地域、城邦和族群都有它独立的思维方式、崇尚的人生观和价值观。这可以让一个角色、一个族群更生动、更有存在感。

3. 定义游戏及其界面美术风格

游戏及其界面的美术风格由玩家的特征、游戏类型和游戏世界观共同决定。游戏界面的风格通常由UI设计师按照世界观所做的原画设定来进行创作。UI设计师要按照已有的原画风格去设计界面。不同类型的游戏玩家、游戏类型和世界观造成了多变的游戏美术风格，这就要求UI设计师要有扎实的造型设计能力和应变能力。

游戏类型决定了手机游戏的交互方式，如点击、手势、语音、重力等。不同类型的游戏由于交互方式的不同，界面的布局和功能特征也不同。游戏世界观则决定了游戏及其界面视觉表现的文化、审美和情感特征。

因此，在确定了游戏类型之后，UI设计师要研究所设计的游戏类型及其界面的功能和特点，确定界面的布局，并通过对游戏的世界观的理解，根据游戏原画挖掘其典型的视觉符号元素。在此基础上，确定游戏界面的风格，有针对性地展开设计。

4. 确定规格参数

确定游戏的开发程序或引擎，以及游戏发布的手机系统平台，确定其相关的尺寸及参数，收集并分析同类游戏的UI设计。

5. 游戏界面概念设计及草图绘制

根据风格的定义和功能布局，进行界面草图的设计和推敲。用类似概念绘画的设计手法，绘制出界面的基本雏形结构、造型特点等，再进一步确认界面的基本表现元素和质感特点。除了视觉表现以外，还要考虑界面视觉元素的交互性和功能，以及界面之间的交互流程。

6.UI 线框原型绘制

将确定的界面草图转化为UI线框原型，也可简单表现视觉元素的体积感及相互之间主要的空间层次关系。

7. 视觉表现

将线框原型上色并加入材质细节等，使其产品化，实现最初的设计目标及创意，并逐步深入完善设计方案。

上色时要保证界面主体色彩在各种颜色环境下的通用性，可以尽量多收集原画或参考的同类型游戏中的各种色调的游戏场景截图。在此基础上来制作出能适合大多数场景表现需求的界面色调。

为了界面效果表现的完整性，可以根据世界观及游戏风格的定义，基于游戏原画及概念设定，模拟并绘制几幅游戏运行的画面，包括场景、角色和特效等。

除了平面视觉和Demo表现力的设计以外，游戏UI设计师还要在产品的交互体验、动态视觉表现上有更多的发挥。

8. 建立界面视觉规范文档

关于界面视觉规范，见6.1.7。

9. 测试

将图片文件导入手机，在手机的图片库中全屏浏览，就可以基于手机的显示来检验界面元素的显示效果，着重测试界面色彩的整体效果、造型中的细节、文字的清晰度，以及界面与场景之间的空间关系。

7.2.4 手机游戏 UI 设计案例（学生作品）

这里选择四川美术学院互动媒体专业2010级学生的毕业作品为案例进行讲解。

手机游戏UI设计案例：《王者帝国》（由潘历恺同学提供设计作品素材）

1. 游戏类型及世界观设定

游戏名称：《王者帝国》（*King's Empire*）

游戏平台：iOS平台手机游戏

游戏类型：模拟经营和策略类游戏

出品公司：成都尼毕鲁

游戏世界观：以欧洲中世纪战争为蓝本，结合魔幻元素。

游戏故事背景：从联盟战胜罪民至今已经过去了整整100年。人类统治下的艾瑞斯大陆变得空前强大，但是人性的贪婪使得原来强大的联盟土崩瓦解。无休止的战乱让大陆的人口锐减。此时，远方又传来罪民入侵的消息。而作为一方霸主，玩家必须带领臣民重振帝国昔日的辉煌。

2. 游戏 UI 风格定义及视觉元素借鉴

《王者帝国》是一款以中世纪战争为背景的模拟经营类游戏，游戏的整体画面偏向于华丽精致，体现出一种富丽堂皇的欧式皇家贵族气质，UI设计正是立足于此，其中视觉元素大量借鉴了中世纪巴洛克风格的典型代表——圣保罗大教堂的建筑特征。

圣保罗大教堂作为巴洛克风格建筑代表，兼具着巴洛

克艺术的种种特征。不仅装饰华丽，强调力度的变化和动感，更突出夸张、浪漫、激情的特点，打破均衡平面，强调层次和深度。追求结构复杂多变，并广泛采用了曲线、弧线的设计。这些都为游戏界面的设计提供了参考。（图7-18）

（1）圆形拱顶的设计

作为世界第二大圆顶教堂，圣保罗大教堂以其重叠华丽的穹顶闻名于世界，巨大的空间内近百根耸立的圆形石柱宏伟地支撑起许多半圆形的拱门，让观者情不自禁地产生一种敬畏感，这样的椭圆形空间给人带来一种神秘的空间感，使整体氛围肃穆而庄严。这种表现形式被设计师借鉴并应用于界面框体的设计中，用以塑造庄严和敬畏之感。

（2）富丽堂皇的金色装饰

教堂中的圆形大石柱由光滑细腻的大理石构成，再加上精心雕刻的巴洛克式花纹与华贵的金色柱头装饰，两种不同材质的相互搭配使整体华贵而精致，渲染了大气磅礴的氛围。UI设计中的色彩和质感表现正是借鉴于此。

（3）大型镶嵌画

教堂顶部是梵蒂冈镶嵌艺术大师们集体创作的大型镶嵌画，在太阳的直射下闪闪发光，显得壮丽豪华，浅蓝色的基调与周围雪白的大理石相互映衬，具有超凡脱俗的味道。这为游戏UI的动态光效设计提供了灵感。

3. 游戏 UI 视觉表现

（1）UI的造型与材质

图7-19的界面造型借鉴了圣保罗大教堂的拱顶设计元素，以一个对称式拱形结构作为主体，再加上装饰性的弧形边框贯穿整套界面。这样的设计不仅提升了画面的稳定性，同时也增加了画面的庄重感，更契合游戏以中世纪战争为题材的故事主题。

为了不失游戏整体的趣味性，并丰富游戏UI的视觉效果，设计师在UI中加入了盾牌、武器、旗帜等框体和图标背板的装饰性元素，这些元素同样也是以对称的形式出现，使整体构图更为饱满，具有一种平衡的美感。

界面框体的材质借鉴了教堂内金属边框镶嵌石材的装饰形式，在细腻平滑的大理石上搭配金属边框，在材质上形成了强烈的对比，提升了界面的华丽感。（图7-20）

（2）UI的色彩设计

界面色彩选择了突出华丽感的配色，表现华贵的黄色系渐变、高纯度的红色、沉稳的深蓝色构成了各个UI的整体色彩基调。UI中的黄色系在表现贵重的金属质感时，明度过低容易变成黄铜色，会缺少华贵感；明度过高则会显得俗气。带有橙红色渐变的中黄色调，则能达到一个较为适当的表现效果。另外，有许多羊皮纸卷质感的功能界面，也是利用黄色系来表现历史的厚重感。（图7-21）

（3）UI中的按钮和图标设计

按钮和图标是游戏的重要交互元素。按钮的设计也要符合游戏的世界观，风格要融入游戏画面，但同时也要有醒目的、易于识别的色彩。一个精致的按钮在整体界面的设计中可以为游戏增色不少，不但可以增强游戏氛围、提升游戏的视觉品质，同时还可以满足功能上的需求。

游戏《王者帝国》界面中的按钮选择了一种用金属边框镶嵌宝石的造型，符合游戏华丽精致的风格，并运用一定的繁简变化，从最简单边框到较为复杂边框的组合模式，营造出界面丰富的层次。

在色相的选择上，绿色象征生命力、活力，所以游戏中的绿色按钮用来表示肯定；黄色按钮用来表示有特殊功能，例如加速、许愿等；红色按钮用来表示关闭、取消等。（图7-22）

图标的设计用写实复古的表现形式，使用了羊皮纸卷、火漆封印、骑士头盔等元素，形式上契合游戏的世界观和风格设定。（图7-23）

4. 启动登录界面设计

一款手机游戏的界面至少由三个部分组成。

（1）启动登录界面（初始），登录界面是引导玩家进入游戏的桥梁。

（2）游戏主界面（进行），游戏主界面是游戏运行的舞台。

图7-18 圣保罗大教堂建筑外观及内部

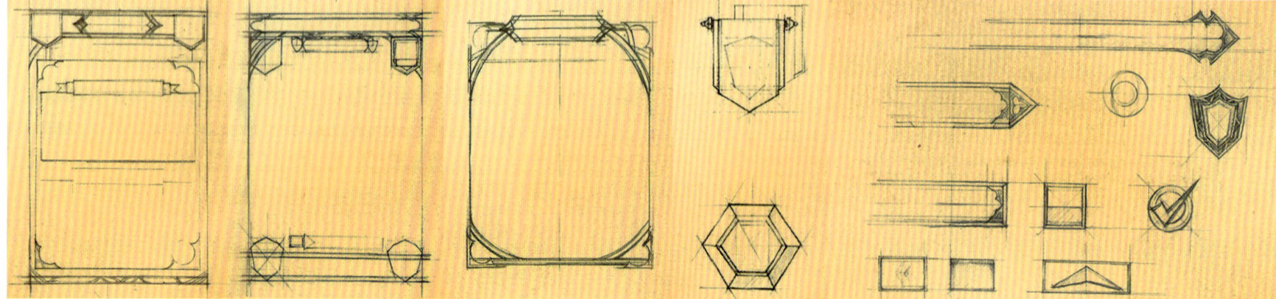

图7-19 界面草图

图7-20《王者帝国》游戏UI——造型与材质

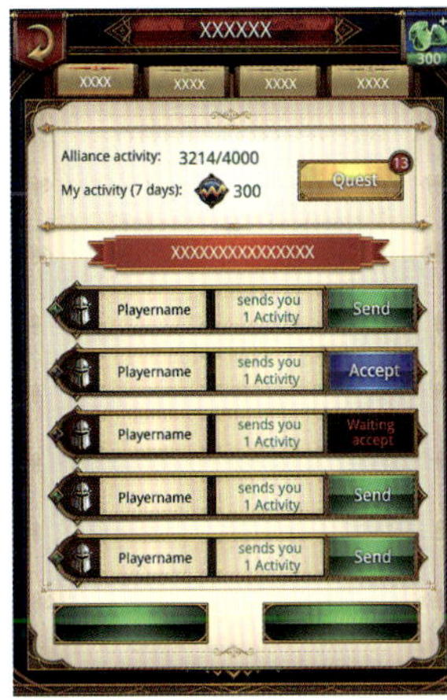

图7-21《王者帝国》游戏UI——色彩设计

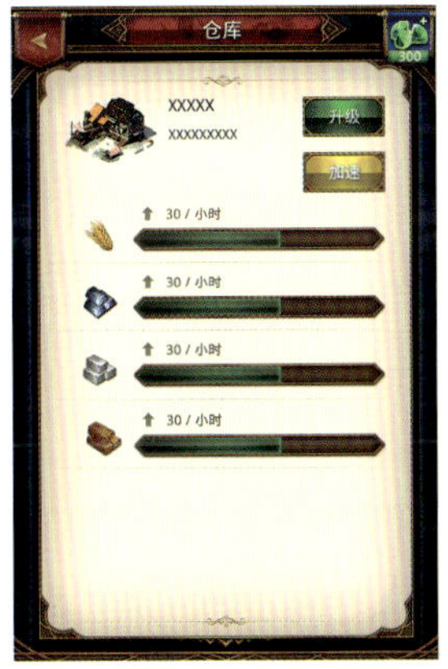

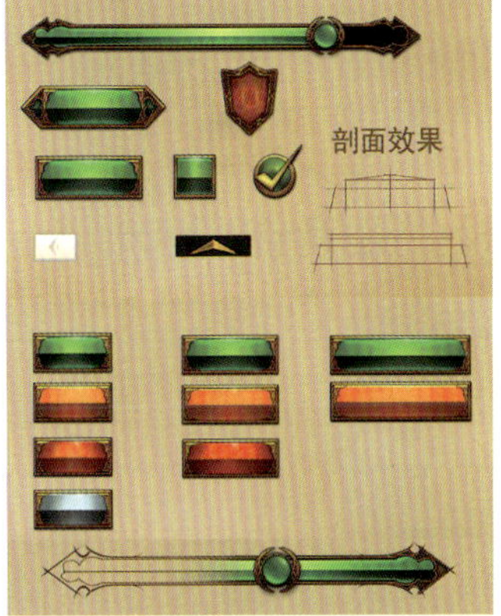

图7-22《王者帝国》游戏UI——按钮设计

图7-23《王者帝国》游戏UI——图标设计

（3）辅助界面（设置），包括窗体、菜单、装备、道具等，是游戏可玩性的重要组成部分。

从玩家第一次启动游戏到登录界面，再到游戏界面，短短数分钟内很难让其对游戏本身的优劣做出评定，但足以给玩家留下第一印象。这个第一印象很大程度上会影响玩家对游戏的评定。如图7-24，左图表现了启动客户端后，玩家等待切换到登录界面的短暂时间内可能出现的几种不同感受。在此过程中，启动的延时是必然且合理的，如果启动时间较长，则必须要明确显示进度。延时状态下玩家可能看到的画面有以下几种。

一是与游戏无关的广告。广告超过15秒就会让玩家产生焦躁情绪，超过1分钟则可能使玩家对游戏失去兴趣。

二是静态的游戏插画展示，长时间不变的画面同样会使玩家滋生厌烦的情绪。

三是游戏插画的幻灯片或动态画面展示，包括随机地对与游戏相关的场景、角色进行展示和介绍，能够帮助玩家了解游戏的世界观和美术风格。

四是与游戏相关的信息及技巧提示，能够给玩家提供有价值的信息和帮助。

图7-24，右图表现了玩家从登录界面进入游戏主界面的不同体验。登录界面中会涉及玩家的账号信息输入、服务器的选择等功能。在登录界面的体验中，玩家看重的是如何能够方便快速地进入游戏，这是影响玩家评定登录界面优劣的标准。

登录界面要承载识别玩家身份信息的功能。但在很多登录界面上，玩家做了过多不必要的操作。通常有以下几种情况。

一是输入身份（账号、ID或者用户名，如果没有，需要去申请注册）。

二是输入密码（再次确定身份，防止其他用户盗用）。

三是输入验证码（再一次确定用户身份）。

四是选择服务器。

五是选择角色。

在这一过程中，玩家重复验证了3次身份。所以在设计游戏的启动登录界面时，要在兼顾登录界面信息的前提下，使玩家愉悦、方便快捷地进入游戏。简单地说，就是要提供有价值的信息，布局要合理、赏心悦目，操作要简便。

图7-25是《王者帝国》启动登录界面设计，该游戏运行于iOS平台，启动时间较短，因此启动画面使用以静态的角色为主体的游戏插画作为背景。

①启动画面中，下半部分是随机载入的与游戏相关的信息及技巧提示区域，底部为载入的进度显示条。

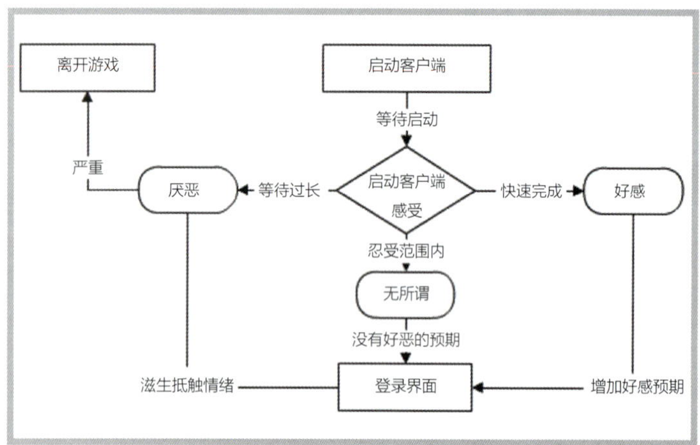

图7-24 启动登录界面的用户体验

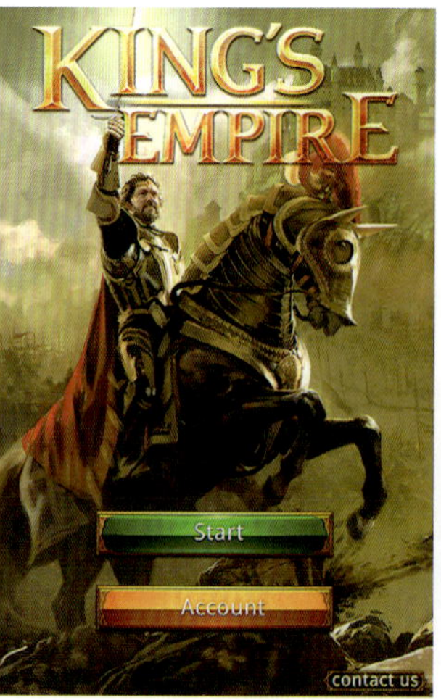

图7-25《王者帝国》启动登录界面设计

②启动载入完成后，游戏界面提供两种登录方式：一种是绿色按钮，此登录界面有多个被记录的注册账号信息（不同的PC可能会有多个玩家，手机游戏由于属于私人移动端，通常会为玩家保存账号和密码；同一玩家常常会注册多个账号以不同的等级体验游戏），在此可以选择账号直接登录游戏或删除账号，同时还可以直接进入注册账号页面。橙色按钮即提示用户注册新的账号，由此进入注册界面，为简化流程注册界面只有用户名、密码和密码确认这些简单的程序。

5. 界面的层级结构（图 7-26）

关于弹出信息及对话框体的设计：当有信息或对话框弹出时，底部界面未被遮挡的部分会降低明度来强调弹出的框体内容，并提示其为当前操作。在视觉表现上，不同功能的框体采用不同的造型，但整体风格趋于一致。（图 7-27）

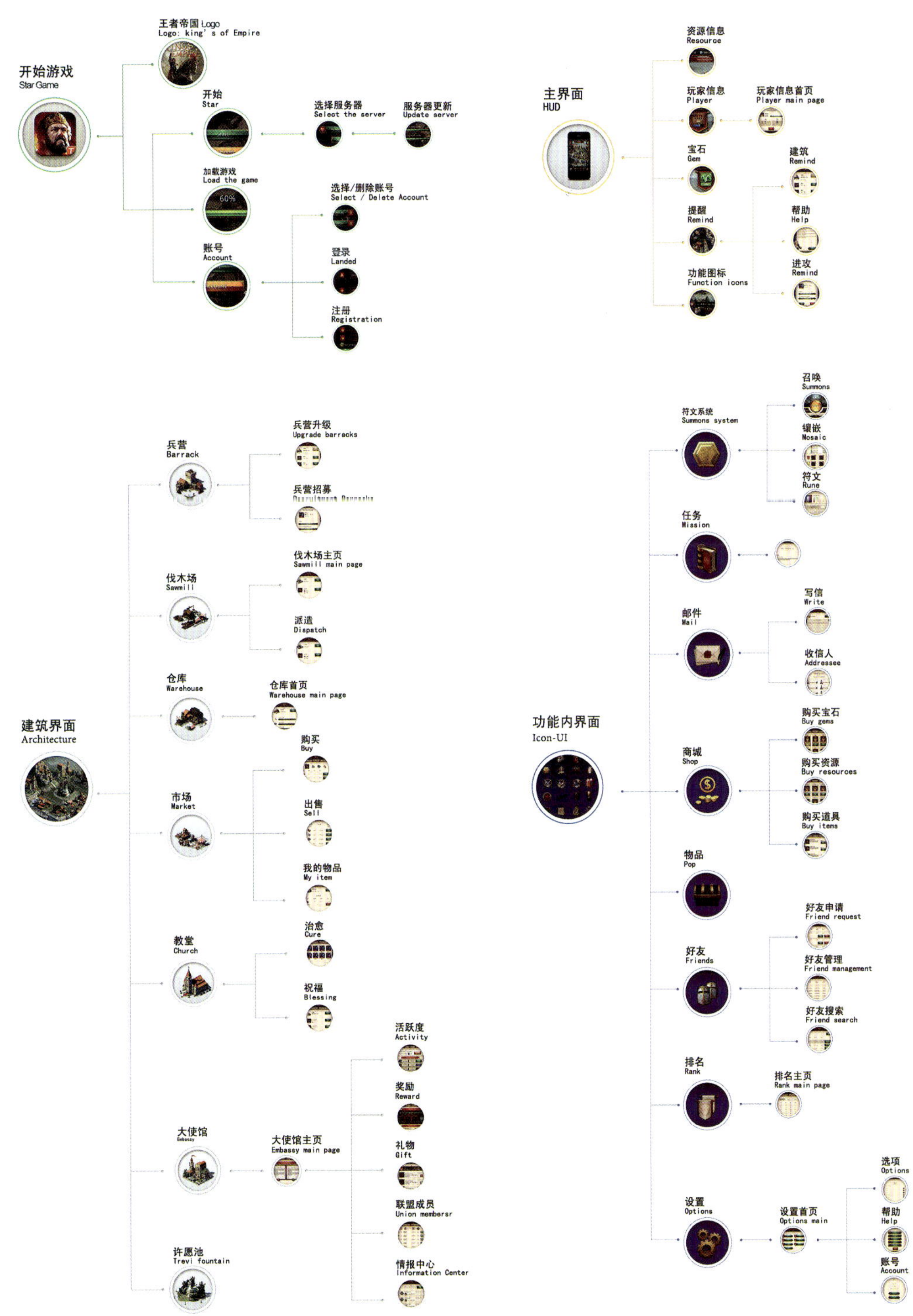

图7-26 界面层级结构

图7-27 弹出信息及对话框体的设计

6.《王者帝国》道具图标制作实例解析（图7-28）

相关内容见 5.1.7。

7.《王者帝国》登录界面制作实例解析

（1）该游戏作为iOS平台上的手机游戏，考虑到向下的兼容性，界面规格选择了分辨率为900dpi×600dpi的iPhone4S手机为设计及显示尺寸模板，准备iPhone4S、iPhone5S手机各一台，以备测试。

（2）在Photoshop中导入草图，用贝塞尔工具绘制线框原型，框体的绘制线条要简洁流畅，节点数量不要过多。

用图层分开界面的不同部分，以利于后期的上色和材质纹理填充。比如，可以分别在两个图层上绘制金属和石材镶嵌的结构，框体所设定的色彩是黄色系到橙红色系的渐变，这两个颜色属于色环上的邻近色。为界面边框添加阴影和细节，要善于使用各种图层样式和叠加效果，此处用到了描边（深色，使边界清晰）、内阴影（用1px的滤色模式来塑造边框厚度，增强体积感）、渐变叠加（与直接为框体上色相比更方便调整）、图案叠加（纹理）、外发光（制造柔光效果）、投影（增强体积感并拉开与背景的空间层次）等，图层样式及叠加效果运用要灵活，重要的是能达到想要的画面效果。（图7-29）

（3）添加框体背景色和纹理，使用半透明的黑色并叠加大理石纹理，以此减弱背景图像的对比度和视觉冲击力，衬托出前景的按钮。

（4）添加界面边框的花边纹样和宝石元素，增加画面的细节。框体花边是以一种浮雕式的手法镶嵌在边框上的（主要是通过图层样式中的内阴影和阴影来实现该效果），这样的处理手法不但不突兀，还能使其更好地融入画面中。（图7-30）

（5）最后根据实际需要添加功能性的输入框与按钮，以及游戏Logo。

7.2.5 作业与练习

手机游戏UI系统化设计强调与游戏世界观的一致性和完整性，自定义游戏类型、游戏世界观、游戏风格。要求展示完整的世界观设定、游戏构架、设计草图、制作步骤，并提交成品文件及源文件。

在此课程中，作业分以下三个阶段。

第一阶段：设定游戏的类型及游戏世界观，可参考类似的游戏并收集相关资料。绘制出游戏的构架和交互流程的草图，如图7-31。提交PPT或序列图片文件。

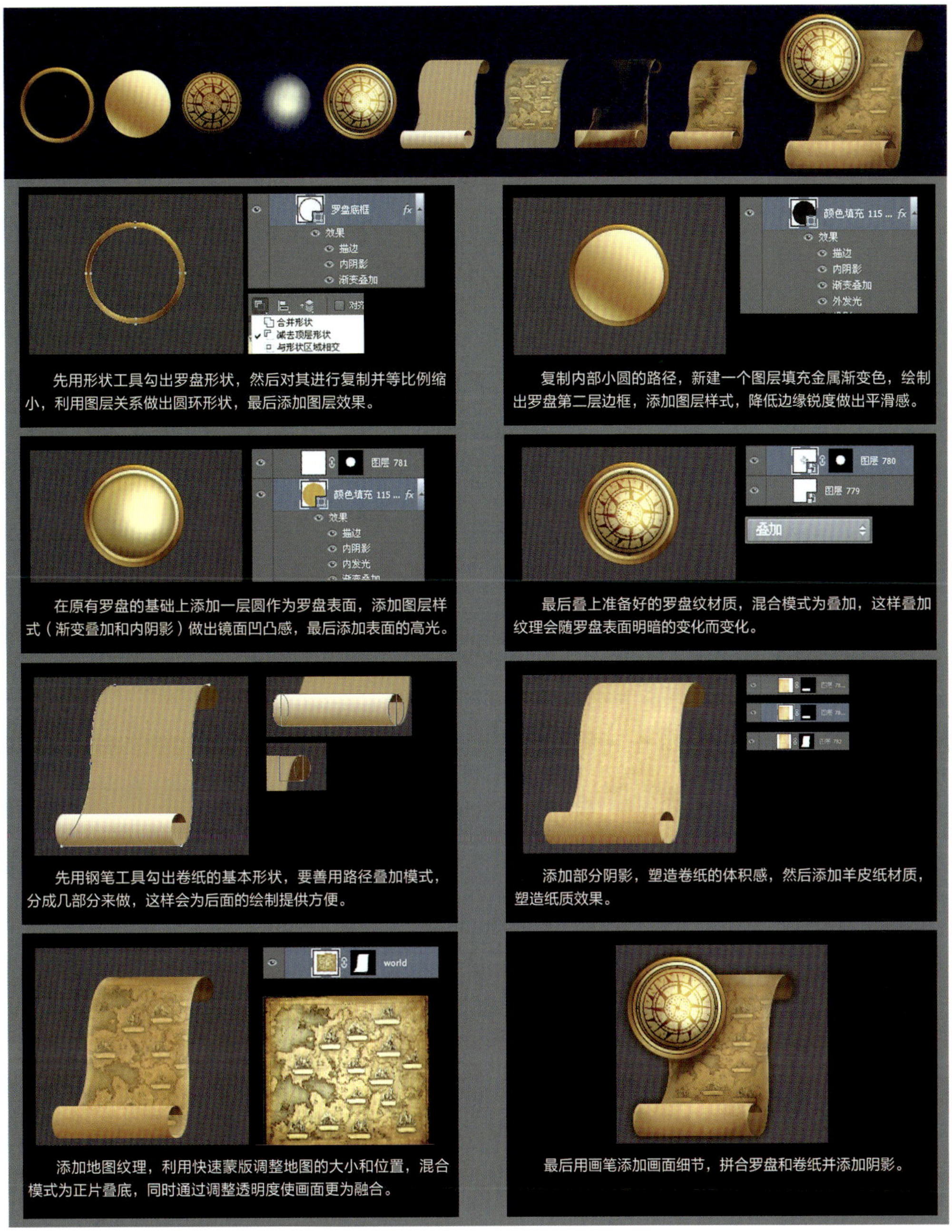

罗盘底框
效果
描边
内阴影
渐变叠加
合并形状
减去顶层形状
与形状区域相交
先用形状工具勾出罗盘形状，然后对其进行复制并等比例缩小，利用图层关系做出圆环形状，最后添加图层效果。
颜色填充 115 ...
效果
描边
内阴影
渐变叠加
外发光
复制内部小圆的路径，新建一个图层填充金属渐变色，绘制出罗盘第二层边框，添加图层样式，降低边缘锐度做出平滑感。
图层 781
颜色填充 115 ...
效果
描边
内阴影
内发光
在原有罗盘的基础上添加一层圆作为罗盘表面，添加图层样式（渐变叠加和内阴影）做出镜面凹凸感，最后添加表面的高光。
图层 780
图层 779
叠加
最后叠上准备好的罗盘纹材质，混合模式为叠加，这样叠加纹理会随罗盘表面明暗的变化而变化。
先用钢笔工具勾出卷纸的基本形状，要善用路径叠加模式，分成几部分来做，这样会为后面的绘制提供方便。
添加部分阴影，塑造卷纸的体积感，然后添加羊皮纸材质，塑造纸质效果。
world
添加地图纹理，利用快速蒙版调整地图的大小和位置，混合模式为正片叠底，同时通过调整透明度使画面更为融合。
最后用画笔添加画面细节，拼合罗盘和卷纸并添加阴影。

图7-28 道具图标制作步骤1

标题框
装饰角 1
装饰角 2
装饰角 3
右侧边
左侧边
底边

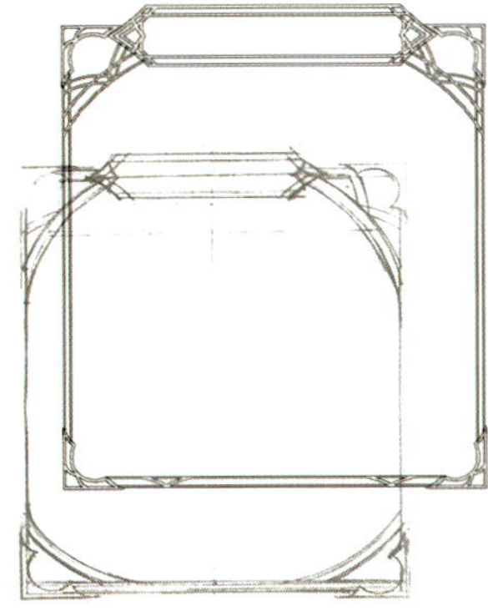

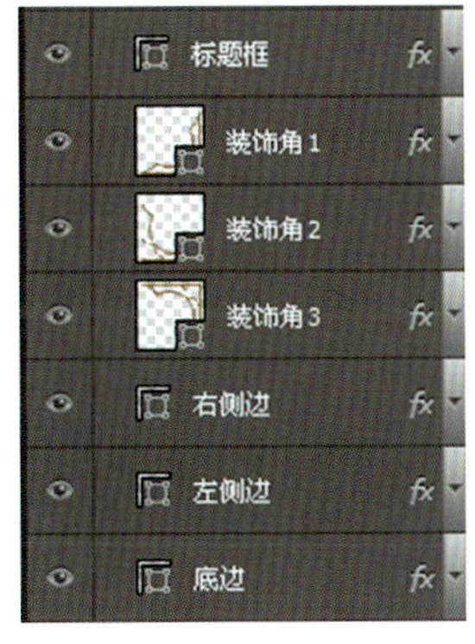

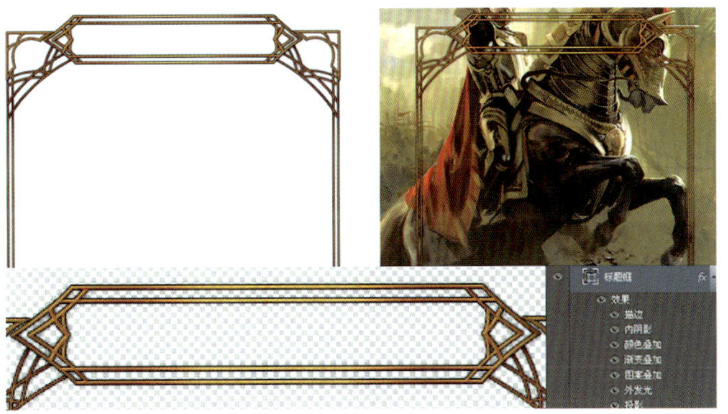

图7-29 登录界面制作步骤1

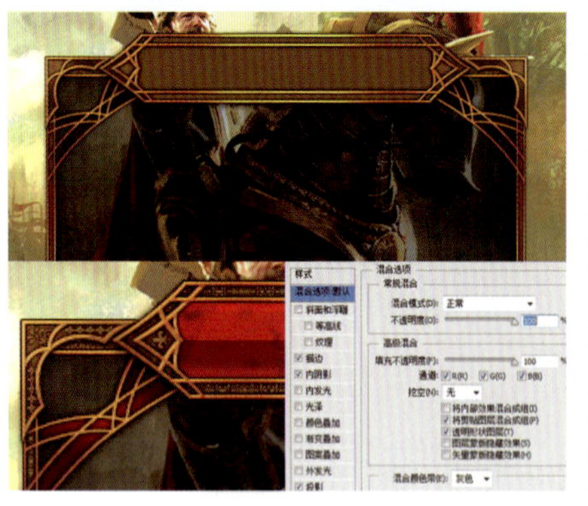

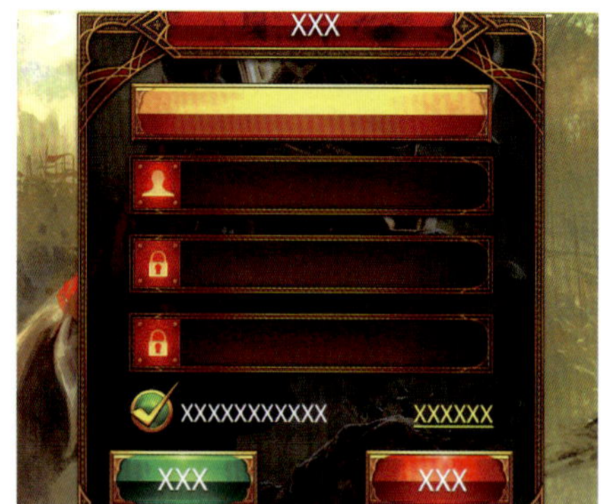

图7-30 登录界面制作步骤2

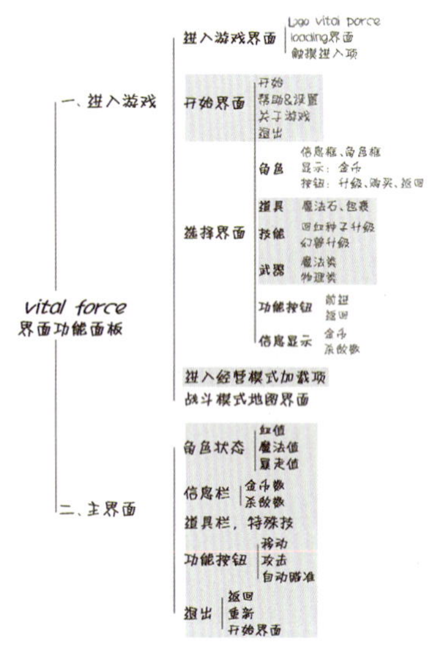

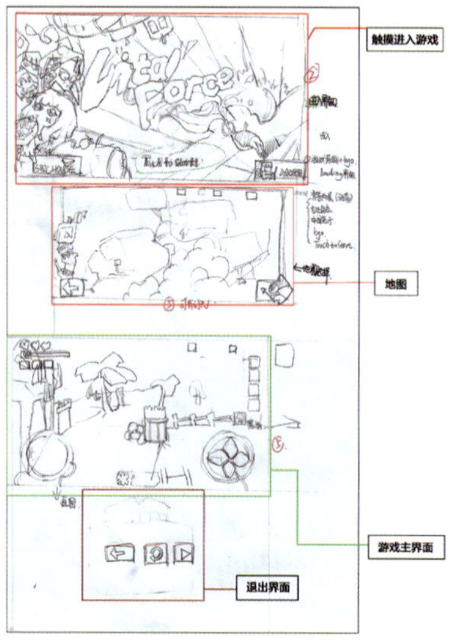

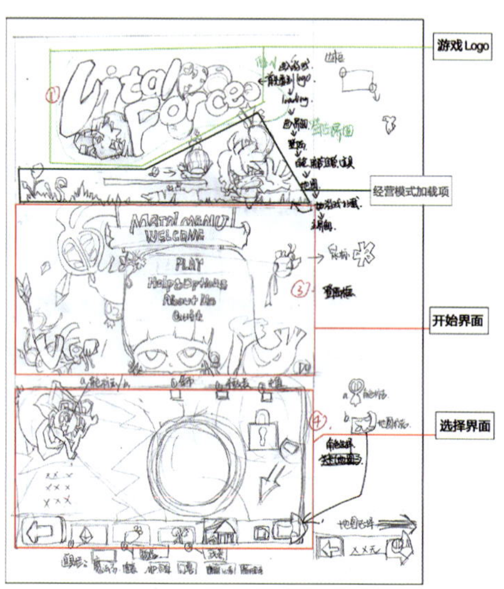

图7-31 手机游戏*vital force*UI构架及交互流程草图（罗敏娜）

第二阶段：设定UI视觉表现风格，收集与之相关的图形图像素材以做参考，绘制UI视觉元素及功能模块的草图及线框原型，并逐步进行细致的表现，如图7-32。此阶段提交的PPT或序列图片文件包括：完整的设计草图及线框原型；各个UI功能模块的视觉表现效果。要求将参考素材造型色彩材质的借鉴标示出来，并呈现设计的过程。

第三阶段：深入设计。这一阶段需要占用较长的时间，包括界面中的所有交互元素、框体、图标等，甚至还包括部分游戏场景、角色和地图的绘制，这是一个逐步细化的过程。此阶段完成后，提交完整的游戏UI文件，如图7-33。

在具有了一套完整的系统化设计后，可以在后续的课程中借助编程将游戏产品化。

学生作业点评——手机游戏UI系统化设计作业1（图7-34）

《茶马古镇》以茶马古道为背景，汲取了经典模拟养成类游戏的模式，将玩家带入滇藏地区的茶马互市的故事中。优点：游戏界面同样也借鉴了此类游戏的布局和构架，设计思路清晰，整套界面系统、完整，对传统文化的热爱和挖掘非常值得肯定。不足：局部的界面元素和部分图标设计过于现代化和标准化，脱离了故事背景；部分界面文字过小，难以识别。

学生作业点评——手机游戏UI系统化设计作业2（图7-35）

在此作业练习中，可以鼓励学生以个人爱好为出发点衍生出选题，这样更能激发学生的创作热情。游戏《嘿喂GO》就是一个典型的例子，在创作这个游戏之前，两位喜欢玩摩托车的同学，利用暑假骑行经过了北京、西藏、广西和海南等地，游戏的创意正是来源于此，借由横版跑酷类的游戏方式，展现各个城市的人文风光。优点：游戏界面整体风格统一、布局合理、简洁清晰、色彩运用得当。不足：界面不够凸显，可适当地拉开界面与场景的空间关系。

图7-32 手机游戏《甜心屋》UI视觉表现（朱元元）

图7-33 手机游戏《冒险之路》UI系统化设计（黄日生）

图7-34 手机游戏UI系统化设计作业1——《茶马古镇》UI系统化设计（周强）

图7-35 手机游戏UI系统化设计作业2——《嘿喂GO》UI系统化设计（秦欣、黄慈）

7.3 移动 APP UI 设计

APP 是英文 Application（应用程序）的缩写，通常指手机或平板电脑等移动端的第三方应用程序。在iPhone出现以前，移动终端上提供娱乐、服务和消费的应用程序寥寥无几。如今，APP市场已是各大互联网公司、游戏及软件开发公司的主要竞争平台。2013年Gartner Group发布市场调查报告，当年苹果移动应用程序商店App Store下载量突破1020亿次，日均下载量达到710万次，总营收超过260亿美元。

在App Store和Google Play中，每天都有无数新的APP上线，如何在众多功能和内容同质化的产品中脱颖而出，并受到用户的关注和青睐，这是产品运营者和设计师共同关注的问题。（图7-36）但首先要做的就是良好的界面视觉设计，这是因为用户在下载安装APP之前，代表APP的图标和仅有的几个截屏预览是其唯一能够直观感受到的东西。对于一款新的APP，具有视觉吸引力的图标才能够引起用户的关注，而通过界面截屏，用户通常愿意选择熟悉的、具有亲切感的界面，同时又不愿意看到完全雷同的形式。这看似十分矛盾，但实则在告诉UI设计师要遵循APP界面设计中信息架构、交互方式、布局等普遍规律，同时又要敢于在表现形式上有所创新，并能够简洁、直观地引导用户。（图7-37）

7.3.1 移动 APP 的分类

与“7.2手机游戏UI设计”一样，移动APP也没有一种统一而简单有效的分类方法。在设计开发APP时，针对不同的平台，确定细分的类型是必要的。比如，苹果公司为了使用户能够快速地浏览并迅速地在App Store中找到自己想要的APP，将APP分成了21类，其中，游戏类软件又分成

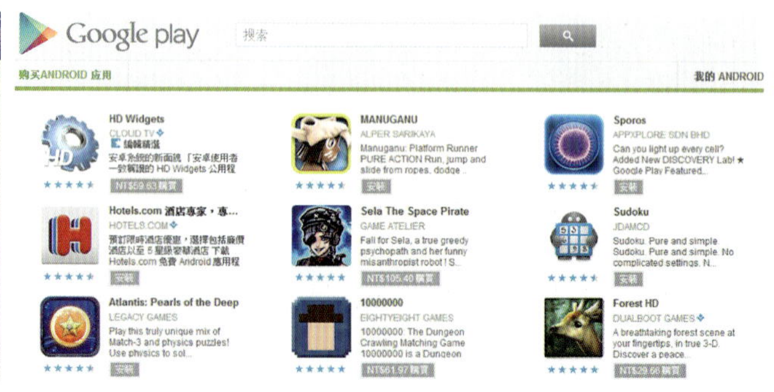

图7-36 App Store和Google Play中的APP图标展示

图7-37 APP图标展示（秦欣、潘历恺）

了19个子类。所有软件提交的时候都要选择归属的主类别和第二类别，这样用户就能在App Store中找到需要的程序。

目前，移动平台的APP大致可分为以下类型：社交网络和即时通信、地图导航、生活辅助、媒体资讯、休闲娱乐、教育学习、工具支持、行业应用。

1. 社交网络和即时通信

社交网络和即时通信（Instant Messenger）本属于APP中的两大类型，但如今跨平台即时通信与社交网络已经高度融合，其“线上应用”是实际线下活动在时间和空间上的自然延伸，是技术条件下人们需求的必然产物。基于时间和空间上的相对无限性，它们能够充分满足用户随机和即时性的社交通信需求，同时也具有成本更低、安全性更高、私密性更好等优势。在国内，这类APP的代表有米聊、微信等。用户可以在这类APP中发群消息，发送和分享照片、声音、视频、链接等内容，能够更便捷地联系朋友，实现即时通信。而且，它们还进一步整合了如基于地理位置的服务（LBS）、查询服务和网络支付等功能。

2. 地图导航

地图导航类APP一直具有巨大的下载量和用户群，并随着汽车的进一步智能化与车联网高度融合，其主要功能包括：路线导航、个人信息、POI信息服务（POI是“Point of Interest”的缩写，中文可以翻译为“兴趣点”，用户通过使用该服务可以在陌生的城市中轻松地找到要去的地方，POI数量及信息的准确程度和更新速度，都会影响APP的使用和体验），其设计目标是对以上功能进行协调，并在此基础上探索可能的特色功能，为用户提供新颖的体验。

国内拥有用户较多的地图导航类APP有百度地图、高德地图、老虎地图等。其功能各具特色，如高德地图提供了实时路况及预测、违章查询等；老虎地图提供了热门餐厅、娱乐、酒店、展览演出、公共设施的详细介绍与点评等。

3. 生活辅助

生活辅助类APP主要为用户的日常生活提供帮助和便利，包括两个方面：一是生活信息的查询、处理，为用户提供衣食住行等方面的信息，使用户的生活更加便利；二是生活智能助理，为用户提供时间管理、理财、移动定位、网购及移动支付等服务。如大众点评、携程、淘宝、支付宝、墨迹天气、快拍二维码、航旅纵横、滴滴打车、SKY遥控器等。

4. 媒体资讯

媒体资讯类APP是传统媒体集团、互联网门户网站争夺的第一焦点，主要包括整合门户网站新闻资源并向用户推送信息的新闻类APP和行业咨询类APP。热门的应用包括网易新闻、南方周末、汽车之家、中关村在线等。

5. 休闲娱乐

休闲娱乐类APP是为用户提供休闲和精神娱乐享受的移动应用产品，主要以游戏类APP为主。此外还包括图书阅读，如开卷有益、掌阅、QQ阅读等；移动影音，如搜狗音乐、百度音乐、优酷、搜狐视频、爱奇艺、爱奇艺PPS等；网络电台、网络视频；拍摄美化，如美图秀秀、美拍等。

5. 教育学习

目前，在苹果App Store中，教育学习类APP成为仅次于游戏类APP的第二大类受欢迎的应用，越来越多的人除了在教室、图书馆，或通过专门的学校及教育培训机构学习外，会更多地利用碎片时间、闲暇时刻，利用互联网、移动终端去学习。网上大量的公开课视频的出现，突破了传统教育模式和互联网学习的局限，而相对需要大量时间的公开课教程来说，对碎片时间的充分利用，是教育学习类APP的最大优势。此外，相比传统的学习方式，利用APP学习更具有主动性，用户可以根据自身的需求进行选择性的学习，同时APP能对用户个性化的学习定制进行时间和效率管理，更具有趣味性和互动性。热门的教育学习类APP有网易公开课、慕课、掌上新东方、百词斩等。

6. 工具支持

工具支持类APP包括两个方面：一是为用户提供移动设备软硬件功能的增强、管理、检测、安全等服务，它们可以根据用户的需求优化移动设备硬件性能，同时能够对所安装的APP进行管理，对病毒进行查杀，但由于需要获得Root管理权限，所以通常在iOS平台中此类APP并不多见，其主要运行于Android平台，如优化大师、电池医生等；二是为用户提供移动设备中网络浏览及各类文件的支持、管理、备份及传输，如UC浏览器、360云盘等。

7. 行业应用

行业应用类APP是指能够支持用户进行指定行业工作的移动应用软件，包括一般应用和专业应用，一般应用主要是负责制订工作计划、进行项目管理的Office类APP，专业应用则由用户所处的行业决定，行业不同，专业应用也各不相同。

7.3.2 移动 APP 的设计流程

1. 设计流程模型

目前，移动APP设计大多源自传统软件开发所采用的流程模型，主要包括瀑布型、迭代型、螺旋型和敏捷型，这里仅介绍两种适用于不同级别APP的设计开发模型。

（1）瀑布型

瀑布型是最早出现的软件设计模型，其概念源于各设计开发环节依次递进的关系，核心思想是将复杂的设计开发流程按工序简化，形成流水线作业，以细分各设计种类之间的协作。

瀑布型开发严格遵循预先设定的需求分析、设计、实现、测试、维护的步骤，每一个步骤的阶段性成果作为衡量进度的方法，使每个阶段都有指定的起点和终点，过程最终可以被客户和开发者识别。设计开发前充分强调需求和设计，能够确保项目精度并实现预期需求。因为每个阶段都生成了规范的设计说明文档，可以实现有效的知识传递，减少各团队之间不必要的交流，提高了工作效率。项目管理者只需关注目前正在实施的阶段，简化了项目管理。

纯粹的瀑布型开发更用于大型企业级的产品开发，将其用于普通的轻量级APP的开发中，则存在一些弊端，最主要的问题是严格的分级导致自由度降低、缺乏灵活性，项目早期做出的承诺导致后期需求的变化难以调整，代价高昂。瀑布型在需求不明并且在项目进行过程中可能变化的情况下基本上是不可行的。

（2）敏捷型

敏捷型设计模型是一种迭代、循序渐进的开发方式，推崇“以用户为中心”的设计原则。在敏捷型开发中项目被分割为多个子项目，各个子项目的成果都具备集成和可运行的特征。换言之，就是把一个项目分为多个相互联系、可独立运行的小项目，并分别完成，在此过程中软件一直处于可使用状态。

敏捷型流程更适用于小团队的APP项目开发，不用精确定义团队成员之间所扮演的角色、密切合作的工作方式，减少了各环节之间对文档的大量需求。

敏捷型和迭代型都强调在较短的开发周期内提交产品，但敏捷型的开发周期可能更短，并且更加强调团队的互动交流和高度协作，其主要目的是降低需求变化的成本。

2. 移动 APP 界面设计流程

（1）用户研究：确定用户需求及目标用户。

（2）APP功能定位：竞品分析并尽可能进行差异化的特色设计。

（3）界面信息构架、布局及交互流程设计草图。

①应尽量减少文字的输入。由于手机在文字输入上具有低效性，在设计的过程中应尽量减少用户的输入，如果有可能可以设置默认值，或者让用户选择目标值。

②在信息结构及交互流程上要尽量使屏与屏之间的逻辑关系清晰。由于手机屏幕相对较小，只能展示较少的信息量，这就更需要有清晰的信息架构，使用户一目了然，并清楚地知道APP的各个模块及切换方式。

③注重功能布局的主次和引导性，将相对重要或使用频率较高的功能或信息放在首页或显眼的位置。

④交互操作尽量基于手势，主要功能可以用单手操作完成。

⑤考虑界面的简洁性，使操作简单化，减少操作步骤。层级结构不宜太深，一般不超过三级。

⑥在响应和反馈上可利用多种提示方式，除了视觉状态的变化之外，还可考虑使用动态效果、声音、振动等方式。

⑦应注意APP UI的主要操作方式与相应的手机操作系统保持一致。在APP UI的设计过程中，更好地理解当前的手机系统，才能与其逻辑保持一致。

（4）界面风格定位，线框原型绘制。

（5）界面视觉元素的设计：界面功能图标、界面框体等。

（6）界面视觉效果的整体优化：交互、转场及动态效果等。

（7）APP图标设计。之所以将应用图标放到最后设计，是因为一开始可能无法预知整套UI的效果，如果提前设计，最后很有可能要根据界面的整体效果进行修改和调整。在设计APP图标时，也要尽量考虑不同尺寸的转换和输出。

7.3.3 移动 APP 界面常见导航交互模式（图 7-38）

1. 标签式

标签式也称为选项卡式，是主导航的最常见模式。它能直接展现最重要入口的内容信息，指明当前所在的位置，轻松地在各个入口间频繁跳转且不会迷失方向，但当功能入口过多时，该模式就显得拥挤不堪。标签式大多应用于主流APP的主导航中，如微信、大众点评等，如图7-39左组图。

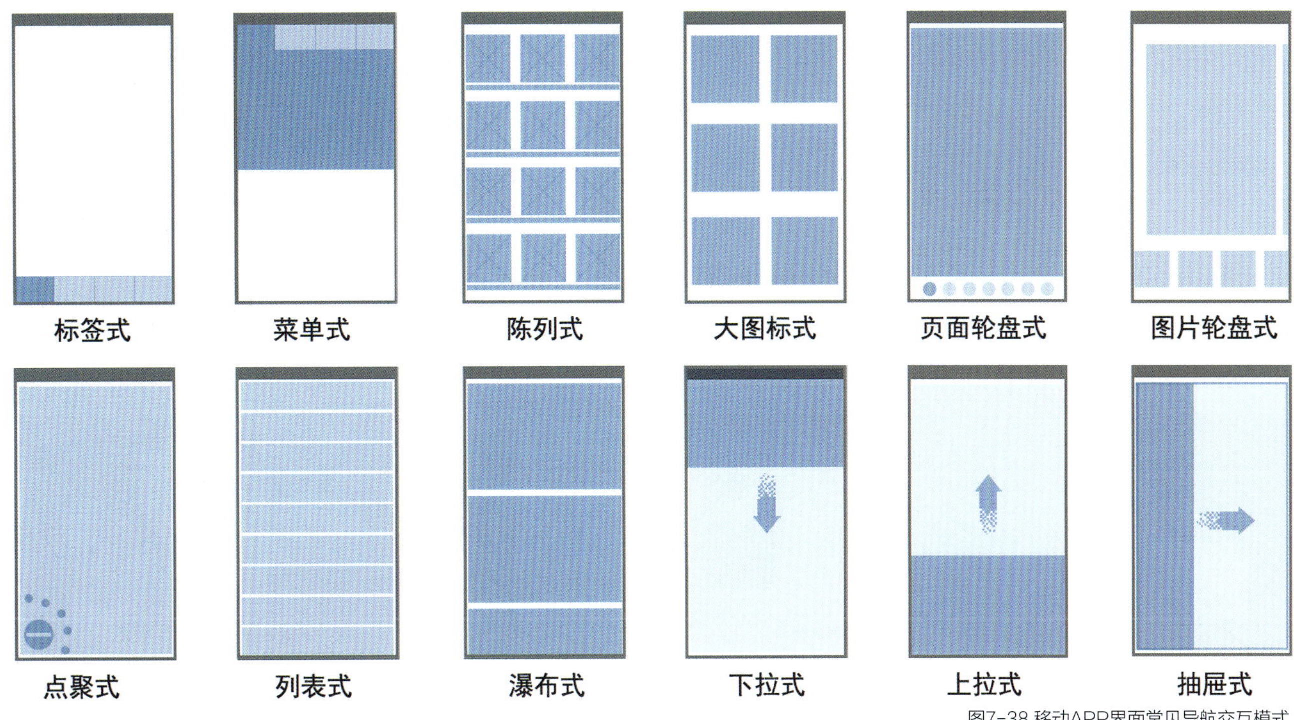

图7-38 移动APP界面常见导航交互模式

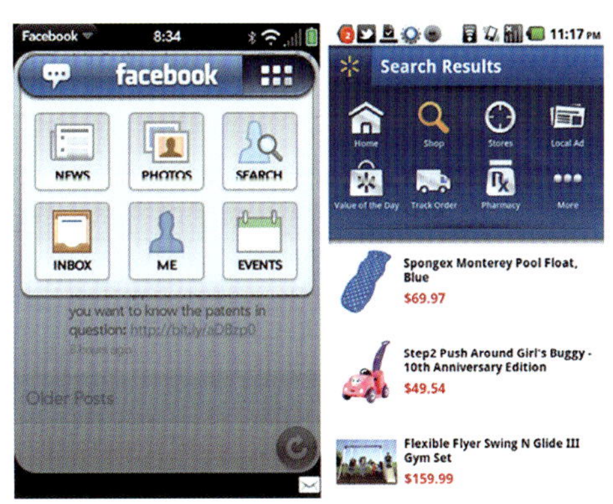

图7-39 标签式和菜单式

2. 菜单式

移动APP中的菜单式导航与网站所用的菜单导航类似，它在一个较大的覆盖面板上分组显示已定义好格式的菜单选项。较为典型的有WebOS系统下的Facebook和Android系统下的Walmart，如图7-39右组图。

3. 陈列式

陈列式通过在界面上直接陈列显示各个内容项来实现导航，其类似展架的拟物化展示方式，使展现的内容直观明了，方便浏览经常更新的内容，常用于书籍、报刊、文章、菜谱、相册、产品等。但它不适用于主导航，会因界面内容过多而显得杂乱。陈列式常见于次级导航中，如网易公开课、掌阅等，如图7-40左组图。

4. 大图标式

大图标式也称跳板式，其导航的特征是登录界面中的图标选项就是进入各个入口的起点，常用于入口数量较固定的次级导航。其优点是图标的识别性强，能清晰地展现各个入口，大图标易于点触，错误操作规避性强。但不太适合显示数量较多的次级入口，容易形成更深的操作路径。此外，这一类型中最为常见的是以“井”字形进行界面分割而形成的“九宫格”图标布局方式，如星巴克、余额宝等，如图7-40右组图。

5. 页面轮盘式

页面轮盘式又称为旋转木马式，主要应用于APP引导页等主体展示内容较多的页面，以及页面数量较少的次级页面的导航。它利用直观的指示器（底部页码或圆点）标示出总屏数和用户当前所处的位置。页面轮盘式导航通常用“滑动”手势进行操作。其优点是单页面内容整体性强，版式设计灵活，容易突出重点。但不适合展示过多页面，线性的跳转顺序比较单一，如图7-41左组图。

图7-40 陈列式和大图标式

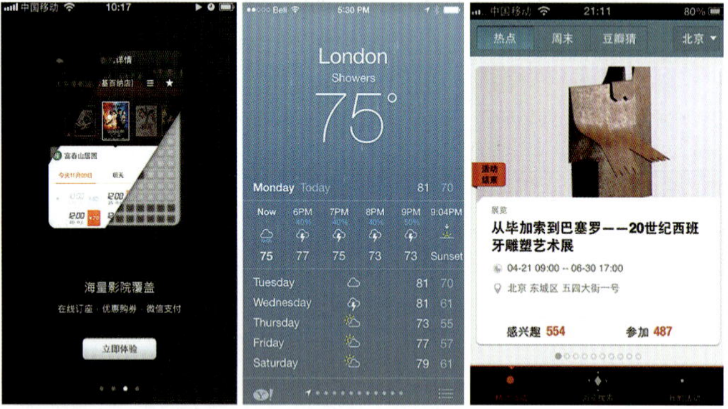

图7-41 页面轮盘式和图片轮盘式

6. 图片轮盘式

图片轮盘式导航常用于平级功能内部界面切换，以及如艺术品、产品和照片等图片的展示。它利用箭头、部分显示的图片或页面指示器（底部缩略图或图标），提供视觉化的功能可见性，以此告知用户有更多的内容可以访问，如图7-41右组图。在某些界面中它可以通过大图的滑动和底部缩略图的点触两种交互方式实现页面的转换，展示方式全面，操作性强。

7. 点聚式

点聚式常用于主导航的隐藏菜单，其展示方式有趣、灵活，扩展性强。但由于隐藏了导航的其他入口，对入口交互的功能可见性要求较高，如图7-42。

8. 列表式

列表式导航与前面的大图标式导航的共同点在于，每个图标或表格菜单项都是进入应用各项功能的入口。这种导航有很多种变化形式，包括个性化列表、分组列表和增强列表等，如图7-43左组图。其优点是层次展示清晰，可展示

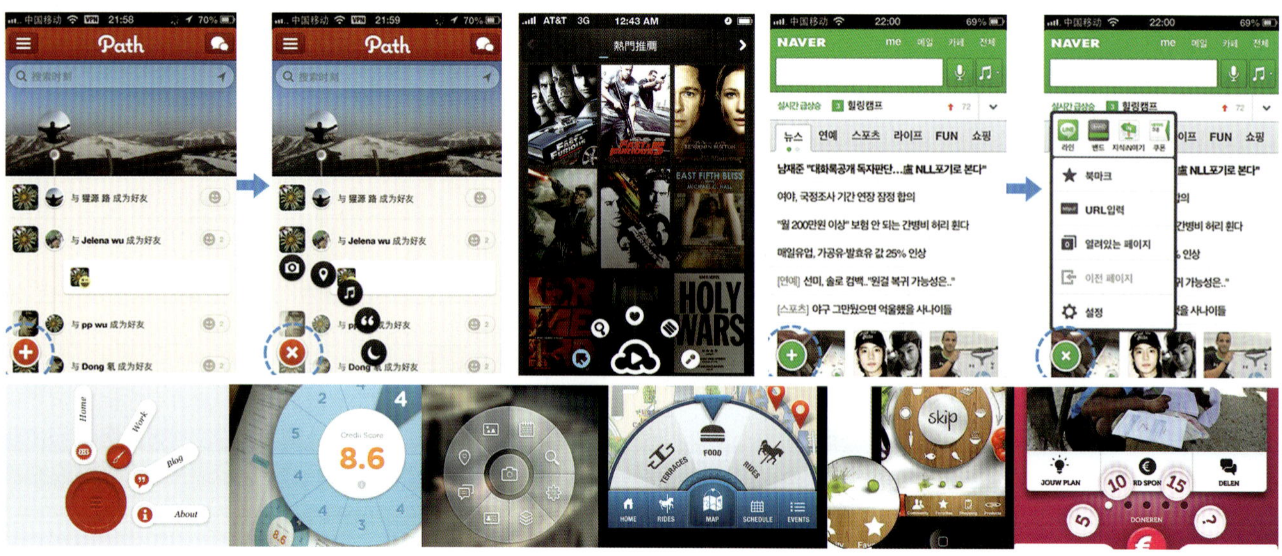

图7-42 点聚式

内容较长的标题及次级内容。缺点是排版灵活性不是很高，用户浏览时容易产生视觉疲劳，可以通过排列顺序、颜色来区分各入口的重要程度。

9. 瀑布式

瀑布式就是俗称的长页面模式，其优点是页面内容错落有致，宽度确定但高度不定，浏览使用时可产生流畅的交互体验，页面底端自动加载而无须翻页，让用户不断地发现新的内容。缺点是缺乏对整体内容体积的感知，容易发生空间位置迷失，长时间浏览容易产生视觉疲劳，如图7-43右组图。

10. 下拉式和上拉式

这两种方式常见于系统设置界面切换。其操作性强、扩展空间利用率高，但容易打断用户的沉浸感。下拉式除了有扩展界面功能以外，也常用于页面内容的刷新，如图7-44。

11. 抽屉式

抽屉式常见于扩展隐藏菜单栏，和上拉式与下拉式一样，其侧滑的方式同样利用了有限屏幕空间“图层”的概念，扩展性好，空间利用率高。缺点是对入口交互的可见性要求较高。（图7-45）

7.3.4 移动的手势应用

手势是指人类通过手掌和手指位置造型构建的一套特定语言系统。

多点触控的应用为移动APP创造了多样化的手势交互。移动设备中的手势，即通过多点触控作用于界面中的可操作对象而触发事件，并以此实现与系统的交互。用户可以通过单击、拖动、长短按、上下拉、双击、滑动、旋转、收缩、扩散、摇动等数十种手势对系统和APP进行操作，实现其交互任务和功能。

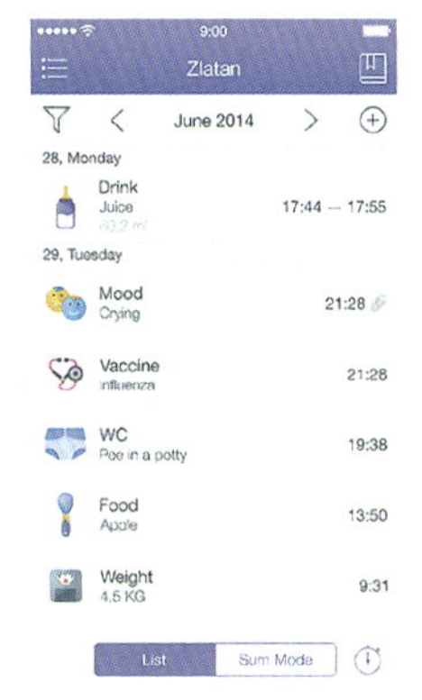

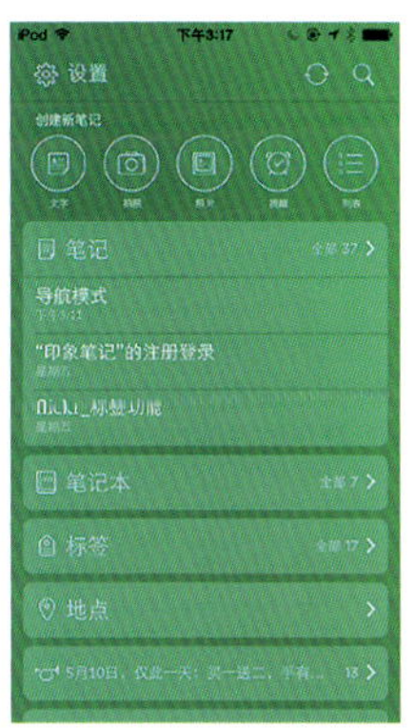

图7-43 列表式和瀑布式

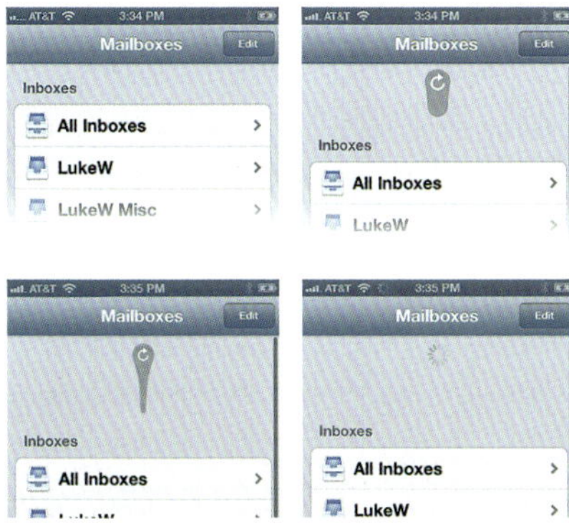

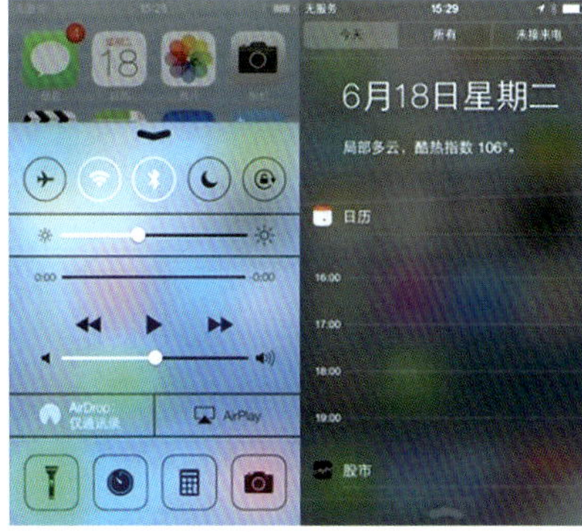

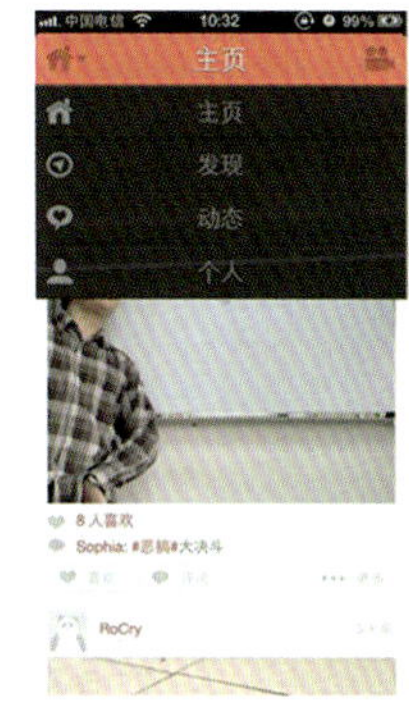

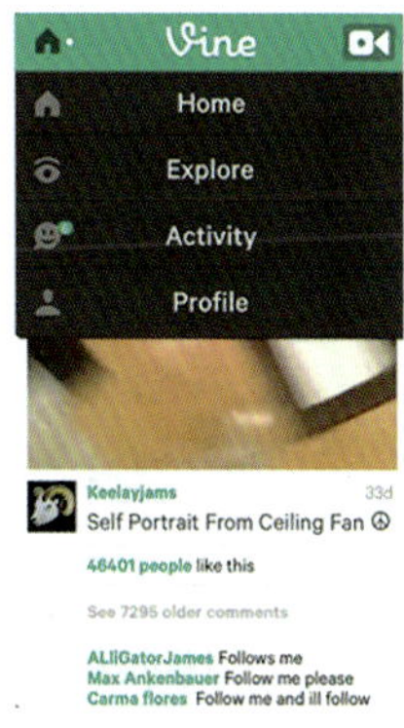

图7-44 下拉式和上拉式

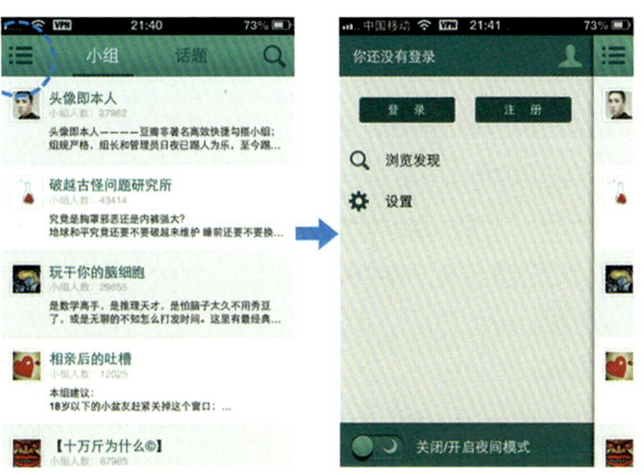

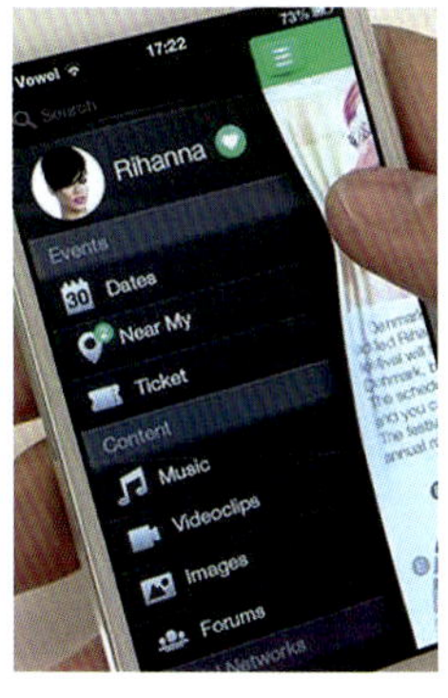

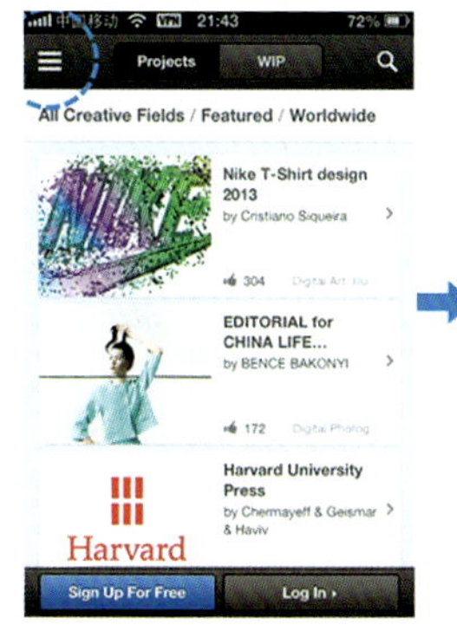

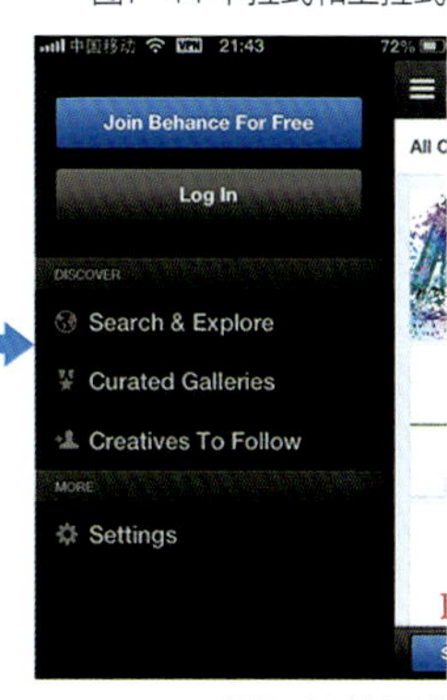

图7-45 抽屉式

1. 手势交互的优势

（1）直觉化

触控手势具有直接接触的特征，相对通过键盘、鼠标与界面的间接交互，用户与界面和信息接触更为直接，交互方式更为自然。

（2）流畅性

手势交互相对键盘和鼠标交互，简化了操作的媒介和步骤，能更快捷高效地完成任务，带来流畅的交互体验。

（3）易认知

手势设计更多的源自用户的生活经验和用户自然的交流方式，易于理解，学习成本低。

（4）重体验

触控提供了真实的互动方式，界面中元素的移动、滑行和旋转等动态效果也符合物体的运动规律和物理特征，更容易使用户融入界面，提升交互体验。

2. 手势交互的问题

（1）精确性降低

以 iOS系统为例，手势的精确性比光标1px的精度要低得多。在较小的文本框内修改文本时，很难在文字和字母之间插入光标。适合手指点击的区域通常需要做到44×44px（iPhone4以下设备），配合手势的轻重有0~20px的偏差，所以触屏界面需要使用更大尺寸的控件响应区域。

（2）缺乏功能可见性

同光标的交互相比，由于交互控件（如按钮中的光标）经过状态样式在手势交互中的缺失，很多功能可见性要求往往较高，它不能通过自身状态来进行自我说明，难以让用户直观理解，如iOS系统向左侧滑动时手机屏幕出现“删除”按钮，再比如Android系统的长按操作也是如此。

（3）缺乏反馈

缺乏反馈表现在不知道是否在进行手势，不知道是否操作已到位，不知道操作是否完成三个方面。在静音和取消震动的状态下，手势操作没有键盘和鼠标的物理反馈，如输入密码时容易出现漏输或多输。此外，对于轻触和长按的操作界限，不同APP的状态不一致，用户个体感受的差异，也容易导致错误操作。

（4）一致性的问题

一致性的问题，多是由平台和设备差异导致的，各平台有自身的手势规范，且平台间存在冲突。此外，普通手机通常会考虑适用于单指操作，而6寸以上屏幕的手机和Pad则需要考虑多指复杂手势；小屏幕的单手手持手势操作对于大屏设备未必适用；按钮及控件大小也需要考虑不同分辨率的转换。

3.APP 中手势设计的原则

（1）以交互为目的

手势设计的目的是简化操作，方便快速处理任务，为用户提供便利，而并非为了设计个性化的或更多、更复杂的操作方式。

（2）提供有效的反馈

让用户知道是否在进行手势操作，操作是否已经到位，操作是否已经完成。除了提供有效的视觉反馈，也可以辅以声音或者震动。

（3）不增加认知负担和选择成本

为用户提供一个较好的方案即可，尽量避免提供一些类似的操作让用户去选择。因为多个选择会给用户带来认知负担，即使选择的过程很短暂。如果APP发布平台设备物理键中已经包含了返回的功能，则无须再在界面上增加此按钮。

（4）操作引导

通过详细的帮助界面，或者是隐喻化的图形（符合用户心理模型的隐喻）来进行操作引导，例如页面轮盘式分页的圆点标识，或者切换页面露出一部分内容、可长按的系统Icon、翻起的页脚、动画等。提示和引导程度要适度，尽量做到清晰可见。

4.APP 中常见的手势交互

设计师在手势设计的过程中要改变固有的思维方式，在关注界面美感的同时，还要关注界面的交互、认知、体验和更多的设计细节，要关注手势的交互操作而非关注手势的形式本身。

手势按形式可以分为：简单手势、复杂手势、核心手势、通用手势等；按交互操作可分为：基于导航的手势、基于对象的手势、绘制类手势等。对于手势交互形式的理解和归纳，也可以按照“手势+作用对象=事件”的方式来进行梳理和总结。

这里简要描述APP中常用的手势交互，此部分可以与7.3.3的内容联系起来讲解。

（1）横向和竖向滑动都是手机设备上最易察觉的操作，将最常用的功能逻辑性与这两个手势结合将会给用户带来最大的便利。（图7-46）

（2）竖向滑动比横向更明显，手机竖向的浏览习惯使用户进入APP时习惯上下拨动。（图7-47）

（3）其他常用手势，如长按、转动、晃动等。（图7-48、图7-49）

7.3.5 作业与练习

1.APP 界面信息构架、布局及交互流程的分析

此作业的主要目的是为了全面了解一个完整APP的整体构架及交互流程。

（1）选择某一类型的主流APP，对其进行简要的分析说明，如用户分析、功能特色、交互方式、界面风格等。

（2）绘制其界面流程图，主界面及次级界面原型线框图。作业整体以PPT形式提交。

界面流程图、原型线框图，如图7-50、图7-51。

2.APP 界面系统化设计

选择某一类型，虚拟一套APP主题设计界面，强调界面表现及交互性，风格自定义，软件制作、CG手绘、手工制作均可，要求尽量呈现设计草图、制作步骤。（图7-52）

学生作业点评：

图7-53以介绍重庆特色文化、饮食、旅游景点为选题。优点：完整性较好，并通过Flash模拟了界面的交互。

手势	作用对象	界面元素类型	事件	应用类型
 左右横拨	页面级	首页	左右切屏或切换图片	daum\cyworld\nate
		浏览器	前进/后退	UC浏览器
		阅读类	前后翻页	阅读类APP
		列表	呼出分类导航	腾讯爱看
	内容块	列表中的单项	调出系统删除	通用
			进行收藏或查看等操作	reeder\float
		导航条	拨动显示更多导航内容	周末画报\me2day
		导航下的内容	拨动内容以切换导航	Google+\nate
		地图类	移动地图	地图类APP
	控件	滑块	启动页面	iPhone解锁
			在设置中对功能进行开启或关闭	通用
			对价格、距离、音量、进度等进行范围筛选	Sudoku

图7-46 横向滑动手势

手势	作用对象	界面元素类型	事件	应用类型
 上下竖拨	页面级	通用	竖向滚动	通用
		列表	加载更多项	通用
		详情	上下篇的跳转	周末画报
			返回上一级	mobilerss
		阅读类	呼出锁定方向	忘记了是哪个APP了
		通用	向上呼出操作菜单	air ball APP
		通用	下拉更新	微博
		通用	隐藏/拉出功能（如搜索框）	QQ空间\naver
		通用	隐藏/拉出样式（如图标/Logo)	g-whizz\piictu
	内容块	地图类	移动地图	地图类APP
	控件	滑块	对价格、距离、音量、进度等进行范围筛选	mealsnap\tathm

图7-47 竖向滑动手势

手势	作用对象	界面元素类型	事件	应用类型
 长按	内容块	地图类	放置大头针	通用
		文字	选中	通用
	控件	按钮	录音	微信
		图标	选中并跟随	QQ
		功能入口图标	可操作状态	daum
手势	作用对象	界面元素类型	事件	应用类型
 转动	控件	转盘	切换分类	MoneyTron
				iSO500
				AGFG
				paris
手势	作用对象	界面元素类型	事件	应用类型
 晃动	手机	90°	切换成图标模式	MoneyTron
		多种角度	切换图片布局	instashow
		摇晃	切换背景，找好友等	比较多

图7-48 其他手势

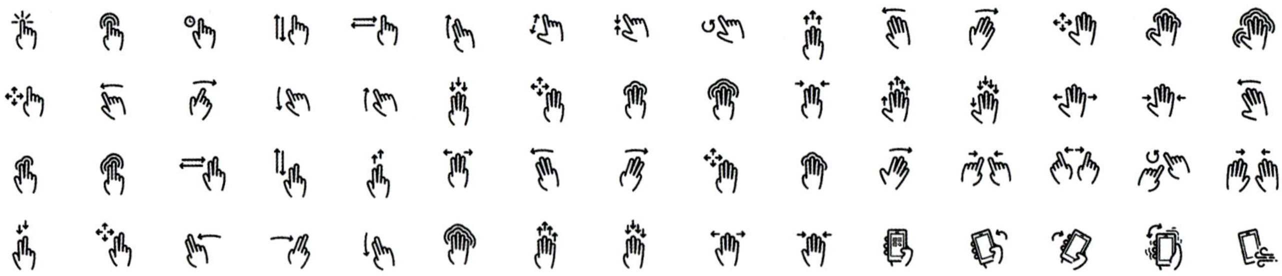

图7-49 APP常用手势

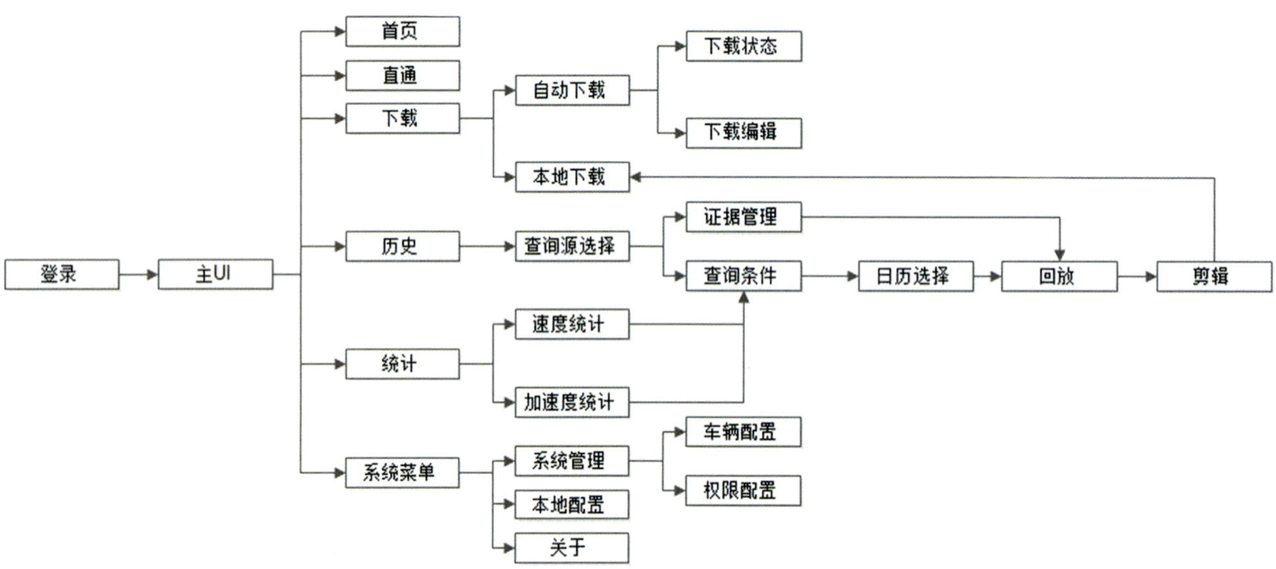

图7-50 公交车载监控APP界面流程图

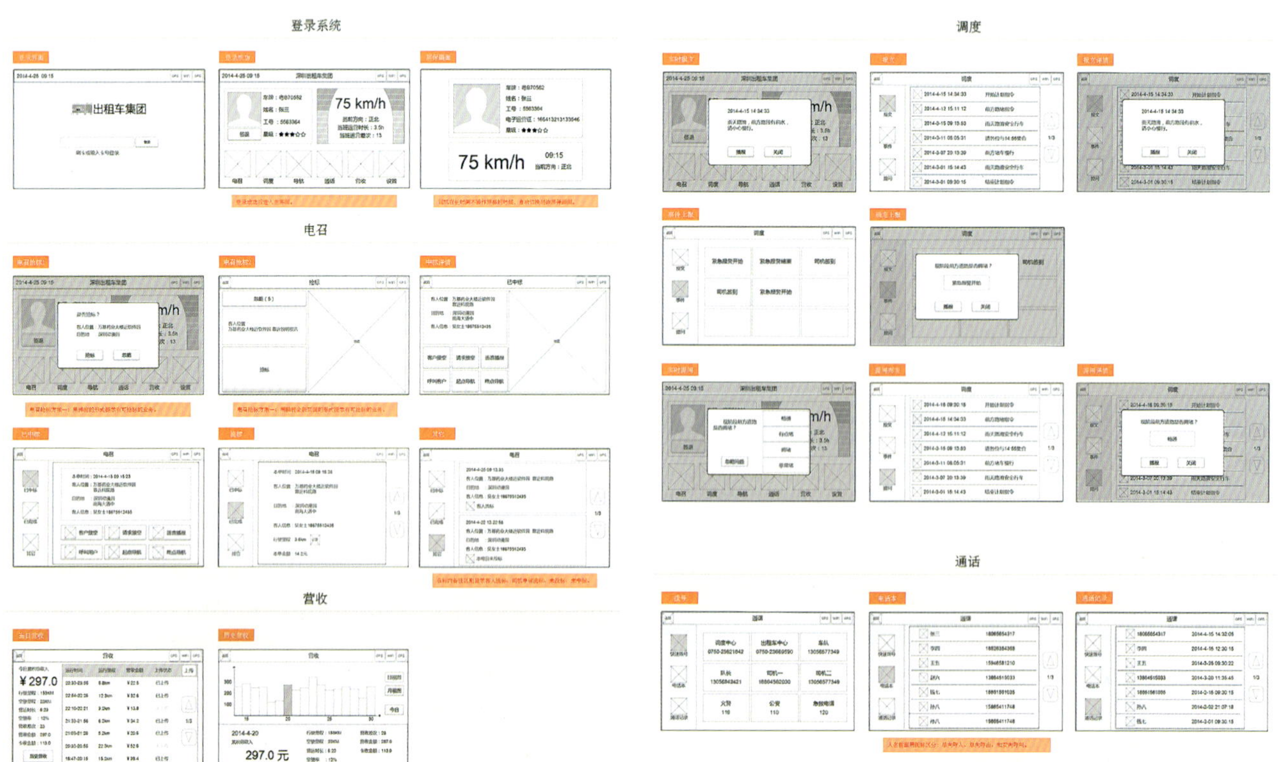

图7-51 公交车载监控APP原型线框

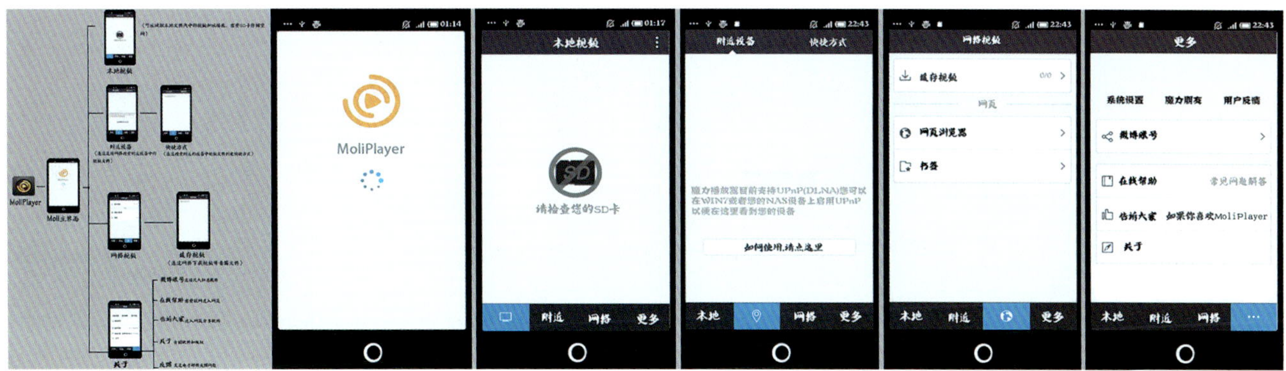

图7-52 视频播放APP交互流程图（何英玮）

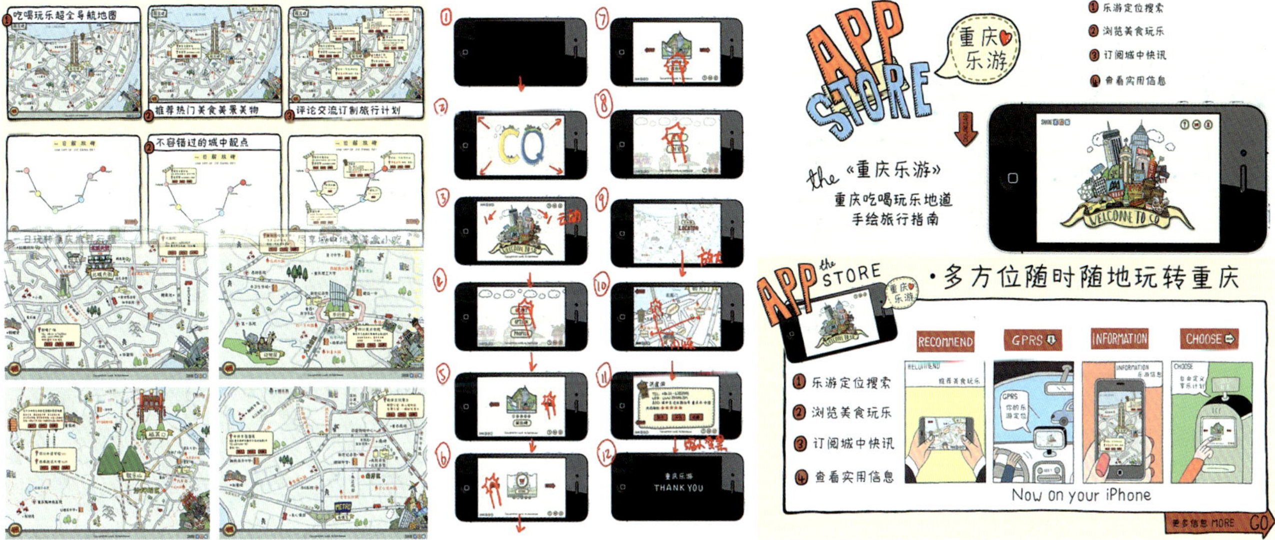

图7-53 重庆乐游APP界面设计（梁迪、诸思维）

该APP的界面以手绘插图的形式来表现，风格统一、有趣味性。不足：界面交互以点击形式为主，手势操作较少，缺乏移动APP的设计思维。

7.4 车载 UI 设计

7.4.1 概述

1. 车联网的概念

信息技术的革命正推动着汽车设计的发展，车联网是汽车工业与信息产业，尤其是移动互联网深度融合的产物，也是物联网的一个重要分支。它是未来智能交通领域的重要发展方向，其实质是实现人与车、车与车、车与路的互通，解决交通和社会环境之间的问题，以及人与车相关的生活问题，以用户为中心，为用户提供安全、便捷、高效的服务。

车联网之下的车载交互系统是一个立体的产品系统，能够以不同的产品满足用户不同阶段和维度的需求，如BMW iDrive、Onstar、Gbook、Sync等前装的汽车智能化系统，基本都包括了导航、车辆实时动态信息、危险报警等服务。而汽车出厂后，则可以配合使用后装或非安装式的便携产品。（图7-54）

AT&T新兴设备业务总裁格伦·卢里尔曾经预言：汽车最终会成为“有轮子的智能手机”。对于未来车联网语境下的车载交互系统，用户需要更多的选择和更好的体验，在其交互界面的载体和界面的设计需求、设计内容、设计方式等方面都迎来了新的变化，这也意味着交互界面设计师在这场新的变革中面临着更多的机遇与挑战。

2. 界面的载体与形式的变化

从汽车的发展历史来看，早期车内的信息显示主要通过机械仪表和硬件界面来呈现，在真空荧光显示器被应用到汽车界面后，车内信息以硬件界面和字符界面为主体，这两个阶段的共同特点是界面功能简单、显示精确度低、信息量小。随着液晶显示器的普及，数字图形界面逐步取代了机械仪表和硬件化的界面，成为现代汽车的主流。当前，数字界面的视觉设计主要集中在仪表和中控的液晶显示屏幕部分，最新的车载交互界面被称为“平视显示界面”，而下一步应该是信息和实景高度融合与交互的增强现实界面，这种界面更有赖于车联网和大数据，透明显示器也将取代投影成像的方式。由此可以简单总结一下汽车交互界面的发展历程：从机械仪表与硬件界面到可触控液晶显示屏的数字界面，再到

图7-54 宝马车载UI

透明显示屏的增强现实界面。现在，汽车上这些交互界面是互补和并存的，未来应该是向着多通道界面的方向发展，如更多、更精准的语音交互将代替手的操作。

3. 界面功能分区与扩展

车载信息交互界面的发展是由单一的信息模型向复杂的信息体系扩展的过程，其一方面受计算机软硬件和互联网技术发展的推动，另一方面源自于驾乘者的体验与需要。车载信息交互界面大概可以划分为：辅助驾驶界面（功能型）、娱乐界面（体验型）、车内外信息交互界面（功能型和体验型）。

辅助驾驶界面主要集中在仪表区域和HUD显示区域（驾驶者处于正常驾驶的位置，其眼睛和头部在正常活动范围内时车体内的视野范围），这也是驾驶中视线最容易到达和覆盖的区域，该区域的界面信息在驾驶过程中发挥着极其重要的作用。当前这一区域的界面最为普及的还是在机械仪表的基础上增加数字显示的区块（行车电脑），主要的功能是对汽车的各种参数指标进行显示，将车况适时反馈给驾驶者。同时，数字图形仪表界面也在大量车型上应用，该界面在这一区域能够有更多的空间以直观的形象显示更多的行车状态和环境信息，并通过车联网成为集环境感知、规划决策、多等级辅助驾驶等功能于一体的综合系统信息界面。

目前，车载娱乐界面是中控区域的一个可触液晶屏幕显示区域，通常规格为6~10英寸，大多结合物理键进行控制，因此其周边特别是下方会有大量的物理按键，特斯拉（Tesla）的量产车则直接将这一区域变为17英寸的触摸屏，数字图形界面完全取代了物理按键。2014年3月，苹果正式推出了车载iOS系统CarPlay，在驾驶不受干扰的情况下，配合语音助手Siri，车主可以使用地图导航、播放音乐、收发信息、拨打电话等功能。沃尔沃已率先搭载该系统，从此改变了驾驶者的驾乘体验。

车内外信息交互界面存在于仪表及HUD区域和中控等显示区域界面的子层级中，根据用户的需要调出或依据车辆的适时状态自动显现。

此外，基于互联网可以进行车载交互系统与移动手持设备的关联，这样就可以将车辆信息实时发送到手机，并可通过手机及时读取并设置车辆状态，如通过手机应用界面显示车停位置、远程应急开启和控制等。如图7-55右组图，是专为Tesla开发的解锁汽车和查看相关车辆信息的手机APP，如电量等。

7.4.2 车载 UI 信息组织和视觉设计

1. 辅助驾驶界面

驾驶任务十分复杂，需要同步处理与行车相关的大量信息，仪表和HUD区域的辅助驾驶界面设计就显得尤为重要。数字图形界面大大增加了这一区域界面的信息量，一方

图7-55 Tesla车载UI和手机APP UI

面使驾驶者能根据需要获取相应状态的数据和行车信息，以提高行车安全；另一方面大量的信息涌入驾驶空间也必然加重驾驶者的认知负荷，干扰驾驶者的注意力，从而带来安全隐患，由于这部分的界面设计面向的是复杂的人机交互情境，所以应该主要承载与驾驶过程密切相关的信息，信息必须直观精确、层次清晰，以辅助驾驶、确保行车安全和减轻驾驶者负担为目标。

辅助驾驶界面信息的组织要按照信息的重要性进行层级结构设计，将不同功能的信息分割到不同深度的层级关系中，将次要的信息放置在较深的层级中，这样能够强化主要信息并减轻驾驶者的认知负荷。某些局部的界面空间可以根据用户的使用频率和关注度，自定义设置相关信息的显示内容与方式。比如有人关注瞬时油耗，有人关注续航里程，数据以图形化的方式显示或者以数字字符的方式显示，不同的用户也有各自不同的偏好。在最终显示的主界面中，要对显示的信息总量进行控制，毗邻陈列的界面信息除了要以类型分组，还要通过视觉设计对不同的信息进行强调和削弱，在同一层级中一般通过色彩、亮度、距离视觉焦点位置来区分主次。

辅助驾驶界面的视觉设计，也围绕降低认知负荷、增强驾驶安全来展开。需要考虑的问题除了强化重要信息以外，也要重视信息交互效率，如保证图形、字符信息传递的识别性、准确性和一致性。辅助驾驶界面中最主要的是仪表显示的转速、车速、水温、油量等，虽然一些量产车已经通过图形界面颠覆了其原有的形态，用数字和线条来表示速度，但传统的圆形刻度盘仍是主流。研究表明，圆形刻度盘的优势在于更容易感知显示数据和整体之间的关系，驾驶者可以将视觉注意力集中在一个较小的视野中，高效率地获取信息。从界面设计的细节上讲：刻度盘的位置、造型、大小、颜色、空间环境，指针的颜色、形状（决定是否指示精确），以及各仪表的组合布局方式都是界面设计需要关注的问题。在提高认知效率的同时降低色彩的刺激性、疲劳感，通过材质、光线、色彩的设计营造出科技感，给驾驶者带来更好的视觉体验。

如图7-56，雪佛兰科尔维特C7 Stingray新仪表盘，涵盖了69种辅助驾驶信息。

2. 娱乐界面和车内外信息交互界面

娱乐界面和车内外信息交互界面中的信息量非常大，涉及多方面、多维度，其中大部分界面位于中控区域，也有少部分行车状态的信息位于仪表区域界面的子层级中，如道路状况或环境变化时仪表区域局部界面会根据环境的变化自动调换显示内容。车辆爬坡导致车身倾斜后界面会自动调出车体与道路之间相对关系的显示界面（这个设计一般采用直观形象的客观视角，使驾驶者更能了解车与环境的全局信息）；或者车辆出现局部故障，如某个轮胎胎压、温度过高后，界面上相应的图形会动态闪烁并结合对应的警报声来引起驾驶者的关注。此外，这部分界面信息在显示维度上也应采用扁平化的简洁图形符号，而文字信息应该采用识别度高的字体，以简练的文字来呈现核心信息，降低信息的维度。

在中控区域界面通常是主界面导航下的多层级结构，结构复杂、功能丰富。这部分界面最好不直接占用驾驶过程中的视觉信息资源，或者在大面积的界面空间内表现精炼的信息。当然，通过语音的方式来进行信息交互是一种很好的方式，如CarPlay的语音助手Siri，但目前语音识别的精确度还有待提高。一些简单的界面交互也可以在堵车或低速行驶的时候进行，如一些与车体本身的交互，特斯拉的中控虚拟界面完全取代了实体按键对天窗、车灯、空调、座椅、底盘模式等的控制。这部分的视觉设计可以使用高清图像的拟物化的界面元素来表现，将车体的三维虚拟形态置于界面之中，通过控制界面上的车身部件实现与真实车体的交互，这样的设计更为直观形象，能提升用户的交互体验。倒车影像和泊车辅助界面一般也在这个区域内，这部分需要考虑界面图形、字符与实景之间的关系。娱乐界面和车联网服务类的界面是中控区域甚至是全车信息量最大的交互界面，除了语音控制以外，一般只能在驻车和长时间堵车的状态下进行交互，或由乘客进行操作。这部分的内容与移动APP的界面设计有很多相似之处，完全可以借鉴其界面进行设计，但要在此基础上关注和研究车的情境特征，并与主界面和车内风格保持一致。（图7-57）

图7-56 雪佛兰科尔维特C7辅助驾驶界面

图7-57 娱乐和车外信息交互界面

3. 界面视觉体验

界面视觉体验关注驾乘者的情感需求，界面的科技感、易用性、高效率的交互能够增强用户的安全感，这是车载信息交互界面所必须满足的。基于人性化的界面设计能够使用户感到人文关怀和提升产品的品质感。界面的形象和风格塑造，能传达产品的品牌理念和提高品牌的识别度、认同感。此外，不同的车型需要不同的界面设计以适合不同的目标用户，除了研究车也要研究不同群体的驾驶特点，使他们可以扩展定制专属的界面。

7.4.3 车载 HUD 界面

根据日本富士Chimera研究机构针对车载交互系统所进行的调查，HUD的发展前景最被看好。这项技术早在1970年便被研发出来，最初仅应用在军事领域，并成为现代战机的标准配备。1988年福特率先将HUD应用到汽车，而今很多品牌量产车型都开始集成HUD显示系统，并有进一步流行的趋势。

HUD车载交互界面也称为“平视显示器”（Head Up Display）界面，它在驾驶者前风挡玻璃上显示相关图形和文字信息，将行车信息以平视视角呈现，使驾驶者在不转移大视野的情况下瞬间获取相关信息，以此提高行车的安全性，如图7-58。早期HUD仅仅是单一的车速显示，界面功能简单、显示精度低、信息量小。现在，除了显示行车信息外，卫星导航、通信等也都可与之结合，显示颜色也从单一颜色发展到了全彩色。HUD现有的技术是投影成像技术，而随着信息技术和硬件显示技术的进一步发展，投影成像技术终将被透明显示技术取代。可以预见，未来HUD将会有更清晰的显示，将承载更多的信息，基于车联网与大数据而

图7-58 先锋HUD界面

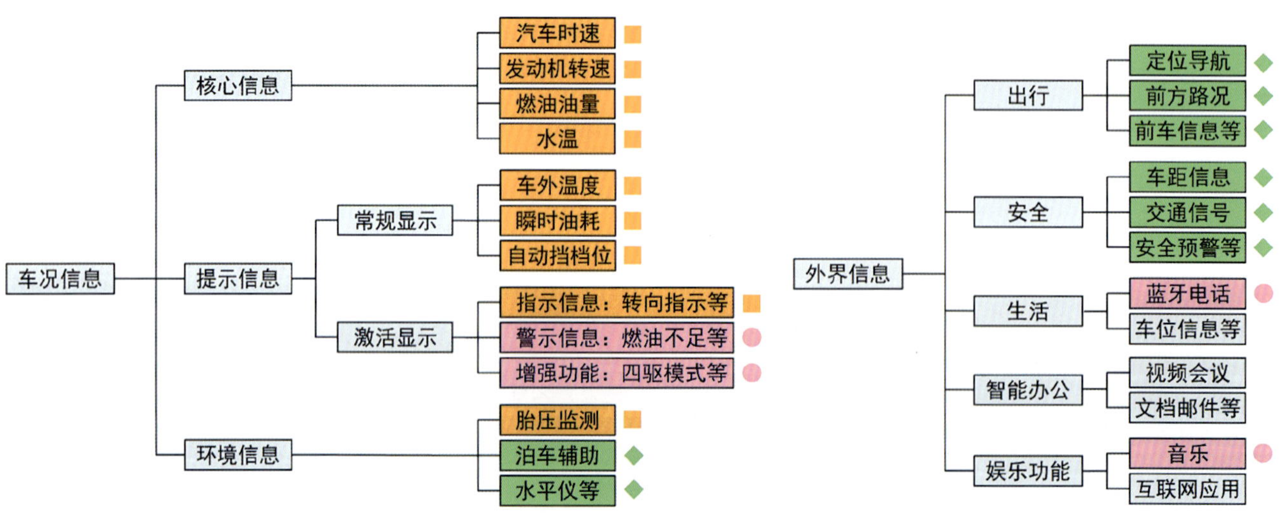

图7-59 HUD界面所能承载的功能和信息

实现的车载系统与外界的交互将使其功能更为强大。以此为前提，HUD界面设计的内容也会变得更为丰富，将会从简单的字符界面朝着信息与实景高度融合和交互的增强现实界面发展。

1.HUD 界面所能承载的功能和信息

HUD界面设计的目的在于保证驾驶者更高效地获取信息，提高行车安全，通过艺术性与科学性的融合使界面视觉效果得到提升并与环境信息交互，提供更好的驾驶体验。HUD界面更多的是对仪表区域和中控区域信息的同步和增强，而不是完全取代传统的显示区域，它能够以直观的图形图像显示更多的行车状态和环境信息，通过大数据和车联网成为融环境感知、规划决策、多等级辅助驾驶等功能于一体的综合系统信息界面。

HUD界面能够承载的功能和信息包含车况信息和外界信息两个部分的内容，如图7-59。

（1）反映车辆各系统工作状况的信息，将车况信息适时反馈给驾驶者。

①同步传统指针式仪表的信息，这部分是核心的行车信息，如时速、发动机转速等。

②同步仪表区域数字化显示的信息，这部分主要是行车中出现的提示信息，如车外温度、瞬时油耗、档位、转向指示等，还包括一系列警示指示信息. 安全带、燃油不足、发动机状态等。不同车型的增强功能信息：四驱模式、车内温区的控制、底盘模式等。

③反映行车环境的信息，将行车信息适时反馈给驾驶者。与环境交互的适时车辆系统工作状况信息大致包括：胎压和温度的显示、车体与道路之间的关系（水平、坡度等）、辅助停车或自动泊车等图像信息。

（2）基于车联网HUD界面能够获取和显示更多的外界信息，如适时路况导航、主动安全预警等。未来HUD将会涉及的车外信息交互大概包括五大模块功能和信息。

①出行：定位、导航、适时反馈前方道路与车辆信息、智能适时路况规划等。

②安全：车速报警、车距信息反馈、交通信号信息反馈、道路安全预警等。

③生活：违章信息反馈、加油站位置和排队时间信息、停车场车位信息等。

④智能办公：语音或视频会议、文档处理、邮件等。

⑤部分娱乐功能的移植：音乐播放控制、音量控制、影音媒体播放及控制等。

2.HUD 界面的视觉设计

HUD界面视觉设计需要关注以下七个方面。

（1）界面视觉信息内容的数量控制

通常在行驶过程中驾驶者大约70%的注意力会保持在关注车辆操控、道路信息和应对突发事件上。因此，对于同一时间界面中显示的信息数量必须进行有效的控制，在信息显示维度上也要尽量简化，去掉冗余的信息和描述性的信息，强调主体信息。

（2）视觉信息的秩序感、层次感

在信息组织和布局完成后，需要通过视觉设计来塑造界面视觉信息之间的秩序感和层次感。视觉元素的恰当组织所营造的秩序感，能够简化信息并使驾驶者迅速地找到信息所在位置。首先，需要强调界面中的视觉元素的一致性，要控制色彩的数量，过多的色彩会使界面陷入混乱，少量的色彩则可以强调主要信息。其次，可以利用格式塔理论中的空间的接近性、形态的相似性等方式来营造并列视觉元素的秩序感及层次感，能够明确每一个界面区域信息的主次关系，进行视觉引导。可以通过尺寸大小、色彩、亮度的变化、空间透视，以及位置、方向上的组织自然地表现视觉元素之间的关系，塑造不同界面元素的视觉重量，来构建清晰的视觉层次。

（3）视觉信息的清晰和识别性

信息的识别速度和准确度排序依次是图形、数字、字母、文字，因此，图形是首选的界面视觉元素。信息的识别还与信息自身的尺寸、色彩有关，尺寸越大其视角越大就越易辨识，但却占用较多的空间；色彩越鲜明，与背景对比越强烈就越易辨识。车载HUD视觉设计需要应对复杂的交互情境。首先，不同于其他移动互联网终端的单一界面，车载HUD将是由多个显示区域组合呈现的综合界面。其次，车辆行驶过程中车内外环境都充满了复杂的变化，如光线、天气、路况、环境的变化，都会对界面信息的识别造成影响。因此，要针对不同的区域和不同使用环境的信息进行设计，使界面能够根据不同的变化进行色彩、亮度等显示方式的调节或自我适应。

（4）文字及图形信息的直观准确呈现

由于信息认知情景、注意力、信息量的变化和复杂性，容易使HUD界面上的信息产生混淆。因此，首先要使界面视觉信息容易理解和认知。文字信息应该采用识别度高的字体，以简练的文字来呈现核心信息，降低信息的维度。在进行界面图形设计时，图标尽量沿用汽车行业和交通指示系统的标准图标和视觉风格。对于新功能信息的图形设计，要符合驾驶者的心理认知模型，合理使用隐喻，将功能信息的语义准确、无误地表达出来。

（5）界面图形允许用户自定义

界面需要迎合不同用户的思维逻辑和认知方式。因此，界面应该可以允许用户进行图形显示的设置。比如燃油油量的显示，以图形显示较直观，但数字显示精确度更高。对于车速、转速等信息，也可以设计圆盘或数字等多种显示方式，让用户自己选择。

（6）提示、警示信息的视觉设计

通常这样的信息在界面中处于低亮度的显示状态，甚至不予显示以降低视觉干扰，在需要时进行强调，可以用视觉引导让驾驶者去注意所出现的重要信息，使用的方法有改变颜色、提高亮度、闪烁或动画等，还可以配合音效来增强吸引力。在色彩上，可以按照信息类型和等级来对其进行设计，如转向灯一般是闪烁的绿色箭头，刹车系统警示则是红色的。

（7）视觉设计的风格

总的来说，HUD界面大部分视觉设计，都适合采用扁平化、理性化的设计风格。

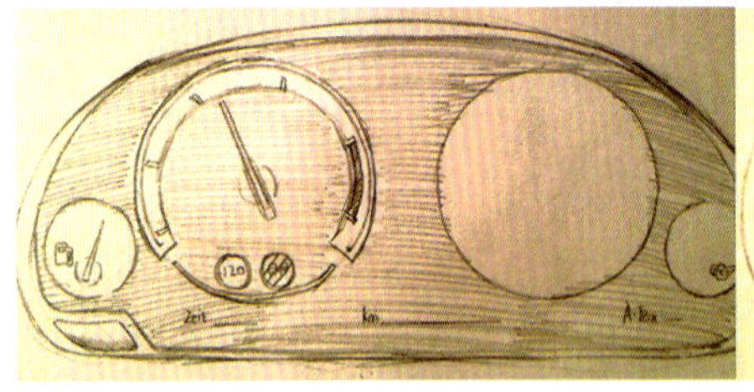
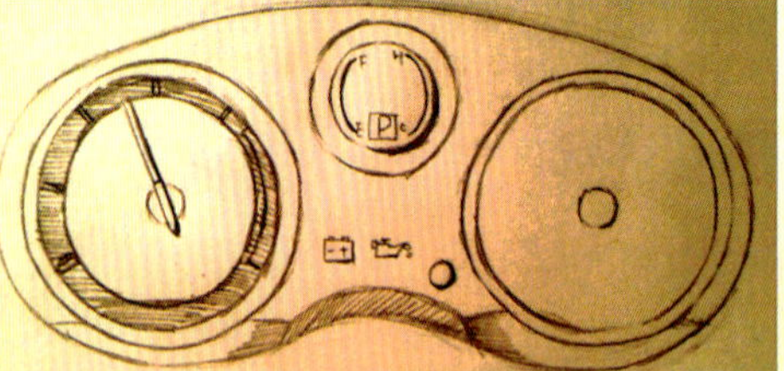
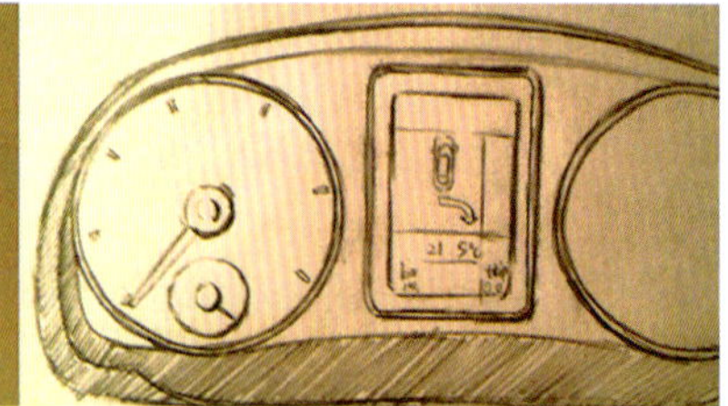

图7-60 车载仪表设计草图（李斐）

扁平化的设计风格强调以信息为主体的设计理念，把精力集中到最核心的内容上，同时能够降低驾驶者的视觉疲劳。需要说明的是，扁平化和理性化并非忽视视觉美感，界面的使用者是人，人使用界面的行为必将和人的心理状态相联系，富有美感的、能激发人们正面情绪的界面视觉设计使人放松，且能更有效地交互。

7.4.4 车载 UI 设计作业与练习

1. 车载数字仪表界面的设计表现

（1）作业要求

①收集不同品牌汽车数字仪表界面照片若干，并按照其布局模式进行分类。

②分析主流的车载数字仪表盘的信息组织、布局及视觉表现形式。

③临摹一款具有高科技感车型的数字仪表界面。

④根据理解与分析，设计一款车载数字仪表界面，要求界面布局合理、层次清晰，注重视觉表现，并可以模拟交互或做动态表现。

⑤展示设计草图、流程及最终效果。

（2）简要设计流程及作业展示

①根据设计思路手绘草图，尝试设计多种界面布局。（图7-60）

②选择一个界面草图深入绘制效果图，使用Flash软件绘制矢量图形，多以几何图形结合贝赛尔工具进行绘制，以保证图形的严谨性，注重元素的分组和分图层，以方便做动态和交互的表现。（图7-61）

③注重以色彩区分信息的分类和层次。（图7-62）

2. 车载 UI 的信息组织分析及设计

（1）作业要求

①可选择区域的分类方法，如通过仪表显示区域、中控屏幕显示区域或HUD显示区域进行分析，也可选择以类型的分类方法，如辅助驾驶、车内外信息或娱乐进行分析。

②明确所选界面区域或类型的信息内容及功能诉求。可进行不同的试验，分析其适合的界面信息组织模式。

③制作界面信息布局的意向图。

（2）范例：HUD界面的信息组织分析及设计

界面信息组织方式是根据用户完成某个任务或行为时的实际需求来决定的。如游戏是为了满足用户的情感体验，所以就要采取带有障碍和难度的架构方式，使游戏具有挑战性和乐趣。要对车载HUD进行合理的分类、布局，以便为驾驶者在复杂的驾驶情景和大量的信息中筛选并呈现有效信息，确保不干扰正常的驾驶行为，使驾驶者始终专注于道路情况，提高行车安全。

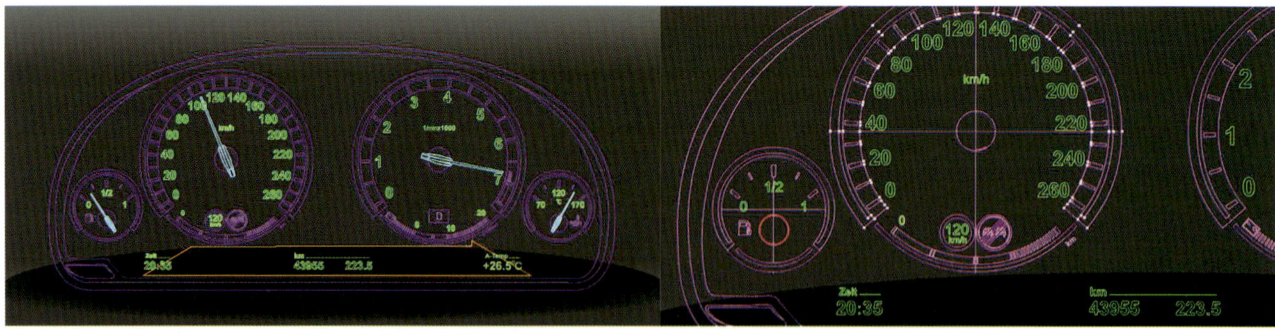

图7-61 车载仪表设计线框原型（李斐）

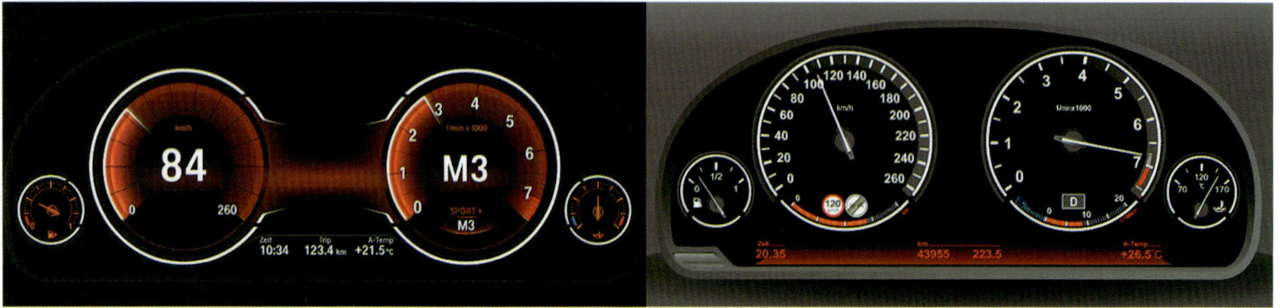

图7-62 车载仪表设计效果（李斐）

①界面信息的组织模式。

在Edward Tufte提出的界面信息陈列的两种模式中：同一空间毗邻陈列（Adjacent in Space）将信息同屏并列地显示出来，可以通过重要的信息呈现，使用户能非常直接地获取相关信息。毗邻陈列提供了更直观的信息和更大的信息量，减少了交互操作。这种模式在车载HUD上需要区别界面的使用情景，在非行驶状态下完全可以按照这种模式呈现更多的信息，如娱乐和互联网功能界面的全屏显示。而行驶状态中大量信息的并列必然会干扰驾驶者的意识焦点，增加认知负担。图7-63为幻想的未来车载HUD界面，图中像电脑屏幕一样的满屏信息显示，完全不符合复杂驾驶情景的信息需求。

另一种方式是沿时间线陈列（Stacked in Time），这种方法把功能、信息分割进不同深度的层级关系中，可以在不同层级强化主要信息。沿时间线陈列信息组织方式大致又可以分为浅而广、浅而窄、深而广、深而窄四种类型。浅层次的结构类型，可以通过少量的交互操作较直接地获取信息，如某一区域界面中信息模块的切换。在车载HUD界面中，深层次的结构类型，适合于手动操作，可以进行精确的语音控制，或根据行车中的实时状态和情景自动显现信息。当前，HUD界面信息主要还是深而窄的组织结构，这样可以用较深的层次减少界面总体的显示数量，强调主体信息，如图7-64宝马汽车HUD界面。

②HUD界面信息的分类和布局。

根据HUD界面所承载的功能和信息，其辅助驾驶的界面信息可以按重要程度分为三种显示方式：

A.核心和重要功能区域：持续显示或随行车状况的变化自动同步激活显示。

B.次要辅助功能区域：层级交替共享显示。

C.随机区域：基于车联网和大数据实时增强现实的信息，根据实时的道路和车辆的反馈信息进行显示。

HUD界面辅助驾驶信息在屏幕上（前风挡）布局时可以按照这三种类别进行区域的分割，它们之间在整个界面中是同一空间毗邻陈列的模式。在核心和重要功能区域，可以采用毗邻和时间线两种模式分别设计结构，由驾驶者选择在什么样的状况下使用什么样的显示模式。如图7-65，可以按这两种结构模式将其分为完整并列显示和简洁重点显示。而在次要辅助功能区域，则应采用沿时间线陈列模式中浅而广的信息结构。

此外，大部分生活、办公、娱乐功能信息不属于辅助驾驶界面的显示内容，将强制在限定的极低车速或者驻车状态下才被允许显示在HUD界面上，而此时它们可以占据核心功能显示的区域。这类界面可以采用移动互联网终端信息扁平化的模式来构建，以确保其操作的便捷性，但相对辅助驾驶类APP界面，它能够容纳更广和更深的信息层级。

图7-63《连线》杂志中未来HUD界面

图7-64 宝马汽车HUD界面

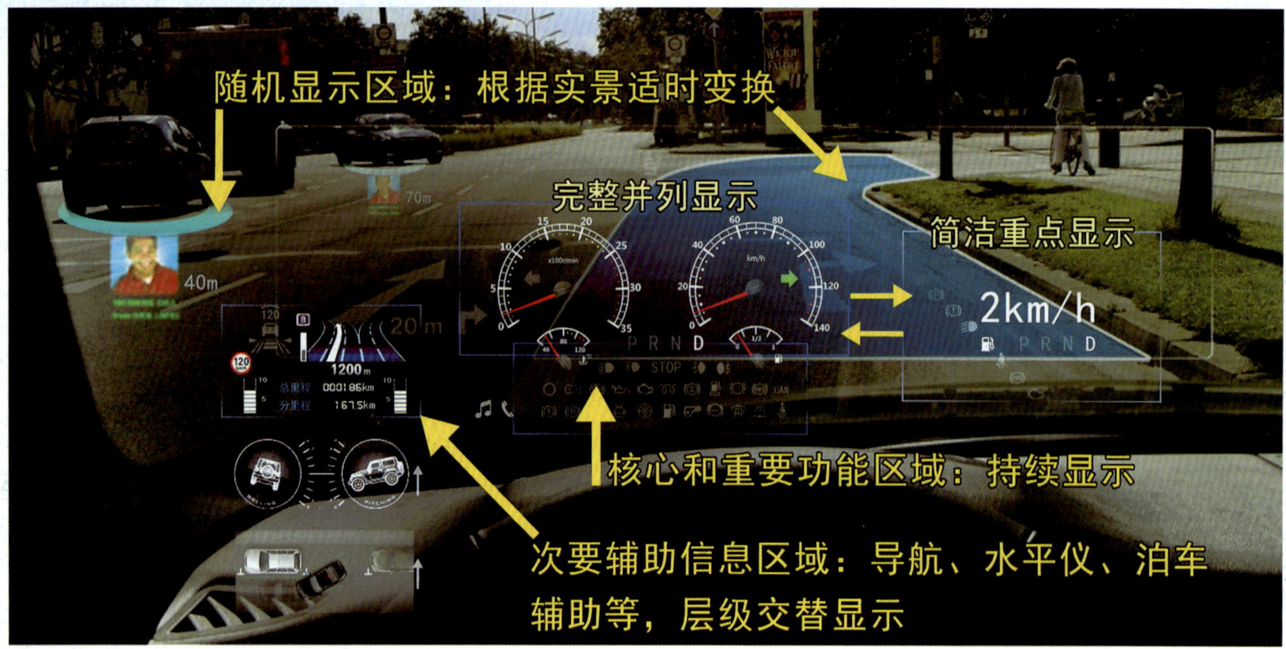

图7-65 模拟HUD界面的布局

教学导引

小结：

本章主要讲解了手机界面主题化设计的构成要素及其设计原则、流程和方法，手机游戏的特点及其界面的设计原则、流程和方法；归纳了移动 APP 的分类，手机上常见的手势应用，移动 APP 界面中常见导航的交互模式；介绍了车载界面信息组织和视觉设计的特征和原则。

课后练习：

1. 手机界面主题化设计，强调整体性和主题性，风格自定义，2D 或 3D 软件制作、CG 手绘、手工制作均可，要求尽量呈现设计草图、制作步骤、展示图层或 3D 模型。
2. 手机游戏 UI 系统化设计，强调与游戏世界观的一致性和完整性，自定义游戏类型、游戏世界观、游戏风格。要求提交并展示完整的游戏世界观设定、游戏构架、设计草图、制作步骤、并提交成品文件及源文件。

第八章 科幻主题 UI 设计赏析

FUI 设计师及作品介绍

FUI 的设计思路和原则

科幻电影中的交互界面和未来的发展趋势

小结

重点：

1.FUI 的设计思路和原则。

2. 界面交互的技术发展与视觉表现的未来发展趋势。

难点：

对新的交互技术的理解和运用想象力将视觉设计与交互技术完美结合。

设计师、电影制作人Timo Arnall写道“界面是我们这个时代占统治地位的文化形式”。他认为，我们所体验的现代流行文化有很多都是发生在UI或相关的场景中。科幻电影中角色与界面存在大量的互动。很多交互方式和界面在实现之前，都可以在科幻电影里面找到它们的影子。探讨电影中的交互界面设计，不仅仅是讨论电影最后所呈现给观众的画面，更应该去了解电影背后的设计实现，因为制作电影本身就涉及许多界面和交互设计的知识。

8.1 FUI 设计师及作品介绍

科幻电影中独具创意、天马行空的界面被称为FUI（Fantasy User Interfaces）——幻想用户界面，它通常具有很强的未来感和扁平化的设计风格。在FUI设计师中，比较有影响力的有Mark Coleran、John Likens、Ben Proctor等。

8.1.1 Mark Coleran

Mark Coleran的FUI作品出现在《克隆岛》《碟中谍》《谍影重重》《史密斯夫妇》《人类之子》等经典影片中，在他的个人作品网站http://coleran.com/中，他将在影片中设计的FUI和动态图形特效做了全面的展示，呈现出非凡的想象力与表现力。图8-1是Mark Coleran为影片《克隆岛》设计的FUI，类似于微软Surface（也称PixelSense）的多点触控桌面，比2007年Surface概念产品的出现早了两年。图8-2为影片《史密斯夫妇》中的作战全局监控系统FUI。

图8-1 影片《克隆岛》中的FUI和微软Surface

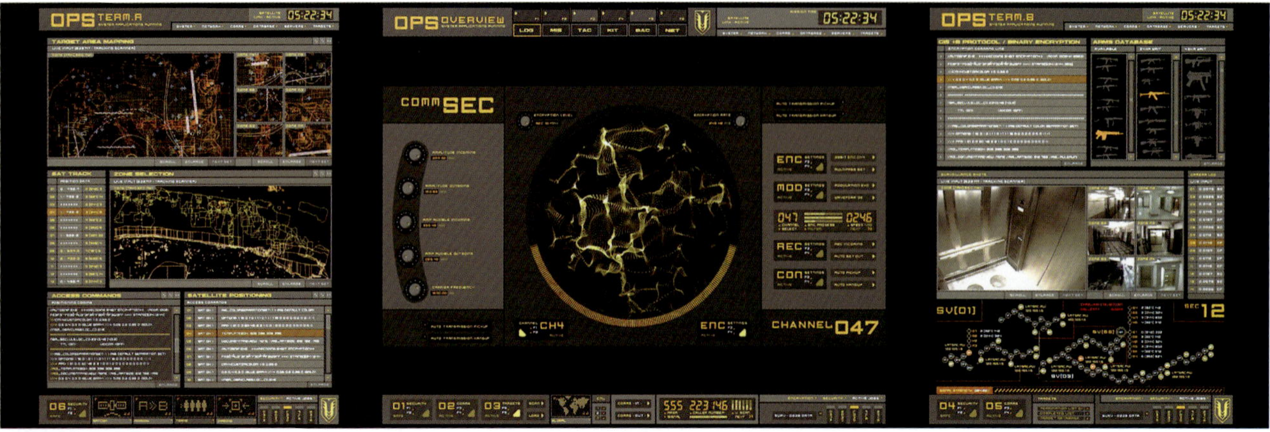

图8-2 影片《史密斯夫妇》中的作战全局监控系统FUI

8.1.2 John Likens

John Likens参与了《钢铁侠》《机械战警2014》《复仇者联盟》《星际迷航》等大片的制作，以及2015年4月26日上市的游戏《星际公民》的FUI及动态特效设计。在《钢铁侠3》的后期制作中，他主要负责所有3D头戴显示设备的虚拟界面设计，也就是钢铁侠在他的头盔内所看到的如身体、武器状况、导航数据等。他的个人网站是http://johnlikens.com/。（图8-3、图8-4）

影片《钢铁侠》中的FUI设计具有里程碑式的意义，使观众眼前一亮并印象深刻，这一杰作无疑汇聚了编剧、导演、计算机专家、人机工程学专家、交互设计师和UI设计师等不同领域的科学家、艺术家极具才华的创意与智慧。它从移动设备到巨型计算机，包括手势、语音、眼动、全息、增强现实等，几乎都是FUI界面，将界面和交互的各种可能性为观众做了全景式的呈现。

图8-5，展示了《钢铁侠》中的FUI设计的简要流程。

1. 纸上概念草图

这一阶段是头脑风暴和视觉风暴，做天马行空的想象和各种可能性的尝试，不求细节的表达。（图8-6）

2. 原型及信息设计

这一阶段是信息的组织及其在FUI中的呈现，要考虑合理性和一定的可用性。

3. 平面矢量高保真原型

这一步是将界面设计方案完整地呈现，并制作可供后期建模、合成的矢量图形及动态图形。

4. 三维模型及动画

根据影片的需要来制作FUI的三维模型及动画，表现纵深空间中的FUI层次，增强FUI的视觉冲击力和未来感。（图8-7）

5. 影视后期合成及特效

与实拍的影像进行合成，其中包括校色、光效、空间扭曲、追踪等，让FUI及其动态图形能与影像高度融合。（图8-8）

8.1.3 Ben Proctor

Ben Proctor为《普罗米修斯》《阿凡达》《创：战纪》等影片设计了FUI。（图8-9）

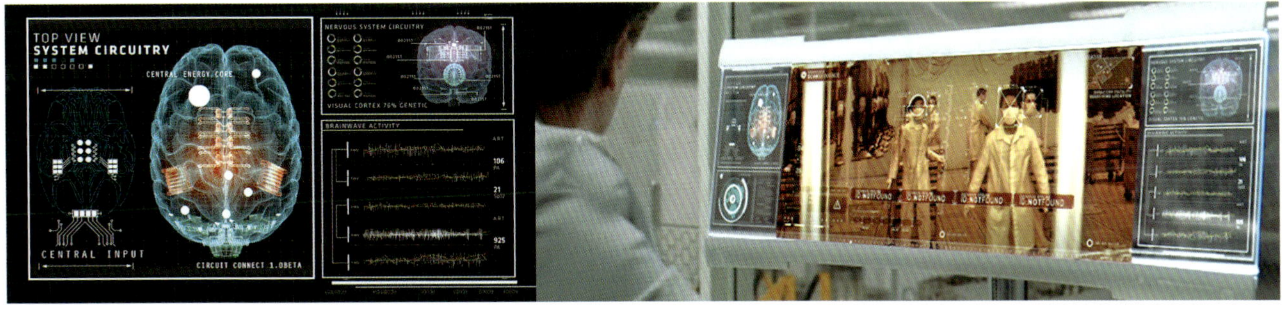

图8-3 影片《机械战警》FUI设计及其在影片中的效果

图8-4 影片《复仇者联盟》FUI设计及其在影片中的效果

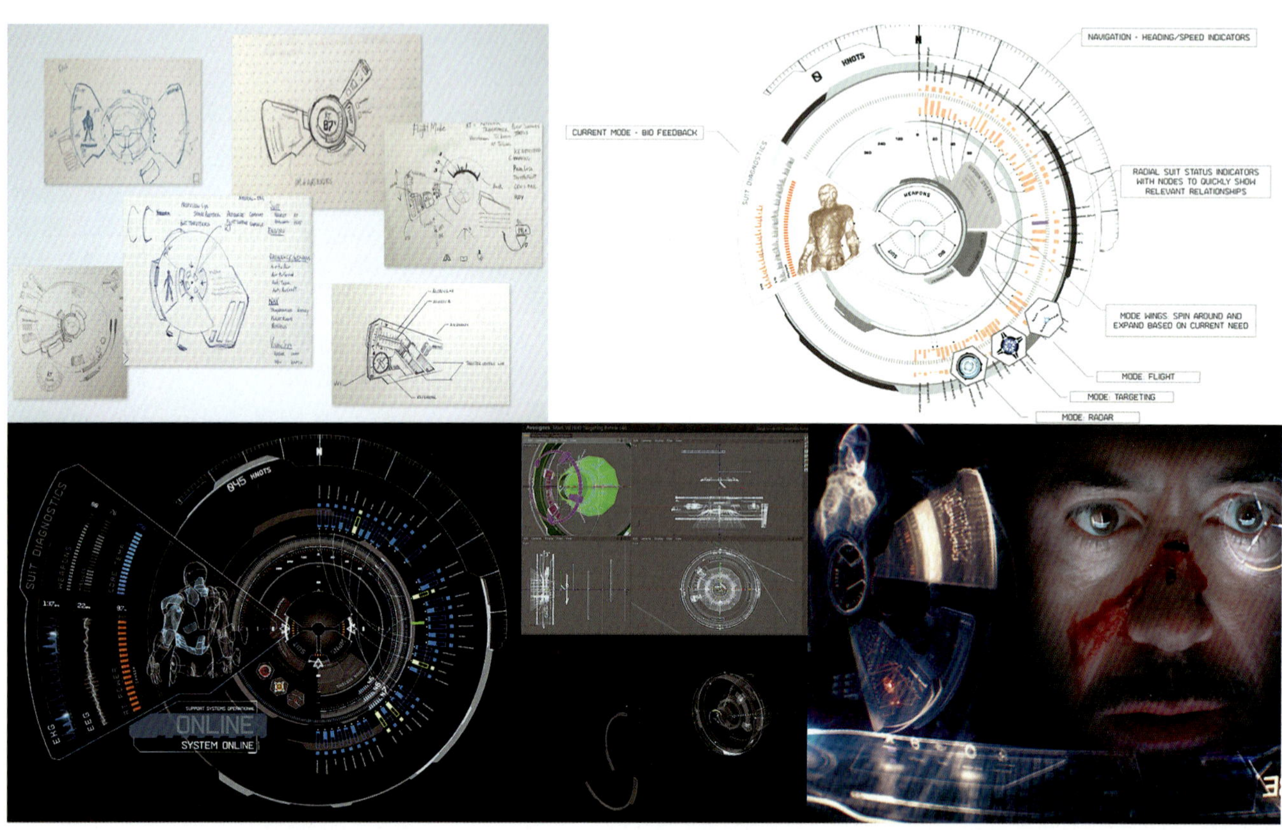

图8-5 影片《钢铁侠》FUI设计流程概要

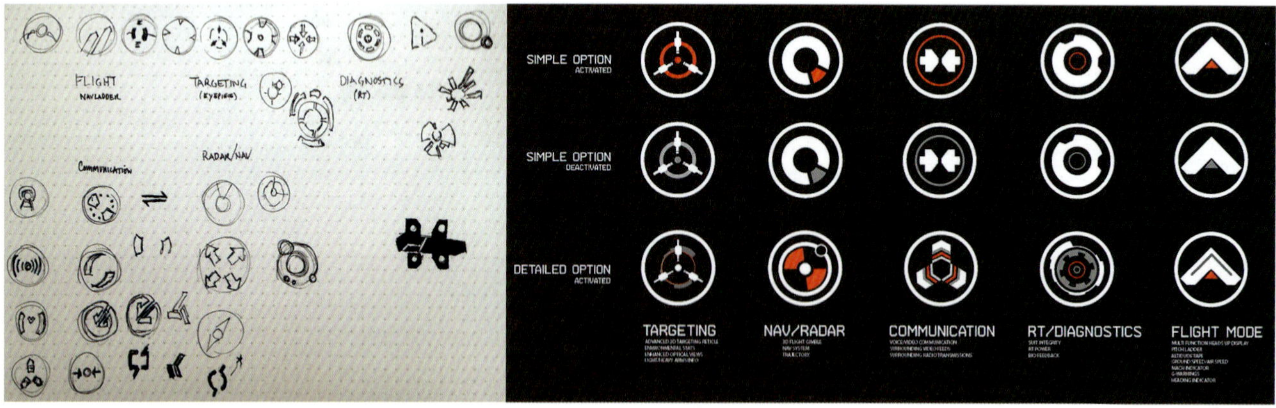

图8-6 影片《钢铁侠》中图标概念草图和设计稿

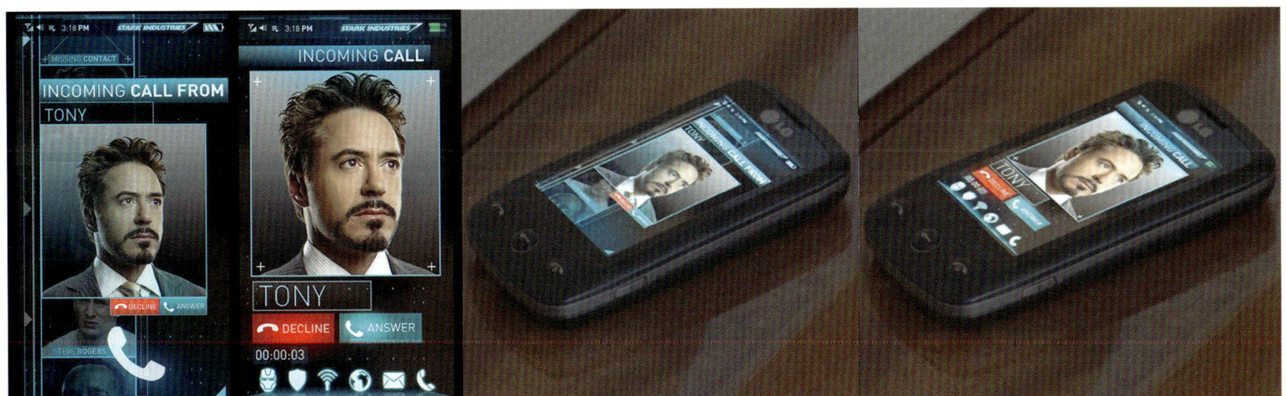

图8-7 影片《钢铁侠》中移动FUI设计及其在影片中的效果图

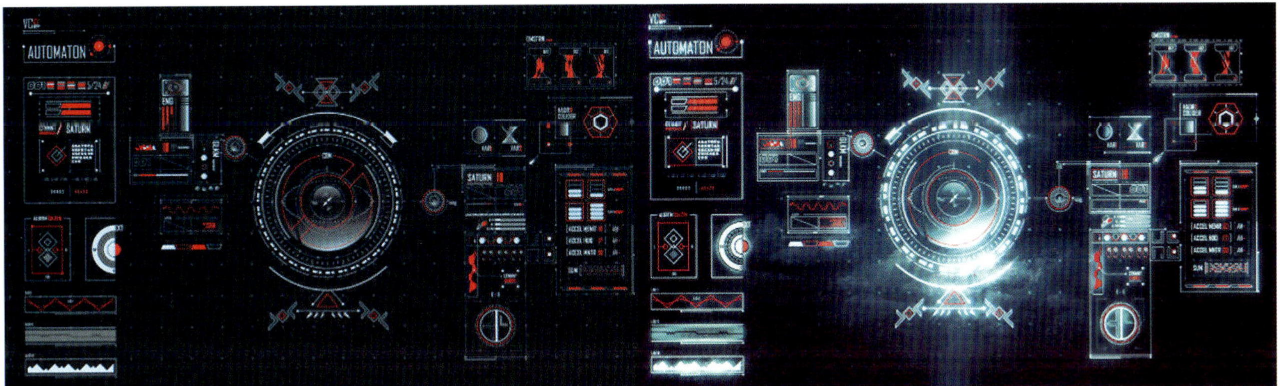

图8-8 FUI光效添加

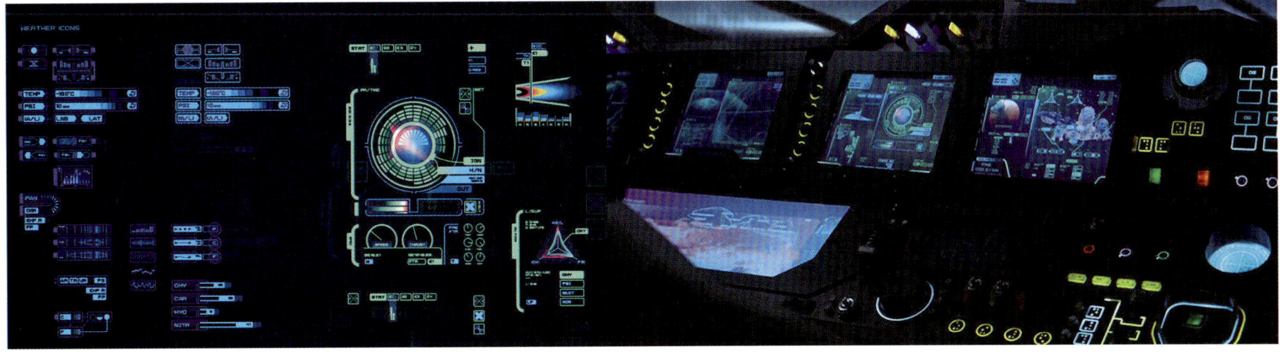

图8-9 影片《普罗米修斯》FUI设计及其在影片中的效果

8.2 FUI的设计思路和原则

科幻和动作电影一直是广受大众喜爱的电影类型，要在这类影片中诠释未来的高科技，唯一也是最有效的方式就是设计一个有说服力而且炫酷的FUI。

电影中的FUI设计，追求观影和娱乐的快感，注重视觉效果，多超越了现实。在FUI的设计中，大致有以下规律和共通之处。

8.2.1 直观易懂

在影片中一闪即逝的画面里，如果需要对照使用手册才能了解界面大致的功能，必然会对剧情造成严重的破坏。因此，设计FUI时不论有多少图像和细节，都要从总体上保证它所代表的主要功能一目了然，抓住表现主题的主要视觉元素，使其符合影片情节的转换。举一个反面的例子，某军旅题材的影片中，一次夜晚演习时画面突然转换为底片（负片）效果，原来导演是想表现透过夜视镜观察的画面，通常夜视系统的界面都会有红外感应、绿色界面、热成像等典型元素，而这样拙劣的界面设计和特效表现会极大地降低影片的整体质量。

图8-10，左图的FUI主题是GPS定位、搜索并锁定目标人物，右图是外科手术设备中监测患者身体状况并显示相关参数和全息图像的软件界面。图8-11的FUI表现了对车辆引擎的遥感监测，通过仪表、数据、虚拟模型全方位地呈现信息，Mark Coleran在以上的设计中利用符合主题的典型视觉元素，很好地诠释了相关的概念，使界面主题清晰直观，并足以让人信服。

8.2.2 沉浸感

界面视觉表现及风格要符合影片的主题、情景、世界观及概念设计，并具有强烈的视觉冲击力，如果观众看到未来世界里的角色冲锋陷阵时还在用Windows系统，会带来很差的观影感受，因此要尽量避免使用标准化和常见的界面。举一个反面的例子，在某刑侦题材的影片中，当通过特征建模、高科技分析并合成疑犯形象时，却使用了标准化的Photoshop软件界面，会让影片的代入感大打折扣。

图8-12中FUI表现的是未来的虚拟演播系统。整体运行构架以当前的虚拟演播系统为基础，适时同步的视频信息合成平台界面，控制台上的VJ通过手势及触控操作，将主持人、虚拟环境、外景等和各种音像进行剪辑融合，并生成完整影像和可视化信息，这样流畅的操作和适时渲染生成的影像也正是后期特效师和剪辑师梦寐以求的效果和工作方式。

8.2.3 可用性和心理真实

这些炫酷的界面虽然现在并未实现，也并不客观真实，但是通过设计所要达到的是一种心理真实，在影片中FUI是能够使用且具有相应功能的，让观众认为这样的FUI在影片中存在是合情合理、令人信服的。因此，FUI在设计上都是基于现实，超越现实，并且有实现的可能性，设计师除了研究视觉的表现之外，还需要不断学习、了解和研究新的交互理念、技术及发展的趋势。

图8-13，《阿凡达》中FUI表现了男主角和他的化身建立关联的系统界面，这一概念来自于近年来取得突破性研究的脑波界面，通过模拟两者头部X光透视成像的全息图像以及类似神经系统的数据线连接，设计师巧妙地将这一关联的

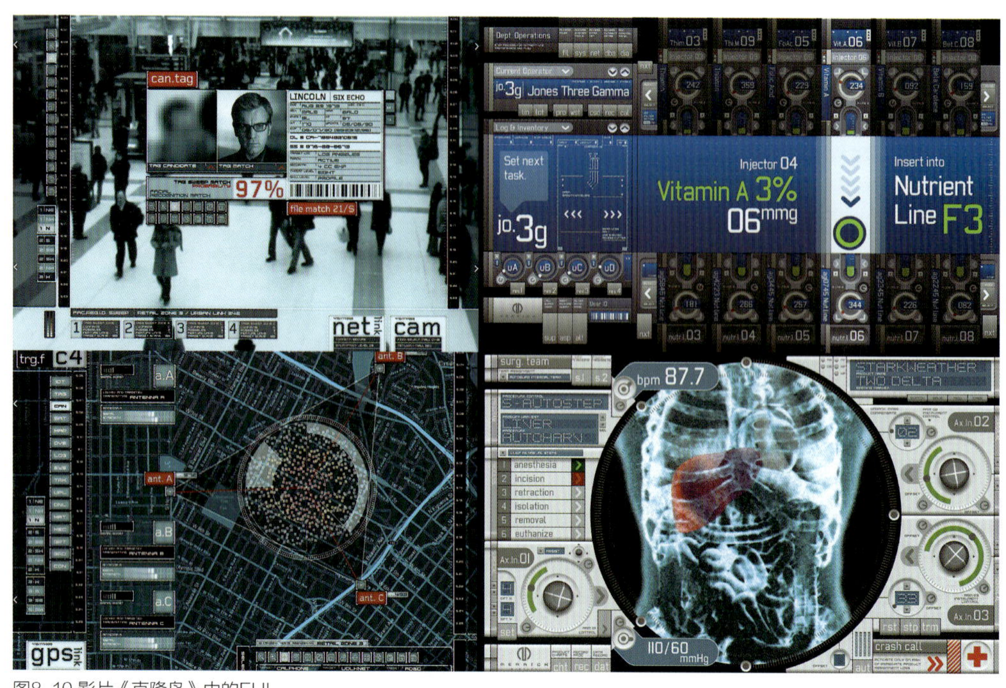

图8-10 影片《克隆岛》中的FUI

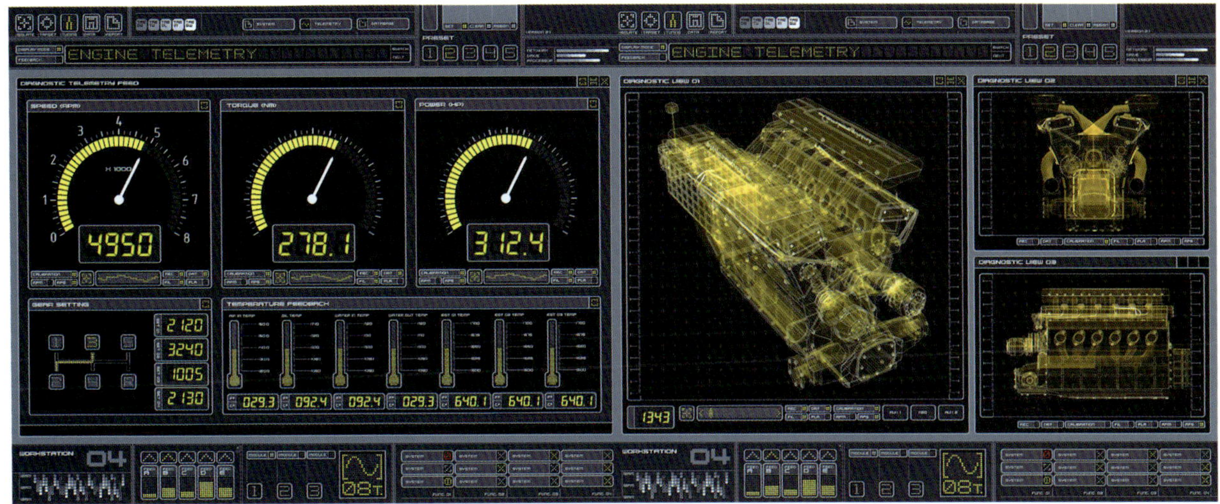

图8-11 影片《极限特工》中的FUI

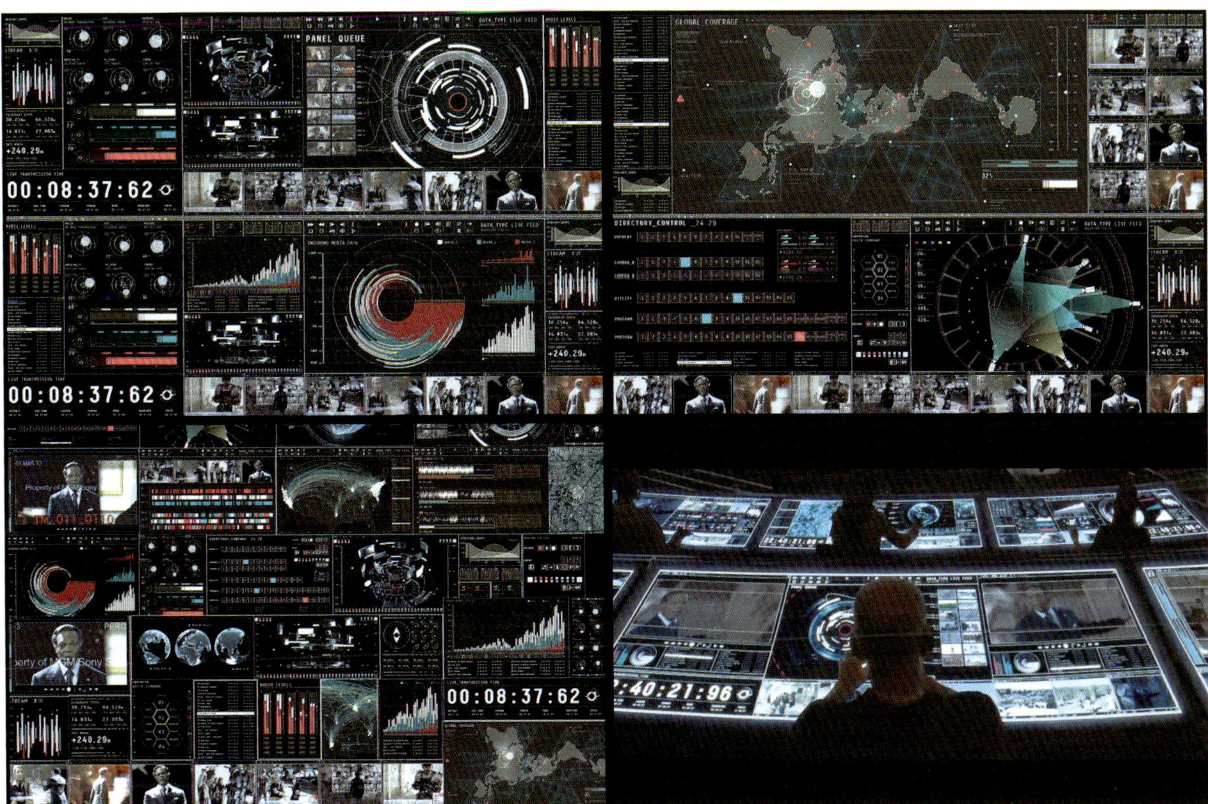

图8-12 影片《机械战警》中的FUI

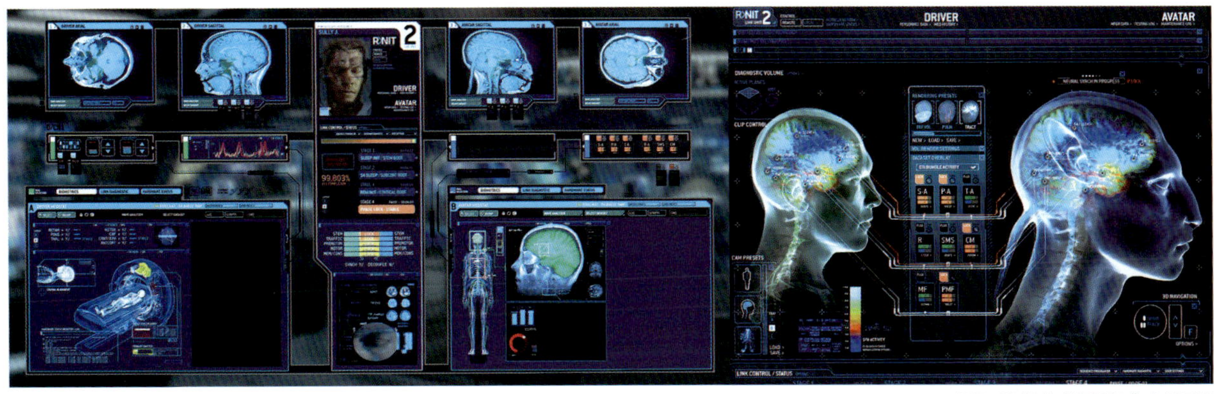

图8-13 影片《阿凡达》中的FUI

概念表达了出来，界面左下角所显示的人体检查装置类似于核磁共振或Pet CT装置，这些都符合观影者的认知经验，营造了心理的真实感。

8.2.4 大数据与信息可视化

FUI展现了界面强大的数据搜索、处理功能，以及极具创意和艺术美感的信息可视化。

图8-14，左图和右图都是声音监测分析系统界面，这两个FUI的概念都是在海量数据提取分析的基础上进行筛选、辨别和锁定目标。在声音监测分析系统的可视化部分，它们没有用常见的平面声音频谱或波形，而是采用了不同形式的三维空间的声音波形对比，这一创意大大增强了影片的未来感和视觉效果。

图8-15，表现了未来车载HUD界面的强大信息容量，以及各种车况与乘客信息的可视化显示。

8.2.5 动态图形

动态图形包括了五个方面的信息动态可视化

（1）FUI中经常布满了快速变化的数据或文字信息，这是建立在看似真实，实则荒谬的文本和随机参数基础上的。其终极目的是服务于视觉效果，是为了电影中叙事的需要，而不是追求实际的用途。因此，只是在关键的数据上会做醒目的显示和考量，以增强其合理性。

（2）进度的动态显示。这会经常出现在影片的FUI中，早期是类似于网站载入的进度条，现在其形式变得愈加丰富，如三维空间中的螺旋状显示、粒子脉冲等，通常表现数据的入侵或获取。

（3）动态图标和图表。通常用几何化的平面图形来表现，非常严谨，具有高科技质感，多出现在主观镜头、HUD或透明的屏幕介质上。

（4）交互的动态反馈。基于手势、语音等交互方式的视觉反馈，用富有想象力的动态形式表现界面之间的转换。

（5）具象动态图形。通常是基于实拍或三维模拟的人物、生物、武器等形象，或是对于生物、物体、道具装备等进行三维的显示和全方位的呈现，是FUI中的主体信息部分。

8.2.6 视觉风格

大多数影片FUI的视觉风格具有一定的共性特征：界面框体和数据显示的扁平化，影像信息则多用三维和粒子来表现，如图8-16。视觉风格当然还要与影片的世界观相一致。

8.3 科幻电影中的交互界面和未来的发展趋势

探讨科幻电影中的交互方式和界面，这本身就是一个比较有趣的话题，科幻电影可以说是最直观、最具有冲击力的科普方式。新颖的人机交互方式、炫酷的界面设计，一直是科幻电影最引人注目的亮点之一，而同时FUI也表达了人们对未来界面的设想和愿景。

从科幻电影的发展史中，我们也可以看到交互和界面设计的发展历程。从最初简单的机械运动到现在富有高科技感的操作方式，我们体验了科技的进步、设计的发展，人与机器的互动越来越智能，无论在可用性、易用性方面，还是在用户情感方面都有着极大的提升，也带给人们更加愉悦的观影体验。

我们能从科幻电影所呈现影像的侧面了解交互界面未来的发展趋势，当然这一趋势有各种发展的可能性，能够了解和接触到的也都只是冰山一角，希望同学们能够更多地关注这一独特的UI设计领域，将想象力极大地发挥到作品的创作设计中。

在早期的一些电影中，还没有UI和HCI的概念，甚至连电脑都没有。早期最著名的科幻电影《大都会》（1927年）中，高度工业化的大都会里存在两个阶级：思考者与工

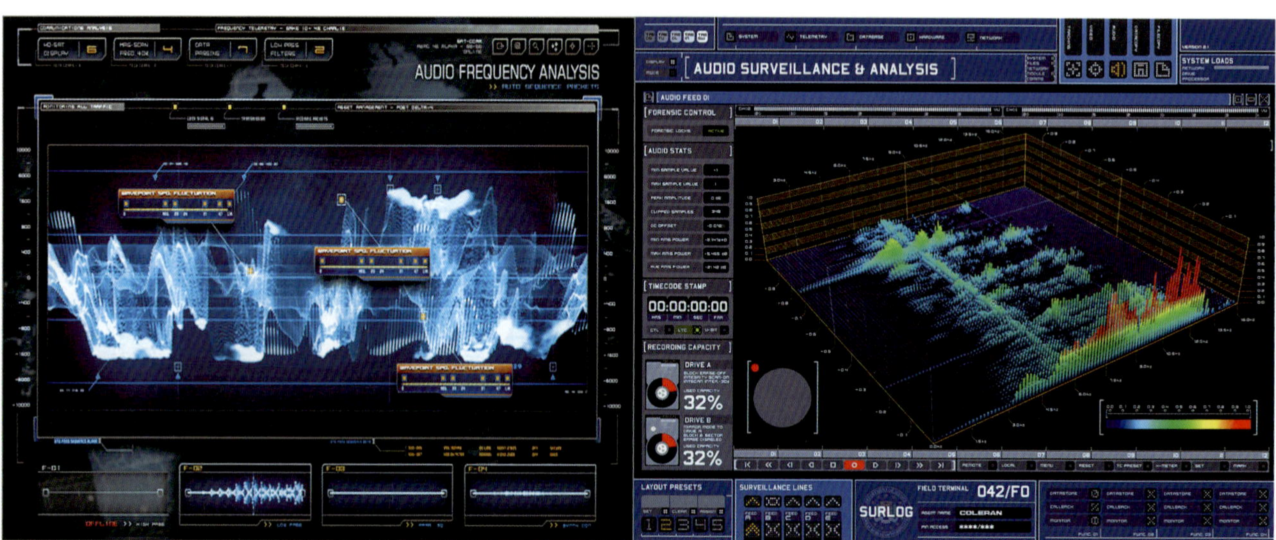

图8-14 影片《变形金刚》和《谍影重重》中的FUI

图8-15 影片《美国队长2》中的FUI

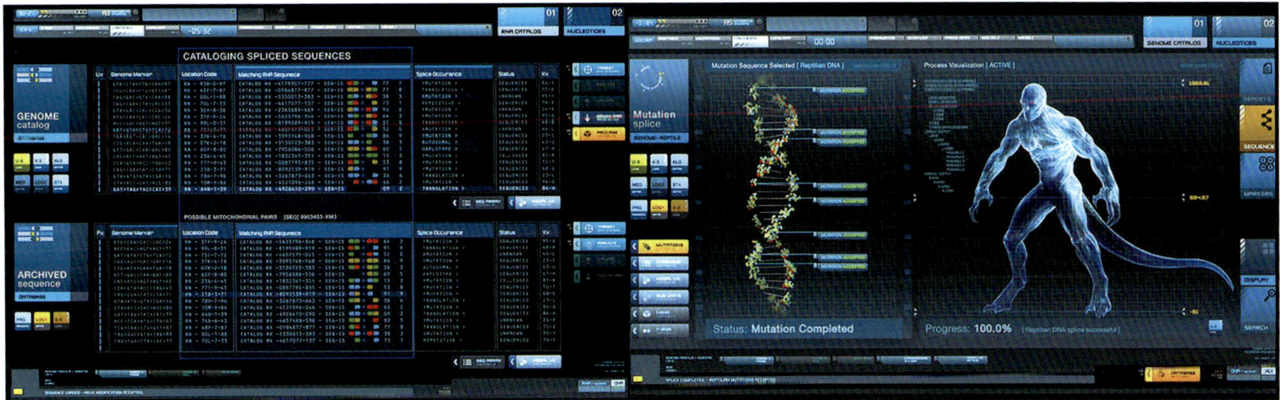

图8-16 影片《超凡蜘蛛侠》中的FUI

人。在图8-17左图中我们可以看到，影片中地表工人发出的命令通过机器上的视觉信号传递给地下的工人。在这个阶段，对于工业的理解，仍然是人为机械工作，还没有意识到机器是为人类服务的。

1978年的《太空堡垒卡拉狄加》中的控制方式更加贴近当时的科技水平，比如电影中的控制台，其硬件和软件界面十分接近美国宇航局的控制中心。如图8-18中呈现的显示器、键盘、电话，已经很自然地融入机舱之中。

20世纪80年代的影片《回到未来》中的时光机界面，其中静态文本是印刷在硬件框体上的文字信息，而动态文本是对应的框体中液晶显示变化的数字，类似于当时机械设备上的仪表装置。（图8-19）

影片《终结者2》中表现T-800思维的红外眼主观镜头，表现了机器人大脑的计算机信息处理界面，算得上是经典的FUI设计，如图8-20。在此之前，电影中还没有出现过计算机运算的画面，它首次将机器人的主观镜头设计为计算机程序界面，实拍的场景镜头与计算机界面的镜头交叉剪辑，观众随着T-800的红外眼镜头所显示数据的变化，来感受机器人搜索目标的过程，更加清晰地了解了机器人的工作方式，直观地看到了机器人世界和人类世界的差异。

而此后的科幻电影中，界面设计逐渐向数字化的非物质界面发展，一些经典的设计对其后的界面设计有着深远影响，预言并引领了现实交互和界面设计的潮流。比如汤姆·克鲁斯主演的《少数派报告》，主创团队邀请了HCI科学家参与电影制作，电影的视觉设计师特意走访了MIT（麻省理工学院）多媒体实验室，了解各种姿态识别的前沿技术，并邀请John Underkoffler（著名的手势识别专家）加入创作团队。通过这些努力，影片为大众展现了各种新奇的人机交互方式和界面，所以研究这些电影中的人机交互是非常有价值的。在科幻电影中出现的先进交互方式数不胜数，有很多已经开始在现实生活中普及。这里简单归纳了一下影片中出现的交互方式，包括语音控制、指纹识别、身份识别、虚拟现实、增强现实、自然交互界面、手势操作、眼部跟踪、全息投影、动作捕捉等。

8.3.1 语音识别和语音控制

早期的科幻电影中，语音控制是出现最多的交互方式，其原因很简单，语音界面最直观。但更重要的是，表现语音的交互成本最低，不需要任何特效就能塑造未来世界的高科技感。最近的影片《铁甲钢拳》《生化危机》《钢铁侠》等也都沿用了语音控制的交互方式，足见语音这一自然交互方式的魅力。在《钢铁侠》中Tony对电脑说：“Jarvis，你可以帮我建一个数字线框吗？我需要可以操作的投影。”收到命令的Jarvis立刻开始工作。语音交互在处理抽象命令时很有效，相较于其他交互方式，人类更善于应用语言。GUI、手势、眼动等界面，都无法取代语言在处理抽象信息方面的优势。

现在，这项技术在现实生活中已经有了广泛的应用，苹果用户早已经体验到了语音交互的魅力，iPhone手机的语音助手Siri将语音交互真正普及起来。在美剧《生活大爆炸》里孤独的单身汉Rajesh被Siri性感的女声所吸引，甚至认为自己爱上了这个虚拟的角色。

如图8-21，通常语音识别界面会以声音波形或其他类似的声音信息的可视化呈现，创作这样的界面可以参考音频播放器和后期合成软件中音频的各种可视化。而基于声音的交互，如《铁甲钢拳》中通过语音对机器人的控制则不需要借助界面的视觉表现来实现。

8.3.2 指纹识别

指纹识别在20世纪90年代前还是比较新鲜的概念，如今已经高度商业化，不少笔记本电脑都配备了指纹识别功能，iPhone5S则将这项技术推广到了移动互联网平台。影片中的指纹识别界面通常具有指纹数据库快速动态检索、特征点提取、对比识别等表现形式，如图8-22。

8.3.3 身份识别

图8-23左图表现了影片《少数派报告》中身份识别被用于个人定制的广告和服务，当汤姆·克鲁斯走出地铁站时，他的身份通过地铁站的视网膜识别，各种广告呼唤着他的名字、吸引他的注意力，当他步入服装店时，他的身份同样被识别，虚拟销售员向他询问对之前的产品是否满意，并推荐相关产品。在现实生活中，我们可以看到许多相关的服务网站，如豆瓣、淘宝上的个性化推送等。

图8-23右图是影片《机械战警》角色头盔上的HUD界面，通过指纹、视网膜扫描和分析，基于移动互联网访问在线的数据库，识别并确认对面出现人物的身份信息，这种界面多用扁平化的透明形式表现。

8.3.4 手势和体感

体感是一种通过肢体动作变化来进行操作的界面，而在很多人看来，《少数派报告》的界面就是手势界面的代名词，影片中汤姆·克鲁斯挥动双臂接打电话和操作视频，令人目不暇接。在《钢铁侠》《阿凡达》《星际迷航》等影片中也都出现了同类型的界面，现在这种交互界面已经被广泛应用于游戏平台（如任天堂的Wii、微软的Kinect等通过摄像头来捕捉动作以达到遥感手势感应）、触屏设备（如iPhone和iPad）、智能电视（如三星的手势控制智能电视）等，手势操作界面在商业上已经取得了巨大的成功。（图8-24）

手势控制适合于简单、自然的任务，并需要在设计实践中完善手势操作体系，使之更为精确有效。

8.3.5 眼动跟踪

在《钢铁侠》电影中，操作界面会自动跟踪眼睛的视线，查看局部界面信息的时候，相对应的信息会自动聚焦放

图8-17 影片《大都会》

图8-18 影片《太空堡垒卡拉狄加》中的FUI

图8-19 影片《回到未来》中的FUI

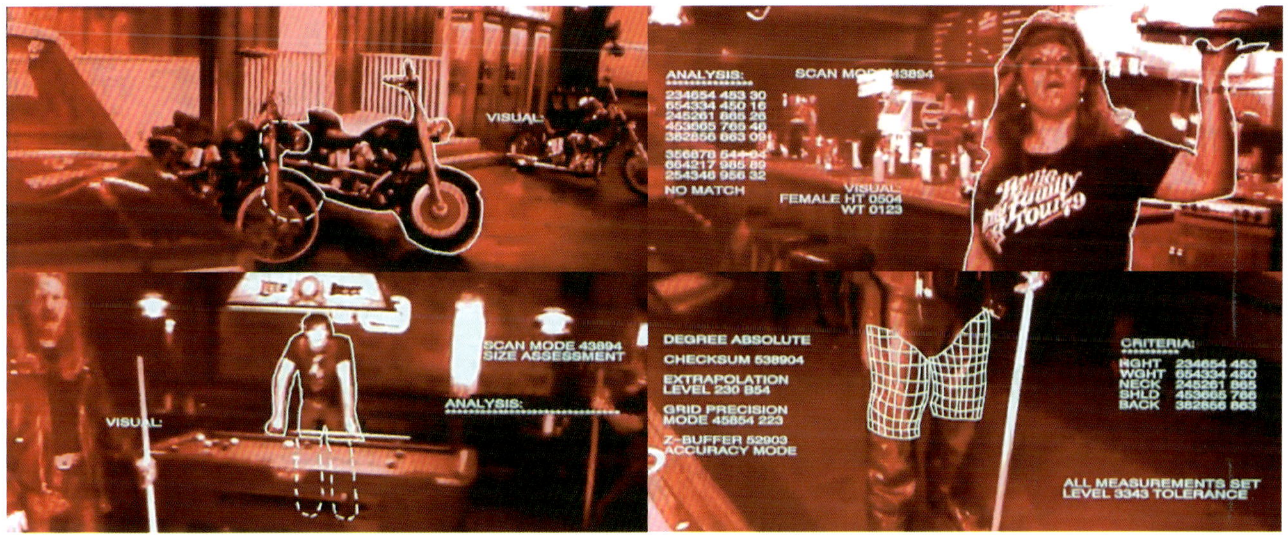

图8-20 影片《终结者2》中的FUI

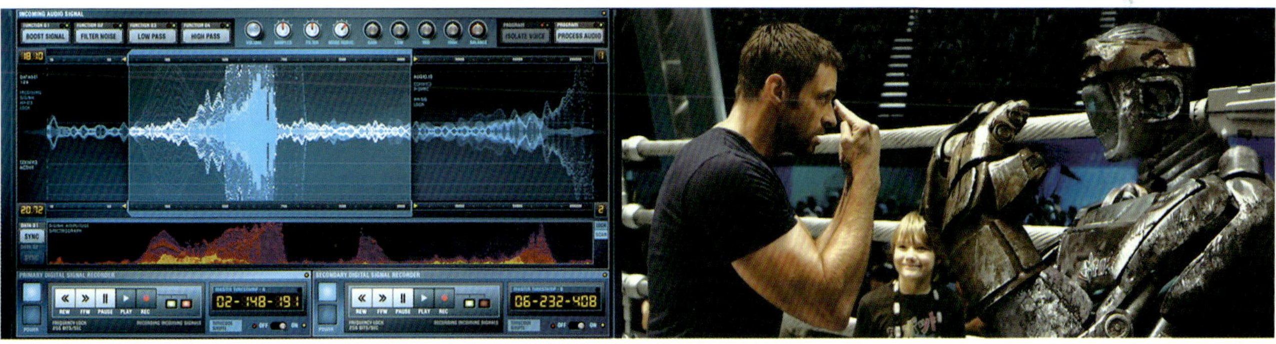

图8-21 影片中的语音识别和语音控制

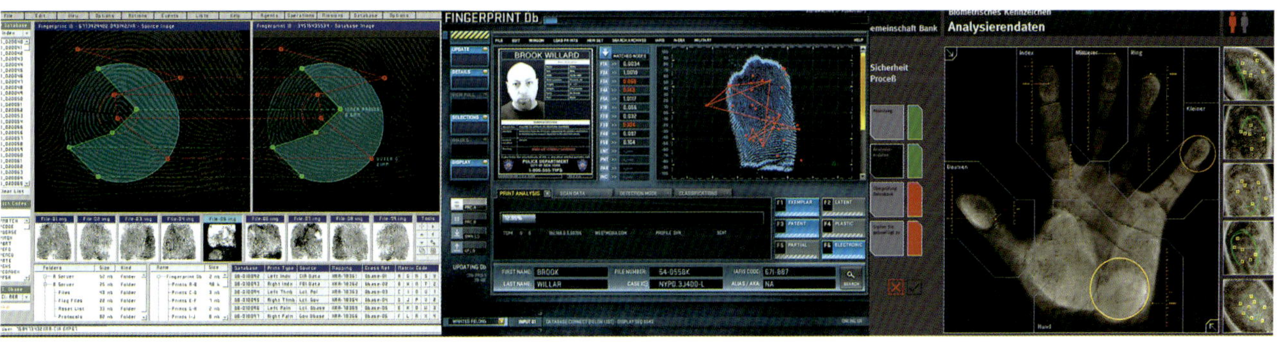

图8-22 影片中的指纹识别界面

图8-23 影片中的身份识别界面

图8-24 影片中的手势操作界面

大。在现实生活中，人们也会利用眼动仪进行用户研究，从中观察用户的注视轨迹、注视热点和兴趣点，如图8-25。

8.3.6 透明显示

科幻影片中出现了各种透明的显示界面，这样能呈现更多的环境和画面。现在，透明界面已经不仅仅存在于科幻影片中。2012年微软公司申请了透明显示设备相关的专利，包括透明3D显示技术、如何使用3D手势和头部追踪在文件与应用之间实现导航，三星公司也在2012年夏天发布了一款透明屏幕。（图8-26）

8.3.7 全息影像

全息影像是利用干涉和衍射原理记录并再现物体真实三维图像的技术。

我们经常可以在科幻电影中见到一种三维的全息通信技术，可以把远处的人或物以三维的形式投影在空气中，就像电影《星球大战》中星际会议召开时不在现场的角色以虚拟的全息影像现身，《阿凡达》中作战室虚拟沙盘里的哈利路亚山也是以全息投影的方式显现，如图8-27。

8.3.8 虚拟现实

20世纪80年代，Jaron Lanier提出“虚拟现实”（Virtual Reality，简称VR）的观点，目的在于建立一种新的用户界面，使用户可以置身于计算机所表示的三维空间资料库环境中，并可以通过眼、手、耳或特殊的空间三维装置在这个环境中“环游”，创造出一种“身临其境”的感觉。它利用计算机生成逼真的三维视觉、听觉、嗅觉等，使人作为参与者通过适当装置，自然地与虚拟世界进行交互，是多通道并行的界面。图8-28，左图为Oculus Rift虚拟现实眼镜，可以通过DVI、HDMI、Micro USB接口连接电脑或游戏机；右图是影片《普罗米修斯》中的虚拟现实头盔。

8.3.9 增强现实

与虚拟现实不同的是，增强现实是在现实中引入虚拟的界面，比如在头盔护目镜上投射出一些文字和图表，以增强实景的信息。如今这一研究领域已经有很大的发展，印度科学家普拉纳夫的第六感装置（Sixth Sense）、谷歌眼镜以及车载的HUD界面，都是典型的代表，而颠覆谷歌眼镜想象力的是谷歌智能角膜接触镜，人们可以像戴隐形眼镜一样使用类似谷歌眼镜的功能。图8-29，左边组图是LiveMap的一款类似机车头盔的智能穿戴式设备，内部融合了综合导航功能；右图是影片《创：战纪》中的增强现实头盔，能够在实景上显示道路速度等数据信息。

8.3.10 自然交互界面

人与计算机实现自然的交互，使人机融为一体，密不可分。在电影《黑客帝国》里，人类的大脑直接和电脑相连，接入一个完全虚拟的20世纪世界（母体），人类靠意识幻想生活，机器靠人体供电，如图8-30左组图。

在现实中，关于自然交互研究的初始目的主要是帮助残疾人。脑机界面虽然听起来很遥远，但实际上已经有了巨大的进步，如柏林脑机界面（Berlin Brain Computer Interface）项目，已经可以利用脑电波进行打砖块游戏或者打字，最近还出现了可以通过脑波界面控制的遥控直升机，这一技术将使人机交互具有更大的想象空间。

而人们潜意识中对交互界面的期望：现实世界，物理原则。美国计算机科学家珍妮特·默里认为数字媒体有三个基本的特征：沉浸、狂喜、行为代理。沉浸将人类的情感从物理现实转移到另一种现实中。狂喜表示我们在虚拟世界中遇到迷人的景象。行为代理指处理我们在界面和交互空间直接的冲突和欣喜。

科幻电影用更有想象力的方式诠释了“现实世界，物理原则”的概念，比如大家都熟悉的《阿凡达》；又比如布鲁斯·威利斯主演的电影《未来战警》，描绘了在人类工业文明高度发达的时代，一种名为“代理人”的仿生机器人迅速流行，它具有完美的容貌与身体，各项物理功能超群。人们通过特定的装置可以将自己的意识加载到“代理人”身上，并通过它进行工作、学习和社交，图8-30右组图。

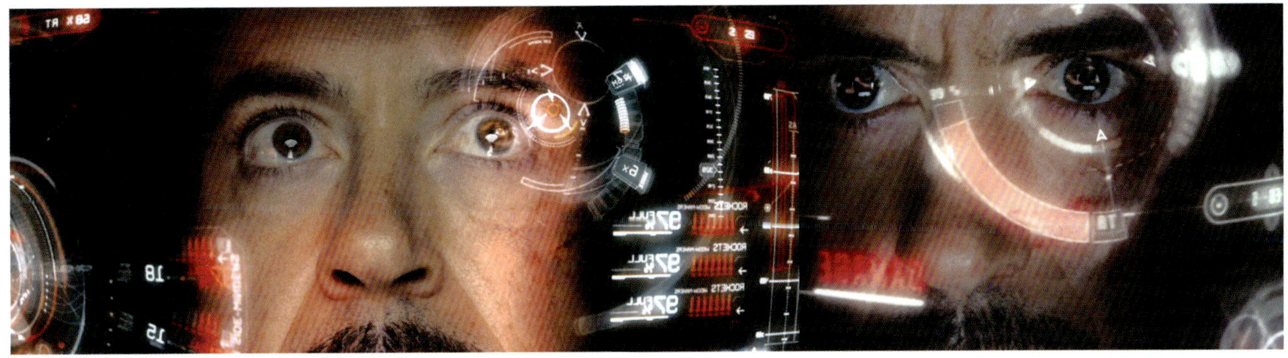

图8-25 影片中的眼动跟踪界面

图8-26 透明显示界面

图8-27 影片中的全息影像界面

图8-28 虚拟现实界面

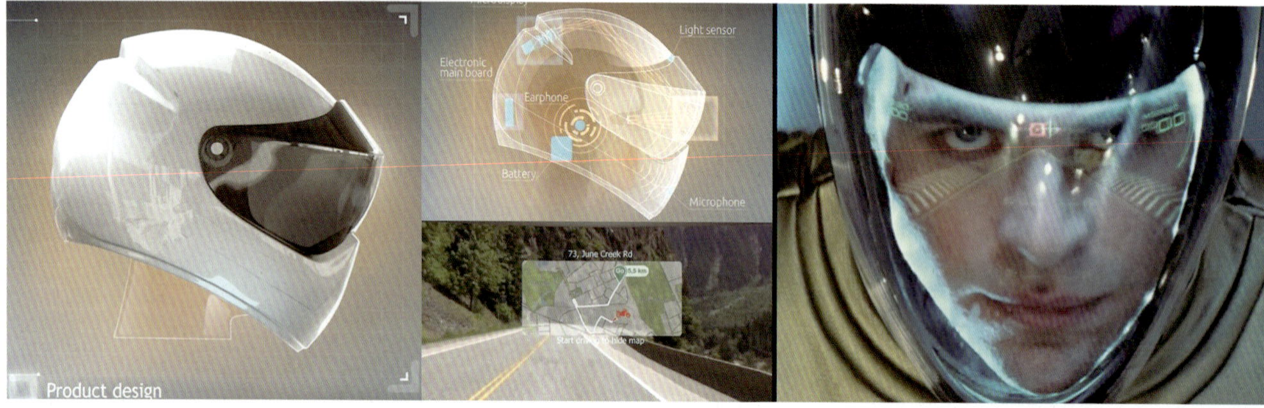

图8-29 增强现实界面

图8-30 自然交互界面

8.4 小结

电影中令人眼花缭乱的交互场景、炫酷的操作界面，实实在在地展示了交互设计的发展方向。乔布斯说：“它是科技与艺术的完美结合。”苹果公司也从影片《星际迷航》中汲取灵感，推出了iPad，甚至连名字都很相似。图8-31为《星际迷航》里类似iPad的掌上电脑PADD，从左到右分别出现在不同的剧集中，年代分别是2151年、2373年、2375年。左图为《星际迷航：下一代》中早期的PADD，有文本输入预测功能，平面化、没有物理按键和旋钮，这在影片拍摄的年代属于首创。右图为《星际迷航：深空九号》中的PADD，已经可以使用它来处理图片了。

图8-32，这幅信息图展示了科幻电影里各种幻想和它们对应的实现。左图是影片按照时间顺序排列的各种科幻设备，右图则是其对应的现实产品。通过不同颜色的线一一连在一起。在影片里面有一些设备使我们印象深刻：比如1976年《银河系漫游指南》里出现的声控电脑，终于在35年后通过iPhone4S的语音助手Siri真正变得普及。1984年的《星际迷航：石破天惊》里面就出现了手持通信设备。

现在，在移动互联网这个变速齿轮的推动下，关于交互和界面、幻想和实现方面的技术发展得越来越快。

2002年上映的影片《少数派报告》中的多点触控、透明屏、全息影像、遥感等技术，在今天都已一一实现。已经广泛应用的最典型的触控技术就是智能手机等移动设备的界面。

当然，随着幻想的实现，科幻电影里面的交互方式和界面设计，未来又会迈向新的层次。

图8-31 影片《星际迷航》中的掌上电脑

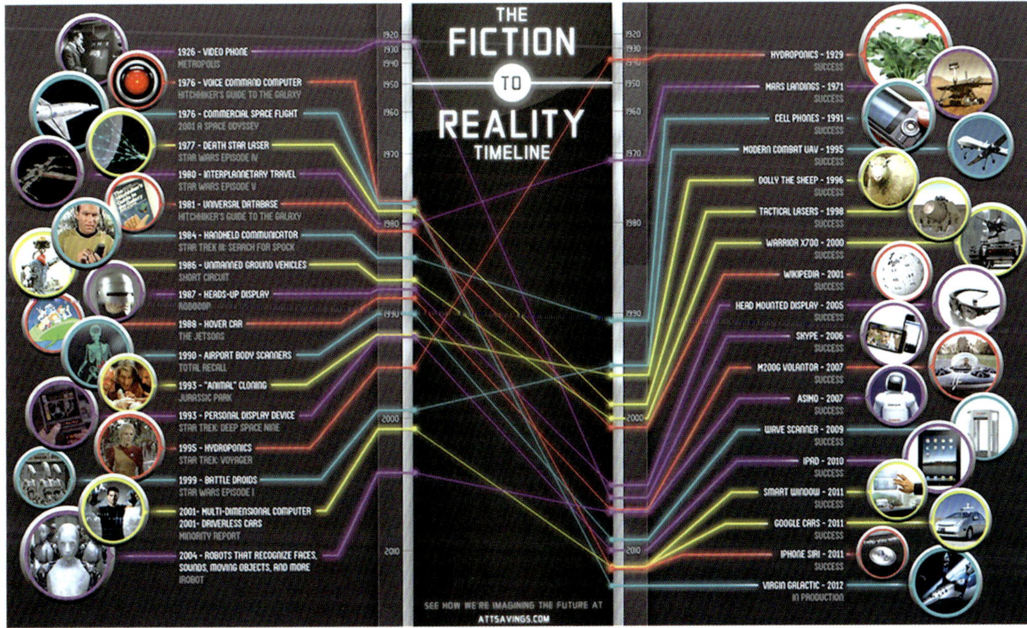

图8-32 科幻电影中的交互方式和界面的实现

教学导引

小结：

本章主要介绍了在电影中科学幻想界面这一领域内的一些经典作品，讲解了 FUI 的设计思路和原则，透过科幻电影中的交互界面的发展探讨界面和交互未来的发展趋势。

课后练习：

设计一组物联网概念下的全息界面，并与实拍影像合成。提交合成的静态效果图或动态视频，以及界面设计草图和说明文档。

参考文献

1.[美]唐纳德 · A.诺曼.情感化设计（第3版）[M].付秋芳，程进三，译.北京：电子工业出版社，2006

2.[美]唐纳德 · A.诺曼.设计心理学（第1版）[M].梅琼，译.北京：中信出版社，2003

3.[美]Jennifer Preece.交互设计：超越人机交互（第1版）[M].刘晓晖等，译.北京：电子工业出版社，2003

4.[美]Jesse James Garrett.用户体验的要素：以用户为中心的Web设计（第1版）[M].范晓燕，译.北京：机械工业出版社，2008

5.[美]Jeff Johnson.GUI 设计禁忌（第1版）[M].王蔓，刘耀明，译.北京:机械工业出版社，2005

6.鲁晓波.数字图形界面艺术设计（第1版）[M].北京：清华大学出版社，2006

7.[美]Alan Cooper，Robert M.Reimann.软件观念革命：交互设计精髓（第1版）[M].詹剑锋等，译.北京：电子工业出版社，2005

8.[美]龙尼 · 利普顿.信息设计实用指南（第1版）[M].王毅等，译.上海：上海人民美术出版社，2008

9.王洪义.视觉形式分析(第1版)[M].杭州：浙江大学出版社，2007

10.[美]Jeff Johnson.认知与设计：理解UI设计准则[M].张一宁，译.北京：人民邮电出版社，2011

11.[美]Theresa Neil.移动应用UI设计模式[M].王军锋等，译.北京：人民邮电出版社，2013

12.[美]Smashing Magazine.众妙之门：网站UI设计之道[M].贾云龙等，译.北京：人民邮电出版社，2010

13.[英]Giles Colborne.简约至上：交互式设计四策略[M].李松峰等，译.北京：人民邮电出版社，2011

14.[美]Jason Beaird.完美网页的视觉设计法则[M].石屹，译.北京：电子工业出版，2011

15.周陟.UI进化论：移动设备人机交互界面设计[M].北京：清华大学出版社，2010

16.张帆，罗琦，宫晓东.网页界面设计艺术教程[M].北京：人民邮电出版社，2002

17.丁凯，李晖.互动媒体艺术模块化课程体系之《界面设计创意》研究[J].南京艺术学院学报， 2012

18.谭浩，赵江洪，王巍.汽车人机交互界面设计研究[J].汽车工程学报， 2012

图文资料参考网站及网络资源：

http://ued.sina.com

http://www.uisdc.com

http://www.zhihu.com

http://www.ui.cn

http://cdc.tencent.com

http://www.blueidea.com

http://wenku.baidu.com

http://www.chinaui.com

iOS人机界面指南

《主题化界面设计》讲稿.腾讯互娱QQ游戏产品部设计总监-刘刚

情绪版操作流程新思考:http://ued.alimama.com/posts/254